Application of
molecular simulation
in energetic materials

分子模拟
在含能材料中的应用

陈芳 著

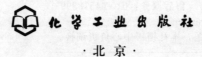

化学工业出版社

·北京·

内容简介

分子模拟在含能材料中的应用具有显著意义，它可以通过计算和模拟分子间相互作用，预测分子结构、动力学和热力学性质，为含能材料的设计、合成和应用提供有力支持。《分子模拟在含能材料中的应用》聚焦于含能材料结晶形貌和热分解机理，有针对性地总结了相关理论计算在含能材料中的应用。本书内容系统全面，可供材料、化工相关专业科研人员参考使用。

图书在版编目（CIP）数据

分子模拟在含能材料中的应用 / 陈芳著. -- 北京：化学工业出版社，2024. 12. -- ISBN 978-7-122-47116-1

Ⅰ. TB34-39

中国国家版本馆 CIP 数据核字第 2024F0R713 号

责任编辑：孙钦炜　褚红喜　　文字编辑：段曰超　师明远
责任校对：边　涛　　　　　　装帧设计：韩　飞

出版发行：化学工业出版社
　　　　　（北京市东城区青年湖南街 13 号　邮政编码 100011）
印　装：河北延风印务有限公司
787mm×1092mm　1/16　印张 18　彩插 4　字数 436 千字
2025 年 6 月北京第 1 版第 1 次印刷

购书咨询：010-64518888　　售后服务：010-64518899
网　址：http://www.cip.com.cn
凡购买本书，如有缺损质量问题，本社销售中心负责调换。

定　价：128.00 元　　　　　　版权所有　违者必究

前　言

含能材料一般都具有高能量、高密度、在短时间内能释放出大量能量等特性，在国防和商业领域有着广泛的应用。含能材料的晶体结构一般能保持分子结合键的稳定，直到外界施以足够的刺激导致其开始热分解，它们的宏观行为变化最终是由其微观性质如晶体结构、电子结构、原子间相互作用力等决定的。因此研究含能材料微观特性对进一步了解其爆炸行为具有很重要的意义。目前的分子模拟理论方法可以预测含能材料的某些特性（如撞击感度、反应热、爆炸热、结晶形貌等），还可以观察到原子水平上和飞秒时间尺度的快速化学反应过程，与实验相比，在时间成本、物质成本和安全性上都具有显著的优势。

全书共分为 6 章。第 1 章主要介绍了含能材料和分子模拟的基础知识，重点对分子动力学方法在含能材料中的应用进行了论述。第 2 章介绍了分子模拟中的分子力场方法、晶体生长预测模型和电子结构分析方法。第 3 章系统论述了反应分子动力学模拟方法在典型含能材料热分解过程影响等方面的研究应用。含能材料的反应机理等相关问题与其在生产、储存、运输、起爆等过程中的安全性有着密切的联系，应用分子动力学模拟方法研究含能材料在爆炸热分解过程中的反应机理不仅使我们对含能材料本身的特性有更深刻的理解，而且还可以从原子分子水平上设计和改进含能材料。第 4 章系统论述了分子动力学方法在含能材料结晶形貌预测等方面的研究应用。炸药技术研究的发展趋势是钝感化和高能化，因此在满足各类武器对炸药能量性能、爆轰性能等要求的基础上，改变炸药的物理性能从而调控其安全性能是解决炸药高能与安全可靠性矛盾的关键。其中，炸药的晶体形貌在很大程度上影响着其安定性能、流散性和能量输出。应用分子动力学模拟方法对结晶过程进行模拟，可以为实验筛选合适的溶剂和添加剂。第 5 章介绍了分子动力学模拟方法在高聚物黏结炸药配方设计中的研究应用工作。高聚物黏结炸药（PBX）较单质炸药而言，具有更多优良的综合性能，如较高的能量密度、优良的力学性能和较高的安全性能等。应用分子动力学模拟方法研究 PBX 的结构与性能，可为其配方设计提供信息、规律和指导。第 6 章介绍了分子模拟方法在典型耐热含能材料的结构及性能等方面的研究应用。

本书在撰写过程中得到了课题组成员的大力支持与帮助，书中也借鉴了国内外相关领域学者们的科学研究成果，在此一并表示诚挚的谢意。另外，感谢中北大学化学与化工学院各位领导以及曹端林教授课题组的大力支持；感谢周涛、何磊、任圆圆、陈瑶、贾方硕、李天浩、郭国琦、董羚、贾翔宇、米方琦、宁瑞星等研究生为本书内容做出的贡献。感谢化学工业出版社对本书出版给予的大力支持。此外，本书的研究工作先后获得了国家自然科学基金（11447219）、山西省自然科学青年基金（201801D221035）、山西省自然科学面上基金（20210302123055）等项目的经费资助，研究中所取得的成果均已反映在书中，特此致谢！

　　由于笔者水平和学识有限，本书难免存在不妥之处，敬请各位读者批评指正。

著者

2024 年 12 月

目　录

第1章 绪 论

1.1 含能材料

含能材料（energetic material）指在极短时间内能够迅速释放大量能量，并对外做功的物质，是一类含有爆炸性基团或含有氧化剂和可燃物、能独立进行化学反应并输出能量的化合物或混合物，包括推进剂（propellant）、炸药（explosive）和烟火剂（pyrotechnic）。作为国民经济和兵器工业发展的重要材料，在过去几十年中已被广泛用于航空航天、工业、军事和民用领域中[1,2]。

含能材料的出现，标志着人类对能量的掌控得到了跨越式的进步，是人类文明发展乃至加速发展的"推进剂"。按照时间顺序可将含能材料的发展阶段做如下划分：19 世纪以前，世界各国用于军事、烟花爆竹以及工程爆破的火炸药都源自我国古代炼丹家发明的黑火药，这也是我国著名的四大发明之一；19 世纪初期和中期，法国和意大利科学家先后发明了单质炸药硝化纤维素和硝化甘油，结束了黑火药为主的时代；20 世纪初，以 2,4,6-三硝基甲苯（TNT）为代表的传统硝基炸药得到了广泛应用；20 世纪 30 年代，以追求高能量为主的材料，如硝胺炸药黑索金（RDX）、奥克托今（HMX）得到了应用；20 世纪 60 年代，以追求安全性能为主的材料，如钝感炸药 TATB 得到了应用；20 世纪 80 年代至今，则是以实验和理论相结合，寻找新型高能钝（低）感炸药的新阶段。经过不断的发展，现代含能材料正朝着高可靠性、安全性和高能量密度的方向发展[3]。

含能材料是一种亚稳态物质，从分子层次上看，含能材料分子一般由碳（C）、氢（H）、氮（N）、氧（O）四种化学元素构成；从组成成分上看，含能材料主要分为单组分炸药（单质炸药）和复合型炸药（混合炸药）[4]。其主要特征为：

① 含有含能基团，如含有 $C—NO_2$、$=N—NO_2$、$—O—NO_2$、$—N=N—$、$—N_3$ 等含能基团，或含有氧化剂、可燃物的混合物。

② 主要化学反应是燃烧和爆炸，具有高速、高温、高压反应特征和瞬间一次性效应特点，并释放大量的热和气体。

③ 化学反应不需要外界供氧，可在隔绝大气的条件下进行。

1.2 分子模拟方法

随着科学探索脚步的加快，传统方法已不能完全满足科研需求，科研工作者越来越重视研究事物的本质，探索内容已由显微级到纳米级再到原子级乃至电子层面。然而，完成这些研究必须依靠计算机的帮助，在此背景下诞生了计算材料科学，它是计算机科学与材料科学的交叉学科。计算材料科学主要包括计算模拟和材料设计，它涉及材料、计算机和数理化等多门学科。计算材料科学可以从材料的宏观、介观、微观和纳观等不同尺度研究材料的本质，同时还可以调节模拟参数改变模拟环境，研究不同环境下材料的响应机理。计算模拟不仅是材料领域研究者所需要的，更是所有领域研究者所需要的[5]。

分子模拟（molecular simulation）是一种计算机实验，它是 20 世纪 80 年代初兴起的一种计算机辅助实验技术，是利用计算机以原子水平的分子模型来模拟分子的结构与行为，进而模拟分子体系的各种物理化学性质的方法[6]。分子模拟不仅可以模拟分子的静态结构，也可以模拟分子体系的动态行为。其包括通过优化单个分子总能量而得到分子稳定构型的分子力学（MM）方法；通过反复采样分子体系位形空间并计算其总能量，从而得到体系的最优几何构型与热力学平衡性质的蒙特卡罗（MC）模拟；通过数值求解分子体系的经典力学运动方程而得到体系的相轨迹，并统计体系的结构特征与性质的分子动力学（MD）模拟[7]；通过分析模拟过程中分子的构象变化，从而得到分子内部键长、键角和二面角动态变化的从头算分子动力学（AIMD）。

1.2.1 分子力学方法

分子力学（molecular mechanics，MM）[8]方法是基于牛顿经典力学的一种计算大体系分子各种性质的方法。在 MM 中，分子都是由一个个球形的原子构成的，这些原子均被系统视为牛顿经典粒子，粒子之间的相互作用用简单的势函数来描述，例如用胡克定律来描述成键原子间的势能，用范德华相互作用和静电相互作用来描述原子间的非键作用势能。分子力学可以计算一些依赖于原子核位置的体系的统计性质，如模量、扩散系数等，具有简单、快捷、计算量小等优点。

1.2.2 分子动力学模拟

分子动力学（molecular dynamics，MD）[9]模拟是基于分子力学，对系统外加约束条件和初始动量，利用经典的牛顿定律，通过数值计算求解系统中每个原子在不同时刻的坐标与动量，即相空间的演化轨迹，结合统计力学方法，得到系统的热力学和动力学性质以及各类宏观特性。MD 模拟具有 MM 方法的全部优点，计算精度较高，计算技巧也不断改进。当前 MD 模拟技术已日渐成熟，可满足各类问题的计算需求，被广泛应用于药物、聚合物、生物大分子等性质的研究。

1.2.3 蒙特卡罗模拟

蒙特卡罗（Monte Carlo，MC）模拟[10]是以概率论和数理统计为理论基础、使用随机数（或更常见的伪随机数）解决实际问题的一种随机抽样统计方法，它常用于求解一些带有"随机"性质的实际生活问题和研究一些现有条件下难以观测的物理量的实验。分子动力学模拟中每一个粒子的运动取决于它所处的势函数，严格按照牛顿定律在相空间进行演化；而蒙特卡罗模拟中每一个粒子的运动，则是取决于抽样所给定的概率分布。也就是说，分子动力学模拟中的统计结果来自"确定的"经典力学结果，而蒙特卡罗模拟的统计结果来自"随机的"概率统计结果。

1.2.4 从头算分子动力学

从头算分子动力学（*ab initio* molecular dynamics，AIMD）是一种基于量子力学的分子动力学模拟方法，用于模拟和研究分子体系在原子水平上的动态行为。它结合了从头算电子结构理论和分子动力学模拟的优势，能够提供高精度地描述分子结构和动态行为的能力。这种方法的应用领域涵盖了化学、生物学、材料科学等多个学科领域，为研究者提供了深入理解和预测分子行为的强大工具。

得益于分子模拟理论、方法的不断进步及计算机技术的飞速发展，分子模拟已经成为继实验与理论手段之后，从分子水平了解和认识世界的第三种手段[7]。

1.3 分子动力学模拟在含能材料中的应用

分子动力学模拟又被称为微观世界的经典力学方法，MD 模拟最直接的研究结果是分子体系的结构特征，包括溶液中的配位结构、生物大分子的构型与形貌及其与小分子配体之间的相互作用，分子在固体表面的吸附与分布，分子在重力场、电磁场等外场中的取向与分布等[11-13]。除分子体系的结构特征外，MD 模拟还可研究分子体系的各种热力学性质，包括体系的动能、势能、焓、吉布斯自由能、热容等。根据体系的能量和热容等，还可以直接或间接地研究体系的相变与相平衡性质等[14-17]。MD 模拟是目前最广为采用的计算庞大复杂系统的方法，大到可处理上万个原子的体系，模拟时间可达到纳秒（ns）级，虽然它不是唯一最精确的方法，但却是较为实用的方法，在物理、化学、生物、材料等领域取得了广泛的应用[18-20]。

1.3.1 分子动力学模拟在热分解中的应用

分子动力学模拟在含能材料热分解中的应用主要体现在以下几个方面：

① 模拟热分解反应的动力学过程。分子动力学模拟可以模拟含能材料在高温、高压、冲击等极端条件下的分解过程，包括分解的路径、反应速率以及可能的中间产物。这些模拟可以揭示反应的活化能、反应速率常数等动力学参数，帮助研究人员理解和预测分解反应的发生机制和速率。

② 预测分解产物。含能材料通常包含能量高、化学反应活跃的化学键，如硝基、羰基等，分子动力学模拟可以模拟这些键的断裂和反应，以及产生的分解产物。这些产物可能是气态、液态或固态的，也可能是分子、分子团簇或碎片，其组成和性质对于材料的应用和性能具有重要影响。通过模拟可以揭示不同反应条件下产物的生成途径和稳定性。

③ 优化材料设计。基于分子动力学的模拟结果，可以优化含能材料的设计，改进其热稳定性和安全性。例如，通过调整分子结构或添加辅助成分来控制热分解过程，从而提高材料的性能。

近年来，分子动力学模拟等理论模拟方法已经广泛应用于探索含能材料的热分解和燃烧机制中，包括由 HMX[21-23]、RDX[24]、TNT[25]、TATB[26]、CL-20[27]、HNS[28]、DNP[29]、TNAZ[30]、TEX[31]、MTNI[32] 和 LLM-105[33] 等构成的单质炸药、混合炸药（如熔铸炸药[34]、共晶炸药[35] 以及高聚物黏结炸药[36] 等），如图 1-1 所示。MD 模拟通过原子尺度的模拟，能够帮助人们深入理解材料或化合物在高温下的行为和性质变化，对热分解反应的研究、材料性能的优化以及新材料的设计具有重要的理论和实际意义。

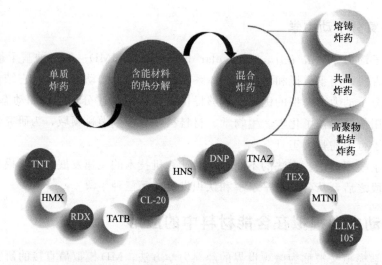

图 1-1 MD 模拟在含能材料热分解中的应用

1.3.2 分子动力学模拟在晶体形貌中的应用

随着计算机技术的发展，分子模拟在结晶形貌领域的应用逐渐得到推广。借助分子模拟手段，可以从原子、分子水平来认识晶体结构，使人们对晶面的原子、分子排布有更好的认识。目前，MD 模拟能够分析不同溶剂、温度和压力条件下晶面上的分子排列和相互作用力，计算各个晶面的相对生长速率，预测含能材料可能的形貌，同时还可以分析原子和分子运动轨迹，从微观上揭示晶体的生长机制，对于优化材料性能（感度、密度等）具有重要指导意义。

现阶段，含能材料晶体形貌预测模型方法有 BFDH（bravais-frieel-donnaryharker）模型、附着能（AE）模型、占据率模型、Equilibrium 模型、螺旋生长模型、蒙特卡罗模拟等，如图 1-2 所示。虽然这些模型已应用于含能材料领域，但预测结果与实验结果存在或多或少的偏差。现阶段，仍然缺乏可以结合微观因素和更多动力学因素、更准确的晶形预测模型。尽管如此，这些现有的微观模型仍有助于理解晶体形貌形成的机制，可以为开发更准确的形貌预测模型奠定基础[37]。

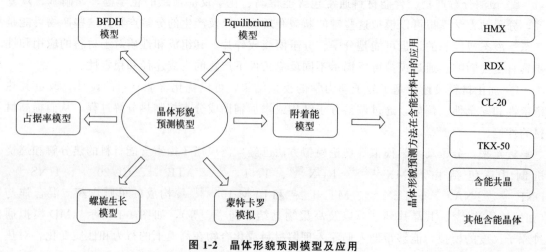

图 1-2 晶体形貌预测模型及应用

当前，AE 模型是含能材料晶形预测中使用最广泛的模型。AE 模型可以预测含能分子晶体[38-42]、离子晶体[43-45] 和含能共晶[46-48] 等含能材料在真空、（混合）溶剂、添加剂等不同生长条件的晶形，并且可以讨论温度效应对晶形生长的影响[49]。此外，将附着能模型模拟结果进一步结合径向分布函数、扩散系数等，可以从微观上揭示溶剂与生长晶面的相互作用。

参考文献

[1]　Badgujar D M，Talawar M B，Asthana S N，et al. Advances in science and technology of modern energetic materials：an overview [J]. Journal of hazardous materials，2008，151 (2-3)：289-305.

[2]　罗运军，李生华，李国平. 新型含能材料：Novel engergetic materials [M]. 北京：国防工业出版社，2015.

[3]　李冬梅. 碱金属叠氮化物和叠氮化银的高压研究 [D]. 长春：吉林大学，2017.

[4]　郶婵. 高温高压下含能材料 RDX 的物性研究 [D]. 合肥：中国科学技术大学，2018.

[5]　冯雷. 沥青质聚集、沥青-氧化物界面及 OvPOSS 对沥青材料性能改善分子动力学模拟研究 [D]. 西安：长安大学，2022.

[6]　杨小震. 分子模拟与高分子材料 [M]. 北京：科学出版社，2002.

[7]　王坤. 二组分含能复合物结构、性质及其去溶剂化的理论研究 [D]. 南京：南京理工大学，2021.

[8]　Engler E M，Andose J D，Schleyer P V. Critical evaluation of molecular mechanics [J]. Journal of the American Chemical Society，1973，95 (24)：8005-8025.

[9]　Andersen H C. Molecular dynamics simulations at constant pressure and/or temperature [J]. The Journal of chemical physics，1980，72 (4)：2384-2393.

[10]　Seila A F. Simulation and the Monte Carlo method [M]. Oxford：Taylor & Francis，1982.

[11]　Nguyen M T，Shao Q. Effect of zwitterionic molecules on ionic transport under electric fields：A molecular simulation study [J]. Journal of Chemical & Engineering Data，2019，65 (2)：385-395.

[12]　Miao F，Cheng X. Effect of electric field on polarization and decomposition of RDX molecular crystals：a ReaxFF molecular dynamics study [J]. Journal of Molecular Modeling，2020，26：1-7.

[13]　Wang M F，Qi W H，Li S Q. Size and Electric Field Effects on the Melting of KCl Nanoparticles [J]. Journal of Computational and Theoretical Nanoscience，2017，14 (2)：1042-1052.

[14]　Liu Y Z，Lai W P，Yu T，et al. Melting point prediction of energetic materials via continuous heating simulation on solid-to-liquid phase transition [J]. ACS Omega，2019，4 (2)：4320-4324.

[15]　Li J，Jin S，Lan G，et al. Molecular dynamics simulations on miscibility，glass transition temperature and mechanical properties of PMMA/DBP binary system [J]. Journal of Molecular Graphics and Modelling，2018，84：182-188.

[16]　Song P X，Wen D S. Molecular dynamics simulation of the sintering of metallic nanoparticles [J]. Journal of Nanoparticle Research，2010，12：823-829.

[17]　Mathew N，Sewell T D，Thompson D L. Anisotropy in surface-initiated melting of the triclinic molecular crystal 1，3，5-triamino-2，4，6-trinitrobenzene：A molecular dynamics study [J]. The Journal of Chemical Physics，2015，143 (9).

[18]　Perdew J P，Burke K，Ernzerhof M. Generalized gradient approximation made simple [J]. Physical review letters，1996，77 (18)：3865.

[19]　Svard M，Rasmuson A C. Force fields and point charges for crystal structure modeling [J]. Industrial & engineering chemistry research，2009，48 (6)：2899-2912.

[20]　Xue X G，Ma Y，Zeng Q，et al. Initial Decay Mechanism of the Heated CL-20/HMX Cocrystal：A Case of the Cocrystal Mediating the Thermal Stability of the Two Pure Components [J]. 2017.

[21]　Chen F，Jia F S，Chen Y，et al. Reaction molecular dynamics simulation of thermal decomposition of HMX at high

temperature [J]. Journal of Atomic and Molecular Physics，2025，42（02）：111-116.

[22] Chen F，Li T H，Zhao L X，et al. Thermal decomposition mechanism of HMX/HTPB hybrid explosives studied by reactive molecular dynamics [J]. Journal of Molecular Modeling，2024，30（7）：224.

[23] Guo G Q，Chen F，Li T H，et al. Multi-aspect and comprehensive atomic insight：the whole process of thermolysis of HMX/Poly-NIMMO-based plastic bonded explosive [J]. Journal of Molecular Modeling，2023，29（12）：392.

[24] Xue X G，Wen Y S，Long X P，et al. Influence of dislocations on the shock sensitivity of RDX：molecular dynamics simulations by reactive force field [J]. The Journal of Physical Chemistry C，2015，119（24）：13735-13742.

[25] 刘海，董晓，何远航. TNT 高温热解及含碳团簇形成的反应分子动力学模拟 [J]. 物理化学学报，2014，30（2）：232-240.

[26] Zhang L Z，Zybin S V，van Duin A C，et al. Carbon cluster formation during thermal decomposition of octahydro-1，3，5，7-tetranitro-1，3，5，7-tetrazocine and 1，3，5-triamino-2，4，6-trinitrobenzene high explosives from ReaxFF reactive molecular dynamics simulations [J]. The Journal of Physical Chemistry A，2009，113（40）：10619-10640.

[27] Ren C X，Li X X，Guo L. Reaction Mechanisms in the Thermal Decomposition of CL-20 Revealed by ReaxFF Molecular Dynamics Simulations [J]. Acta Physico-Chimica Sinica，2018，34（10）：1151-1162.

[28] Chen L，Wang H Q，Wang F P，et al. Thermal Decomposition Mechanism of 2，2′，4，4′，6，6′-Hexanitrostilbene by ReaxFF Reactive Molecular Dynamics Simulations [J]. The journal of physical chemistry，C Nanomaterials and interfaces，2018，122（34）：19309-19318.

[29] Zhu S F，Zhang S H，Gou R J，et al. Theoretical and experimental investigation into a eutectic system of 3，4-dinitropyrazole and 1-methyl-3，4，5-trinitropyrazole [J]. Journal of molecular modeling，2018，24：1-11.

[30] Wu J Y，Huang Y X，Yang L J，et al. Reactive Molecular Dynamics Simulations of the Thermal Decomposition Mechanism of 1，3，3-Trinitroazetidine [J]. Chem Phys Chem，2018，19（20）：2683-2695.

[31] Yang L J，Wu J Y，Geng D S，et al. Reactive molecular dynamics simulation of the thermal decomposition mechanisms of 4，10-dinitro-2，6，8，12-tetraoxa-4，10-diazatetracyclo $[5.5.0.0^{5,9}.0^{3,11}]$ dodecane（TEX）[J]. Combustion and Flame，2019，202：303-317.

[32] Bai H，Gou R J，Chen M H，et al. ReaxFF/lg molecular dynamics study on thermal decomposition mechanism of 1-methyl-2，4，5-trinitroimidazole [J]. Computational and Theoretical Chemistry，2022，1209：113594.

[33] Lan Q H，Zhang H G，Ni Y X，et al. Thermal decomposition mechanisms of LLM-105/HTPB plastic-bonded explosive：ReaxFF-lg molecular dynamics simulations [J]. Journal of Energetic Materials，2021，41（3）：269-290.

[34] 郑保辉，罗观，舒远杰，等. 熔铸炸药研究现状与发展趋势 [J]. 化工进展，2013，32（06）：1341-1346.

[35] Landenberger K B，Matzger A J. Cocrystal Engineering of a Prototype Energetic Material：Supramolecular Chemistry of 2，4，6-Trinitrotoluene [J]. Crystal Growth & Design，2010，10（12）：5341-5347.

[36] 董海山，周芬芬. 高能炸药及相关物性能 [M]. 北京：科学出版社，1989.

[37] Li Y J，Xue X G，Wang C Y，et al. Morphology Prediction Methods and Their Applications in Energetic Crystals [J]. Crystal Growth & Design，2023，23（11）：8436-8452.

[38] Chen F，Zhou T，Wang M. Spheroidal crystal morphology of RDX in mixed solvent systems predicted by molecular dynamics [J]. Pergamon，2020：109196.

[39] Li J，Jin S H，Lan G C，et al. The effect of solution conditions on the crystal morphology of β-HMX by molecular dynamics simulations [J]. Journal of Crystal Growth，2019，507：38-45.

[40] Lan G C，Jin S H，Li J，et al. The study of external growth environments on the crystal morphology of ε-HNIW by molecular dynamics simulation [J]. Journal of Materials Science，2018，53：12921-12936.

[41] Liu N，Zhou C，Wu Z K，et al. Theoretical study on crystal morphologies of 1，1-diamino-2，2-dinitroethene in solvents：Modified attachment energy model and occupancy model [J]. Journal of Molecular Graphics and Modelling，2018，85：262-269.

[42] 冯璐璐，曹端林，王建龙，等. 1-甲基-2，4，5-三硝基咪唑的晶体形貌预测 [J]. 含能材料，2015，23（5）：443-449.

[43] Xu X，Chen D，Li H，et al. Crystal Morphology Modification of 5，5′-Bisthiazole-1，1′-dioxyhydroxyammonium Salt

［J］．Chemistry Select，2020，5（6）：1919-1924.

［44］ Dong W B，Chen S S，Jin S H，et al. Effect of Sodium Alginate on the Morphology and Properties of High Energy Insensitive Explosive TKX-50 ［J］. Propellants，Explosives，Pyrotechnics，2019，44（4）：413-422.

［45］ Chen X J，He L C，Li X R，et al. Molecular simulation studies on the growth process and properties of ammonium dinitramide crystal ［J］. The Journal of Physical Chemistry C，2019，123（17）：10940-10948.

［46］ Li J W，Zhang S H，Gou R J，et al. The effect of crystal-solvent interaction on crystal growth and morphology ［J］. Journal of Crystal Growth，2019，507：260-269.

［47］ Gao H F，Zhang S H，Gou R J，et al. Theoretical insight into the temperature-dependent acetonitrile（ACN）solvent effect on the diacetone diperoxide（DADP）/1，3，5-tribromo-2，4，6-trinitrobenzene（TBTNB）cocrystallization ［J］. Computational Materials Science，2016，121：232-239.

［48］ Zhu S F，Zhang S H，Gou R J，et al. Understanding the Effect of Solvent on the Growth and Crystal Morphology of MTNP/CL-20 Cocrystal Explosive：Experimental and Theoretical Studies ［J］. Crystal Research and Technology，2018，53（4）：1700299.

［49］ Liu Y Z，Niu S Y，Lai W P，et al. Crystal morphology prediction of energetic materials grown from solution：insights into the accurate calculation of attachment energies ［J］. Cryst Eng Comm，2019，21（33）：4910-4917.

第2章　分子模拟

随着计算机技术的飞速发展，计算机模拟已经成为当前同理论分析和实验研究并列的三大研究手段之一，而分子模拟为 20 世纪下半叶发展起来的最热门的计算机模拟技术之一。随着量子力学的逐步完善、经验力场的不断发展和计算机速度的不断提升，分子模拟的理论和方法得到了快速的发展，在物理、化学、生物、材料等诸多领域发挥着越来越重要的作用[1-9]。本章对分子力场方法、晶体生长预测模型和电子结构分析方法等理论计算方法进行了描述。

2.1　分子力场方法

分子模拟是从统计力学基本原理出发，将一定数量的分子输入计算机内进行分子微观结构的测定和宏观性质的计算，而分子力场（molecular force field）是分子模拟的基础，也是描述粒子间相互作用势的方程组，是表示分子的势能与组成分子的原子坐标之间的函数，又叫势函数，即势能面的函数表达式。20 世纪 50 年代，分子力场由理论物理学家提出[10,11]，不过最初的计算仅限于体系的单点能量。它表示一个粒子体系的总势能，可以用分子内相互作用、成对势、三体势等的总和来描述。该方程中的常数是从实验数据或从头计算得出的，它可以准确计算原子之间的相互作用，包括组成同一分子的原子之间的成键相互作用，和不同分子间的范德华相互作用，有的分子间还有氢键。在针对较大体系的分子动力学模拟中，分子力场因方法简单且计算量大幅度下降而被广泛使用，分子力场的完备与否直接决定分子模拟的准确性。尽管分子力场在模拟分子间相互作用中有其独特优势，但其适用范围存在一定的局限性，在不同的分子结构和化学环境下，其准确性和适用性可能受到限制[12]。因此，在对分子材料进行分子动力学模拟时通常需要构造或选择合适的分子力场。根据是否可以模拟分子成键/断键将分子力场分为经典力场和反应性力场，本节将分别介绍这两种力场的势函数表达方法。

2.1.1　经典力场

经典力场（classic force field）中总势能可划分为描述成键原子间的成键相互作用和非成键原子间的非键相互作用。前者包括键、键角、二面角及它们之间的交叉相互作用等，而后者包括范德华相互作用、库仑相互作用（或静电相互作用）与氢键作用等。其能量组成如式（2-1）所示：

$$E_{tot} = E_{bond} + E_{angle} + E_{torsion} + E_{vdW} + E_{Coulomb} + E_{H-bond} \tag{2-1}$$

式中，E_{tot} 为总势能；E_{bond}、E_{angle}、$E_{torsion}$、E_{vdW}、$E_{Coulomb}$ 和 E_{H-bond} 分别为键能、键角能、二面角扭转能、范德华相互作用能、库仑相互作用能和氢键作用能。其中，前三项为成键相互作用，后三项为非键相互作用。

（1）成键相互作用

① 键能（E_{bond}）：用于描述分子内原子间化学键键长变化的能量。

$$E_{bond}(r) = \sum_{bond} \frac{k_b}{2}(r - r_0)^2 \tag{2-2}$$

式中，k_b 是键弹性常数；r_0 是平衡键长；r 是两个相互键合的原子之间的距离。

② 键角能（E_{angle}）：用于描述分子内连续成键的三个原子间键角变化的能量。

$$E_{angle}(\theta) = \sum_{angle} \frac{k_\theta}{2}(\theta - \theta_0)^2 \tag{2-3}$$

式中，k_θ 是键角弹性常数；θ_0 是平衡键角；θ 是两个化学键之间的夹角。

③ 二面角扭转能（$E_{torsion}$）：用于描述四个连续成键的原子形成的二面角之间的相互作用，如图 2-1 所示。

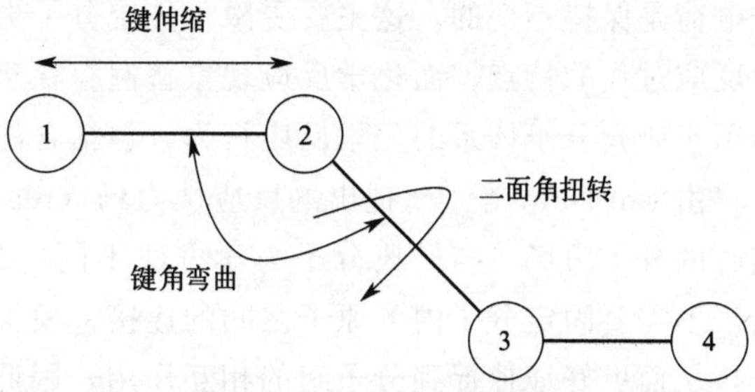

$$E_{torsion}(\omega) = \sum_{torsion} \frac{V_n}{2}[1 + \cos(n\omega - \gamma)] \tag{2-4}$$

图 2-1　键、键角和二面角扭转示意图

式中，V_n 为二面角的弹性常数；ω 为二面角；n 为多重度；γ 为初始相位角。

（2）非键相互作用

① 范德华相互作用能（E_{vdW}）：用于描述原子间范德华相互作用。在没有成键的两个原子对之间，存在着范德华相互作用能。分子力场中，用 Lennard-Jones（L-J）势来描述范德华相互作用能，其函数形式为：

$$E_{vdW}(r_{ij}) = \sum_{i<j} 4\varepsilon_{ij} \left[\left(\frac{\sigma_{ij}}{r_{ij}} \right)^{12} - \left(\frac{\sigma_{ij}}{r_{ij}} \right)^6 \right] \tag{2-5}$$

式中，ε 是势阱深度；σ 是碰撞直径；r_{ij} 是 i，j 两个原子之间的距离。

② 库仑相互作用能（$E_{Coulomb}$）：用于描述原子间静电排斥力或吸引力，常采用点电荷库仑力作用的函数形式。

$$E_{Coulomb}(r_{ij}) = \sum_{i<j} \frac{q_i q_j}{4\pi\varepsilon_0 r_{ij}} \tag{2-6}$$

式中，q_i，q_j 分别是 i，j 两个原子上所携带的电荷；ε_0 是真空中的介电常数；r_{ij} 是这两个原子之间的距离。

③ 氢键作用能（E_{H-bond}）：用于描述分子之间通过形成氢键相互作用时释放或吸收的能量。氢键是一种特殊的非键相互作用，根据传统的 Lennard-Jones 势，一般采用 10-12 势就可以较精确地描述氢键作用[13]，其函数形式为：

$$E(r) = \frac{A}{r^{12}} - \frac{C}{r^{10}} \tag{2-7}$$

式中，A 和 C 是经验常数。另外还有其他描述氢键作用的函数形式：

$$E(r) = \left(\frac{C}{r^{12}} - \frac{D}{r^{10}}\right)\cos^4\theta \tag{2-8}$$

式中，C 和 D 为经验常数；θ 为形成的氢键角。

由于不同力场的应用目的不同，所采用的经验势函数的形式与复杂程度也不同。

例如，采用经典力场对 2,6-双（苦氨基）-3,5-二硝基吡啶（PYX）[14,15]、六硝基芪（HNS）[16]、六硝基六氮杂异伍兹烷（ε-Cl-20）[17] 基高聚物黏结炸药结合能及力学性能进行了分子动力学模拟。

2.1.2 反应性力场

一般来说，经典力场在研究常温常压范围内平衡状态下单相凝聚态是可靠的，但在其他条件下就有可能出现问题。例如，在分子动力学计算过程中，分子内原子的连接关系以及原子电荷是保持不变的，这主要受限于传统分子力场（COMPASS、Dreiding 等）无法处理化学反应过程的特点，而化学反应现象普遍存在于各种研究体系中，因此传统的分子力场并不能用于研究分子体系的化学反应行为，包括含能材料的热分解过程[18]。

由 van Duin 等[19] 提出的反应性力场（reactive force field，ReaxFF），是一种以键级为核心的分子力场。与经典分子力学方法不同的是，反应性力场中引入了 Bond Order 参数，由于不需要固定分子内各原子之间的连接，模拟过程中各原子间的化学键可以自由断裂和生成，从而更好地捕捉到分子间的相互作用，因此可以模拟化学反应过程。ReaxFF 方法可以对原子尺度上的化学反应进行计算研究，特别是，ReaxFF 能够模拟涉及固相、液相和气相界面反应过程，这是因为每个元素的 ReaxFF 描述可以跨相传输。结合分子动力学（MD）模拟，使用 ReaxFF 的反应分子动力学模拟可以在分子水平上描述键断裂和形成的动态反应演变。作为原子级计算，ReaxFF MD 模拟保持着高计算效率，具有较高的精度。更重要的是，ReaxFF MD 模拟能够用于高温热解、燃烧、催化、溶液环境、界面、金属和金属氧化物表面分子反应的模拟，可以详细了解各种材料热化学处理中的复杂反应，特别是揭示分解过程中的反应机理。ReaxFF 力场势函数的具体表达形式如式（2-9）所示。

$$E_{\text{system}} = E_{\text{bond}} + E_{\text{lp}} + E_{\text{over}} + E_{\text{under}} + E_{\text{val}} + E_{\text{pen}} + E_{\text{coa}} + E_{\text{C2}} + E_{\text{triple}} + E_{\text{tors}}$$
$$+ E_{\text{conj}} + E_{\text{H-bond}} + E_{\text{vdW}} + E_{\text{Coulomb}} \tag{2-9}$$

式中的能量项依次是键能项（E_{bond}）、孤对电子项（E_{lp}）、过配位的能量修正项（E_{over}）、低配位的能量修正项（E_{under}）、价角能量项（E_{val}）、键角补偿能量项（E_{pen}）、三体共轭项（E_{coa}）、C2 修正项（E_{C2}）、三键修正项（E_{triple}）、扭转角能量项（E_{tors}）、四体共轭项（E_{conj}）、氢键作用项（$E_{\text{H-bond}}$）、范德华相互作用项（E_{vdW}）和静电相互作用项（E_{Coulomb}）。

目前，基于 ReaxFF 的分子动力学（ReaxFF MD）方法已经广泛应用于探索含能材料的热分解机理，且与实验、量子力学、从头算等方法相互比较而不断地揭示出更多的微观细节。然而，ReaxFF 对于非键相互作用的描述不甚完善，导致其对含能材料如密度、晶格能等性质的相关描述还不够准确。为了弥补这一缺点，Liu 等[20] 通过引入伦敦色散项，采用低梯度校正方法，对 ReaxFF 进行了改进，修正分子间长程相互作用力，发展了校正反应性力场，简称 ReaxFF-lg，其能够更加准确地描述分子晶体的结构和密度。ReaxFF-lg 势函数表述方式如式（2-10）所示：

$$E_{\text{Reax-lg}} = E_{\text{Reax}} + E_{\text{lg}} \tag{2-10}$$

式中，$E_{\text{Reax-lg}}$ 为 ReaxFF-lg 模型总能量；E_{Reax} 为原 ReaxFF 模型总能量；E_{lg} 为伦敦色散力修正能量。

$$E_{\text{lg}} = -\sum_{i,j,i<j}^{N} \frac{C_{\text{lg},ij}}{r_{ij}^6 + dR_{eij}^6} \tag{2-11}$$

式中，$C_{\text{lg},ij}$ 为伦敦色散力修正参数；d 为标度因子；N 为原子个数；r_{ij} 为原子 i 和 j 之间距离；R_{eij} 为原子 i 和 j 的平衡范德华（vdW）距离。

虽然 ReaxFF-lg 已经覆盖了大部分元素，但受限于其扩展性和迁移性，使得 ReaxFF 并不适用于所有的分子结构。并且由于模拟时间太短，模拟的整个时间尺度无法与现有的宏观实验完美对应，所以主要应用于物质的初始分解阶段。尽管如此，ReaxFF-lg 已广泛应用于有机分子、含能材料、某些金属和催化剂的研究中，研究内容主要包括燃烧、爆炸、电催化等实验上难以验证的复杂反应[21-24]。其在含能材料领域更是有着极其广泛的应用，对极端条件下含能材料的化学反应追踪与物质演化行为研究有着极大应用潜力，为丰富实验和其他计算方法所难以涉及的化学反应认识提供了帮助。

例如，应用反应性力场对 HMX 及其混合炸药[25-27]、RDX[29,30]、TNT[31] 在极端条件下的热分解进行分子动力学模拟。

2.2　晶体生长预测模型

2.2.1　BFDH 模型

1886 年，法国晶体学家 Bravais 提出了著名的 Bravais 理论，该理论认为晶面的法向生长速率 R_{hkl} 与晶面的面间距 d_{hkl} 成反比：

$$R_{hkl} \propto \frac{1}{d_{hkl}} \tag{2-12}$$

即晶面间距 d_{hkl} 越大的面，生长速率 R_{hkl} 越低。生长速率快的晶面将趋向于减小或消失。之后，该理论在 Friedel、Donnay 和 Harker 的共同推动下形成了 BFDH 法则[32]。BFDH 法则将晶体单元的排布方式与晶体生长形态相结合，通过晶体不同晶面的面间距计算晶面的相对生长速率，从而预测晶体可能的生长形态。

2.2.2　Gibbs-Wulff 晶体生长定律

Gibbs 认为在恒温恒容的条件下，表面能最小晶体形态就是晶体的平衡形态。Wulff 认为晶体中心到各个晶面的距离 d_{hkl} 与各个晶面的比表面自由能 σ_{hkl} 成正比，两者统称为 Gibbs-Wulff 晶体生长定律[33]。Gibbs-Wulff 晶体生长定律以热力学为基础，将晶体表面自由能与晶体生长形态相结合，通过晶面自由能计算晶面的相对生长速率，从而预测晶体可能的生长形态。

2.2.3　周期性键链（PBC）理论

Hartman 和 Perdok 提出了周期性键链（periodic bond chain，PBC）模型，提出用附着

能来代替表面自由能[34]。PBC 理论认为晶体由一系列周期性键链组成，具有重复的生长方向和周期性。根据晶面上的周期键链数，PBC 理论将晶面分为 3 种类型：

① F 面（flat），晶面上有两个及以上与之平行的周期键链。

② S 面（stepped），晶面上只有一个与之平行的周期键链。

③ K 面（kinked），晶面上没有与之平行的周期键链。

生长单元附着在 F 面上时，与晶体形成的相互作用最弱，最容易重新脱附，所以 F 面的生长速率最小。晶习主要由 F 面决定，晶体表面的能量与晶面的生长速率成正比，生长方向平行于 PBC 方向，PBC 越强，晶面生长速率越快。

2.2.4 附着能（AE）模型

Hartman 和 Bennema 在 PBC 理论的基础上，提出了附着能（attachment energy，AE）模型。在 AE 模型中，一层厚度为 d_{hkl} 的晶体切片附着到晶面上所释放的能量被定义为附着能（E_{att}），相应地，生长出一层厚度为 d_{hkl} 的晶体切片所释放的能量为晶片能（E_{slice}），两者求和即为晶体的晶格能（E_{latt}），它们的关系式如下：

$$E_{latt} = E_{slice} + E_{att} \tag{2-13}$$

晶面法向生长速率与其附着能绝对值是成正比的。附着能绝对值越大，对应的晶面法向生长速率就越快。附着能绝对值越小，晶面法向生长速率越慢，即

$$R_{hkl} \propto |E_{att}| \tag{2-14}$$

AE 模型通过晶体对称性和分子间键链性质计算晶体的附着能，通过评估晶体各侧的相对生长速率，能够很好地预测晶体习性[35,36]。然而，AE 模型忽略了外部结晶条件，所以在溶液环境中，该模型预测的准确度较低，因此有必要对 AE 模型进行修正[37,38]。

2.2.4.1 修正附着能模型 1（MAE1）

假设晶体表面不存在台阶或者扭折，那么就可以用二维成核模型来描述晶面的生长。二维成核理论是由 Kossel 和 Stranski 提出的，他们认为，生长基元扩散吸附到界面上，首先会形成台阶和扭折。然后，生长基元通过台阶和扭折不断地扩散，最终覆盖整个生长界面。之后在新的界面上重复这个扩散过程，最终导致晶体的层状生长。根据二维成核理论，晶体表面的生长速率主要由表面的成核速率（J）决定。晶体表面的法向生长速率（R_{hkl}）表示如下：

$$R_{hkl} = hSJ \tag{2-15}$$

式中，h 是成核阶段形成的台阶的高度，并且可以认为是晶面间距[39]；S 是二维临界核覆盖的表面区域面积。晶体表面的成核速率表示为：

$$J = v_0 \exp\left(-\frac{\Delta G_C}{kT}\right) \tag{2-16}$$

式中，v_0 是原子或分子在生长界面上的碰撞频率；ΔG_C 是形成晶体时系统吉布斯自由能的变化，可通过以下公式计算：

$$\Delta G_C = \frac{\pi h \gamma \omega}{kT\sigma} \tag{2-17}$$

式中，γ 是溶液中的表面自由能；ω 是特定的分子体积；σ 是溶液的过饱和度；$kT\sigma$ 是晶体在溶液中生长的驱动力。

Hartman 提出了一个描述附着能（E_{att}）和晶体表面自由能之间关系的公式[35]：

$$\gamma_{hkl} \approx \frac{Z E_{att} d_{hkl}}{N_A V_P} \tag{2-18}$$

式中，Z 是原始晶胞中每单位体积的分子数；V_P 是原始晶胞的体积；d_{hkl} 是晶格的晶面间距；N_A 是阿伏伽德罗常数。

晶体表面自由能（$\Delta\gamma$）的变化是由溶液与溶液中晶体表面的吸附相互作用引起的，可通过以下公式计算：

$$\Delta\gamma = \frac{Z E_S d_{hkl}}{N_A V_P} \tag{2-19}$$

式中，E_S 是溶剂吸附的相互作用。因此，γ 可以修改为：

$$\gamma = \gamma_{hkl} - \Delta\gamma = \frac{Z(E_{att} - E_S) d_{hkl}}{N_A V_P} \tag{2-20}$$

结合式（2-17）和式（2-20），得到：

$$\Delta G_C = \frac{\pi h \omega Z d_{hkl}}{k T \sigma N_A V_P}(E_{att} - E_S) \tag{2-21}$$

结合式（2-15）、式（2-16）和式（2-21），得到：

$$R_{hkl} = h S v_0 \exp\left[-\frac{\pi h \omega Z d_{hkl}}{k^2 T^2 \sigma N_A V_P}(E_{att} - E_S)\right] \tag{2-22}$$

其中，Z，d_{hkl} 和 V_P 是晶体的特性。可以看出，R_{hkl} 与（$E_{att} - E_S$）近似成比例关系，同时也确定了溶液结晶的条件：

$$R_{hkl} \propto (E_{att} - E_S) \tag{2-23}$$

当其他结晶因子不变时，溶剂对晶体生长具有重要的影响。在这里，定义修正后的附着能等于（$E_{att} - E_S$）。E_S 可以通过以下公式计算：

$$E_S = E_{int} \frac{A_{acc}}{A_{box}} \tag{2-24}$$

式中，A_{acc} 是单晶胞的溶剂可及面积；A_{box} 是晶面超晶胞的面积；E_{int} 是溶剂与晶面之间的相互作用能，通过下式计算：

$$E_{int} = E_{tot} - E_{surf} - E_{solv} \tag{2-25}$$

式中，E_{tot} 是溶剂层和晶面层的总能量；E_{surf} 是没有溶剂层的晶面层的总能量；E_{solv} 是没有晶面层的溶剂层的总能量。

由此可见，晶体各个晶面在溶剂中的生长速率同样正比于修正后的附着能绝对值。当溶剂存在时，晶体各个晶面的附着能发生了变化，导致晶面的相对生长速率也发生了变化。晶体各个晶面的相对生长速率决定了其生长形貌，由此可以通过修正附着能模型，来预测晶体在溶剂中的结晶形貌。

2.2.4.2　修正附着能模型 2（MAE2）

修正后的附着能定义式为：

$$E_{att}^* = E_{att} - E_S \tag{2-26}$$

$$E_S = E_{int} \frac{A_{acc}}{A_{box}} \tag{2-27}$$

Liu 等[40] 对此公式提出了新的修正方式，认为 E_S 的计算方式应该如下：

$$E_S = \frac{Z_{cry}}{Z_{hkl}} \times \frac{A_{hkl}}{A_{box}} E_{int} \tag{2-28}$$

式中，Z_{cry} 是晶体晶胞中的分子个数；Z_{hkl} 是（hkl）面单位晶面的分子个数；A_{hkl} 是单晶胞的横截面面积。

因此，修正后的附着能公式为：

$$E_{att}^* = E_{att} - \frac{Z_{cry}}{Z_{hkl}} \times \frac{A_{hkl}}{A_{box}} E_{int} \tag{2-29}$$

2.2.5 占据率模型

由于溶质分子插入晶面的晶格位置促进了晶体的生长，因此研究溶质分子对晶面的影响是非常重要的。在溶剂-晶面界面模型中，定义 k 为溶质分子相对于溶质和溶剂分子总数的占据率，溶质和溶剂的缩写分别用下标 sol，1 和 sol，2 表示。k 反映了溶质分子占据晶体表层的能力。如果 k 大于 0.5，则表明溶质分子对晶面的结合能力强于溶剂分子。k 的计算方式如下[41]：

$$k = \frac{p_{sol,1}}{p_{sol,1} + p_{sol,2}} \tag{2-30}$$

式中，$p_{sol,1}$ 和 $p_{sol,2}$ 分别是溶质分子和溶剂分子的占据率。溶质或溶剂分子的占据率 p_{sol} 与溶剂-晶面的相互作用能成正比，计算公式如下：

$$p_{sol} = r E_{int,m} \tag{2-31}$$

式中，r 是一个常数；$E_{int,m}$ 是整个模型中晶面与每个溶质或溶剂分子之间的相互作用能。$E_{int,m}$ 可以表示为：

$$E_{int,m} = E_{int} / N_{sol} \tag{2-32}$$

式中，N_{sol} 是厚度为 d_{hkl} 内溶质或溶剂分子的数量，计算公式如下：

$$N_{sol} = V_{hkl} / V_{sol,m} = A_{surf} d_{hkl} / V_{sol,m} \tag{2-33}$$

$$V_{sol,m} = M_{sol} / \rho_{sol} N_A \tag{2-34}$$

式中，A_{surf} 是晶面超晶胞的表面积；$V_{sol,m}$ 是溶质或溶剂分子的体积；M_{sol} 是分子摩尔质量；ρ_{sol} 是溶质或溶剂分子的密度；N_A 是阿伏伽德罗常数。

结合式(2-30) 和式(2-31)：

$$k = \frac{r_1 E_{int,m,1}}{r_1 E_{int,m,1} + r_2 E_{int,m,2}} \tag{2-35}$$

常数 r 代表影响溶质或溶剂分子占据晶面的因素，包括浓度、混合溶剂、分子扩散能力等。为了简化此工作中的模型，仅考虑 $r_1 = r_2$。

根据 AE 模型，晶面的生长速率与附着能绝对值成正比。在占据率模型中，附着能被修正为：

$$E_{att}^* = k E_{att} \tag{2-36}$$

2.2.6 螺旋生长模型

1951 年，Burton 提出了螺旋生长模型[42]，溶液中的生长单元附着在台阶上的扭结点，使台阶向外生长，当台阶开始向外生长，下一条边缘随之出现，出现的边缘围绕螺旋的中心点生长，该过程不断重复并形成围绕一个中心点的周期性螺旋。晶面上每完成一个完整的螺旋，晶面上便出现一个新的生长层，对应于一个晶面间距的高度[43,44]。所以晶面的生长速率 G_{hkl} 可以表示为：

$$G_{hkl} = \tau / h \tag{2-37}$$

式中，h 是台阶高度；τ 是晶面上每周期性地形成一个完整螺旋所花费的时间。当台阶开始生长时往往需要先达到临界长度 l_c，达到临界长度后，台阶以一个恒定的速率生长，台阶的生长速率可以表示为：

$$\begin{cases} v = 0, l \leqslant l_c \\ v = 常数, l > l_c \end{cases} \tag{2-38}$$

在达到临界长度前，螺旋边缘的延长是上一个台阶的生长导致的，所以螺旋生长每完成一个周期所花费的时间 τ 就是 N 条螺旋边缘逐一生长至临界长度所花费的时间之和，可以表示为：

$$\tau = \sum_{i=1}^{N} \frac{l_{c,i+1} \sin(\alpha_{i,i+1})}{v_i} \tag{2-39}$$

式中，v_i 是台阶 i 的生长速率；$\alpha_{i,i+1}$ 是前后两条螺旋边缘 i 与 $i+1$ 的夹角；$l_{c,i+1}$ 表示台阶 $i+1$ 的临界长度。

2.2.7　Equilibrium 模型

Gibbs 以热力学观点为出发点阐述了晶体与其周围组分之间的平衡形态，并提出了晶体生长的最小表面能定理[45]。Gibbs 指出，在等温等体积的恒定情况下，晶体的平衡形态对应于最小的总表面积自由能。如果晶体趋于平衡形态，则会以最小表面自由能形式呈现形貌；否则形成一个非平衡态。Wulff 进一步提出 Wulff 结构来确定平衡晶体形貌的方法，Gibbs 和 Wulff 的理论统称为 Gibbs-Wulff 晶体生长定律。

2.2.8　蒙特卡罗模拟

晶体生长是一种典型的随机过程，可以通过蒙特卡罗模拟进行形貌预测。通过蒙特卡罗模拟来研究过饱和度对晶体生长的影响，从而探索晶体形态随时间演变的过程，并且蒙特卡罗模拟已经被证明在晶体生长方面非常有效。早期 Anderson 等将蒙特卡罗模拟的运用从微观结构的演化发展到包含晶粒生长等情况，主要遵循 solid-on-solid 假设，生长基元只能附着在已占据的固相晶体表面，排除了分子悬挂、流体吸附和晶体空位[46]。经过发展后提出 solid-to-solid 假设，这种假设情况下，进行蒙特卡罗模拟预测晶体形貌会考虑晶体表面的附着和脱附。平衡状态下，附着率等于脱附率，晶面法向生长速率以黏附分数来定义。

$$R_{hkl} \propto S_{hkl} = \frac{N_{att} - N_{det}}{N_{att}} \tag{2-40}$$

式中，N_{att} 和 N_{det} 分别是晶面附着和脱附的生长基元的数量，数值可以从附着率和脱附率中获得。

2.2.9　各生长预测模型的分析比较

上述各种生长模型的分析比较见表 2-1。Equilibrium 模型仅适用于平衡态，BFDH 模型基于晶体结构的对称性和几何学原理，忽略了表面能和生长动力学的影响，对复杂晶体体系的预测准确性较低。这两种方法的计算效率高，适合初步筛选和分析。

AE 模型适用于不同生长条件下的晶体形貌预测，能够考虑分子间的相互作用，但是对力场参数和计算方法的依赖较强，对大规模体系和长时间尺度的模拟可能受到限制。占据率模型本质上来讲是另一种形式的修正附着能模型，其附着能使用相对占据率（k）来修正。例如，采用修正附着能模型和占据率模型分别对 TKX-50[47-50]、HMX[51-53]、BTO[54]、RDX[55]、HNBP[56,57] 在溶剂中的结晶形貌进行预测。

螺旋生长模型适用于研究螺旋生长机制，能够提供晶体生长过程的细节信息，需要高质量的动力学数据，计算复杂度较高。蒙特卡罗模拟可以统计不同晶面上的分子行为，计算各晶面的生长速率，但是该方法对初始条件和抽样策略敏感，需要合适的随机抽样策略，结果可能存在较大波动。

表 2-1　晶体形貌预测模型的比较

模型	原理	条件和考虑因素	评价
Equilibrium 模型	Gibbs-Wulff 定律	真空	适用于平衡状态
BFDH 模型	BFDH 法则	真空	效率高但精度低
AE 模型	PBC 理论	温度、溶剂、添加剂	建模简单、计算成本适中、应用广泛
占据率模型	PBC 理论	温度、溶剂、溶质	建模简单、计算成本适中、应用广泛
螺旋生长模型	PBC 理论、动力学	温度、溶剂、过饱和度	意义明确但计算复杂
蒙特卡罗模拟	概率论	温度、溶剂、添加剂、过饱和度	模拟动态过程、计算昂贵

2.3　电子结构分析方法

2.3.1　Hirshfeld 表面和指纹图

Hirshfeld 表面基于球形原子电子密度之和构建，被认为是研究分子之间非共价相互作用的有效工具[58,59]。参数 d_{norm} 可以使 Hirshfeld 表面直观地显示出分子间相互作用的强度和方向，它可以由式(2-41) 求出。式中，d_e 和 d_i 分别是 Hirshfeld 面上一点到面外和面内最近原子的距离；r_e^{vdW} 和 r_i^{vdW} 分别是面外和面内相应原子的范德华半径；$r_i^{vdW} + r_e^{vdW}$ 是范德华距离。当原子间相互作用距离大于范德华距离时，d_{norm} 结果为正值，表示弱相互作用，对应于面上蓝色位点的区域；当小于范德华距离时，d_{norm} 结果为负值，表示较强相互作用，对应于面上红色位点的区域；当接近范德华距离时，对应于面上白色位点的区域。由 d_i 和 d_e 组合形成的二维指纹图[60] 可以半定量地描述分子间相互作用的类型以及贡献百分比。简而言之，通过分析分子的 Hirshfeld 表面及其相应的二维指纹图，并利用其相互作用强度和距离，可以测量晶体中分子间不同类型相互作用的贡献。

$$d_{norm} = \frac{d_i - r_i^{vdW}}{r_i^{vdW}} + \frac{d_e - r_e^{vdW}}{r_e^{vdW}} \tag{2-41}$$

2.3.2　约化密度梯度函数分析方法

一种可视化研究弱相互作用的方法被杨伟涛等[61] 在《Revealing Noncovalent Interactions》一文中提出，称为约化密度梯度函数（reduced density gradient，RDG）[62,63] 或非共价键（NCI）[61] 方法，该研究方法主要是研究中、长程距离的相互作用，属于弱相互作用范畴，其中包含范德华相互作用、氢键、卤键、π-π 堆积、位阻作用等。该分析方法是基于实空间中的函数定义，这些函数为不同的作用域分配不同的特征值，从而凸显体系中存在的非共价相互作用区域[64,65]。本书中采用了 RDG 分析方法，其表达式为：

$$RDG = \frac{1}{2(3\pi^2)^{1/3}} \times \frac{|\nabla\rho(r)|}{\rho(r)^{4/3}} \tag{2-42}$$

式中，∇ 是梯度算符；$|\nabla\rho(r)|$ 是电子密度梯度的模。这种方法不仅可以显示弱相互作用的存在区域，还能确定作用的类型以及强度。

2.3.3　分子表面静电势

分子表面静电势 $V(r)$ 是指在分子外部（特别是表面附近）由分子内的电荷分布所引起的电势[66]，对于分子在点 r 处的静电势表示为：

$$V(r) = \sum_A \frac{Z_A}{|R_A - r|} - \int \frac{\rho(r')dr'}{|r' - r|} \tag{2-43}$$

式中，$\rho(r')$ 是分子的电子密度。分子内原子的原子核电荷和电子密度构成了分子表面静电势。Politzer 等[67,68] 研究表明，炸药感度与表面静电势存在一定的关联，分子表面正静电势面积比例越大，炸药的感度会越高。

2.3.4　键解离能计算

键解离能（BDE）可以作为判定某一含能化合物稳定性优劣的一个重要指标，计算含能化合物分子最弱键解离能可以为人们了解含能化合物的热稳定性，了解其热分解机理以及热分解中的断键过程提供非常有用的信息[69-71]。一些研究认为，在含能化合物热分解过程中触发键可能是桥连接结构或者含能基团。精确的 BDE_0 计算公式如下[72]：

$$BDE_0(A—B) = E_0(A\cdot) + E_0(B\cdot) - E_0(A—B) \tag{2-44}$$

2.3.5　前线分子轨道

前线分子轨道（FMO）指的是分子中能量最低的未占据分子轨道（lowest unoccupied molecular orbital，LUMO）和能量最高的已占据分子轨道（highest occupied molecular orbital，HOMO）。这两个分子轨道在量子化学中被认为是特别重要的，因为它们决定了分子的电子结构、化学反应的活性和光电性质。HOMO 对应于分子的最稳定的电子轨道，通常与电子的给出和化学反应的发生密切相关；而 LUMO 则通常与电子的接受和光电性质的影响有关。计算前线分子轨道（FMO）通常通过量子化学方法进行，如密度泛函理论（DFT）或赝势法。首先需要建立分子的几何结构，然后使用计算化学软件计算其电子结构和分子轨道。

2.3.6　红外振动光谱

红外振动光谱是化合物的基本属性之一，也是分析和鉴别化合物的有效手段之一。红外振动光谱分析是一种通过测量样品对红外光的吸收情况来研究其分子结构和化学组成的分析技术。红外光谱分析基于分子中化学键的振动特性，不同化学键和分子基团在红外光谱中会表现出特定的吸收峰，这些吸收峰的位置和强度与分子的结构和化学环境密切相关。红外光谱分析在化学分析中，可以用来确定有机化合物的官能团结构，识别不同的化学键，如 C—H、O—H、C≡O 等；在材料科学中，可以用来分析聚合物、纳米材料和复合材料的成分和结构；在生物学中，可以用来研究蛋白质、脂类、核酸等生物大分子的结构和相互作用；在环境科学中，可以用来检测空气、水和土壤中的污染物。红外光谱分析具有非破坏性、快速、灵敏度高等优点，但也存在一定的局限性，如对样品的前处理要求较高，对于复杂混合物的分析可能需要结合其他分析技术，如质谱分析、核磁共振等，才能获得更全面的信息。

2.3.7　态密度

态密度（density of states，DOS）是固体物理学中的一个概念，用于描述在特定能量范围内，单位能量间隔内可能存在的量子态数目。在晶体结构中，电子的能量状态不是连续的，而是形成能带。态密度函数可以形象地表示这些能带中能量状态的分布情况，它对于理解材料的电子性质至关重要，如导电性、光学性质和热容量等。态密度的峰值通常对应于能带的边缘或特殊的能量点，这些位置对材料的物理性质有显著影响。通过计算或测量态密度，可以深入研究材料内部的电子结构及其对外界条件的响应。

参考文献

[1]　Bird G A. Molecular gas dynamics and the direct simulation of gas flows [M]. Oxford：Oxford university press，1994.

[2]　Haile M J，Johnston I，Mallinckrodt J A，et al. Molecular Dynamics Simulation：Elementary Methods [J]. Computers in Physics，1998，7（6）：625.

[3]　陈正隆. 分子模拟的理论与实践 [M]. 北京：化学工业出版社，2007.

[4]　Lifson S，Warshel A. Consistent force field for calculations of conformations，vibrational spectra，and enthalpies of cycloalkane and n-alkane molecules [J]. The Journal of Chemical Physics，1968，49（11）：5116-5129.

[5]　Warshel A，Levitt M，Lifson S. Consistent force field for calculation of vibrational spectra and conformations of some amides and lactam rings [J]. Journal of Molecular Spectroscopy，1970，33（1）：84-99.

[6]　Levitt M，Warshel A. Computer simulation of protein folding [J]. Nature，1975，253（5494）：694-698.

[7]　Karplus M，Weaver D L. Protein-folding dynamics [J]. Nature，1976，260（5550）：404-406.

[8]　Warshel A. Bicycle-pedal model for the first step in the vision process [J]. Nature，1976，260（5553）：679-683.

[9]　McCammon J A，Gelin B R，Karplus M. Dynamics of folded proteins [J]. Nature，1977，267（5612）：585-590.

[10]　Alder B J，Wainwright T E. Studies in molecular dynamics. I. General method [J]. The Journal of Chemical Physics，1959，31（2）：459-466.

[11]　Rahman A. Correlations in the motion of atoms in liquid argon [J]. Physical review，1964，136（2A）：A405.

[12]　宋亮. 铝基纳米含能材料燃烧氧化及界面钝化的分子动力学研究 [D]. 南京：南京理工大学，2022.

[13]　苑世领，张恒，张冬菊. 分子模拟理论与实验 [M]. 北京：化学工业出版社，2016.

[14]　Chen F，Ren Y Y，He L，et al. Molecular dynamics simulation of the interface interaction and mechanical properties of PYX and polymer binder [J]. AIP Advances，2022，12：025307.

[15]　陈芳，任圆圆，何磊，等.PYX 基高聚物粘结炸药界面相互作用及力学性能的分子动力学模拟 [J]. 原子与分子物理学报，2022，39（05）：167-172.

[16]　陈芳，王建龙，陈丽珍，等.HNS/EP-35PBXs 力学性能的分子动力学模拟 [J]. 四川大学学报（自然科学版），2015，52（04）：860-864.

[17] 陈芳，王建龙，陈丽珍，等．ε-CL-20/F2311PBXs 力学性能和结合能的分子动力学模拟 [J]．原子与分子物理学报，2015，32（03）：360-365.

[18] 刘连池．ReaxFF 反应性力场的开发及其在材料科学中的若干应用 [D]．上海：上海交通大学，2012.

[19] van Duin A C，Dasgupta S，Lorant F，et al. ReaxFF：a reactive force field for hydrocarbons [J]．The Journal of Physical Chemistry A，2001，105（41）：9396-9409.

[20] Liu L C，Liu Y，Zybin S V，et al. ReaxFF-lg：correction of the ReaxFF reactive force field for London dispersion，with applications to the equations of state for energetic materials [J]．The Journal of Physical Chemistry A，2011，115（40）：11016-11022.

[21] Larentzos J P，Rice B M. Transferable reactive force fields：extensions of ReaxFF-lg to nitromethane [J]．The Journal of Physical Chemistry A，2017，121（9）：2001-2013.

[22] Rice B M，Larentzos J P，Byrd E F C，et al. Parameterizing complex reactive force fields using multiple objective evolutionary strategies (MOES)：part 2：transferability of ReaxFF models to C—H—N—O energetic materials [J]．Journal of chemical theory and computation，2015，11（2）：392-405.

[23] Furman D，Carmeli B，Zeiri Y，et al. Enhanced particle swarm optimization algorithm：efficient training of ReaxFF reactive force fields [J]．Journal of chemical theory and computation，2018，14（6）：3100-3112.

[24] Bidault X，Pineau N. Dynamic formation of nanodiamond precursors from the decomposition of carbon suboxide（C_3O_2）under extreme conditions—A ReaxFF study [J]．The Journal of Chemical Physics，2018，149（11）：114391.

[25] Chen F，Li T H，Zhao L X，et al. Thermal decomposition mechanism of HMX/HTPB plastic bonded explosives studied by reactive molecular dynamics [J]．Journal of Molecular Modeling，2024，30：224.

[26] Guo G Q，Chen F，Li T H，et al. Comprehensive atomic insight into the whole process of thermolysis of HMX/CL-20 mixed explosives based on a brand-new layered model of mixed explosives [J]．Journal of Thermal Analysis and Calorimetry，2024，149（12）：6737-6757.

[27] Guo G Q，Chen F，Li T H，et al. Multi-aspect and comprehensive atomic insight：the whole process of thermolysis of HMX/Poly-NIMMO-based plastic bonded explosive [J]．Journal of Molecular Modeling，2023，29（12）：392.

[28] 陈芳，贾方硕，陈瑶，等，高温下 HMX 热分解反应分子动力学模拟 [J]．原子与分子物理学报，2025，42（02）：111-116.

[29] 陈芳，张红，段美玲，等．高温下黑索金（RDX）热分解动力学模拟 [J]．原子与分子物理学报，2013，30（06）：1025-1032.

[30] 陈芳，程新路．冲击作用下黑索金（RDX）热分解动力学模拟 [J]．原子与分子物理学报，2016，33（02）：315-319.

[31] 陈芳，张红，王建龙，等．高温下 2，4，6-三硝基甲苯（TNT）热分解动力学模拟 [J]．四川大学学报（自然科学版），2014，51（03）：539-544.

[32] Donnay J D H，Harker D. A new law of crystal morphology extending the law of Bravais [J]．American Mineralogist，1937，22（5）：446-467.

[33] Wulff G. On the question of speed of growth and dissolution of crystal surfaces [J]．Z Kristallogr，1901，34：449-530.

[34] Hartman P，Perdok W G. On the relation between structure and morphology of crystals [J]．Acta Crystallographica，1955，8（9）：521-524.

[35] Hartman P，Bennema P. The attachment energy as a habit controlling factor：I theoretical considerations [J]．Journal of Crystal Growth，1980，49（1）：145-156.

[36] Hartman P，Bennema P. The attachment energy as a habit controlling factor：III application to corundum [J]．Journal of Crystal Growth，1980，49（1）：166-170.

[37] Berkovitch-Yellin Z. Toward an ab initio derivation of crystal morphology [J]．Journal of the American Chemical Society，1985，107（26）：8239-8253.

[38] Berkovitch-Yellin Z. Crystal morphology engineer by "tailor-made" inhibitors：a new probe to fine intermolecular in-

teractions [J]. Journal of the American Chemical Society，1985，107：3111-3122.

［39］ Lee H E，Lee T B，Kim H S，et al. Prediction of the growth habit of 7-amino-4，6-dinitrobenzofuroxan mediated by cosolvents [J]. Crystal Growth & Design，2010，10 (2)：618-625.

［40］ Liu Y Z，Lai W P，Ma Y D，et al. Face-Dependent Solvent Adsorption：A Comparative Study on the Interfaces of HMX Crystal with Three Solvents [J]. The Journal of Physical Chemistry B，2017，121 (29)：7140-7146.

［41］ Zhang C Y，Ji C，Li H，et al. Occupancy model for predicting the crystal morphologies influenced by solvents and temperature，and its application to nitroamine explosives [J]. Crystal Growth & Design，2013，13 (1)：282-290.

［42］ Burton W K，Cabrera N，Frank F C. The growth of crystals and the equilibrium structure of their surfaces [J]. Philosophical Transactions of the Royal Society of London Series A，Mathematical and Physical Sciences，1951，243 (866)：299-358.

［43］ 赵迅. 氨苄西林晶习的动力学方法预测研究 [D]. 天津：天津大学，2019.

［44］ Snyder R C，Doherty M F. Predicting crystal growth by spiral motion [J]. Proceedings of the Royal Society A：Mathematical，Physical and Engineering Sciences，2009，465 (2104)：1145-1171.

［45］ Gibbs J W，On the equilibrium of heterogeneous substances [J]. American Journal of Science，1878，3 (96)：441-458.

［46］ Gilmer G H，Bennema P. Simulation of crystal growth with surface diffusion [J]. Journal of Applied Physics，1972，43 (4)：1347-1360.

［47］ Chen F，Zhou T，Li L J，et al. Morphology prediction of dihydroxylammonium 5,5′-bistetrazole-1,1′-diolate (TKX-50) crystal in different solvent systems using modified attachment energy model [J]. Chinese Journal of Chemical Engineering，2023，53：181-193.

［48］ 周涛，陈芳，李军，等，TKX-50 在甲酸/水混合溶剂中生长形貌的分子动力学模拟 [J]. 含能材料，2020，28 (9)：865-873.

［49］ Chen F，Zhou T，Li J，et al. Crystal morphology of dihydroxylammonium 5,5′-bistetrazole-1,1′-diolate (TKX-50) under solvents system with different polarity using molecular dynamics [J]. Computational Materials Science，2019，168：48-57.

［50］ 董羚，陈芳，李天浩，等. 一元溶剂体系 TKX-50 结晶形貌的分子动力学模拟 [J]. 原子与分子物理学报，2025，42 (04)：169-173.

［51］ He L，Chen F，Li J，et al. Morphology prediction of 1，3，5，7-tetranitro-1，3，5，7-tetrazocane (HMX) crystal in dimethyl sulfoxide (DMSO) solvent with different models using molecular dynamics simulation [J]. Journal of molecular modeling，2021，27 (11)：324.

［52］ Chen F，Liu Y Y，Wang J L，et al. Investigation of the co-solvent effect on the crystal morphology of β-HMX using molecular dynamics simulations [J]. Acta Phys. -Chim. Sin. 2017，33 (6)：1140-1148.

［53］ 陈芳，周涛. 一元溶剂体系 β-HMX 球形化结晶形貌的分子动力学模拟 [J]. 原子与分子物理学报，2019，36 (03)：517-521.

［54］ Zhou T，Chen F，Li J，et al. Morphology prediction of 5,5′-bistetrazole-1,1′-diolate (BTO) crystal in solvents with different models using molecular dynamics simulation [J]. Journal of Crystal Growth，2020，548：125843.

［55］ Chen F，Zhou T，Wang M F. Spheroidal crystal morphology of RDX in mixed solvent systems predicted by molecular dynamics [J]. Journal of Physics and Chemistry of Solids，2020，136：109196.

［56］ 陈芳，任圆圆，何磊，等. 一元溶剂体系 HNBP 结晶形貌的理论研究 [J]. 原子与分子物理学报，2021，38 (04)：13-18.

［57］ 陈芳，周涛，王玉良，等，HNBP 和 PYX 两种耐热含能材料结晶形貌的理论研究 [J]. 原子与分子物理学报，2020，37 (03)：361-365.

［58］ Spackman M A，Jayatilaka D. Hirshfeld surface analysis [J]. CrystEngComm. 2009，11 (1)：19-32.

［59］ McKinnon J J，Spackman M A，Mitchell A S. Novel tools for visualizing and exploring intermolecular interactions in molecular crystals [J]. Acta crystallographica Section B，Structural science，2004，60 (6)：627-668.

［60］ Samanta T，Dey L，Dinda J，et al. Cooperativity of anion···π and π···π interactions regulates the self-assembly of a series of carbene proligands：Towards quantitative analysis of intermolecular interactions with Hirshfeld surface ［J］. Journal of Molecular Structure，2014，1068：58-70.

[61] Johnson E R，Keinan S，Mori-Sanchez P，et al. Revealing noncovalent interactions ［J］. Journal of the American Chemical Society，2010，132（18）：6498-6506.

[62] Zupan A，Burke K，Ernzerhof M，et al. Distributions and averages of electron density parameters：Explaining the effects of gradient corrections ［J］. Journal of Chemical Physics，1997，106（24）：10184-10193.

[63] Hohenberg P，Kohn W. Inhomogeneous Electron Gas ［J］. Physical Review，1964，136（3）：B864.

[64] 任圆圆. PYX 基高聚物黏结炸药结构及性能的研究 ［D］. 太原：中北大学，2022.

[65] Sobereva. 使用 Multiwfn 图形化研究弱相互作用 ［EB/OL］. 2017.

[66] Politzer P，Murray J S. The fundamental nature and role of the electrostatic potential in atoms and molecules ［J］. Theoretical Chemistry Accounts，2002，108（3）：134-142.

[67] Murray J S，Politzer P. The electrostatic potential：an overview ［J］. Wiley Interdisciplinary Reviews Computational Molecular Science，2011，1（2）：153-163.

[68] 郭晓娟，李斌，任福德，等. 硝基环丁烷炸药及其衍生物表面静电势与感度理论研究 ［J］. 原子与分子物理学报，2016，33（5）：773-778.

[69] Jin X H，Zhou J H，Wang S J，et al. Computational study on structure and properties of new energetic material 3,7-bis（dinitromethylene）-2,4,6,8-tetranitro-2,4,6,8-tetraaza-bicyclo ［3.3.0］ octane ［J］. Química Nova，2016，39（4）：467-473.

[70] Coote M L，Zavitsas A A. Using inherent radical stabilization energies to predict unknown enthalpies of formation and associated bond dissociation energies of complex molecules ［J］. Tetrahedron，2016，72（48）：7749-7756.

[71] Wang F，Du H C，Zhang J Y，et al. Comparative Theoretical Studies of Energetic Azo s-Triazines ［J］. Journal of Physical Chemistry A，2011，115（42）：11852-11860.

[72] Blanksby S J，Ellison G B. Bond Dissociation Energies of Organic Molecules ［J］. Accounts of Chemical Research，2003，36（4）：255-263.

第 3 章　含能材料热分解反应分子动力学模拟

3.1　引言

　　含能材料的反应机理等相关问题与其在生产、储存、运输、起爆等过程中的安全性有着密切的联系。此外，热分解是含能物质在外界刺激下的一个基本过程，它不仅关系到炸药的爆轰性能，还关系到其对各种刺激的敏感性。即便没有外界刺激，常温常压下含能材料本身也会发生缓慢的热分解反应[1-6]。了解含能材料在爆炸热分解过程中的反应机理，不仅使我们对含能材料本身的特性有更深刻的理解，而且可以为分子的大规模合成提供相应的理论基础，从而研制出具有更好性能的推进剂和炸药配方。分子动力学模拟方法可以观察到原子水平上和飞秒时间尺度的快速化学反应过程，与实验相比，在时间成本、物质成本和安全性上都具有显著的优势。本章将以对高温下 RDX、TNT、HMX 及 HMX 基混合炸药（包括 HMX/Poly-NIMMO、HMX/HTPB、HMX/CL-20 和 HMX/DNAN）热分解反应分子动力学模拟研究为例进行介绍。

3.2　高温下 RDX 热分解反应分子动力学模拟

　　环三亚甲基三硝胺（RDX，俗称黑索金）是一种综合性能最优的高能炸药和推进剂。大量的实验和理论对 RDX 的热分解机理进行了详细的研究，同时也提出了各种各样似乎有利的反应途径，RDX 热分解机理研究中最可能被人接受的是 RDX 热分解初始反应为 N—NO_2 键的断裂[7-11]。分子动力学（MD）模拟方法在探测原子级水平的物理和化学变化上具有很强的应用性。本节主要采用分子动力学模拟方法对 RDX 在高温下的反应机理、反应过程生成物进行研究，主要目的是基于 ReaxFF 分析 RDX 在纯高温下的热分解反应过程，了解温度如何影响 RDX 的分解反应。

3.2.1　模拟细节与计算方法

　　应用分子动力学模拟方法考察温度对 RDX 分子热分解反应产物的影响，模拟初始体系为一个 RDX 晶胞[12]，如图 3-1 所示，一个晶胞包括 8 个 RDX 分子。采用的势参数为 ReaxFF 势函数[13]，算法选取 Velocity Verlet 算法，温度调整时间参数选取 100fs。首先在温度 150K 下进行 5ps 的 NVT 系综模拟，使得模拟体系达到平衡状态，模拟的时间步长选取 0.5fs。在 150K 温度下热浴 5ps 以后，8 个 RDX 分子都没有发生化学反应，得到的平衡结构后续被用于模拟高温的初始结构。然后对热浴平衡结构分别在 1500K、3000K 和 4500K 三种温度下采取宏观正则系综（NVT 系综）进行高温分解模拟，模拟时间步长选取 0.1fs，总模拟时间为 30ps。

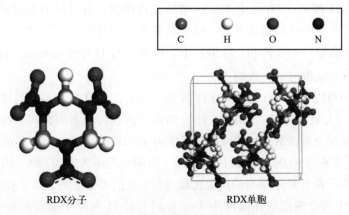

RDX分子　　　　　　　　RDX单胞

图 3-1　RDX 分子和单胞结构图

3.2.2　模拟结果与分析

3.2.2.1　径向分布函数

本节通过计算温度分别为 1500K、3000K 和 4500K 的 C-H，C-O，C-N，C-C，H-O，H-N，H-H，N-O，O-O 和 N-N 两原子的径向分布函数对 RDX 的热分解机理进行分析。

从图 3-2(a) 中可以观察到在温度为 1500K 时，C-H 两原子的径向分布函数产生的峰值主要在 $r=1.13$Å 处，随着温度的升高峰值逐渐降低，这个结果表明在低温 1500K 下，RDX 热分解反应比较缓慢，C—H 键断裂的数目比较少，随着温度的升高 RDX 热分解速率加快，C—H 键断裂数目增加。

从图 3-2(b) 可以观察到随着温度的升高，C-O 两原子的径向分布函数产生的峰值主要在 $r=1.24$Å 处，这个距离处于 CO 和 CO_2 分子中 C-O 成键的范围，这个结果表明在模拟时间内，温度为 1500K 时几乎没有 CO 和 CO_2 分子的形成，随着温度的升高 CO 和 CO_2 分子的数目在增加，表明 RDX 在高温热分解过程中环已断裂，C 原子与 O 原子形成能量稳定的 CO 和 CO_2 小分子。Strachan 等[14] 研究表明 CO 和 CO_2 分子也是 RDX 分解的主要产物。

从图 3-2(c) 中可以观察到在低温 1500K 下，C-N 两原子的径向分布函数产生的峰值主要在 $r=1.46$Å 处；温度为 3000K 时，C-N 两原子的径向分布函数产生的峰值主要在 $r=1.35$Å 处；高温为 4500K 时，C-N 两原子的径向分布函数产生的峰值不太明显，完整的 RDX 分子中 C—N 键的平均距离约为 1.49Å，这个结果表明在低温 1500K 下，大部分 RDX 分子没有发生 C—N 键断裂，保持原来环的形状。在高温 3000K 下，环上的 C—N 键大部分发生断裂，组合成新的含有 C 原子和 N 原子的基团。在高温 4500K 下，大部分的 C—N 键已经发生断裂。

从图 3-2(d) 中可以观察到在温度为 1500K 时，C-C 两原子的径向分布函数产生的峰值主要在 $r=2.52$Å 处。温度为 3000K 时，C-C 两原子的径向分布函数产生的峰值主要集中在两个区域，分别为约 $r=1.39$Å 处和 $r=2.25$Å 处。温度为 4500K 时，C-C 两原子的径向分布函数产生的峰值主要集中在约 $r=1.42$Å 处。完整的 RDX 分子中 C-C 两原子的距离平均约为 2.55Å，因此这个计算结果表明在低温 1500K 下，大部分的 RDX 分子保持环状的形式，温度为 3000K 时，RDX 分子中一部分保持环状的形式，一部分已经断裂形成含有多个 C 原子的 C 团簇，温度为 4500K 时，C-C 两原子主要以 C 团簇的形式存在。

从图 3-2(e) 中可以观察到 H-O 两原子的径向分布函数产生的峰值主要在 $r=1.0$Å 处，

这个距离范围为 OH 和 H_2O 分子中 H—O 键的成键距离，并且随着温度的升高 H-O 两原子的径向分布函数产生的峰值逐渐升高，这个结果表明在低温 1500K 下，OH 和 H_2O 形成的数目比较少，在高温（3000K 和 4500K）下，O 原子与 H 原子主要以 OH 和 H_2O 的形式存在。这个结果与文献报道是一致的[15]。

从图 3-2(f) 中可以观察到在温度为 1500K 和 3000K 时，H-N 两原子的径向分布函数产生的峰值约在 $r=2.17$Å 处，并且 3000K 时 H-N 两原子的径向分布函数产生的峰值低于 1500K 时 H-N 两原子的径向分布函数产生的峰值。温度为 4500K 时，H-N 两原子的径向分布函数产生的峰比较宽泛。完整的 RDX 分子中 H-N 两原子间的平均距离为 2.43Å，因此这个结果表明在高温状态下 H 原子和 N 原子参与的反应比较复杂，它们不是在一个固定值范围内运动。

从图 3-2(g) 中可以观察到在温度为 1500K 时，H-H 两原子的径向分布函数产生的峰值约在 $r=1.72$Å 处。在高温（3000K 和 4500K）时，H-H 两原子的径向分布函数产生的峰值约在 $r=1.59$Å 处，此范围为气相水分子中 H-H 两原子的距离，完整的 RDX 分子中 H-H 两原子间的距离约为 1.77Å，因此这个结果表明在低温 1500K 下，H-H 两原子主要是以 CH_2 形式存在，在高温下 H-H 两原子是以 H_2O 分子的形式存在。

从图 3-2(h) 中可以观察到 N-O 两原子的径向分布函数产生的第一个峰值约在 $r=1.28$Å 处，此范围为 N—NO_2 基团、NO_2 和 NO 分子中 N—O 键的成键范围，并且随着温度的升高 N-O 两原子的径向分布函数产生的峰值逐渐降低，这个结果表明在低温 1500K 下，部分 RDX 分子中 N—N 键发生断裂，N-O 两原子主要以 NO_2 和 NO 分子的形式存在，在高温状态下 NO_2 和 NO 分子的数目减少。NO_2 分子是 RDX 热分解过程中的中间产物，与文献[14,16] 报道一致。

从图 3-2(i) 中可以观察到在低温 1500K 下，O-O 两原子的径向分布函数产生的峰值约在 $r=2.24$Å 处。在高温（3000K 和 4500K）时，O-O 两原子的径向分布函数产生的峰值比较宽泛，没有形成比较尖锐的峰，完整的 RDX 分子中 O-O 两原子间的平均距离为 2.22Å，因此这个计算结果表明在低温时 O-O 两原子主要以 N—NO_2 基团和 NO_2 分子的形式存在，在高温时 O 原子参与的反应比较复杂，O-O 原子之间不在一个固定的距离范围内运动。

从图 3-2(j) 中可以观察到在低温 1500K 下，N-N 两原子的径向分布函数产生的峰值约在 $r=1.54$Å 处。在高温（3000K 和 4500K）时，N-N 两原子的径向分布函数产生的峰值约在 $r=1.08$Å 处，此范围为气相 N_2 分子中 N—N 键的成键范围，完整 RDX 分子中 N—N 键的平均距离为 1.53Å，这个结果表明在低温时 N-N 两原子主要以 N—NO_2 形式存在，而在高温时 N—N 两原子主要以 N_2 的形式存在，与 Strachan 等[14,17] 研究结果相一致。

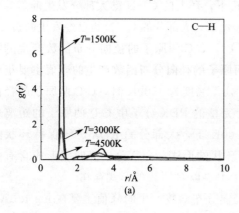

(a)

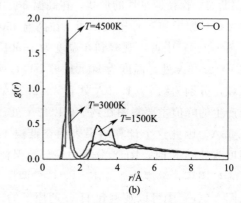

(b)

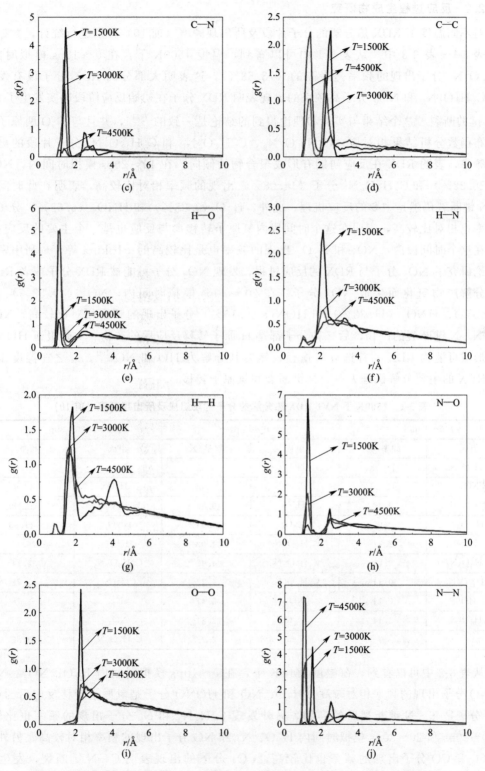

图 3-2 C—H 键、C—O 键、C—N 键、C—C 键、H—O 键、H—N 键、H—H 键、N—O 键、O—O 键和 N—N 键在三种不同温度（1500K，3000K 和 4500K）下的径向分布函数

3.2.2.2　反应过程生成物研究

对不同温度下 RDX 热分解的分子片段及所出现频率（前 10）分别进行统计，数据分别列于表 3-1～表 3-3 中。从表 3-1 中可以看到，温度 1500K 下，在 0～10ps 模拟时间内，$C_3H_6O_6N_6$ 分子出现的频率是最高的（78.68%），这表明大部分的 RDX 分子没有发生分解。$C_3H_6O_4N_5$ 和 NO_2 分子高频率的出现表明 RDX 分子在初始反应阶段确实发生了 CN—NO_2 键的断裂。这个结果与实验和理论得到的结论是一致的[7-11]，并且与 N-O 两原子的径向分布函数分析结果相对应。$C_6H_{11}O_6N_9$、$C_3H_7O_6N_6$ 和 $C_6H_{12}O_6N_9$ 分子片段的出现有一定频率，表明 RDX 在反应初期有形成聚合物的倾向。在 10～20ps 模拟时间内，NO_2 分子（28.22%）和 $C_3H_6O_6N_6$ 分子（14.08%）出现的频率相对比较高，表明在此时间段内 N—N 键断裂仍然是主要的反应机理。此外，H_2O（9.28%）和 HNO_3（6.63%）分子出现的频率也相对比较高，表明在这个时间段内氢原子转移参与反应也是一个主要的反应机理。另外在这个时间段内，NO_3 和 N_2O_4 出现的频率也是比较高的。Irikura 等[18] 利用密度泛函理论研究了 NO_2 分子与 RDX 的反应过程，发现 NO_2 分子可能被 RDX 分子或者 RDX 的初始分解产物氧化而生成 NO_3 分子。在 20～30ps 模拟时间内，NO_2（17.52%）、H_2O（13.95%）、HNO_3（11.33%）和 HONO（6.10%）分子出现的频率相对比较高，NO_2 分子是 N—N 键断裂的产物，后三种分子都是 H 原子转移反应后的产物。文献报道 HONO 分子的形成可能为 RDX 的首选分解途径，然后其分解为 HO 和 NO[19]。总之在温度 1500K 下，RDX 的主要分解机理为 N—N 键断裂和氢原子转移。

表 3-1　1500K 下 NVT RDX 热分解的分子片段组成及所出现频率（前 10）

0～10ps		10～20ps		20～30ps	
组成	频率/%	组成	频率/%	组成	频率/%
$C_3H_6O_6N_6$	78.68	NO_2	28.22	NO_2	17.52
NO_2	12.23	$C_3H_6O_6N_6$	14.08	H_2O	13.95
$C_3H_6O_4N_5$	2.92	H_2O	9.28	$C_3H_4ON_4$	12.00
$C_6H_{11}O_6N_9$	2.92	HNO_3	6.63	HNO_3	11.33
$C_3H_7O_6N_6$	2.81	$C_3H_5O_2N_4$	4.92	HONO	6.10
$C_3H_6O_2N_4$	0.11	$C_3H_5O_3N_5$	4.92	$C_3H_6O_5N_6$	4.11
$C_6H_{12}O_6N_9$	0.11	$C_3H_6O_5N_6$	4.23	$C_3H_5N_2$	3.78
HO	0.11	NO_3	3.41	N_2	3.78
$C_3H_6O_5N_6$	0.11	$C_3H_4ON_4$	2.84	NO_3	3.65
		N_2O_4	2.78	$C_3H_6O_6N_6$	2.82

从表 3-2 中可以看到，在温度 3000K 下，在 0～10ps 模拟时间内 H_2O、NO_2、NO 和 HONO 分子出现的频率相对较高。H_2O、NO 和 HONO 分子是氢原子转移反应后的产物，NO_2 分子是 N—N 键断裂后的产物。另外发现 $C_3H_3N_3$ 和 N_2 分子出现的频率也比较高。在 10～20ps 和 20～30ps 模拟时间内 H_2O、N_2 和 NO 分子出现的频率相对较高。另外也发现 CO_2 和 CO 分子出现的频率也比较高，CO_2 分子的出现表明 C—N 键断裂，发生了比 N—N 键断裂更为强烈的化学反应。总之在温度 3000K 下，RDX 热分解早期反应机理为 N—N 键断裂，然后发生氢原子转移反应，后期开始发生比较剧烈的 C—N 键断裂复杂化学反应。

表 3-2 3000K 下 NVT RDX 热分解的分子片段组成及所出现频率（前 10）

0～10ps		10～20ps		20～30ps	
组成	频率/%	组成	频率/%	组成	频率/%
H_2O	23.13	H_2O	33.17	H_2O	35.20
NO_2	14.66	N_2	16.38	N_2	26.04
NO	13.81	NO	10.24	NO	6.14
$HONO$	11.85	NO_2	5.71	CO_2	3.96
$C_3H_3N_3$	10.31	$HONO$	4.06	CO	2.91
N_2	5.17	CO_2	3.08	$HONO$	2.03
N_2O_2	3.01	$C_3H_3N_3$	3.06	CN_4	1.97
HNO_3	1.45	C_2O_2	1.63	CHN	1.55
HO	0.99	N_2O_2	1.50	NO_2	1.25
$C_3H_3ON_4$	0.91	HNO_3	1.25	C_2O_2N	1.18

从表 3-3 中可以看到，在温度 4500K 下，三个不同时间段出现频率相对比较高的产物都为 H_2O 和 N_2 分子，表明这两种分子是 RDX 高温热分解过程中最稳定的生成物。另外发现 NO 分子出现的频率随着模拟时间的增长而降低，其最可能的原因为 NO 分子中的 N 原子参与 N_2 分子的形成过程，因为 N_2 分子在不同模拟时间段出现的频率越来越高，0～10ps 时间段内 N_2 出现的频率为 27.35%，10～20ps 时间段内 N_2 出现的频率为 37.78%，20～30ps 时间段内 N_2 出现的频率为 39.89%。在三个不同的模拟时间段内 HO 出现的频率也相对比较高，在 0～10ps 模拟时间内 HO 出现的频率为 3.34%，在 10～20ps 模拟时间内 HO 出现的频率为 2.81%，在 20～30ps 模拟时间内 HO 出现的频率为 3.07%。CO 分子在 10～20ps 出现的频率相对其他两个时间段要高些，在 0～10ps 模拟时间内 CO 分子出现的频率为 2.84%，在 10～20ps 模拟时间内 CO 分子出现的频率为 4.06%，在 20～30ps 模拟时间内 CO 分子出现的频率为 2.97%。CO_2 分子在三个时间段内出现的频率都小于 CO 分子，可能的原因为 CO_2 分子具有氧化性，被进一步还原为 CO 分子。此外在 0～10ps，H_2 分子的出现频率为 1.06%，NO_2 分子出现的频率为 2.13%，HONO 分子出现的频率为 2.00%，NO_2 分子同样是 N—N 键断裂的产物，HONO 分子是 H 原子转移反应后的产物。

表 3-3 4500K 下 NVT RDX 热分解的分子片段组成及所出现频率（前 10）

0～10ps		10～20ps		20～30ps	
组成	频率/%	组成	频率/%	组成	频率/%
H_2O	28.10	N_2	37.78	N_2	39.89
N_2	27.35	H_2O	29.43	H_2O	30.43
NO	5.26	CO	4.06	HO	3.07
HO	3.34	HO	2.81	CO	2.97
CO	2.84	NO	2.32	CO_2	2.07
CO_2	2.35	CO_2	2.30	NO	1.33
NO_2	2.13	CHO_2	1.21	C_2O_2	1.02
$HONO$	2.00	H_2O_2	1.19	CHO_2	1.00
C_2O_2	1.14	H_3O_2	0.91	CH_2O_2	0.95
H_2	1.06	HN_2	0.89	H_2O_2	0.95

3.2.3 小结

通过分子动力学（MD）模拟研究高温下 RDX 的热分解行为，得到如下结论：

① NO_2 分子的形成是由 N—NO_2 键的断裂所致。

② HONO、HO、NO 和 H_2O 都是氢原子转移反应后的产物。

③ NO_3 在 RDX 热分解过程中作为中间体参与 RDX 分子的进一步化学反应。

④ N_2、CO 和 CO_2 分子的出现表明 RDX 分子在反应后期发生比 N—N 键断裂更为强烈的 C—N 键断裂反应。

⑤ N_2 和 H_2O 分子是 RDX 热分解过程最稳定的生成物，NO_2、NO 和 HONO 分子是 RDX 热分解过程的中间产物。

3.3 高温下 TNT 热分解反应分子动力学模拟

2,4,6-三硝基甲苯（TNT）是一种主要的军用炸药，生产成本较低，而且使用也比较安全。TNT 具有低吸湿性，相对低的撞击和摩擦感度，很好的热稳定性和爆炸时可以产生比较大的能量等特点。TNT 的热分解机理从理论和实验上被广泛探测和研究[20-27]。本节采用分子动力学模拟方法对 TNT 在高温下的反应机理、反应过程生成物进行研究，主要目的是基于 ReaxFF 分析 TNT 在纯高温下的热分解反应过程，了解温度如何影响 TNT 的分解反应。

3.3.1 模拟细节与计算方法

应用分子动力学模拟方法考察了温度对 TNT 分子热分解反应产物的影响，模拟初始体系为一个 TNT 晶胞[23]，如图 3-3 所示，一个晶胞包括 8 个 TNT（$C_7H_5O_6N_3$）分子。采用的势参数仍为 ReaxFF 势函数[28,29]，其弛豫和热分解的过程与 3.2.1 节一致。

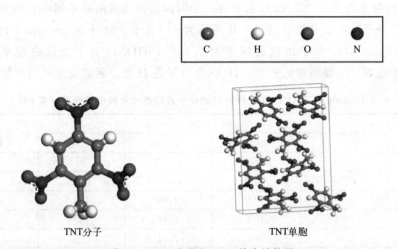

TNT分子　　　　　　　　　　TNT单胞

图 3-3　TNT 分子和 TNT 单胞结构图

3.3.2 模拟结果与分析

3.3.2.1 TNT 体系的平均势能、TNT 分子数目在不同温度下随时间的变化

图 3-4 为在不同温度下模拟体系的势能和一个 TNT 晶胞产生的总分子碎片随时间的变

化演示图。从图 3-4(a) 中可以看到，在反应初始阶段随着系统温度的增加系统的总势能也在增加，然后随着模拟时间的增长，系统总势能逐渐减少，这些结果表明在初始反应阶段系统内的 TNT 分子要发生断裂，这个过程是一个吸热过程，所以导致系统势能增加。随着模拟时间的增长，部分的 TNT 分子分解形成小分子从而释放能量，这个过程是放热过程，所以系统势能减少。同时也可以推测出系统温度越高 TNT 分子就越早断裂，次级反应就越早开始。从图 3-4(b) 中可以看到，随着温度的增加和模拟时间的增长，模拟体系内产生的分子碎片也在逐渐增加，这个结果表明在高温下，系统内部分子内和分子间反应比较充分。此外，从图 3-4 可以清楚地看到在温度为 1500K 时，系统的势能基本没有什么大的变化，同时模拟体系产生的总分子碎片基本保持在 8 个分子，也就是说 TNT 分子在温度 1500K 下，在设置的模拟时间内不会发生分解反应。

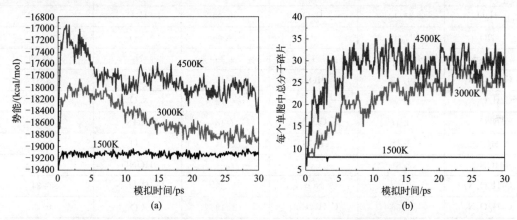

图 3-4　1500K、3000K 和 4500K 三种温度下 NVT：(a) TNT 模拟体系势能随时间的变化图；
(b) 一个 TNT 晶胞产生的总分子碎片随时间的变化演示图

3.3.2.2　反应过程生成物研究

对不同温度下 TNT 热分解的分子片段及所出现频率（前 10）分别进行了统计，分析数据分别列于表 3-4 和表 3-5 中。从表 3-4 中可以看到，在温度 3000K 下，三个不同的时间段出现频率最高的分子为 H_2O 分子，另外随着模拟时间的增加，H_2O 分子出现的频率越来越高，$0\sim10$ps 时间段内 H_2O 分子出现的频率为 21.10%，$10\sim20$ps 时间段内 H_2O 分子出现的频率为 38.00%，$20\sim30$ps 时间段内 H_2O 分子出现的频率为 45.94%，这些信息表明 H_2O 分子为 TNT 在高温 3000K 下稳定生成的产物。NO 和 $C_7H_5O_5N_2$ 分子在 $0\sim10$ps 时间段内较高频率的出现表明 TNT 分子在初始反应阶段发生了 NO_2—ONO 重新排列导致 O—N 键发生断裂的过程。这个结果与文献报道的其中一种反应通道相一致[22]。反应方程式为：$C_7H_5O_6N_3 \longrightarrow C_7H_5O_5N_2 + NO$。$NO_2$ 和 $C_7H_5O_4N_2$ 分子在 $0\sim10$ps 时间段内较高频率的出现表明 TNT 分子在初始反应阶段发生了 C—NO_2 键的断裂，与文献报道是一致的[22,24,26]。反应方程式可以表示为：$C_7H_5O_6N_3 \longrightarrow C_7H_5O_4N_2 + NO_2$。此外也发现 HON 在三个时间段内出现的频率相对比较高，$0\sim10$ps 时间段内 HON 出现的频率为 3.18%，$10\sim20$ps 时间段内 HON 出现的频率为 5.14%，$20\sim30$ps 时间段内 HON 出现的频率为 2.53%。另外观察到 HONO 分子在三个时间段内出现的频率也相对比较高，$0\sim$10ps 时间段内 HONO 分子出现的频率为 2.87%，$10\sim20$ps 时间段内 HONO 分子出现的频率为 2.04%，20~30ps 时间段内 HONO 分子出现的频率为 1.07%，从这些信息可得，随着模拟时间的增长，HONO 分子出现的频率在降低，可能的原因是其作为中间体参与稳定产物 H_2O 分子的形成过程。HON、HONO 和 H_2O 的出现表明氢原子转移参与反应也是一个主要的反应机理。此外也观察到随着模拟时间的增长 NO_2 分子的出现频率逐渐降低，在 0~10ps 模拟时间内 NO_2 分子出现的频率为 10.55%，10~20ps 模拟时间内 NO_2 分子出现的频率为 1.23%，20~30ps 模拟时间内，前 10 位出现频率比较高的产物中没有发现 NO_2 分子，这些信息表明 NO_2 分子也是 TNT 热分解过程的中间产物。

表 3-4　3000K NVT TNT 热分解的分子片段组成及所出现频率 （前 10）

0~10ps		10~20ps		20~30ps	
组成	频率/%	组成	频率/%	组成	频率/%
H_2O	21.10	H_2O	38.00	H_2O	45.94
NO	17.48	NO	14.06	NO	15.01
NO_2	10.55	N_2	9.26	N_2	12.18
$C_7H_5O_6N_3$	4.93	HON	5.14	CO_2N	3.87
$C_7H_5O_5N_2$	3.50	N_2O_2	4.12	N_2O_2	3.75
N_2O_2	3.37	CO_2N	3.18	HON	2.53
HON	3.18	HONO	2.04	C_2O_2	1.84
HONO	2.87	CO	1.57	HONO	1.07
$C_7H_5O_4N_2$	2.50	NO_2	1.23	$C_{20}H_5O_9N_3$	0.84
$C_7H_6O_4N_2$	1.56	$C_7H_3O_4N_3$	1.19	CO	0.73

从表 3-5 中看到，在温度 4500K 下，三个不同的时间段出现频率比较高的分子为 H_2O 和 N_2。H_2O 分子的出现频率同样是随着模拟时间的增长逐渐提高，这个信息更充分地说明 H_2O 分子为 TNT 高温热分解最稳定的生成物。N_2 分子在三个时间段出现的频率分别为 7.78%（0~10ps），17.80%（10~20ps）和 17.62%（20~30ps），这个信息表明 N_2 分子同样是 TNT 高温热分解稳定的生成物。CO、HO 和 H_2 在三个不同的时间段出现的频率也相对比较高。HONO 分子出现的频率越来越低，在 0~10ps 模拟时间内 HONO 分子出现的频率为 1.76%，而在 10~20ps 和 20~30ps 时间段内几乎观察不到 HONO 分子，这些信息充分地说明 HONO 分子是 TNT 热分解过程的中间产物。另外也观察到 CO_2 分子随着模拟时间的增长出现频率逐渐提高，在 0~10ps 模拟时间内，前十位出现频率比较高的产物中没有 CO_2 分子，而在 10~20ps 模拟时间内 CO_2 分子出现的频率为 2.10%，20~30ps 模拟时间内 CO_2 分子出现的频率为 3.69%。

表 3-5　4500K NVT TNT 热分解的分子片段组成及所出现频率 （前 10）

0~10ps		10~20ps		20~30ps	
组成	频率/%	组成	频率/%	组成	频率/%
H_2O	28.67	H_2O	31.30	H_2O	39.56
NO	12.28	N_2	17.80	N_2	17.62
N_2	7.78	CO	5.72	CO	4.25

续表

0~10ps		10~20ps		20~30ps	
组成	频率/%	组成	频率/%	组成	频率/%
CO	3.48	HO	3.33	NO	4.25
HO	2.62	NO	3.06	CO_2	3.69
NO_2	2.39	CO_2	2.10	HO	2.80
H_2	2.07	CON	1.96	H_2	2.01
CHON	1.80	H_2	1.93	CON	0.96
HONO	1.76	CHON	1.83	HON	0.96
HON	1.37	CHN	0.96	CHON	0.89

3.3.2.3　关键产物数目随时间的变化

对 TNT 在高温 3000K 和 4500K 下热分解的几种主要产物（N_2、NO、H_2O、HO、CO、NO_2、HONO、CO_2）的数目随时间的演化规律进行了分析，其结果见图 3-5。温度为 3000K，模拟时间约为 0.5ps 时，NO_2 分子出现，最多的数目为 4 个，大约在 12.5ps 以后 NO_2 分子数目变为 0，表明 TNT 高温热分解过程中首先发生 C—N 键断裂形成 NO_2 分子，然后 NO_2 分子作为中间产物参与次级反应。NO 分子在约 0.8ps 开始出现，直到 2.1ps 后才稳定地产生，分子数目在 1~9 个之间波动。N_2 分子在约 9.7ps 开始稳定地出现，最大的分子数目为 4。在模拟时间约为 1.7ps 时，H_2O 分子开始稳定地出现，并且随着模拟时间的增长 H_2O 分子数目也在逐渐增加。这些结果表明 N_2 和 H_2O 分子是 TNT 热分解过程中稳定的生成物。HO 从约 1.8ps 开始断断续续地出现，数目在 0~3 个之间波动。CO 分子在约 3.6ps 开始间断地出现，数目在 0~2 个之间波动。HONO 分子从约 4.3ps 开始断断续续地出现，数目在 0~3 个之间波动。在其模拟时间内没有观察到 CO_2 分子的产生。

在温度 4500K 下，模拟时间约为 0.4ps，NO 开始出现，其数目随着模拟时间的增长先增大后减小，最大的数目为 8 个。N_2 在约 2.3ps 开始稳定地出现，数目保持在 5 个左右。H_2O 在约 1.1ps 开始稳定地出现，最大的数目为 17 个。HO 在约 0.6ps 开始间断地出现，数目在 0~5 个之间波动。NO_2 在约 0.3ps 就开始出现，然后随着模拟时间的增长其数目先增大后减小，最大的数目为 6 个。CO 在约 3.1ps 开始断断续续地出现，数目在 0~4 个之间波动。HONO 在约 1ps 开始出现，数目在 0~2 个之间波动。CO_2 出现在约 5.2ps，其数目在 0~3 个之间振荡。

3.3.3　小结

通过分子动力学（MD）模拟研究高温下 TNT 的热分解行为，得到如下结论：

① NO_2 的形成由 C—NO_2 键的断裂所致。

② NO 的形成由 NO_2—ONO 重新排列导致 O—N 键发生断裂所致。

③ HON、HONO 和 H_2O 的出现表明氢原子转移参与反应也是一个主要的反应机理。

④ H_2O 和 N_2 是 TNT 热分解过程最稳定的生成物，NO_2、NO 和 HONO 是 TNT 热分解过程的中间产物，它们将参与 TNT 热分解的次级反应。此外，CO、CO_2、HO 和 H_2

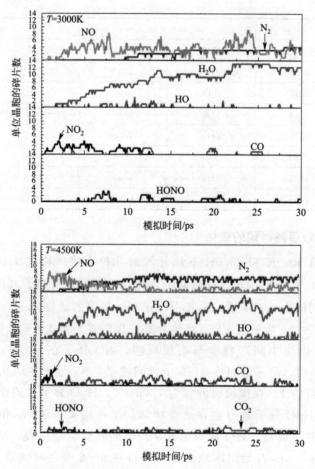

图 3-5 3000K 和 4500K 两种温度下 NVT 几种主要产物（N₂、NO、H₂O、

HO、CO、NO₂、HONO、CO₂）数目随时间的变化图

在 4500K 高温模拟过程中出现的频率逐渐提高。

3.4 高温下 HMX 热分解反应分子动力学模拟

1,3,5,7-四硝基-1,3,5,7-四氮杂环辛烷（HMX，俗称奥克托今），作为国内外现在所使用的综合性能最为优良的单质炸药之一，因其密度、爆速、爆压和热安定性均优于 RDX，化学安定性比 TNT 好，机械感度比 CL-20 低，具有良好的综合性能，被广泛用于制备各种高能混合炸药、高能固体推进剂和高能发射药等[30-33]。HMX 在高温条件下分解机理的研究不仅可以帮助理解其在爆轰瞬间的复杂物理化学行为，而且能够降低在使用和运输过程中存在的风险。本节选用 ReaxFF-lg 势函数，应用反应分子动力学（RMD）方法和 LAMMPS[34] 软件首先验证了势函数对 HMX 体系的适用性，随后计算了 HMX 在 600K、1500K、2000K、2500K、3000K 和 3500K 六种高温下的热分解，以阐明其在极端高温下的热分解行为，为实验研究提供有效的理论支持。

3.4.1 模拟细节与计算方法

HMX 晶体结构来源于剑桥晶体结构数据库（CCDC：792930）[35]，其晶胞参数分别为：$a=6.53$Å，$b=11.04$Å，$c=7.36$Å，$\alpha=\gamma=90°$，$\beta=102.67°$。在 a、b、c 三个方向分别扩大 $5\times3\times4$ 倍，从而获得一个近似于立方体的超胞模型。如图 3-6 所示，初始超晶胞中包含 120 个 HMX 分子，3360 个原子。模拟使用 real 单位，使用周期性边界条件，并使用 charge 原子类型；首先采用共轭梯度（CG）算法对初始超晶胞进行几何优化，其能量停止界值为 10^{-9}，力停止界值为 10^{-11}kcal/(mol·Å)，然后采用等温等压系综（NPT 系综），在 300K、0GPa 条件下弛豫 20ps，控温控压方式选用 Nose-Hoover 方法，势函数选用 ReaxFF-lg，积分步长为 0.1fs[36]，最后通过 NVT 系综，对平衡后的 HMX 超胞体系分别在 600K、1500K、2000K、2500K、3000K 和 3500K 下进行恒温 200ps 的模拟，每 50fs 记录一次体系势能、温度等热力学信息和动力学信息，在对产物的识别分析中，每对原子以键级大于 0.3 作为成键断键的依据。

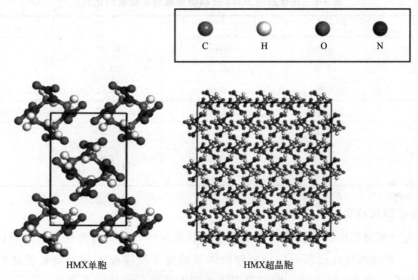

图 3-6　HMX 的单胞及超晶胞模型

3.4.2 模拟结果与分析

3.4.2.1 ReaxFF-lg 势函数对 HMX 体系适用性的研究

ReaxFF-lg 势函数常应用于复杂反应过程如热解、氧化、催化等反应机理的研究[37-39]。ReaxFF-lg 势函数对 HMX 体系是否适用，关系到模拟的准确性，因此本研究验证了 Re-axFF-lg 势函数对 HMX 体系的适用性。如图 3-7 所示，经过 20ps 的弛豫，体系势能基本稳定在 -327000kcal/mol，密度基本保持在 1.87g/cm³。将晶格参数、密度、体积与实验测得的超晶胞参数进行对比，结果列于表 3-6。从表 3-6 可以看到，弛豫后 HMX 的晶格参数 $a=32.83$Å，$b=33.31$Å，$c=29.63$Å，$\alpha=\gamma=90°$，$\beta=102.67°$，密度 $\rho=1.87$g/cm³ 和体积 $V=31615.30$Å³，与实验测得的晶格参数 $a=32.63$Å，$b=33.11$Å，$c=29.46$Å，$\alpha=\gamma=90°$，$\beta=102.67°$，密度 $\rho=1.90$g/cm³ 和体积 $V=31047.00$Å³ 基本吻合，相对误差均小于 5%，说明 ReaxFF-lg 势函数适用于 HMX 体系的研究。

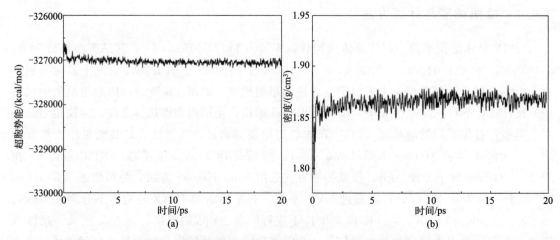

图 3-7 超晶胞势能 (a) 及密度 (b) 随时间的变化曲线

表 3-6 优化后的 HMX 超晶胞参数与实验值的比较

方法	$a/\text{Å}$	$b/\text{Å}$	$c/\text{Å}$	$\rho/(\text{g/cm}^3)$
实验值[40]	32.63	33.11	29.46	1.90
ReaxFF-lg	32.83	33.31	29.63	1.87
相对误差/%	0.61	0.60	0.58	−1.58
方法	$\alpha/(°)$	$\beta/(°)$	$\gamma/(°)$	$V/\text{Å}^3$
实验值[40]	90.00	102.67	90.00	31047.00
ReaxFF-lg	90.00	102.67	90.00	31615.30
相对误差/%	0	0	0	1.83

3.4.2.2 势能演化趋势

在高温热分解过程中，势能曲线与反应过程联系密切，且具有先快速增加而后衰减至平衡的过程[41]。势能的变化过程可以用来判断体系的化学反应程度和反应是否达到平衡。当体系势能变化稳定在 5% 以内时，即可判定体系中的化学反应达到平衡。

图 3-8 展现了 HMX 在不同温度下的势能变化曲线，从图 3-8 中可以看到，温度为 600K 和模拟时间 200ps 内，体系势能没有变化，说明 HMX 体系在该温度和模拟时间范围内并没有发生热分解；温度为 1500K 时，势能曲线呈现先升高后降低的趋势，但在 200ps 模拟时间内并没有达到平衡；温度为 2000K 及以上时 HMX 热分解的势能曲线均呈现出先迅速升高到最大值，然后缓慢降低直至平衡的趋势，这是因为 HMX 热分解时，首先发生吸热反应，随后进行放热反应。此外，势能达到最大值以及势能达到平衡值所需的模拟时间随着温度的升高而减少，并且势能的最大值随着温度的升高而增加。这表明，随着温度的升高，HMX 的吸热和放热反应速率均会提升。

3.4.2.3 初始反应产物分析

图 3-9 显示了 1500K、2000K、2500K、3000K 和 3500K 五种温度下总物种数以及各个物种数随时间的变化曲线，不同温度下 HMX 的主要分解产物为 NO_2、HONO、HNO_3、HNO、CH_2O、H_2O、N_2 和 CO_2 等。从图 3-9(a) 可以看到总物种数达到平衡值所需的

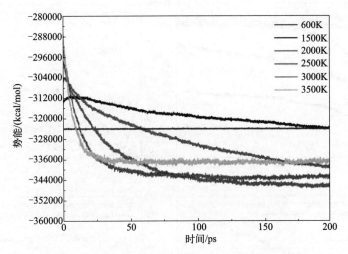

图 3-8　HMX 在不同温度下势能随时间的变化曲线

模拟时间随着温度的增加而减少，并且总物种数随着温度的增加而增加，例如在 2500K 下，总物种数在 100ps 时达到平衡，对应值为 1000；在 3000K 下，总物种数在 60ps 时达到平衡，对应值为 1050；在 3500K 下，总物种数在 30ps 时达到平衡，对应值为 1130。如图 3-9 (b)～(f) 所示，HMX 的分解速率随温度的增加而加快，例如在 1500K 下，HMX 分子在 25ps 内全部分解；在 2000K 下，HMX 分子在 3ps 内完全分解；在 2500K 及以上温度，HMX 分子均能在 1ps 内完全分解。对于中间产物，在 1500K 下 NO_2 和 HONO 的数量均随模拟时间增加呈现出先快速上升至最大值随后减少的趋势，HNO_3、HNO 和 CH_2O 的生成数量则随模拟时间增加而缓慢上升直至模拟结束；在 2000K、2500K 和 3000K 下，NO_2、HONO、CH_2O、HNO 和 HNO_3 的数量均随时间增加呈现出先快速上升至最大值随后减少的趋势，但在 2500K 和 3000K 的模拟时间范围内这五种中间产物均在 100ps 和 60ps 内完全分解；在 3500K 下，中间产物 NO_2、HONO 和 HNO 在 1.5ps 内完全分解。以上数据分析表明，N—NO_2 键大量断裂，使得 NO_2 在极短时间内大量生成，在 NO_2 数量达到最大值后，由于后续反应会大量消耗 NO_2 从而生成 HNO_3 等后续产物，NO_2 的数量随之减少；对于另一种中间产物 HONO，则分解生成 HNO 等后续产物；中间产物 CH_2O 的出现表明了 HMX 主环上 C—N 键的断裂。因此得到 HMX 热分解过程三种主要的初始分解机理：N—NO_2 键的断裂、HONO 的解离和主环上 C—N 键的断裂，这与其他研究者的研究结果一致[42]。对于最终产物，在五种温度下，N_2 和 H_2O 均有生成；对于 CO_2，在 1500K 时没有发现；对于 H_2O，其数量在 2500K 下呈现出先快速增加到最大值随后下降的趋势，在 3000K 下呈现出先快速增加到最大值随后下降直至平衡的趋势，表明 H_2O 在极端高温下进一步参与了次级反应；在 2500K 及以上温度时，有 H_2 的生成。图 3-10 展示了 HMX 超晶胞在 3500K 下 200ps 时的结构快照，可以观测到 N_2、H_2O 和 CO_2 等小分子产物。

3.4.2.4　活化能和指前因子

在初始吸热分解阶段，通过一阶衰减表达式来分析 HMX 从 $t_0 \sim t$ 的数量变化，如式(3-1) 所示[43]。

$$N(t) = N_0 \exp[-k_1(t-t_0)] \tag{3-1}$$

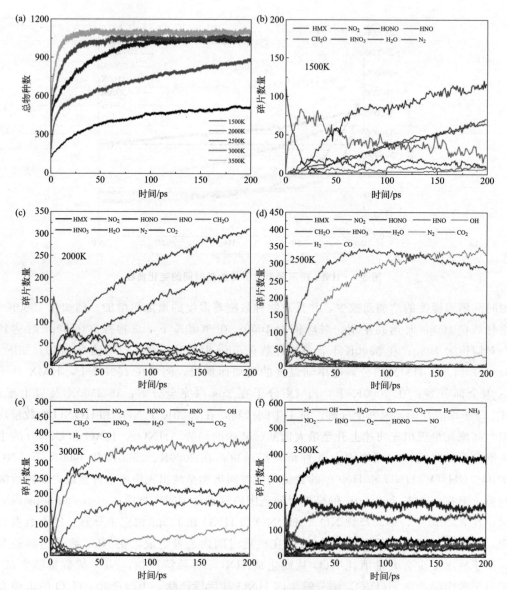

图 3-9　不同温度下的产物种类、数量随时间的变化曲线

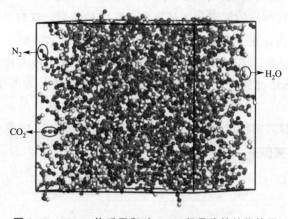

图 3-10　3500K 体系平衡时 HMX 超晶胞的结构快照

式中，N_0 是 HMX 分子的初始数量；t_0 是 HMX 分子开始分解的时间；k_1 是初始反应速率。不同温度下的 t_0 和 t_{max} 的值列于表 3-7，由表 3-7 可知，随着温度的增加，t_0、t_{max} 值变小，初始反应速率 k_1 值增加，这与之前讨论的结果一致。

表 3-7　HMX 初始吸热分解阶段参数

参数	数值				
T/K	1500	2000	2500	3000	3500
t_0/ps	0.77	0.10	0.10	0.08	0.08
t_{max}/ps	18.75	1.70	0.70	0.50	0.35
k_1/ps^{-1}	0.12	1.22	4.74	7.57	17.73
$(1000/T)/K^{-1}$	0.67	0.50	0.40	0.33	0.29
$\ln k_1/s^{-1}$	25.50	27.80	29.20	29.70	30.50

在得到不同温度下的 k_1 值后，通过 Arrhenius 方程式（3-2）拟合得到了相应的活化能与指前因子[44]。

$$\ln k = \ln A - \frac{E_a}{RT} \tag{3-2}$$

式中，E_a 是活化能；$\ln A$ 是指前因子；R 是理想气体常数；T 是温度。

从图 3-11 可知，在初始吸热分解阶段，初始反应速率的对数与温度的倒数呈负线性相关，根据其斜率和截距可以计算 HMX 初始吸热分解阶段的活化能 E_a 和指前因子 $\ln A$ 分别为 25.50kcal/mol 和 34.17s^{-1}，与实验值对应的活化能 E_a 和指前因子 $\ln A$ 分别为 25.1kcal/mol 和 33.8s^{-1} 相近[45]。

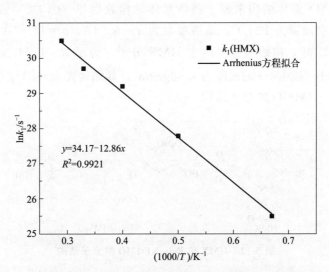

图 3-11　吸热反应速率的对数与温度倒数的关系

3.4.3　小结

通过 RMD 方法对 HMX 在六种极端温度下热分解过程的对比研究，得出了以下结论：

① ReaxFF-lg 势函数对 HMX 体系具有极好的适用性，从而保证了后续模拟的准确性。

② 根据不同温度下 HMX 体系势能曲线可知，HMX 热分解时，首先发生吸热反应，随

后进行放热反应；并且随着温度的升高，HMX 的吸热和放热反应速率均会提升。

③ 通过分析不同温度下反应产物随模拟时间的变化曲线可知，HMX 的热分解过程主要有三种初始分解机理：N—NO$_2$ 键的断裂、HONO 的解离和主环上 C—N 键的断裂。

④ 计算得到的 HMX 体系初始分解阶段的活化能 E_a 和指前因子 $\ln A$ 与实验值相吻合。

3.5 高温下 HMX/Poly-NIMMO 基混合炸药分解机制

基于单质炸药存在的一些不足，高能量和低感度是含能材料固有的矛盾，当无法通过改变分子来平衡矛盾时，设计和制备新型爆炸材料，开发不敏感弹药，可以有效平衡高能和低感的两大性质。高聚物黏结炸药（polymer bonded explosives，PBX）是一种以单质炸药为主体和少量的高聚物黏结剂组成的混合炸药[46,47]，与纯 HMX 相比，复合材料体系的特征温度和热力学参数显著降低。黏结剂的选择非常重要，Poly-NIMMO 无疑是综合性能最好的材料之一[48-52]。本节基于反应分子动力学，模拟了 HMX/Poly-NIMMO 基 PBX 在 2500～3500K 五种温度下的热分解过程。通过比较混合体系和纯 HMX 体系的势能、反应动力学参数、键数、产物和团簇，研究了 Poly-NIMMO 黏结剂对 HMX 热分解的影响。本研究有望为 HMX/Poly-NIMMO 基 PBX 的热分解化学变化提供理论指导。

3.5.1 模拟细节与计算方法

HMX 存在 4 种常见晶型，即 α、β、γ、δ 晶型，其中 β-HMX 的密度最高、感度最低，是实际应用中的主要晶型[53-55]。它的理论密度为 1.905g/cm^3，爆速为 9100m/s，爆轰压力为 39GPa，熔点在 278℃左右[56,57]。因此，本节主要研究的晶型是 β-HMX（本节中后文均简称为 HMX）。HMX 晶体结构来源于剑桥晶体结构数据库（CCDC：1225492）[58]。其晶体属于单斜晶系，空间群为 P21/C，晶格参数为 $a=6.54$Å，$b=11.05$Å，$c=8.70$Å，$\alpha=\gamma=90.00°$，$\beta=124.30°$，初始晶胞由两个 HMX 分子（分子式：C$_4$H$_8$N$_8$O$_8$）组成。一种新的高能黏结剂 Poly-NIMMO 的密度为 1.46g/cm^3，其结构式为 C$_{15}$H$_{29}$O$_{13}$N$_3$。图 3-12 描绘了 HMX 和 Poly-NIMMO 的分子结构。

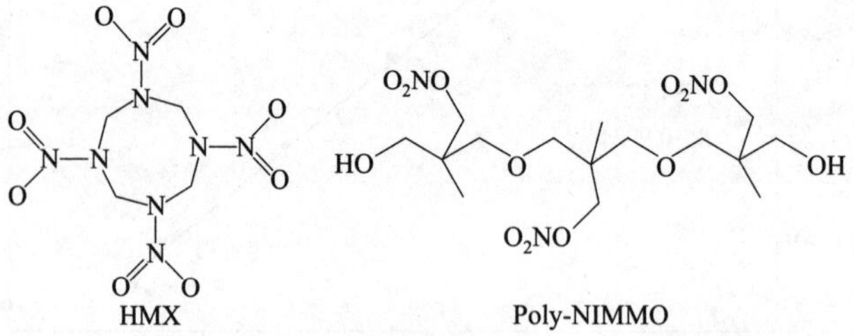

图 3-12　HMX 和 Poly-NIMMO 的分子结构

模型构建的初始阶段是确定 HMX 中的晶面。预测的 HMX 晶体形貌表明，其主要生长面包括（0 0 1）、（0 1 0）和（1 0 0）。许多研究表明，黏结剂更倾向于与 HMX 中的（1 0 0）晶面接触[59-61]。沿 HMX 的（1 0 0）晶面切片，然后放大至 5×5×1 后，为其构建真空层为 2Å 的周期盒。将优化后的 Poly-NIMMO 分子分层排列在 HMX 周期盒的顶部。为了在分子动力学模拟中获得 PBX 的初始构型，需要沿 z 方向进行逐步压缩并优化，直到系统接近理论密度[62-64]。混合体系中炸药与黏合剂的质量比约为 8：1，这与基于 HMX 的普通

PBX 的质量比相似。其中共有 3400 个原子，100 个 HMX 分子和 10 个 Poly-NIMMO 链，图 3-13 描述了模型构建过程中的典型步骤。

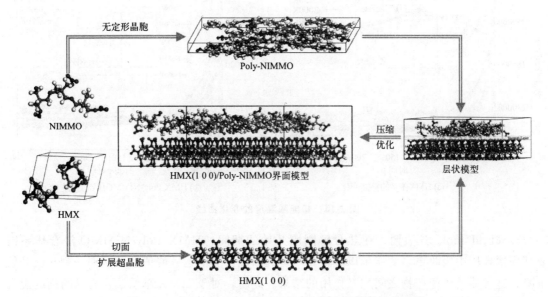

图 3-13　HMX（1 0 0）/Poly-NIMMO 混合体系的建模过程

ReaxFF-lg 对 HMX 和 Poly-NIMMO 的适用性已经得到了验证[65-67]。因此，在 LAMMPS[34]（large-scale Atomic/molecular massively parallel simulator）中使用 ReaxFF MD 对 PBX 体系结构进行优化，并模拟其动力学特性，利用周期边界条件来减少边界的影响。本节仍采用共轭梯度（CG）算法对 PBX 体系进行几何优化，不同的是设置能量停止公差为 10^{-7}kcal/（mol・A），力停止公差为 10^{-9}kcal/（mol・A）。通过这种方法，可以获得能量最低的 PBX 体系[65,68]。随后弛豫环境的温度被确定为 298K，NVT-MD 和 NPT-MD 模拟的时间步长为 0.1fs（持续时间为 10ps）。NPT-MD 模拟仍使用 Nose-Hoover 控制器，其温度和压力阻尼系数分别设置为 10fs 和 100fs。该系统已达到能量稳定，并在弛豫后与实际相符。最后，使用 NVT 系综进行 300ps 的分子动力学计算。模拟温度范围为 2500～3500K，温度选择的步长间隔为 250K。至于为什么选择 2500～3500K 的热分解，首先，这个温度范围不会影响反应的热分解机理，可以起到一定的分析作用；其次，从计算的角度来看，选择这个温度可以加速反应，同时降低计算成本。势能、产物变化等动态数据设置为每 500fs 计数一次，最后进行分析来了解整个热分解过程。

3.5.2　模拟结果与分析

3.5.2.1　势能及产物数变化

图 3-14 显示了不同温度下 HMX 和 HMX/Poly-NIMMO 混合体系的势能演化趋势。插图显示了势能在 0～6ps 内的变化。

从图 3-14 可以看到，随着体系温度的升高，两个体系势能曲线到达平衡所需要的时间缩短。它们都在 1ps 达到了势能的峰值，这是因为体系中不断从周围环境中吸收能量，以推动分解过程。Poly-NIMMO 的加入导致整个体系中存在的"反应能垒"增加。例如，纯 HMX 体系的势能在 3500K 时变化了 52127.34kcal/mol，而相应混合体系的势能变化了

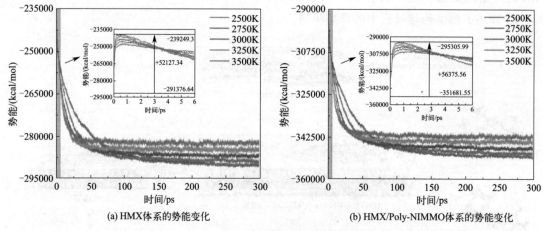

(a) HMX体系的势能变化　　　　　　　(b) HMX/Poly-NIMMO体系的势能变化

图 3-14　势能随温度的变化曲线

56375.56kcal/mol。这表明，在热分解刚刚开始的期间，HMX/Poly-NIMMO 混合体系需要从周围环境中吸收更多的能量以进行化学键的断裂。势能达到峰值后，从那一刻起就开始下降，这主要是中间产物之间相互作用的结果。此时，对于 HMX 单质及含有黏结剂的混合体系而言，两者体系中的势能均会出现下降的趋势。在反应的后期，体系中只剩下了 H_2O、CO_2 等最终产物，当然其中同样包含了许多不同的团簇分子，这些团簇分子之间发生反应所需要的活化能均非常高，即使在极端温度的条件下也不足以使化学键断裂，因此现在体系中的大多数分子并不发生反应，体系势能趋于平衡状态。

与势能曲线相对应的是物种数量变化曲线。事实上，无论是势能曲线还是物种数量曲线，它们的连接点都是化学反应。伴随着强烈化学反应的发生，体系中的物种数量会急剧增加。HMX 和 HMX/Poly-NIMMO 体系中物种的变化如图 3-15 所示。外界环境给予体系热量，初始反应分子开始逐渐分解，物种数量开始增加，整个体系中小分子片段及自由基的数量增加。当大部分反应物分解完成，此时处于势能的峰值。之后，这些分子开始相互发生反应，生成最终产物、团簇等，势能逐渐趋于动态平衡。不得不提的是，Poly-NIMMO 分解同样会产生新的分子碎片，这意味着 HMX/Poly-NIMMO 混合体系中物种数量在一定时间范围内是多于 HMX 单质体系的。当然，毫无疑问的是，随着温度的升高，无论哪个体系，数量曲线达到平衡的时间均会缩短，2500K 与 3500K 数量曲线的演化形成了鲜明的对比。

3.5.2.2　反应动力学参数分析

为了确定 HMX/Poly-NIMMO 混合体系的热分解反应动力学参数，将 HMX/Poly-NIMMO 混合体系的热分解过程划分为两个阶段，即初始吸热分解阶段和中间放热分解阶段。分别计算了两个阶段的化学反应速率常数 k、活化能 E_a 和指前因子的对数 $\ln A$。对比分析两个体系的反应速率常数 k 和活化能 E_a，得到 Poly-NIMMO 对 HMX 热分解的影响。

（1）初始吸热分解阶段

使用在相同条件下由纯 HMX 组成的类似体系比较和研究 Poly-NIMMO 对 HMX 热分解的影响。再通过求出反应动力学参数 k_1，然后利用阿伦尼乌斯方程进行求解，建立了 HMX/Poly-NIMMO 混合体系的活化能。当 HMX 和 Poly-NIMMO 结合时，从热分解过程开始到势能达到最高时所花费的时间就是我们所说的第一反应阶段，这是因为该时间段内

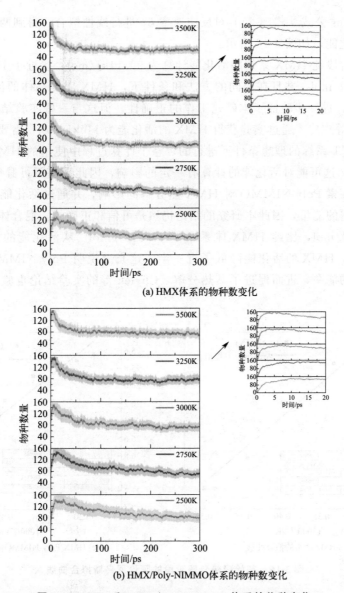

(a) HMX体系的物种数变化

(b) HMX/Poly-NIMMO体系的物种数变化

图 3-15　HMX 和 HMX/Poly-NIMMO 体系的物种变化

HMX 量的变化符合衰减公式 [式(3-1)]。通过拟合不同温度下的 HMX 数量曲线，得到的结果如表 3-8 所示。

表 3-8　初始吸热分解阶段的反应速率常数 k_1　　单位：ps^{-1}

温度/K	k_1(HMX)	k_1(HMX/Poly-NIMMO)
2000	0.68	1.58
2250	1.17	2.99
2500	3.23	4.32
2750	5.13	5.70
3000	6.52	6.54
3250	6.68	6.85
3500	7.34	7.36

根据 Arrhenius 公式［式(3-2)］对反应速率 k_1 进行线性拟合，得到两个体系在初始吸热分解阶段的活化能，如图 3-16 所示。

热分解第一阶段纯 HMX 系统的活化能计算为 99.14kJ/mol，接近于 HMX 的活化能计算值[69] 112.55kJ/mol，并且在相同的方法和条件下，HMX 完美晶体的活化能计算值[70] 为 106.59kJ/mol，进一步验证了本研究工作的正确性。但这与一些实验结果之间存在一定误差，如 Sergey 等[71,72] 通过实验获得 HMX 的活化能为 140kJ/mol。需要说明的是，整个模拟过程是在 NVT 系综的理想条件下进行的，整个计算过程中使用的 HMX 晶体结构仍然是（１００）晶面，这可能对活化能的计算有一定的影响，因此误差不可避免。更重要的是，本研究的重点是探索 Poly-NIMMO 对 HMX 热分解的影响，并通过活化能比较在不同体系中 HMX 分解所需的能量，因此本研究的结论仍然是可信和正确的。混合体系在本阶段的活化能仅为 58.83kJ/mol，比纯 HMX 体系小了 40.31kJ/mol。从活化能的角度来看，加入 Poly-NIMMO 后，HMX 的活化能降低了近一半，这充分说明 Poly-NIMMO 降低了 HMX 开始热分解所需的能垒，进而促进了其热分解，Chyłek 等的实验结论也验证了本工作的正确性[73]。

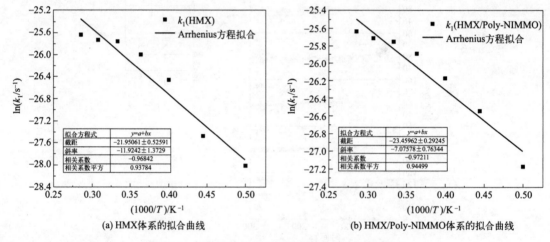

(a) HMX体系的拟合曲线   (b) HMX/Poly-NIMMO体系的拟合曲线

图 3-16 初始吸热分解阶段的阿伦尼乌斯拟合曲线

此外，表 3-8 中不同温度下的 k_1 也说明了这一点，因为 k_1 代表了该温度下的反应速率，其值越大，分解反应越快，HMX 消耗也越快。从表 3-8 中的数据可以看出，在不同温度下，HMX/Poly-NIMMO 混合体系的 k_1 大于相应的纯 HMX 体系，这支持了上述结论。

（2）中间放热分解阶段

在混合体系的热分解过程中，将反应的中间放热分解阶段定义为势能峰值与体系达到动力学平衡点之间的周期。中间放热分解反应阶段表示体系势能达到最大值后放热分解的阶段，该阶段势能曲线的变化可以用一个指数函数拟合：

$$U(t)=U_\infty+\Delta U_{exo}\exp[-k_2(t-t_{max})] \tag{3-3}$$

式中，$U(t)$ 为 t 时刻的势能值；U_∞ 为 t 趋近无穷大时势能的平衡值；ΔU_{exo} 为最大势能 U_{max} 与 U_∞ 的差值。采用式(3-3)对两个体系势能曲线衰减部分进行拟合，得到了不同温度下的反应速率常数 k_2，如表 3-9 所示。

表 3-9　中间放热分解阶段的反应速率常数 k_2　　　　　　　　　单位：ps^{-1}

温度/K	k_2(HMX)	k_2(HMX/Poly-NIMMO)
2500	0.02(7)	0.03(3)
2750	0.04(7)	0.05(1)
3000	0.07(1)	0.07(2)
3250	0.10(3)	0.10(4)
3500	0.13(1)	0.13(6)

　　同样，确定各温度下的反应速率常数 k_2 后，根据 Arrhenius 公式［式(3-2)］对反应速率 k_2 进行线性拟合，得到两个体系在中间放热分解阶段的活化能，如图 3-17 所示。

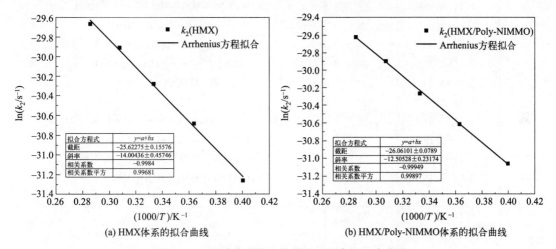

(a) HMX体系的拟合曲线　　　　　　　(b) HMX/Poly-NIMMO体系的拟合曲线

图 3-17　中间放热分解阶段的阿伦尼乌斯拟合曲线

　　根据计算，HMX 分解的中间阶段所需的活化能为 116.44kJ/mol。这个值超过了 HMX 分解第一阶段所需的活化能。这可能是因为初始阶段，HMX 中涉及的大多数分解反应都是氮杂环中脱落 NO_2，但在中间阶段，氮杂环需要进一步分解，因此活化能的增加是可以理解的。HMX/Poly-NIMMO 体系活化能为 103.97kJ/mol，这与第一阶段的研究结果中混合体系的活化能相对较低的观察结果相一致。但很明显，中间阶段活化能的减少量不如初始阶段，这表明 Poly-NIMMO 对 HMX 上氮杂环的分解影响很小，HMX 仍然主要依靠高温提供的能量进行开环反应等。一旦 HMX 上氮杂环打开，Poly-NIMMO 可能与分裂的分子片段发生反应，从而促进整个热分解过程。总之，通过比较这两个阶段的活化能和反应速率，可以说 Poly-NIMMO 在 HMX 的热分解过程中确实发挥了一定的作用，这将导致整个系统对来自外部的热刺激敏感性升高。

3.5.2.3　初始反应机理分析

　　为了了解其热分解过程，研究混合体系在受到热刺激时的初始响应机理是一个不能跳过的重要步骤。事实上，双组分混合体系的热分解过程是相当复杂的，在前人研究的基础上，本节将通过计算在 5 个温度下前 10ps 的 HMX/Poly-NIMMO 混合体系的基元反应及其反应频次，对其初始分解机理进行分析，其计算统计结果见表 3-10。

表 3-10　前 10ps 的主要初始反应及其反应频次

温度/K	反应时间/ps	频次	基元反应
2500	0.06~1.50	81	$C_4H_8O_8N_8 \longrightarrow C_4H_8O_6N_7+NO_2$
	0.12~1.84	59	$C_4H_8O_6N_7 \longrightarrow C_4H_8O_4N_6+NO_2$
	0.85~10.00	46	$HNO_2 \longrightarrow OH+NO$
	0.92~9.79	29	$H+NO_2 \longrightarrow HNO_2$
	3.94~9.58	10	$CHON+NO_2 \longrightarrow CON+HNO_2$
	0.05~6.92	5	$C_4H_8O_8N_8+C_{15}H_{29}O_{13}N_3 \longrightarrow C_{19}H_{36}O_{19}N_{10}+HNO_2$
	0.62~7.99	5	$C_4H_8O_8N_8+OH \longrightarrow H_2O+C_7H_7O_8N_8$
	0.43~4.99	4	$C_4H_8O_8N_8+NO_2 \longrightarrow C_7H_7O_8N_8+HNO_2$
	0.78~2.05	4	$C_4H_8O_4N_6+NO_2 \longrightarrow C_4H_7O_4N_6+HNO_2$
	0.49~2.65	3	$C_4H_8O_2N_5+NO_2 \longrightarrow C_4H_7O_2N_5+HNO_2$
2750	0.39~10.00	70	$HNO_2 \longrightarrow OH+NO$
	0.06~1.15	78	$C_4H_8O_8N_8 \longrightarrow C_4H_8O_6N_7+NO_2$
	0.11~1.45	60	$C_4H_8O_6N_7 \longrightarrow C_4H_8O_4N_6+NO_2$
	1.73~9.86	14	$OH+HNO \longrightarrow H_2O+NO$
	0.54~9.81	11	$H+NO_2 \longrightarrow HNO_2$
	1.09~9.91	6	$C_4H_8O_8N_8+C_{15}H_{29}O_{13}N_3 \longrightarrow C_{19}H_{36}O_{19}N_{10}+HNO_2$
	1.31~3.16	6	$C_4H_7N_4+NO_2 \longrightarrow C_4H_6N_4+HNO_2$
	0.63~5.57	5	$C_4H_8O_8N_8+OH \longrightarrow H_2O+C_7H_7O_8N_8$
	1.54~8.52	4	$C_4H_8O_4N_6+NO_2 \longrightarrow C_4H_7O_4N_6+HNO_2$
	0.10~0.52	4	$C_{15}H_{29}O_{13}N_3 \longrightarrow C_{15}H_{29}O_{11}N_2+NO_2$
3000	0.31~9.99	81	$HNO_2 \longrightarrow OH+NO$
	0.06~0.85	71	$C_4H_8O_8N_8 \longrightarrow C_4H_8O_6N_7+NO_2$
	0.11~1.19	35	$C_4H_8O_6N_7 \longrightarrow C_4H_8O_4N_6+NO_2$
	0.88~9.66	16	$HNO+NO_2 \longrightarrow HNO_2+NO$
	0.14~0.22	6	$C_{15}H_{29}O_{13}N_3 \longrightarrow C_{15}H_{28}O_{12}N_3+OH$
	0.37~1.15	4	$C_4H_8O_4N_6+NO_2 \longrightarrow C_4H_7O_4N_6+HNO_2$
	0.41~0.99	4	$C_4H_8O_4N_6+OH \longrightarrow C_4H_7O_4N_6+H_2O$
	0.02~0.33	3	$C_{15}H_{29}O_{13}N_3 \longrightarrow C_{15}H_{29}O_{11}N_2+NO_2$
	0.16~0.53	3	$C_{15}H_{29}O_{11}N_2 \longrightarrow C_{15}H_{29}O_9N+NO_2$
	1.13~3.06	3	$C_4H_8N_4+NO_2 \longrightarrow C_4H_7N_4+HNO_2$
3250	0.48~9.98	90	$HNO_2 \longrightarrow OH+NO$
	0.06~0.61	74	$C_4H_8O_8N_8 \longrightarrow C_4H_8O_6N_7+NO_2$
	0.10~0.75	50	$C_4H_8O_6N_7 \longrightarrow C_4H_8O_4N_6+NO_2$
	0.32~9.68	24	$H+NO_2 \longrightarrow HNO_2$
	0.44~10.00	20	$OH+HNO \longrightarrow H_2O+NO$
	0.98~9.67	7	$HNO+NO_2 \longrightarrow HNO_2+NO$
	0.52~2.71	6	$C_4H_7N_4+NO_2 \longrightarrow C_4H_6N_4+HNO_2$
	0.15~2.34	5	$C_4H_8O_8N_8+C_{15}H_{29}O_{13}N_3 \longrightarrow C_{19}H_{36}O_{19}N_{10}+HNO_2$
	0.10~0.51	3	$C_{15}H_{29}O_{13}N_3 \longrightarrow C_{15}H_{29}O_{11}N_2+NO_2$
	0.15~1.09	3	$C_4H_8O_6N_7+NO_2 \longrightarrow C_4H_7O_6N_7+HNO_2$

温度/K	反应时间/ps	频次	基元反应
3500	0.38~9.98	97	$HNO_2 \longrightarrow OH + NO$
	0.06~0.72	80	$C_4H_8O_8N_8 \longrightarrow C_4H_8O_6N_7 + NO_2$
	0.97~9.99	30	$OH + HNO \longrightarrow H_2O + NO$
	0.57~8.17	22	$HNO + NO_2 \longrightarrow HNO_2 + NO$
	0.52~6.67	10	$CH_2N + NO_2 \longrightarrow CHN + HNO_2$
	0.08~0.37	7	$C_4H_8O_8N_8 \longrightarrow C_4H_8O_4N_6 + NO_2 + NO_2$
	0.09~1.24	6	$C_4H_8O_8N_8 + C_{15}H_{29}O_{13}N_3 \longrightarrow C_{19}H_{36}O_{19}N_{10} + HNO_2$
	0.02~0.11	3	$C_{15}H_{29}O_{13}N_3 \longrightarrow C_{15}H_{28}O_{12}N_3 + OH$
	2.23~2.59	3	$C_4H_5N_4 + NO_2 \longrightarrow C_4H_4N_4 + HNO_2$
	1.44~2.02	3	$C_4H_8O_6N_7 + NO_2 \longrightarrow C_4H_7O_6N_7 + HNO_2$

从表 3-10 可以看出，绝大部分 HMX 单分子的初始分解反应为 NO_2 从 C—N 杂环上脱落，如式(3-4)~式(3-6)所示，而 Poly-NIMMO 单分子的初始分解反应也是 NO_2 从 C 链上脱落，这些均已经被证明是正确的[60,65,69]。不同的是，在 HMX/Poly-NIMMO 混合体系中，它们两者之间会发生硝基转移的反应，即 HMX 上的 NO_2 转移到 Poly-NIMMO 上的 OH 基团上，并以 HNO_2 的形式进行脱落，如式(3-7)所示，由表 3-10 可以看出，在 3500K 时，这个反应最先发生的时间为 0.09ps。此外，在反应刚开始的阶段，一些 NO_2 会与 Poly-NIMMO 及其分解产物进一步反应，如式(3-8)~式(3-10)，这将不断地消耗 NO_2，降低体系中 NO_2 的浓度，生成 HNO_2 的同时也对 HMX 的热分解产生促进作用，这与活化能的分析是一致的。

$$C_4H_8O_8N_8 \longrightarrow C_4H_8O_6N_7 + NO_2 \qquad (3\text{-}4)$$

$$C_4H_8O_6N_7 \longrightarrow C_4H_8O_4N_6 + NO_2 \qquad (3\text{-}5)$$

$$C_4H_8O_4N_6 \longrightarrow C_4H_8O_2N_5 + NO_2 \qquad (3\text{-}6)$$

$$C_4H_8O_8N_8 + C_{15}H_{29}O_{13}N_3 \longrightarrow C_{19}H_{36}O_{19}N_{10} + HNO_2 \qquad (3\text{-}7)$$

$$C_4H_8O_8N_8 + C_{15}H_{29}O_{10}N_2 \longrightarrow C_4H_8O_4N_6 + C_{15}H_{29}O_{12}N_3 + NO_2 \qquad (3\text{-}8)$$

$$NO_2 + C_{15}H_{29}O_{13}N_3 \longrightarrow HNO_2 + C_{15}H_{28}O_{11}N_2 \qquad (3\text{-}9)$$

$$NO_2 + C_{15}H_{29}O_{11}N_2 \longrightarrow HNO_2 + C_{15}H_{28}O_{11}N_2 \qquad (3\text{-}10)$$

$$HNO_2 \longrightarrow OH + NO \qquad (3\text{-}11)$$

另一个显著的证据便是两个体系中反应式(3-11)发生频次的对比，如图 3-18 所示。HMX/Poly-NIMMO 体系中反应频次明显多于 HMX 单质体系，这表明在初始反应时期，混合体系中 HNO_2 的数量更多。尽管 Poly-NIMMO 上也带有一些 NO_2，但不可否认的是，Poly-NIMMO 会促使 HMX 尽快地脱落 NO_2 进而促进其热分解。对 HNO_2 的生成路径的进一步探究结果见式(3-12)~式(3-14)。值得说明的是，混合体系中，Poly-NIMMO 自带的 NO_2 及其促使 HMX 在短期内脱落的大量的 NO_2，很多会与 HMX 及其分解产物发生化学反应，形成一种类似于"自催化"的效果，这便是 Poly-NIMMO 对 HMX 热分解的影响。此外，Poly-NIMMO 与 HNO_2 会不断分解生成 OH，生成的 OH 会与其他片段发生化学反应生成 H_2O，进一步促进 HMX 的热分解，如式(3-15)~式(3-17)，这将意味着双组分体系不仅会比单质体系中 H_2O 分子的数量多，而且生成速率会更快。由上面的分析可以

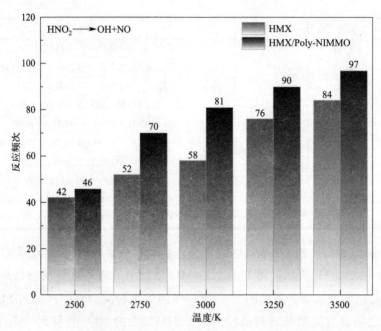

图 3-18　$HNO_2 \longrightarrow OH + NO$ 的反应频次比较

得出，Poly-NIMMO 对 HMX 热分解的影响巨大，HMX 与 Poly-NIMMO 初始反应机理网络如图 3-19 所示，提供了关于 HMX/Poly-NIMMO 混合炸药热分解较为详细的机理。具体机理为：在热刺激作用下，Poly-NIMMO 上脱落的 H 会与 HMX 上的 NO_2 反应，生成不稳定的中间产物 HNO_2，HMX 同样会与 Poly-NIMMO 直接反应脱落 HNO_2。统计的化学反应中，HMX 会与 OH 反应，这些 OH 有两个来源：一是 HNO_2 分解，两个体系中 HNO_2 分解反应频次的对比也表明 HMX/Poly-NIMMO 体系中生成的 HNO_2 数量更多且分解生成的 OH 更多；二是黏结剂 Poly-NIMMO 分解产生的 OH，这些都会加快整个体系的热分解。

$$C_4H_6N_4 + NO_2 \longrightarrow C_4H_5N_4 + HNO_2 \tag{3-12}$$

$$C_4H_8O_4N_6 + NO_2 \longrightarrow C_4H_7O_4N_6 + HNO_2 \tag{3-13}$$

$$C_4H_8O_2N_5 + NO_2 \longrightarrow C_4H_7O_2N_5 + HNO_2 \tag{3-14}$$

$$C_4H_7O_4N_6 + OH \longrightarrow C_4H_6O_4N_6 + H_2O \tag{3-15}$$

$$OH + C_4H_6O \longrightarrow H_2O + C_4H_5O \tag{3-16}$$

$$C_4H_5O_4 + OH \longrightarrow C_4H_4O_4 + H_2O \tag{3-17}$$

3.5.2.4　产物及化学键分析

一般地，在一个体系中，产物伴随着化学反应的进行而产生以及消耗，因此对产物的分析是至关重要的。为了进一步探究 HMX/Poly-NIMMO 混合体系热分解的进程，对两个体系 300ps 内的热分解产物进行了实时统计。一些小分子片段随着热分解的进行数量逐渐趋于 0，这些产物被定义为中间产物。两个体系中 CHON、NO_2、OH、HNO_2 等中间产物数量变化曲线如图 3-20 所示。此外，N_2、H_2O、CO_2、H_2、NH_3 这几种物质在反应结束时仍能稳定存在于体系中且具有可观的数量，这些产物被称为最终产物，其数量变化如图 3-21 所示。

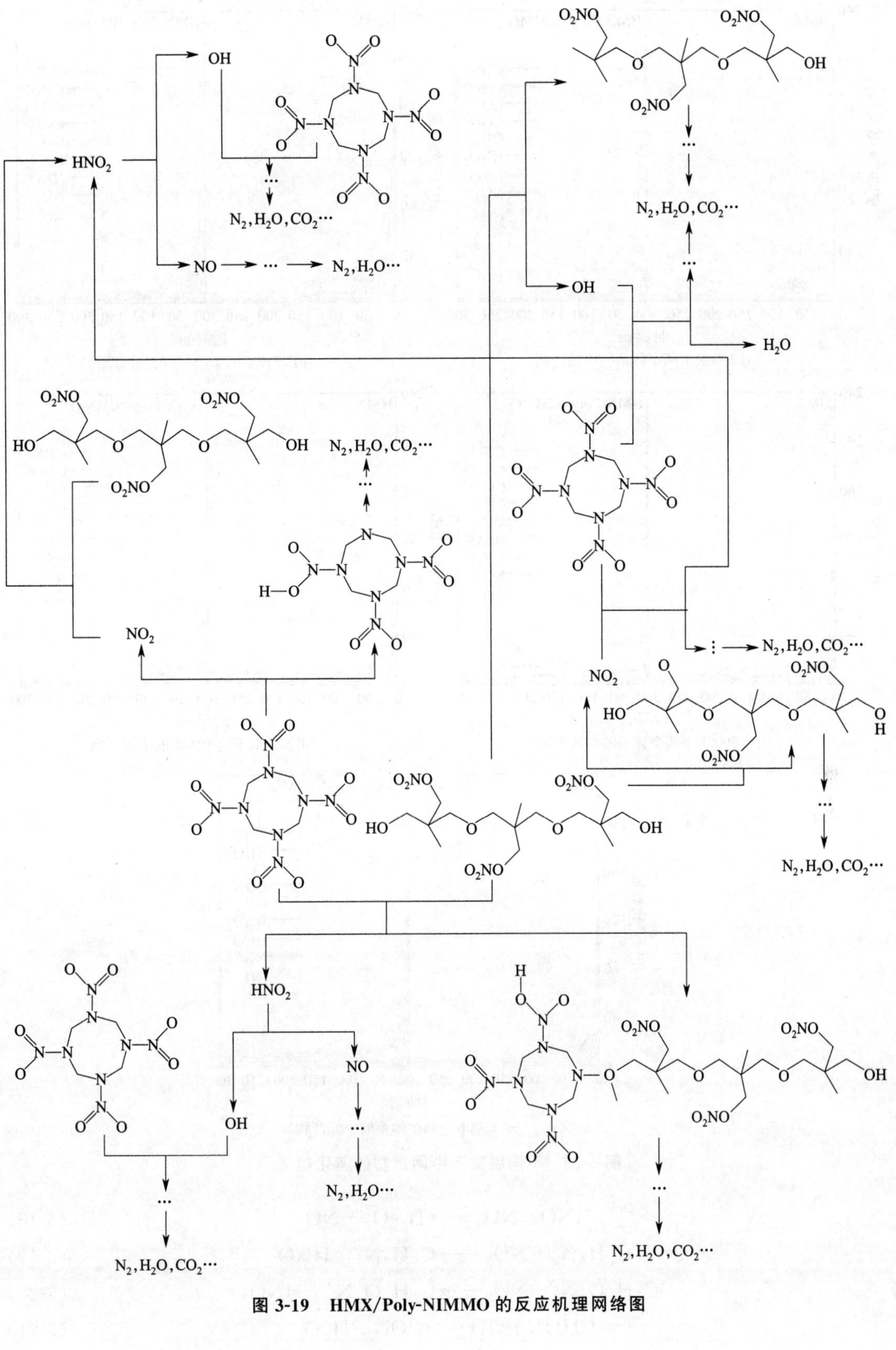

图 3-19　HMX/Poly-NIMMO 的反应机理网络图

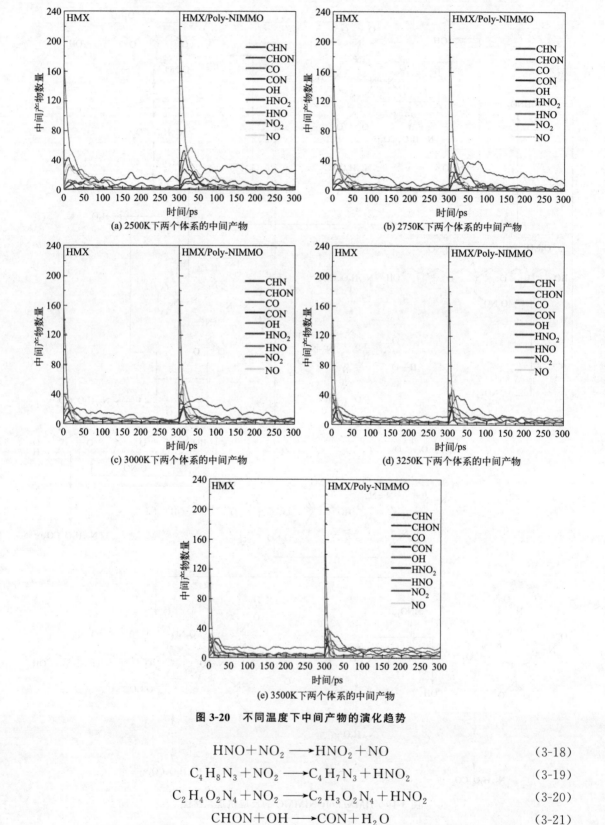

图 3-20　不同温度下中间产物的演化趋势

$$HNO + NO_2 \longrightarrow HNO_2 + NO \tag{3-18}$$

$$C_4H_8N_3 + NO_2 \longrightarrow C_4H_7N_3 + HNO_2 \tag{3-19}$$

$$C_2H_4O_2N_4 + NO_2 \longrightarrow C_2H_3O_2N_4 + HNO_2 \tag{3-20}$$

$$CHON + OH \longrightarrow CON + H_2O \tag{3-21}$$

$$HN_2 + OH \longrightarrow H_2O + N_2 \tag{3-22}$$

$$CHO_2N_2 \longrightarrow CHON + NO \tag{3-23}$$

$$CHON + OH \longrightarrow CON + H_2O \tag{3-24}$$

$$CHON + NO_2 \longrightarrow CON + HNO_2 \tag{3-25}$$

$$C_2O_2N_2 \longrightarrow CON + CON \tag{3-26}$$

$$CH_2ON \longrightarrow CON + H_2 \tag{3-27}$$

在图 3-20 中，随着温度的升高，中间产物数量变化曲线到达平衡所需的时间逐渐缩短。NO_2 主要来源于 HMX 和 Poly-NIMMO 的分解，这些 NO_2 会与其他自由基及中间产物反应，促进 HMX 中 C—N 杂环的分解，如式(3-18)～式(3-20) 所示。混合体系中 NO_2 分子数量明显多于纯 HMX 体系，这也从侧面说明 Poly-NIMMO 对 HMX 热分解带来的积极影响。需要注意的是，Poly-NIMMO 对 HMX 热分解的积极作用实际上意味着它会加速 HMX 的热分解。同时，NO_2 也是 HNO_2 主要的来源，其分解产生的 OH 会夺取其他分子片段的 H 原子生成 H_2O，如式(3-21)、式(3-22) 所示。此外，CHON 与 CON 基本是 HMX 完成开环反应后的产物，当然，CHON 也能脱去 H 原子生成 CON，如式(3-23)～式(3-27) 所示。一个有趣的现象是，在反应过程中，CHON 及 CON 是 HMX 上 C—N 环最后最基本的分子片段，因此说其是最后一步热分解反应也不为过。这里需要特别解释的是，在 300ps 统计时间结束的时候，从图 3-20 上可以发现仍有少量的中间产物。这主要是，在分解的后期，这些自由基团会不断从大分子上进行"链接"与"断裂"，但是其数量是可以忽略不计的。事实上，在整个反应的过程中，所有的中间产物及分子片段之间均会发生化学反应，进而生成 N_2、H_2O、H_2 等最终产物进入外界环境中。其他部分相关的产物分子之间的化学反应如表 3-11 所示。

表 3-11　相关产物分子之间的基元反应

温度/K	反应时间/ps	频次	基元反应
2500	0.10～1.50	69	$C_4H_8O_8N_8 \longrightarrow C_4H_8O_6N_7 + NO_2$
	0.75～163.10	49	$OH + HNO \longrightarrow H_2O + NO$
	0.85～111.35	44	$HNO_2 \longrightarrow OH + NO$
	1.95～72.75	22	$HNO + NO_2 \longrightarrow HNO_2 + NO$
	3.95～76.45	16	$CHON + NO_2 \longrightarrow CON + HNO_2$
	11.75～299.55	15	$CHON + OH \longrightarrow CON + H_2O$
	1.10～89.95	7	$H + HNO_2 \longrightarrow H_2O + NO$
	1.35～68.40	6	$OH + HNO_2 \longrightarrow H_2O_2 + NO$
	1.00～2.65	5	$C_4H_8O_2N_5 + NO_2 \longrightarrow C_4H_7O_2N_5 + HNO_2$
	55.30～291.40	5	$CHON + H_2N \longrightarrow CON + NH_3$
2750	0.10～0.60	81	$C_4H_8O_8N_8 \longrightarrow C_4H_8O_6N_7 + NO_2$
	3.90～299.95	66	$HN_2 \longrightarrow H + N_2$
	13.50～299.70	27	$CON_2 \longrightarrow CO + N_2$
	0.55～112.80	23	$HNO_2 \longrightarrow OH + NO$
	17.30～289.30	22	$CO + OH \longrightarrow CO_2 + H$
	2.75～289.35	18	$CHON + OH \longrightarrow CON + H_2O$
	12.85～298.65	17	$H + NH_3 \longrightarrow H_2 + H_2N$
	0.90～8.05	14	$CH_2N + NO_2 \longrightarrow CHN + HNO_2$
	10.55～299.25	13	$CHON + N_2 \longrightarrow CON + HN_2$
	4.35～42.10	12	$CHON + NO_2 \longrightarrow CON + HNO_2$

温度/K	反应时间/ps	频次	基元反应
3000	0.10～0.85	66	$C_4H_8O_8N_8 \longrightarrow C_4H_8O_6N_7 + NO_2$
	0.65～66.90	51	$HNO_2 \longrightarrow OH + NO$
	1.65～180.75	39	$OH + HNO \longrightarrow H_2O + NO$
	19.30～299.95	23	$CHO_2 + N_2 \longrightarrow CO_2 + HN_2$
	1.05～27.10	21	$HO_3N \longrightarrow OH + NO_2$
	19.35～298.30	19	$H_2O + N_2 \longrightarrow HN_2 + OH$
	2.50～298.65	18	$CHON + OH \longrightarrow CON + H_2O$
	0.90～18.90	15	$HNO + NO_2 \longrightarrow HNO_2 + NO$
	28.85～297.00	13	$H_2O + NH_3 \longrightarrow H_4N + OH$
	3.90～297.85	13	$H_2 + OH \longrightarrow H + H_2O$
3250	0.55～145.30	71	$HNO_2 \longrightarrow OH + NO$
	0.10～0.75	76	$C_4H_8O_8N_8 \longrightarrow C_4H_8O_6N_7 + NO_2$
	6.30～299.20	41	$H_4ON \longrightarrow NH_3 + OH$
	5.20～299.55	34	$HN_2 + OH \longrightarrow H_2O + N_2$
	9.20～300.00	31	$CO + OH \longrightarrow CO_2 + H$
	5.80～299.80	26	$H_2N + H_2O \longrightarrow NH_3 + OH$
	0.45～155.45	21	$OH + HNO \longrightarrow H_2O + NO$
	3.65～298.15	18	$CHON + OH \longrightarrow CON + H_2O$
	1.00～11.70	16	$CH_2N + NO_2 \longrightarrow CHN + HNO_2$
	1.00～14.65	14	$HNO + NO_2 \longrightarrow HNO_2 + NO$
3500	2.30～300.00	87	$HN_2 \longrightarrow H + N_2$
	0.10～0.40	67	$C_4H_8O_8N_8 \longrightarrow C_4H_8O_6N_7 + NO_2$
	0.45～120.15	47	$HNO_2 \longrightarrow OH + NO$
	10.45～300.00	34	$CO_2 + H \longrightarrow CO + OH$
	1.15～299.95	33	$H + OH \longrightarrow H_2O$
	3.10～300.00	32	$H_2N_2 + OH \longrightarrow H_2O + HN_2$
	3.85～299.80	26	$H_2N + H_2O \longrightarrow NH_3 + OH$
	1.35～299.55	15	$HN_2 + OH \longrightarrow H_2O + N_2$
	21.30～253.35	10	$CHON + H_2O \longrightarrow CON + H_2 + OH$
	1.60～12.30	8	$CHON + NO_2 \longrightarrow CON + HNO_2$

　　图 3-21 显示了 HMX 体系与 HMX/Poly-NIMMO 混合体系最终产物随时间的变化情况。温度的升高对产物演化趋势的影响是一样的，均是随着温度升高，加快了产物曲线达到平衡的过程。这主要是由于在给定的时间内，外界提供的能量越多，原子迁移的速率和反应发生的速率都会加快。一个"奇怪"的现象便是，虽然在 Poly-NIMMO 中 C 原子的含量较高（在混合模型中，Poly-NIMMO 带来了 150 个 C 原子），但是在最终产物中，两个体系所产生的 CO_2 分子数量基本是接近的。此外，从中间产物演化图（图 3-20）中也可以看到 CO 分子的数量在 300ps 时接近 0。这意味着较多的 C 原子没有氧化，反而会聚集起来形成含 C 团簇。对于 H_2O 分子的变化，种种原因造成 HMX/Poly-NIMMO 混合体系中 H_2O 含量远远多于 HMX 单质体系，且混合体系中 H_2O 的生成速率显然更快，这与前面分析的结果是一致的。这主要是因为在混合体系中，黏结剂 Poly-NIMMO 带来了大量的 H 原子，其中大部分更愿意与 O 原子反应形成水分子。需要注意的是：另一个需要解释的现象是，水的产率随着温度的升高而逐渐下降。然而，这主要是因为随着温度的升高，系统中原子运动的速率加快，这导致了许多反应的推进和反应周期的缩短，这意味着在统计时间内，可以统计的水数量会减少。值得注意的是，这在很大程度上说明 Poly-NIMMO 的确会加快 HMX 的热分解进程。混合体系中尽管 Poly-NIMMO 上具有较少的 N 原子，但仍有不少的 N 原子停留在团簇上，故 N_2 分子的数量与

HMX 单质体系相差无几。此外,混合体系中 H 原子的数量远远多于 C 原子的数量,因此混合体系中 H_2O 分子的数量大大增加,并且其变化曲线与 CO_2 的变化截然相反。不仅如此,混合体系中较多的 H 原子使得 H_2 分子数量变化结果显得非常正常。两个体系中 NH_3 分子数量也非常接近,这表明 Poly-NIMMO 对最终产物 NH_3 的生成并没有太大的影响。

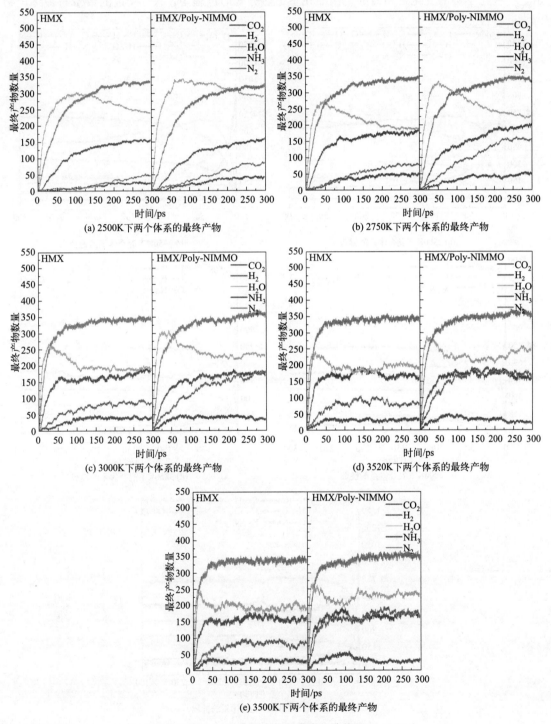

(a) 2500K下两个体系的最终产物

(b) 2750K下两个体系的最终产物

(c) 3000K下两个体系的最终产物

(d) 3520K下两个体系的最终产物

(e) 3500K下两个体系的最终产物

图 3-21 最终产物数量变化曲线图

　　化学键数量的变化常常伴随着物质结构的转变，其数量的增加或减少暗示着反应物之间的化学键断裂与新键的生成，因此也与产物的生成和消耗密切相关。通过对化学键数量变化进行分析，可以得到产物变化难以体现的重要信息，对深入了解混合体系热分解机理是至关重要的。对 HMX/Poly-NIMMO 混合体系中 10 种化学键的数量进行了统计，如图 3-22 所示。一些化学键的变化是相似的，例如在整个热分解的过程中，N—N 键的数量与最终产物

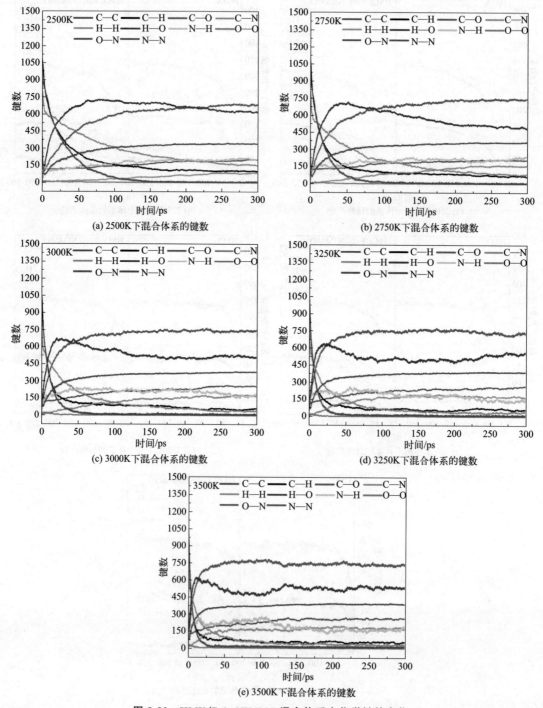

图 3-22　HMX/Poly-NIMMO 混合体系中化学键的变化

N_2 分子的数量是相近的，在到达平衡之后，它们均为 350 左右。H—O 键及 H—H 键的变化与 H_2O 分子和 H_2 分子的变化是相似的。对于 N—O 等化学键，它们基本在热分解反应的后期数量都会趋近于 0，根据之前的分析不难得出如下结论：这些化学键主要存在于中间产物中，伴随着中间产物的反应结束，这些化学键数量自然逐渐减小直至为 0。而 C—O 键的数量显然多于 CO_2 中所拥有的 C—O 的数量，显然团簇中仍存在大量的 C—O 键。同样地，NH_3 的分子数量仅有 27 个左右，但是 N—H 键的数量却接近 150，这些 N—H 键大部分存在于团簇中。当然，数量可观的 C—C 键也同样证实了含 C 团簇的存在。

3.5.2.5　团簇分析

一般地，自由的 C 原子很容易聚集成团簇，含能材料的热分解也是如此。HMX 和 Poly-NIMMO 上的大多数 C 原子被氧化，但许多 C 原子由于"负氧平衡"而不能接触 O 原子，它们在范德华力的作用下相互吸引，逐渐形成更大的 C 链分子，即团簇[28,74,75]。团簇的出现将影响后续化学反应区结构和化学能释放速率，因而在炸药反应过程中扮演非常重要的角色。由于团簇所含原子数量可多可少，没有严格的界限[76]，会因涉及的化学物质而异。为了明确团簇的含义，根据 HMX 的分子结构（$C_4H_8O_8N_8$），将 C 原子数大于 4 的分子当作团簇。HMX/Poly-NIMMO 混合体系中不同温度下团簇数量的变化趋势如图 3-23 所示。在这些温度中，团簇的数量先增加，然后减少。然而，在 3500K 处的团簇数量曲线似乎没有"上升部分"，但这并不意味着团簇的数量没有增加。这可能是因为高温加剧了分子的振动，在很短的时间内，HMX/Poly-NIMMO 混合体系中这些分子片段和自由基频繁碰撞，以致团簇形成得太快。此后，各温度下的团簇数量开始减少。这可能是因为一些小的团簇在运动过程中不断聚集，从而形成更大的团簇。当然，这也可能是因为一些团簇已经分解了，生成 H_2O、CO_2 等最终产物。当体系中所有反应基本完成后，最终产物和团簇的数量基本保持稳定。

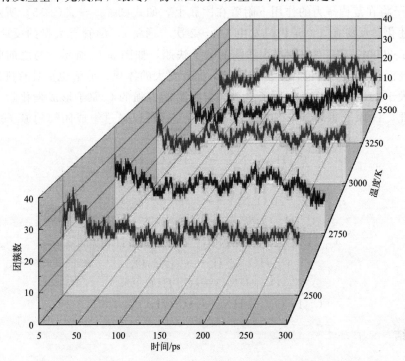

图 3-23　HMX/Poly-NIMMO 混合体系不同温度下团簇数的变化趋势

通过计算在 300ps 内不同温度下出现团簇的最大数量和它们出现的时间（表 3-12）可以看出，团簇的最大数量与温度成反比，但仅针对前三个值。这可能是由于随着温度的升高，系统中的团簇逐渐分解，但同时在热刺激下，某些较小的团簇逐渐聚集在一起，形成更大的团簇。然而，无论是 3250K 还是 3500K，最大数量仍为 29。虽然一些大团簇已经分解，但一些小团簇或现有的大团簇即使在 3500K 的高温下（300ps）仍难以分解。在连续高温或连续加热下，这些"耐热"团簇最终分解并氧化成最终产物如 CO_2、N_2、H_2O，当然也包括 $(C—C)_n$。

表 3-12 团簇的最大数量及其出现时间

温度/K	团簇的最大数量	出现时间/ps
2500	36	22.15
2750	33	20.25
3000	31	13.45
3250	29	10.90
3500	29	8.65

为了了解 HMX/Poly-NIMMO 混合体系在热分解过程中团簇结构的演化规律，计算了不同温度下 300ps 内 N、H、O 与 C 原子的比值，如图 3-24 所示。

从图 3-24 可以看出，不同温度下 N/C 的波动趋势相同。事实上，一些分子片段，如 NO_2 和 N_2，将从团簇中分离出来，这将导致团簇中存在的 N 和 O 原子总量减少，如式（3-28）～式（3-32）所示。此外，当两条比值曲线接近平衡时，N/C 大于 O/C，这明显说明了两种比值之间的差异。产物中的 O/C 最小，因为 O 原子在整个体系中也起着氧化剂的作用，而且在最终产物中存在大量的 O 原子。另一方面，H/C 在稳步上升，这一趋势背后的主要驱动因素如下：①在某些产物的生成过程中，额外的 H 原子将留在团簇中；②体系中的自由 H 原子将在范德华力的作用下附着在团簇上，如式（3-33）～式（3-35）所示。必须明确的是，上述化学反应在 300ps 内只发生了 1～2 次（通常），尽管有大量的反应非常相似。之后，得到了 3000K 下不同时期最大团簇的分子快照，如图 3-25 所示。与之前的研究结果一致，在较高温度下的团簇包含更多的原子，拥有更大的体积，分解也更具有挑战性。尽管 N 的电负性大于 O，但更多的 O 原子会选择与吸附能力强的 C 原子形成强化学键，而不是 N 原子。因此，H 原子通常会与 N 原子形成连接。这可以通过组成团簇的原子之间的键合方式来证明。

$$C_{10}H_{16}O_8N \longrightarrow C_{10}H_{16}O_6 + NO_2 \tag{3-28}$$

$$C_{13}H_5O_7N_5 \longrightarrow C_{13}H_5O_7N_3 + N_2 \tag{3-29}$$

$$C_{11}H_3O_8N_3 \longrightarrow C_{11}H_3O_8N + N_2 \tag{3-30}$$

$$C_{10}H_{19}O_9N_2 \longrightarrow C_{10}H_{19}O_7N + NO_2 \tag{3-31}$$

$$C_{10}H_{18}O_{11}N_3 \longrightarrow NO_2 + NO_2 + C_{10}H_{18}O_7N \tag{3-32}$$

$$C_{13}HO_{11} + H \longrightarrow C_{13}H_2O_{11} \tag{3-33}$$

$$C_{10}O_7 + HN_2 \longrightarrow C_{10}HO_7 + N_2 \tag{3-34}$$

$$C_{13}H_3ON_3 + HN_2 \longrightarrow C_{13}H_4ON_3 + N_2 \tag{3-35}$$

3.5.3 小结

考虑到 HMX 和 Poly-NIMMO 的优异性能和普适性，利用反应分子动力学模拟从微观

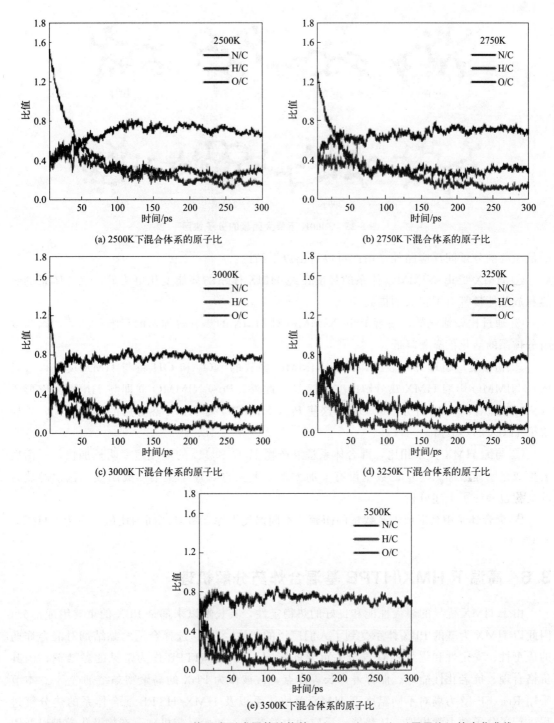

(a) 2500K下混合体系的原子比　　　　　　　(b) 2750K下混合体系的原子比

(c) 3000K下混合体系的原子比　　　　　　　(d) 3250K下混合体系的原子比

(e) 3500K下混合体系的原子比

图 3-24　HMX/Poly-NIMMO 体系中形成团簇结构的 N/C、H/C、O/C（原子比）的变化曲线

角度对 HMX/Poly-NIMMO 基 PBX 的热分解过程进行了详细系统的分析，分析了势能和物种数的变化趋势，确定了两种不同体系热解过程的动力学参数。通过观察产物分子变化的方式和计算化学键的总数来评估 Poly-NIMMO 对 HMX 生成的化合物的影响。除此之外，记录了整个温度范围内存在的团簇总数的波动以及原子比，揭示了 HMX/Poly-NIMMO 体系

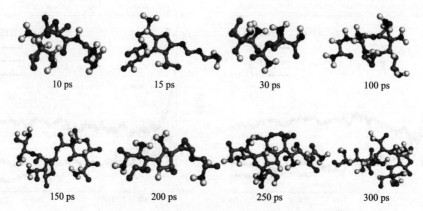

| 10 ps | 15 ps | 30 ps | 100 ps |

| 150 ps | 200 ps | 250 ps | 300 ps |

图 3-25　3000K 下最大团簇的分子快照

的最主要的分子间反应路径。由此可以得出以下结论：

① HMX/Poly-NIMMO 体系的势能比纯 HMX 体系的势能变化更明显，混合体系的吸热和放热能量都有了很大的提高。

② 通过比较活化能，发现 Poly-NIMMO 对 HMX 的热分解加速的影响更显著，因为双组分体系的活化能显著降低。

③ 初始反应机理分析表明，Poly-NIMMO 释放的 NO_2 和 OH 将与 HMX 反应，这是 Poly-NIMMO 影响 HMX 热分解的主要途径。此外，Poly-NIMMO 立即与 HMX 反应形成 HNO_2，随后 HNO_2 将分解成 OH，这使 Poly-NIMMO 对 HMX 热分解的影响较大，并加快了 HMX 的热分解。

④ 与纯 HMX 体系相比，混合体系最终产物 H_2O 和 H_2 的形成速率明显加快，平衡后的生成量明显增加。CO_2 的数量没有增加太多，更多的 C 原子聚集形成团簇，化学键数量的变化也验证了上述分析。

⑤ 混合体系中会形成较多数量的团簇，不同温度下原子数量之间的比值关系为：H/C> N/C>O/C。

3.6　高温下 HMX/HTPB 基混合炸药分解机理

由于 HMX 优异的爆轰性能和良好的热稳定性，其长期以来都是 PBX 的重要组成部分，因此以 HMX 为基的 PBX 体系受到了人们广泛的关注[77-79]。选择合适的黏结剂对混合炸药的成型性、安定性和爆炸性有着至关重要的影响。其中，HTPB 作为常见的黏结剂，因其价格合理、抗老化性能好、储存寿命长等优点，常被作为 PBX 的高聚物黏结剂[80-84]。本节采用 ReaxFF-lg 力场对不同温度下 HMX 单质体系以及 HMX/HTPB 混合体系的热分解过程进行了分子动力学模拟，从势能、反应动力学参数、初始反应机理、产物及化学键以及团簇等方面揭示 HMX/HTPB 混合体系热分解反应机理，进一步得出 HTPB 对 HMX 热稳定性的影响。

3.6.1　模拟细节与计算方法

本研究工作中所采用的 HMX 初始晶胞仍然来源于剑桥晶体结构数据库[58]，主要研究

的晶型仍是 β-HMX（本节中后文均简称为 HMX）。HTPB 的结构式为 $C_{20}H_{32}O_2$，密度为 $0.908g/cm^3$。一条 HTPB 链包含一个顺式丁二烯、一个 1,2-丁二烯、三个反式丁二烯以及两端的两个羟基[85]，HMX 与 HTPB 的分子结构如图 3-26 所示。

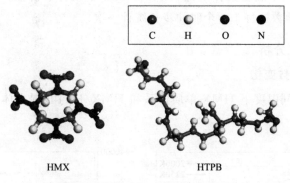

图 3-26　HMX 和 HTPB 的分子结构

和之前的研究工作一样，首先对 HMX 的晶体形貌进行预测，进而确定其最容易暴露的晶体表面。表 3-13 展示了 HMX 的主要晶体表面及其参数。从表 3-13 中能够看到，（0 1 1）面为 HMX 面积占比最大面，该表面与 HTPB 发生反应的概率最大。因此选择对 HMX 单胞沿着（0 1 1）面进行切面扩胞，构建了 3×6×1 的超晶胞模型，共 144 个 HMX 分子。此外，采用 PBXW-128 配方中 HMX 与 HTPB 质量比 77∶11 进行混合模型的搭建，其中包含 20 条 HTPB 链。将 HTPB 放置在 HMX（0 1 1）晶面上方，然后沿着模型的 c 轴方向进行压缩，使其接近混合体系的理论密度。HMX/HTPB 体系的建模过程如图 3-27 所示。

表 3-13　HMX 的主要晶体表面及参数

$h\,k\,l$	多重度	总面积占比/%
0 1 1	4	57.64
1 1 −1	4	33.69
0 2 0	2	5.99
1 0 −2	2	1.48
1 0 0	2	1.20

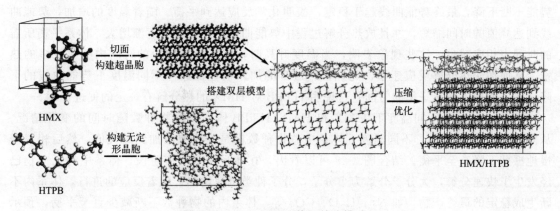

图 3-27　HMX/HTPB 体系的建模过程

ReaxFF-lg 力场可以完美地适用于 HMX 与 HTPB 的分子动力学模拟，在炸药的爆轰模拟中已经得到了良好验证[68,69]。因此，接下来的工作均在 ReaxFF-lg 力场下进行。利用 LAMMPS[34] 软件，弛豫和热分解过程仍采用 3.5.1 的方法。不同的是，将弛豫后的模型分别在 2000～3500K 七个温度条件下进行 300ps 的分子动力学模拟，键级、键长、原子坐标和速率等分子动力学数据每 100 个时间步长统计一次。

3.6.2 模拟结果与分析

3.6.2.1 势能及物种数变化

图 3-28 所示为不同温度下 HMX 单质体系和 HMX/HTPB 混合体系势能随时间的变化情况。

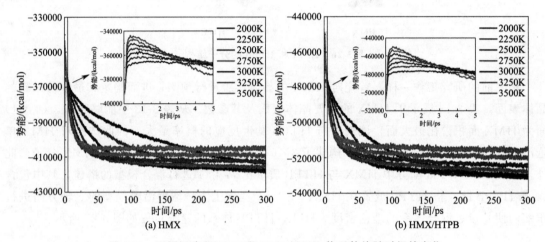

图 3-28 不同温度下 HMX 和 HMX/HTPB 体系势能随时间的变化

从图 3-28 可以看出，两个体系的势能变化呈现相似的趋势，在反应初期，势能曲线首先急剧上升到达峰值，然后以较快的速率下降直至趋近平衡。例如，在 3500K 时，HMX/HTPB 体系势能曲线在 0.4ps 内迅速达到 −449291.48kcal/mol 的势能峰值，然后快速下降，在 46.45ps 以后势能开始趋于平衡。这说明在高温环境中，两种体系先经历急剧的吸热过程，使得体系势能迅速达到最高点。随后体系发生次级反应，反应物迅速分解生成大量中间产物和稳定的小分子产物，同时释放出大量热量，放热速率明显高于吸热速率，导致体系势能不断下降，最终势能曲线趋于稳定，表明化学反应达到平衡。随着温度的增加，势能曲线到达峰值的时间缩短，并且放热分解过程中势能曲线的斜率也会逐渐增大，体系平衡所需的时间也相应减少。这些现象表明，当温度升高时，体系能在较短的时间内吸收更多的热量，从而加快热分解反应速率。此外，HTPB 的加入明显加速了不同温度下势能曲线的下降速率，缩短了曲线平衡的时间。这说明 HTPB 对 HMX 的热分解有一定的促进作用。

图 3-29 展示了不同温度下 HMX 和 HMX/HTPB 体系中总物种数随时间的变化情况。从图 3-29 中可以看出，不同温度下体系中总物种数都是先快速增加到最大值，然后相对缓慢地振荡下降直至平衡。结合图 3-28 可以看出，在体系吸热反应阶段，体系中的反应物已经发生了快速分解，大分子分解为小分子，分子种类迅速增加。随着反应的进行，体系内不断生成稳定的最终产物，如 N_2、H_2O、CO_2 等，体系内的物种数不断减少直至平衡，预示着反应基本结束。此外，随着温度的升高，两个体系物种的生成速率不断增大，物种数峰值

也相应提高。这表明在较高的温度环境中，体系反应更为剧烈，进而生成的小分子数更多。不仅如此，相同温度下 HMX/HTPB 体系的物种数稳定值均高于 HMX 体系，例如 3000K 温度下，HMX/HTPB 混合体系的物种数稳定值趋于 106 左右，HMX 单质体系的物种数稳定值趋于 94 左右，这说明 HTPB 的加入可以为 HMX 带来更多类型的产物分子。

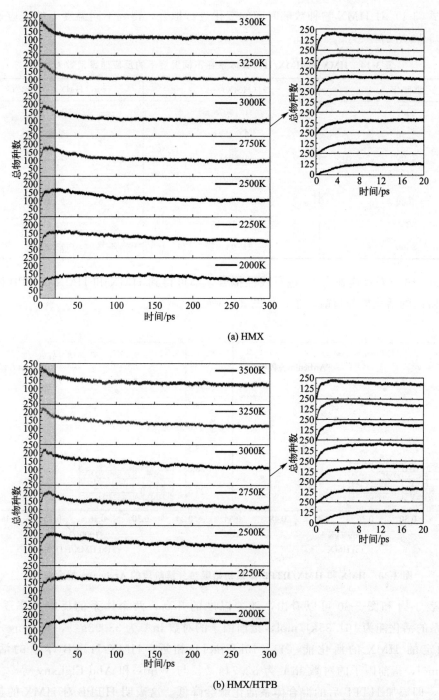

(a) HMX

(b) HMX/HTPB

图 3-29　不同温度下 HMX 和 HMX/HTPB 体系总物种数随时间的变化

3.6.2.2 反应动力学参数分析

在这里，仍采用 3.5.2.2 的方法对 HMX 体系和 HMX/HTPB 混合体系的反应动力学参数进行分析。

（1）初始吸热分解阶段

采用式(3-1)对 HMX 物种数随时间的变化进行拟合，得到不同温度下的反应速率常数 k_1，如表 3-14 所示。

表 3-14　HMX 和 HMX/HTPB 体系在不同温度下的反应速率常数 k_1

温度/K	k_1(HMX)/ps^{-1}	k_1(HMX/HTPB)/ps^{-1}
2000	1.19079	1.11358
2250	2.24371	2.25143
2500	4.69177	4.70554
2750	6.86917	6.03806
3000	9.63310	9.25027
3250	12.16115	11.9847
3500	15.93307	13.3667

根据式(3-2)对反应速率 k_1 进行线性拟合，即可得到 HMX 和 HMX/HTPB 体系初始吸热分解阶段的活化能与指前因子，如图 3-30 所示。

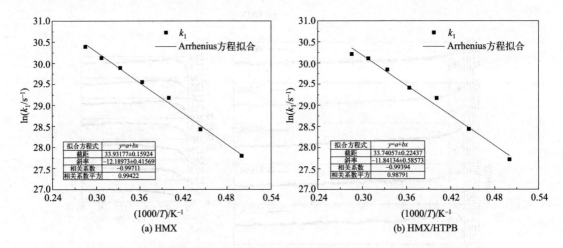

（a）HMX

（b）HMX/HTPB

图 3-30　HMX 和 HMX/HTPB 体系初始吸热分解阶段的 Arrhenius 拟合曲线

结合表 3-14 和图 3-30 可以看出，随着温度的升高，两个体系的反应速率逐渐增大。HMX 体系的活化能为 101.35kJ/mol，指前因子的对数 ln$A$ 为 33.93s^{-1}，与 Peng 等[86] 通过实验测定的 HMX 的活化能（114.15kJ/mol）相近。HMX/HTPB 体系的活化能为 98.45kJ/mol，指前因子的对数 ln$A$ 为 33.74s^{-1}，与 White 和 Abd-Elghany 等[81,87] 实验现象相同，即添加 HTPB 后的混合体系活化能会降低。这表明 HTPB 对 HMX 的热稳定性产生了负面影响，导致混合体系对热刺激的敏感程度增加。

（2）中间放热分解阶段

通过式（3-3）对不同温度下的势能曲线进行拟合，得到中间放热分解阶段的反应速率常数 k_2，如表 3-15 所示。根据式（3-2）对反应速率 k_2 进行线性拟合，得到了 HMX 和 HMX/HTPB 体系中间放热分解阶段的活化能与指前因子，如图 3-31 所示。

表 3-15　HMX 和 HMX/HTPB 体系在不同温度下的反应速率常数 k_2

温度/K	k_2（HMX）/ps^{-1}	k_2（HMX/HTPB）/ps^{-1}
2000	0.01083	0.01430
2250	0.01612	0.02416
2500	0.03140	0.03838
2750	0.04725	0.05348
3000	0.07652	0.08029
3250	0.10839	0.11162
3500	0.15336	0.14986

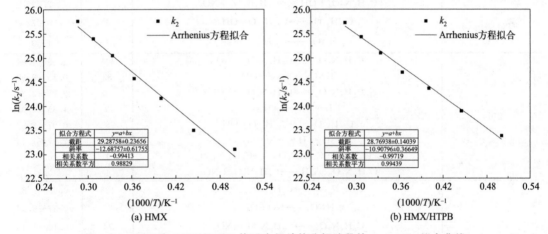

图 3-31　HMX 和 HMX/HTPB 体系中间放热分解阶段的 Arrhenius 拟合曲线

从表 3-15 可以看到，两种体系反应速率常数 k_2 随着温度的升高而逐渐增大，反应速率与温度呈现正相关的趋势。中间放热分解阶段的 Arrhenius 拟合曲线如图 3-31 所示。由图 3-31 可知，HMX 中间放热分解阶段的活化能为 105.48kJ/mol，指前因子的对数 ln$A$ 为 29.29s^{-1}。HMX/HTPB 体系的活化能为 90.69kJ/mol，指前因子的对数 ln$A$ 为 28.77s^{-1}。可见，即使在中间放热分解阶段，HMX/HTPB 混合体系的活化能仍低于 HMX 单质体系的活化能，这说明 HTPB 的加入的确会促进 HMX 的热分解。在相同温度下，HMX/HTPB 混合体系的热稳定性更低，更容易发生热分解。

3.6.2.3　初始反应机理分析

为了深入探究 HTPB 对 HMX 热分解初始反应机理的影响，统计了 HMX/HTPB 体系在不同温度下前 10ps 内发生的主要反应，包括反应频次以及反应发生的时间范围，如表 3-16 所示。

表 3-16　不同温度下 HMX/HTPB 体系的主要初始反应

温度/K	反应	频次	反应时间/ps
2000	$C_4H_8N_8O_8 \longrightarrow C_4H_8N_7O_6 + NO_2$	129	0.09~5.72
	$C_4H_8N_7O_6 \longrightarrow C_4H_8N_6O_4 + NO_2$	68	0.17~9.68
	$HNO_2 \longrightarrow NO + OH$	13	0.36~9.97
	$C_{20}H_{32}O_2 \longrightarrow C_{20}H_{31}O + OH$	8	0.07~7.41
	$HNO_2 + OH \longrightarrow NO_2 + H_2O$	4	6.17~8.15
	$C_{20}H_{32}O_2 + C_4H_8N_8O_8 \longrightarrow C_{24}H_{40}N_7O_8 + NO_2$	2	0.40~1.39
	$C_{20}H_{32}O_2 + NO_2 \longrightarrow C_{20}H_{31}O_2 + HNO_2$	1	5.76
	$C_4H_8N_5O_2 + OH \longrightarrow C_4H_7N_5O_2 + H_2O$	1	2.80
2250	$C_4H_8N_8O_8 \longrightarrow C_4H_8N_7O_6 + NO_2$	114	0.09~4.52
	$C_4H_8N_7O_6 \longrightarrow C_4H_8N_6O_4 + NO_2$	84	0.14~4.53
	$HNO_2 \longrightarrow NO + OH$	24	0.55~9.94
	$H + NO_2 \longrightarrow HNO_2$	10	1.47~9.96
	$HNO_2 + OH \longrightarrow NO_2 + H_2O$	5	4.21~9.54
	$C_4H_8N_8O_8 + C_4H_8N_8O_8 \longrightarrow C_8H_{16}N_{16}O_{16}$	2	0.14~0.32
	$C_4H_8N_7O_6 + OH \longrightarrow C_4H_9N_6O_5 + NO_2$	1	2.23
	$C_{20}H_{32}O_2 \longrightarrow C_{20}H_{31}O + OH$	1	0.07
	$C_{20}H_{32}O_2 \longrightarrow C_{20}H_{31}O_2 + H$	1	1.59
2500	$C_4H_8N_8O_8 \longrightarrow C_4H_8N_7O_6 + NO_2$	112	0.09~1.44
	$HNO_2 \longrightarrow NO + OH$	83	0.55~9.99
	$C_4H_8N_7O_6 \longrightarrow C_4H_8N_6O_4 + NO_2$	70	0.13~2.35
	$H + NO_2 \longrightarrow HNO_2$	9	1.35~8.91
	$C_{20}H_{32}O_2 \longrightarrow C_{20}H_{31}O + OH$	8	0.07~2.82
	$HNO_2 + H \longrightarrow NO + H_2O$	3	2.97~7.63
	$C_4H_8N_8O_8 + C_4H_8N_8O_8 \longrightarrow C_8H_{16}N_{16}O_{16}$	1	0.27
	$C_4H_8N_8O_8 + OH \longrightarrow C_4H_9N_7O_7 + NO_2$	1	0.52
2750	$C_4H_8N_8O_8 \longrightarrow C_4H_8N_7O_6 + NO_2$	123	0.09~0.83
	$HNO_2 \longrightarrow NO + OH$	78	0.37~9.99
	$C_4H_8N_7O_6 \longrightarrow C_4H_8N_6O_4 + NO_2$	74	0.12~1.45
	$H + NO_2 \longrightarrow HNO_2$	29	0.75~9.72
	$HNO_2 + OH \longrightarrow NO_2 + H_2O$	19	0.24~9.83
	$C_{20}H_{32}O_2 \longrightarrow C_{20}H_{31}O + OH$	11	0.07~1.61
	$HNO_2 + H \longrightarrow NO + H_2O$	5	3.24~7.07
	$C_{20}H_{32}O_2 + NO_2 \longrightarrow C_{20}H_{31}NO_3 + OH$	2	0.47~0.88
	$C_4H_8N_7O_6 + OH \longrightarrow C_4H_7N_7O_6 + H_2O$	1	0.29
3000	$C_4H_8N_8O_8 \longrightarrow C_4H_8N_7O_6 + NO_2$	112	0.08~1.21
	$HNO_2 \longrightarrow NO + OH$	95	0.23~10.00
	$C_4H_8N_7O_6 \longrightarrow C_4H_8N_6O_4 + NO_2$	58	0.12~1.40
	$H + NO_2 \longrightarrow HNO_2$	36	0.48~9.59
	$HNO_2 + OH \longrightarrow NO_2 + H_2O$	8	1.11~8.86
	$C_{20}H_{32}O_2 \longrightarrow C_{20}H_{31}O + OH$	7	0.07~0.99
	$C_{20}H_{32}O_2 + NO_2 \longrightarrow C_{20}H_{31}O_2 + HNO_2$	4	0.31~0.69
	$C_4H_8N_6O_4 + OH \longrightarrow C_4H_7N_6O_4 + H_2O$	1	0.94

温度/K	反应	频次	反应时间/ps
3250	$HNO_2 \longrightarrow NO + OH$	119	0.21~9.98
	$C_4H_8N_8O_8 \longrightarrow C_4H_8N_7O_6 + NO_2$	103	0.08~0.53
	$C_4H_8N_7O_6 \longrightarrow C_4H_8N_6O_4 + NO_2$	63	0.12~1.05
	$H + NO_2 \longrightarrow HNO_2$	18	0.56~9.40
	$HNO_2 + H \longrightarrow NO + H_2O$	5	2.21~9.30
	$C_{20}H_{32}O_2 \longrightarrow C_{16}H_{24} + C_4H_7O + OH$	3	0.13~0.26
	$C_4H_8N_5O_2 + OH \longrightarrow C_4H_7N_5O_2 + H_2O$	2	0.43~0.46
	$C_{20}H_{32}O_2 + NO_2 \longrightarrow C_{20}H_{31}O_2 + HNO_2$	1	0.37
3500	$HNO_2 \longrightarrow NO + OH$	127	0.23~9.97
	$C_4H_8N_8O_8 \longrightarrow C_4H_8N_7O_6 + NO_2$	102	0.08~0.59
	$C_4H_8N_7O_6 \longrightarrow C_4H_8N_6O_4 + NO_2$	53	0.12~0.67
	$H + NO_2 \longrightarrow HNO_2$	40	0.51~7.26
	$C_{20}H_{32}O_2 \longrightarrow C_{20}H_{31}O + OH$	5	0.07~0.43
	$HNO_2 + OH \longrightarrow NO_2 + H_2O$	4	1.23~9.01
	$C_{20}H_{32}O_2 + NO_2 \longrightarrow C_{20}H_{31}O_2 + HNO_2$	1	0.23
	$C_4H_8N_7O_6 + H \longrightarrow C_4H_8N_6O_4 + HNO_2$	1	0.29

$$C_4H_8N_8O_8 \longrightarrow C_4H_8N_7O_6 + NO_2 \tag{3-36}$$

$$C_4H_8N_7O_6 \longrightarrow C_4H_8N_6O_4 + NO_2 \tag{3-37}$$

$$C_4H_8N_8O_8 + C_4H_8N_8O_8 \longrightarrow C_8H_{16}N_{16}O_{16} \tag{3-38}$$

$$C_{20}H_{32}O_2 \longrightarrow C_{20}H_{31}O_2 + H \tag{3-39}$$

$$C_{20}H_{32}O_2 \longrightarrow C_{20}H_{31}O + OH \tag{3-40}$$

$$C_{20}H_{32}O_2 \longrightarrow C_{16}H_{25}O + C_4H_7O \tag{3-41}$$

从表 3-16 可以看出，HMX 分子初始分解的主要反应为 N—N 键的断裂生成 NO_2，如式(3-36)、式(3-37)所示。随着温度的升高，反应速率也随之增加，导致大多数反应的反应时间提前，反应过程更为迅速。例如 HMX 的脱硝基反应［式(3-36)］，反应时间从 2000K 的 0.09~5.72ps 变化到 3500K 的 0.08~0.59ps。然而，较高的温度却会降低这种反应的频率（2000K：129，3500K：102），这一趋势归因于分子在较高温度下的碰撞频率增加，从而增加了多分子聚合反应［式(3-38)］的数量，降低了单分子分解反应的频率。HTPB 初始热分解主要发生脱氢、脱羟基反应和碳链断裂，如式(3-39)~式(3-41)所示，上述反应已经被前人证实[68,88]。HTPB 的加入为混合体系引入大量的 H 原子，H 原子浓度的增加促使更多的 NO_2 反应生成 HNO_2，然后再转化为 NO 和 OH，如式(3-42)~式(3-44)所示。图 3-32 是不同温度下 HMX 和 HMX/HTPB 体系在前 10ps 内式(3-44)反应频次的对比。

$$C_{20}H_{32}O_2 + NO_2 \longrightarrow C_{20}H_{31}O_2 + HNO_2 \tag{3-42}$$

$$H + NO_2 \longrightarrow HNO_2 \tag{3-43}$$

$$HNO_2 \longrightarrow NO + OH \tag{3-44}$$

$$C_4H_8N_8O_8 + OH \longrightarrow C_4H_9N_7O_7 + NO_2 \tag{3-45}$$

$$C_4H_8N_7O_6 + OH \longrightarrow C_4H_6N_7O_6 + H_2O \tag{3-46}$$

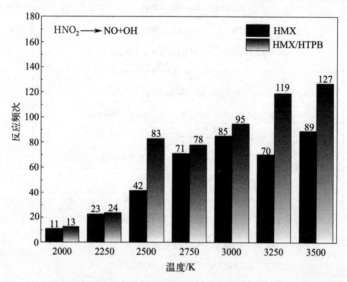

图 3-32　不同温度下 HMX 和 HMX/HTPB 体系式(3-44) 的反应频次

从图 3-32 可以看出，HMX/HTPB 混合体系的 HNO_2 分解反应数量明显多于 HMX 单质体系，说明混合体系中亚硝酸的数量更高。HMX 分子上的 H 原子并不容易脱落，因此 HMX 分子中的硝基更容易与 HTPB 中的 H 原子结合，这无疑会加快 HMX 脱硝基反应的速率，从而加快 HMX 的分解，提高体系的热敏感程度。不仅如此，HTPB 分解脱落的羟基对 HMX 分子的热分解也产生了类似的影响。这些 OH 会与 HMX 及其中间产物发生反应生成大量的 H_2O 和 NO_2，如式(3-45)、式(3-46) 所示，这将直接消耗 HMX 分子。此外，HNO_2 进一步分解也会生成大量的 OH，新生成的 OH 会继续促使 HMX 发生分解。值得说明的是，尽管以上提到的一些反应数量并不多，但在整个热分解过程中存在许多类似的反应，这些反应累积起来的数量相当显著。图 3-33 展示了 HTPB 和 HMX 之间主要的初始反应路径，直观地显示了 HTPB 对 HMX 热分解的影响。

3.6.2.4　产物及化学键分析

通过对 LAMMPS 输出的物种文件进行处理分析，可以发现在 300ps 内，HMX 体系和 HMX/HTPB 体系中均有 CHN、CHON、CON、OH、HONO、HCHO、HNO、NO_2、NO、N_2、H_2O、CO_2、NH_3 和 H_2 这些产物。其中，CHN、CHON、CON、OH、HONO、HCHO、HNO、NO_2 和 NO 的数量随着反应的进行逐渐减少，这些产物被认为是中间产物，其数量随时间的变化如图 3-34 所示。而 N_2、H_2O、CO_2、NH_3、H_2 则能在反应后期稳定存在，因此将这些产物作为最终产物进行分析。

$$CH_2N_2O_2 \longrightarrow CHN + HNO_2 \tag{3-47}$$

$$C_3H_3N_3O_3 \longrightarrow C_2H_2N_2O_2 + CHON \tag{3-48}$$

$$CHN + OH \longrightarrow CN + H_2O \tag{3-49}$$

$$CHON + NO_2 \longrightarrow CON + HNO_2 \tag{3-50}$$

$$CHON + OH \longrightarrow CON + H_2O \tag{3-51}$$

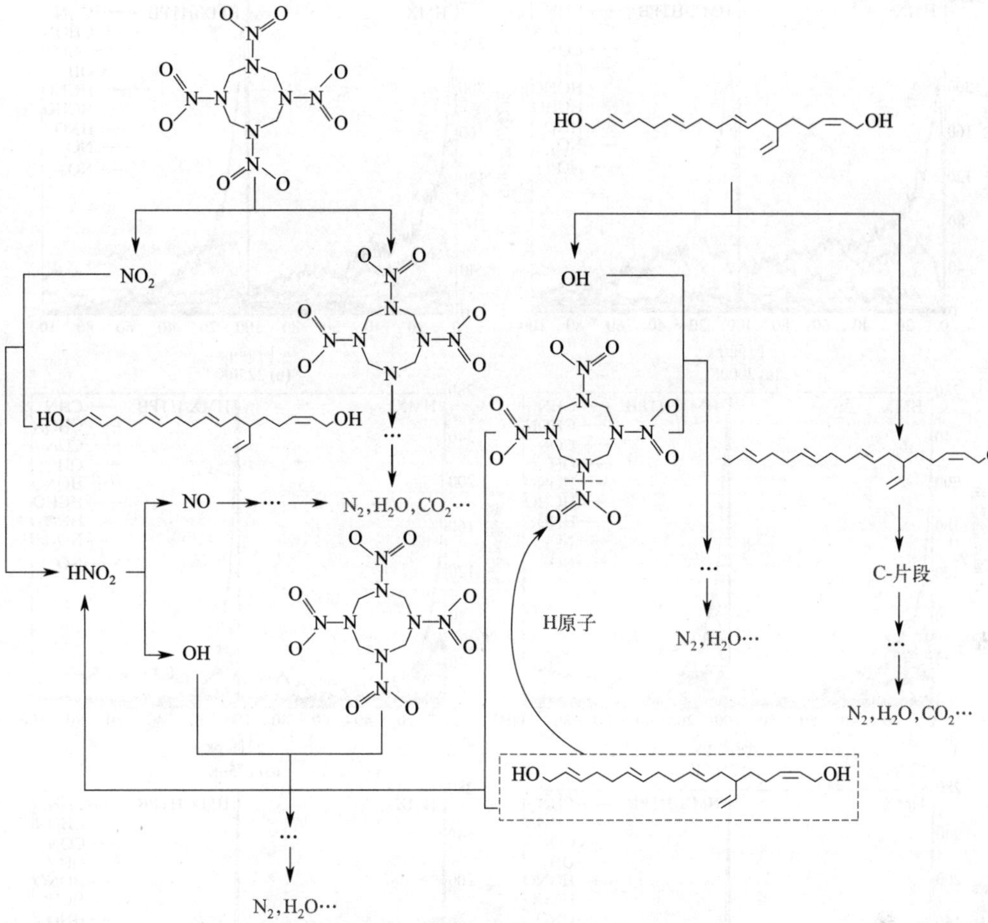

图 3-33　HMX/HTPB 反应机理图

从图 3-34 可以明显看出，随着温度的升高，中间产物数量到达最大值以及平衡的时间逐渐缩短。这表明升高温度会加快中间产物的生成及消耗。在反应的初始阶段，HMX 分子中的 N—NO_2 键最易断裂，产生大量的 NO_2，因此 NO_2 的数量迅速增加。HTPB 的加入显著提高了 NO_2 的峰值，硝基的生成速率更快。之后脱离的硝基与 H 原子反应生成 HNO_2，并进一步分解产生 NO、OH 等。此外，HMX/HTPB 体系中 HNO_2 的消耗速率也比 HMX 体系更大，这是因为 HTPB 所带来的 OH 与其他自由基或小分子片段发生反应，这将促进 HNO_2 的消耗。CHN、CHON 的出现表明 HMX 分子环的深度破裂，如式(3-47)、式(3-48)。随后 CHN、CHON 会与体系中其他的分子片段及自由基发生化学反应，生成 H_2O、CON 等产物，如式(3-49)～式(3-51)。随着反应的进行，NO_2、NO、HNO 等中间产物之间会发生反应并最终生成 H_2O 与 N_2 等最终产物，它们的数量也随着时间的推移逐渐趋于 0。值得注意的是，尽管在极高的温度（3500K）下，体系内仍然存在一定数量的 OH。这是因为在反应后期，两个体系都会产生大量的 H_2O，其中部分 H_2O 在高温环境中会继续分解生成 H 和 OH。在这一过程中，一些 H 原子可能会发生反应生成 H_2，而不是选择与 OH 重新结合形成 H_2O。因此，在混合体系中存在一些未结合的 OH 是非常正常的。

图 3-35 显示的是不同温度下，HMX 体系和 HMX/HTPB 体系最终产物数量随时间的

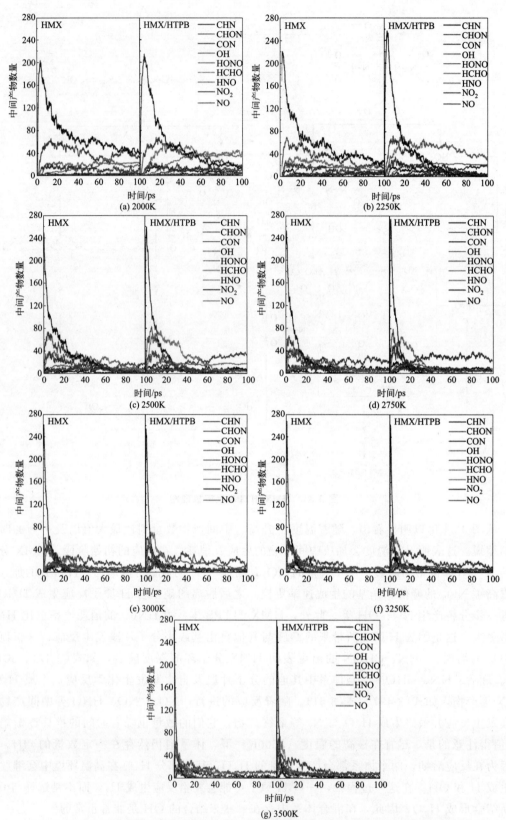

图 3-34　2000～3500K 下 HMX 和 HMX/HTPB 体系中间产物数量随时间的变化

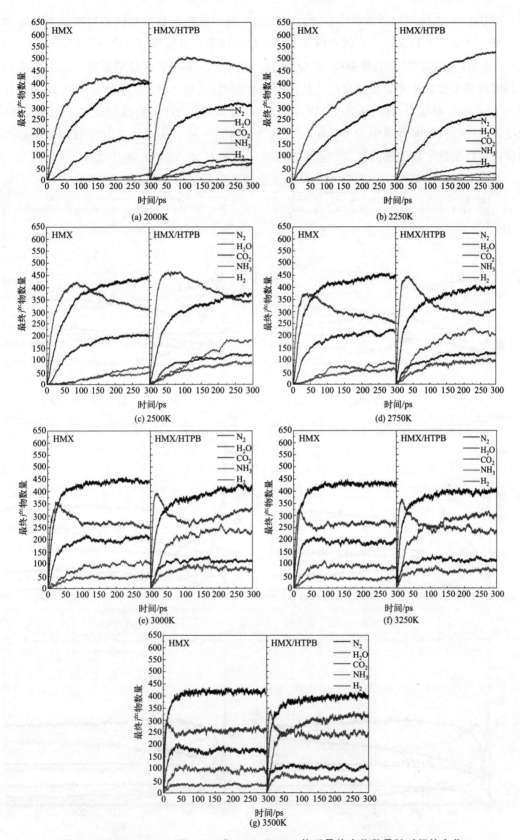

图 3-35　2000～3500K 下 HMX 和 HMX/HTPB 体系最终产物数量随时间的变化

变化。从图 3-35 中可以明显看出，随着温度的升高，五种最终产物的数量变化曲线逐渐趋于平衡。这是因为高温加快了体系内分子间的反应速率，进而缩短了产物的形成时间。相比 HMX 体系，HMX/HTPB 体系中 H_2O 和 H_2 的生成速率和平衡量都更大。这主要是因为 HTPB 的烷基会发生多次脱氢反应，从而生成更多的 H_2O 和 H_2。此外，部分 H 原子还会与 N 原子结合形成 NH_3，导致 HMX/HTPB 混合体系中 NH_3 的数量也多于 HMX 体系。相反，HMX/HTPB 体系中的 N_2 与 CO_2 的含量有所下降，这可能是因为 HTPB 分解产生的碳链片段促进了碳团簇的生成，进一步阻碍了体系中 N_2 和 CO_2 的生成。

对七个温度下 HMX/HTPB 混合体系化学键的数量进行了统计，如图 3-36 所示。从图

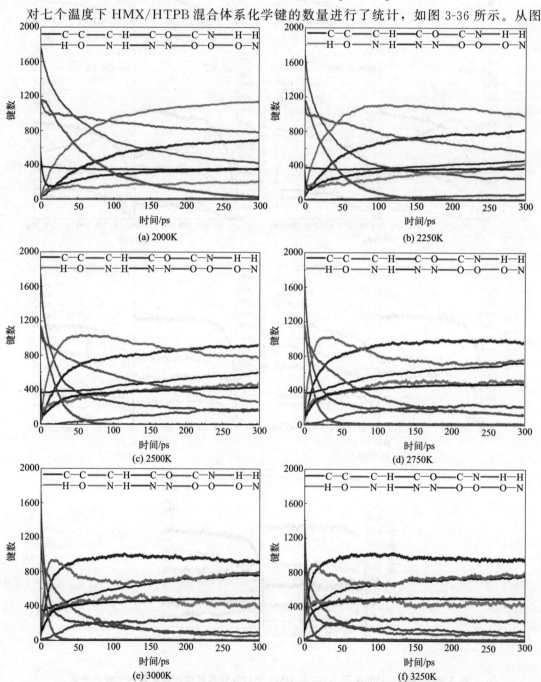

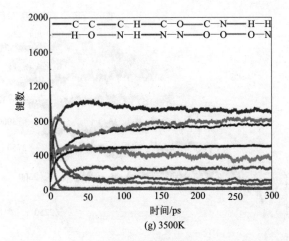

图 3-36　2000～3500K 下 HMX/HTPB 体系化学键数量随时间的变化

3-36 可以看出，随着温度的升高，化学键数量达到峰值并且趋近平衡的时间缩短，这与产物随温度升高的变化规律是一致的。在早期分解阶段，N—N 键数量迅速减少，这表明 HMX/HTPB 体系中 HMX 的热分解主要是由 N—N 键的断裂引起的。随着反应的进行产生了大量的 C—O 键和 H—O 键，导致更多 H_2O 和 CO_2 的生成。值得注意的是，当体系内的反应充分平衡时（例如 3500K），C—O 键是所有化学键中数量最多（约有 900 个），然而最终产物 CO_2 分子的数量并不多（约 100 个），其总数相差之大表明碳链中含有较多的 C—O 键。N—N 键的数量与最终产物 N_2 的分子数基本一致，这说明大部分的 N 原子均已转化为 N_2。在反应后期，C—C 键的数量依然可观，可见有较多的 C 原子凝聚形成碳链。相反，O—N 键的数量随时间的推移逐渐趋近于 0，这主要是因为体系中的氮氧化物（NO_2、NO 等）在反应过程中不断转化为 N_2、H_2O 等最终产物。C—N 键则来源于 HMX 分子主环，因此随着 HMX 主环的破裂，C—N 键的数量会呈现出下降的趋势。然而，C—N 键趋近平衡时的数量并不为 0，这表明在碳链中还存在一些 N 原子与 C 原子相连。

3.6.2.5　团簇分析

HMX 和 HTPB 在分解的过程中会生成一些游离 C 原子或链，这些 C 原子或链会与其他分子碎片聚合形成团簇。根据 3.5.2.5 对于团簇的定义，将 C 原子数大于 4 的分子当作团簇。图 3-37 显示了不同温度下 HMX/HTPB 体系团簇数量随时间的变化。

从图 3-37 可以清楚地看到，随着反应的进行，不同温度下的团簇数量首先会经历一个急剧增加的过程，这是因为在热分解初期，部分 HMX 会发生双分子聚合反应，进而形成最初的团簇结构（$C_8H_{16}O_{16}N_{16}$）。随后 HMX 的主环被破坏并且 HTPB 也会发生裂解，在这个过程中，混合体系中的 C 链和含 C 基团会迅速增加，这些自由基团和小分子结合形成各种各样的团簇结构。当团簇数量达到第一个峰值之后会出现下降的趋势，之后保持波动下降。表 3-17 显示了不同温度下混合体系中团簇的最大数量。从表 3-17 可以看出，团簇的最大数量随着温度的升高而呈现减小趋势。这可能是因为过高的温度会加快团簇的分解，使得 C 原子及含 C 基团难以聚集形成团簇，导致最大团簇数量不断减小。

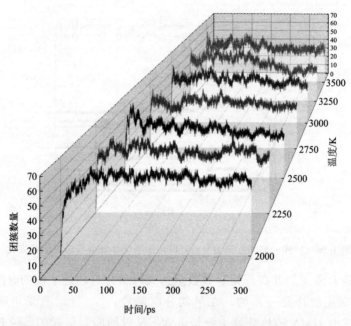

图 3-37　不同温度下 HMX/HTPB 体系团簇数量随时间的变化

表 3-17　不同温度下 HMX/HTPB 体系团簇的最大数量

温度/K	最大团簇数
2000	64
2250	60
2500	64
2750	56
3000	58
3250	59
3500	57

一般情况下，团簇主要由碳元素构成，因此 H、N、O 与 C 的比值在团簇组分演化中扮演着重要的角色。对团簇中 N/C、O/C 和 H/C（原子比）随时间的变化进行统计，可以深入了解团簇组分的演化规律。图 3-38 展示了不同温度下 HMX/HTPB 混合体系团簇中 N/C、O/C 和 H/C 随时间的变化情况。

$$C_6H_{10}N_3O_3 \longrightarrow C_6H_8N_3O_2 + H_2O \tag{3-52}$$

$$C_{10}H_{13}N_5O_4 \longrightarrow C_{10}H_{11}N_5O_4 + H_2 \tag{3-53}$$

$$C_6H_9N_5O + OH \longrightarrow C_6H_8N_5O + H_2O \tag{3-54}$$

$$C_6H_8N_5O + OH \longrightarrow C_6H_7N_5O + H_2O \tag{3-55}$$

从图 3-38 中可以清楚地看到，升高温度显著缩短了 N/C、H/C 和 O/C 三条曲线平衡所需的时间。其中，N/C 曲线在不同温度下均呈现先上升后下降的趋势，这是因为 HMX 分解生成了 NO_2 和 HNO_2 等含氮基团，这些含氮基团与团簇不断发生聚合反应，导致团簇中的 N 原子快速增加，因此 N/C 曲线不断上升。随着反应的进行，这些 N 原子逐渐从团簇中脱落，形成最终产物 N_2、NH_3 等，使得 N/C 不断减小直至趋于平衡。相反，H/C 则随

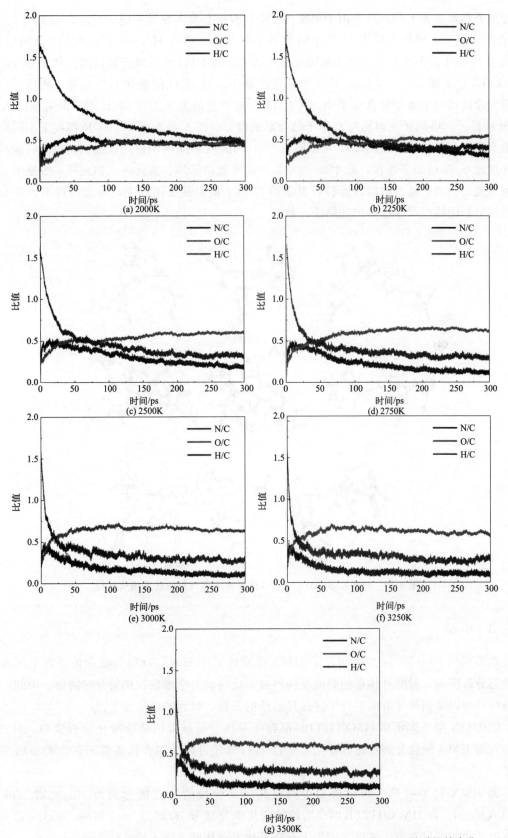

图 3-38　2000～3500K 下 HMX/HTPB 体系团簇结构中 N/C、O/C 和 H/C 随时间的变化

温度的升高而迅速下降，这是由于团簇在反应过程中会发生脱氢和脱水反应，如式(3-52)～式(3-55) 所示，因此团簇中 H 原子的数量不断减少，因而 H/C 曲线呈现出降低的趋势。脱离的 H 原子会不断与其他自由基团反应生成 H_2 和 H_2O 等最终产物，因此体系中 H_2 和 H_2O 的含量不断增加，这与图 3-35 中最终产物 H_2 和 H_2O 的变化趋势相符。然而，O/C 随着反应的进行不断增加直至平衡，并且 O/C 的平衡值大于 N/C 和 H/C，说明相比 N 原子和 H 原子，O 原子更容易与 C 原子结合形成团簇。图 3-39 显示了 3000K 温度下不同时间的最大团簇分子快照，从图 3-39 可以明显看出，10～100ps 时间段内团簇主要由碳链和其他杂环通过 N 和 O 原子连接，而 150～300ps 团簇主要由苯环、五元环、四元环和少量的杂环结构组成。另外，随着时间的推移，更多的 O 原子被限制在团簇中，不容易逸出，这与上文通过分析团簇中原子比得出的结论一致。

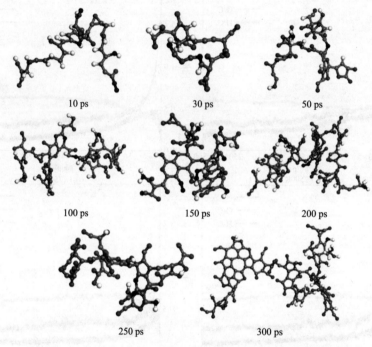

图 3-39　3000K 下 HMX/HTPB 体系在不同时间的最大团簇结构

3.6.3　小结

本节利用 ReaxFF-lg 力场研究了 HMX 单质体系和 HMX/HTPB 混合体系在不同温度下的热分解反应，对两种体系的势能及物种数、反应动力学参数、初始分解路径、中间产物和最终产物以及团簇等方面进行了详细且系统的分析，得到的结论如下：

① HMX 单质体系和 HMX/HTPB 混合体系热分解过程的势能变化分析表明，HTPB 的加入对 HMX 的热分解有促进作用，并且 HTPB 还可以为混合体系带来更多类型的产物分子。

② HMX 初始吸热分解阶段和中间放热分解阶段的活化能分别为 101.35kJ/mol 和 98.45kJ/mol，而 HMX/HTPB 两个阶段的活化能分别为 98.45kJ/mol 和 90.69kJ/mol。从两者的活化能可以看出，HTPB 的加入会降低体系对热刺激的不敏感性。

③ 在 HMX/HTPB 混合体系中 HMX 分子的分解路径仍为连续脱硝基，直到结构开环解体，而 HTPB 将经历脱氢、脱羟基和断链。HTPB 分解产生的 H 和 OH 会促进 HMX 的分解，这也导致 HMX/HTPB 混合体系最终产物 H_2O 和 H_2 的数量更多。

④ HTPB 的加入将显著提高中间产物 NO_2 的峰值，硝基的生成速率更快。相比纯 HMX 体系，混合体系中 H_2O、H_2 以及 NH_3 的生成速率和平衡量都更大，而 N_2 与 CO_2 的含量有所下降，这可能是由于 HTPB 分解产生的链片段与 HMX 分解产物结合形成团簇从而抑制 N_2 和 CO_2 的形成。

⑤ 在热分解初期，HMX/HTPB 混合体系中最初的团簇结构主要由 HMX 分子间的二聚反应形成。团簇的最大数量随着温度的升高而呈现减小趋势，过高的温度对最大团簇数有抑制作用。此外，团簇主要由 C 原子、O 原子以及少量 H 原子构成。

3.7　高温下 HMX/CL-20 基混合炸药分解机理

2,4,6,8,10,12-六硝基-2,4,6,8,10,12-六氮杂异伍兹烷（HNIW，俗称 CL-20）是一种笼状结构的高能量密度化合物，是目前已知能量密度最高且整体性能最好的单质炸药之一，被国际火炸药界称为"炸药合成史上的一次重大突破"，自 1987 年首次合成以来一直是含能材料领域的研究热点[89]。CL-20 的能级比 HMX 高 14%～20%，灵敏度也比 HMX 高。由于 CL-20 单独使用存在很多局限性，一些学者希望通过混合制备 PBX 或共晶使其优势互补，从而发挥意想不到的作用[90-92]。本研究以反应分子动力学为基础，采用全新的混合炸药分层模型，从势能、活化能、初始反应路径、产物和团簇等角度深入全面地研究了 HMX/CL-20 混合体系的热分解机理。

3.7.1　模拟细节与计算方法

本节研究中使用的 HMX 和 CL-20 的晶胞来自剑桥晶体结构数据库。HMX 的 CCDC 编号为 1225492[58]，CL-20 的 CCDC 编号为 2023141[93]。HMX 和 CL-20 的分子结构如图 3-40 所示。

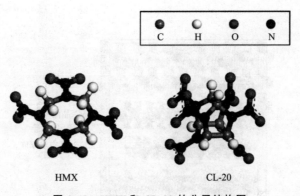

图 3-40　HMX 和 CL-20 的分子结构图

值得一提的是，本项工作并未使用分子级别完全混合的模型，而是采用 Yuan 等[60] 在模拟 NTO/HMX 混合炸药热分解时所建立的一种层状混合炸药模型。该模型更加符合实际情况，计算结果更加可信。构建过程如图 3-41 所示。和之前的工作一样，第一步先是预测 HMX 和 CL-20 完美晶胞的晶体形态，找出完美晶胞中面积最大的晶面，这是最基本也是最必要的。因为在实际的混合炸药中，暴露面积较大的晶面与炸药成分接触的概率更大。最后，选择 HMX 的（100）晶面和 CL-20 的（001）晶面来构建模型。需要特别说明的是，事实上这两个表面的面积并不是最大的，一些学者的研究发现，对于这两种炸药[60,61,94]，这两个表面更容易与"外部"炸药相互作用，进而发生剧烈的化学反应。然而，要达到这样的效果并不是简单的拼接，主要是因为在构建过程中，必须考虑到所有炸药分子不会有太大的位移，并能完全占据整个超晶胞。

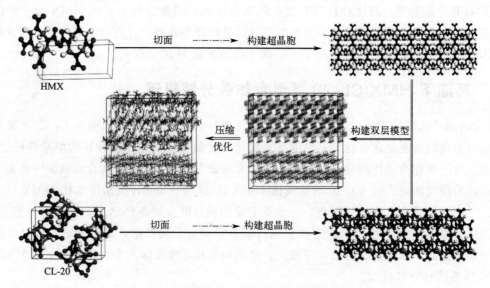

图 3-41　HMX/CL-20 新型层状混合模型的构建

更重要的是，在整个过程中，所有分子都不会发生剧烈变形，这是模型建立的技术难点。对 HMX（100）平面和 CL-20（001）平面分别按 5×4×3 和 4×3×4 的比例进行扩胞，包括 120 个 HMX 分子和 48 个 CL-20 分子，共 5088 个原子。值得注意的是，在图 3-42 中，HMX 分子层和 CL-20 分子层之间存在面对面的相互作用，中间的真空层为 2Å[60]。

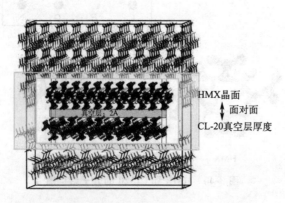

图 3-42　HMX（100）/CL-20（001）层状混合模型

大量研究[95-97]表明，Liu 等[67]改进的 ReaxFF-lg 力场非常适合 HMX 和 CL-20 等普

通硝胺炸药。因此，在 ReaxFF-lg 力场的基础上，弛豫过程仍采用 3.5.1 的方法。超晶胞在弛豫后达到动态平衡状态，系统在 NPT 弛豫过程中的势能变化如图 3-43 所示。

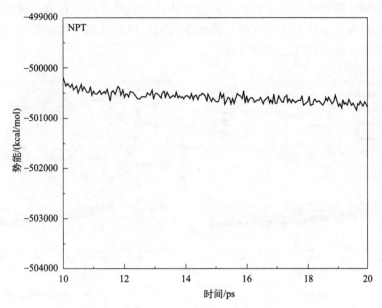

图 3-43　HMX/CL-20 混合体系在 NPT 弛豫过程中的势能变化

　　HMX/CL-20 混合体系弛豫后的结构如图 3-44 所示。HMX 和 CL-20 分子不仅完全保持了原始晶胞的分层结构，而且与其完美晶胞的弛豫结构相似，没有发生变形（没有出现分子断键、原子掉落等现象），这就是创新的混合炸药分层模型的独特魅力。然后，热分解过程仍采用 3.5.1 的方法。

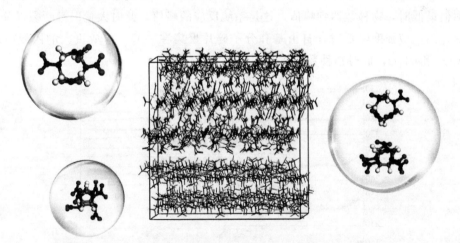

图 3-44　HMX/CL-20 混合体系在 NVT 和 NPT 弛豫后的分层混合模型

3.7.2　模拟结果与分析

3.7.2.1　势能及产物数变化

　　图 3-45 显示了不同温度下 HMX/CL-20 混合体系与纯 HMX 系统的势能变化。由于在

此过程混合体系不断从外部环境中吸收热量，并且内部正在发生许多化学反应，因此随着温度的升高，势能达到平衡所需的时间会缩短。同时，在最初的 1ps 内，两个体系的五条势能曲线都呈上升趋势。随着化学反应的进行，混合体系会向外界环境释放大量能量，势能曲线也会随之下降。当每个反应基本完成时，系统不再向环境释放或吸收多余的能量，整个系统处于动态平衡状态，势能曲线也相应平衡。

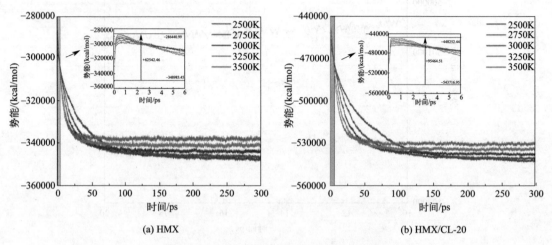

(a) HMX   (b) HMX/CL-20

图 3-45   两个体系势能随温度和时间的变化

与势能曲线相对应的是物种数量变化曲线。事实上，无论是势能曲线还是物种数量曲线，它们的连接点都是化学反应。伴随着强烈化学反应的发生，体系中的物种数会急剧增加。图 3-46 显示了不同温度下两个体系物种数随时间的变化情况，与早期阶段的势能变化趋势类似，反应开始后，物种数会在短时间内显著增加。当势能达到最大值或势能曲线相对应的绝对值最低时，物种数达到峰值。这是系统反应的峰值，此时大量旧键断裂以及新键生成。随后，当反应强度降低时，自由基和分子碎片聚集在一起，形成更大的团簇或最终产物，如 CO_2 和 H_2O，此时物种数曲线基本稳定。

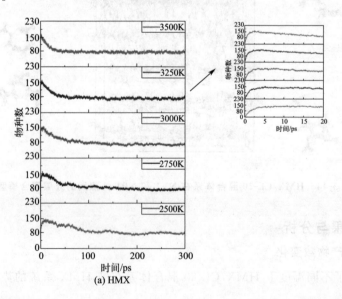

(a) HMX

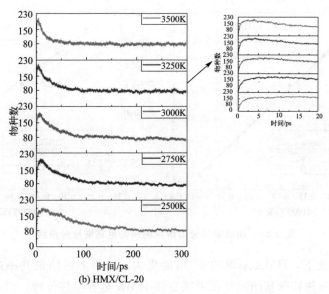

图 3-46　HMX 和 HMX/CL-20 体系物种数

3.7.2.2　反应动力学参数分析

为了更准确地分析混合体系的活化能，仍采用 3.5.2.2 的方法对 HMX 体系和 HMX/CL-20 混合体系的反应动力学参数进行分析。

（1）初始吸热分解阶段

采用式（3-1）对 HMX 物种数随时间的变化进行拟合，得到不同温度下的反应速率常数 k_1，如表 3-18 所示。

表 3-18　不同温度下 HMX 和 HMX/CL-20 混合体系的 k_1　　　单位：ps^{-1}

温度/K	k_1(HMX)	k_1(HMX/CL-20)
2500	2.603095	4.041844
2750	4.089207	5.303416
3000	5.901055	6.521674
3250	7.729244	8.207194
3500	9.782168	10.08008

根据式（3-2）对反应速率 k_1 进行线性拟合，即可得到 HMX 和 HMX/CL-20 体系初始吸热分解阶段的活化能与指前因子，如图 3-47 所示。在初始吸热分解阶段，拟合得到的 HMX 活化能为 96.328kJ/mol，与 Vyazovkin 等[98] 得到的 HMX 体系的活化能接近。虽然存在一些差异，但实验受现实环境条件的限制，肯定会与理想状态下模拟结果有较大差异。因此，一定范围的"误差"是可以接受的。但需要补充的是，本研究计算的活化能与 Chen 等[70] 计算的活化能基本一致。这些都验证了这项工作的正确性，提高了其可信度。HMX/CL-20 体系活化能的拟合结果为 65.793kJ/mol。显然，混合体系的活化能降低，说明混合体系中的 HMX 更容易分解。不难推断，这就是 CL-20 对 HMX 热分解的影响。在第一阶段，CL-20 促进了 HMX 的热分解。一般来说，反应速率代表 HMX 的消耗速率。从表 3-18 中的速率可以看出，HMX/CL-20 混合体系中的 HMX 消耗得更快，这是正确的。但需要解

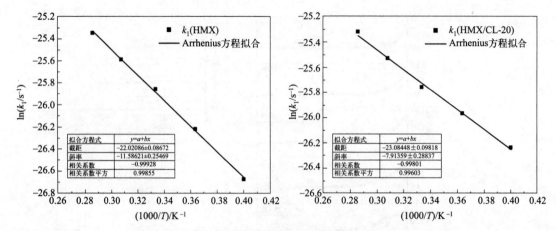

图 3-47 初始吸热分解阶段的阿伦尼乌斯拟合曲线

释的是，在某些温度下，HMX 系统的 k_1 可能更大。这与上述结论并不冲突。在热分解过程中，CL-20 上的一些特殊基团或片段可能会使 HMX 更容易热分解，但一些分子可能会重新结合并再次形成 HMX。换句话说，CL-20 降低了 HMX 热分解的难度，而 HMX 分子消耗是由多种因素造成的。但必须指出的是，CL-20 本身肯定会促进 HMX 的消耗。另外，CL-20 也是一种硝胺炸药，可想而知其热分解速率也会加快，二者相互促进，起到了"外催化剂"的作用，这与丁文杰等[99,100] 通过实验得出的结论完全一致。

（2）中间放热分解阶段

通过式(3-3)对不同温度下的势能曲线进行拟合，得到中间放热分解阶段的反应速率常数 k_2，如表 3-19 所示。之后，与第一阶段一样，利用线性阿伦尼乌斯方程拟合得到第二阶段的活化能，如图 3-48 所示。

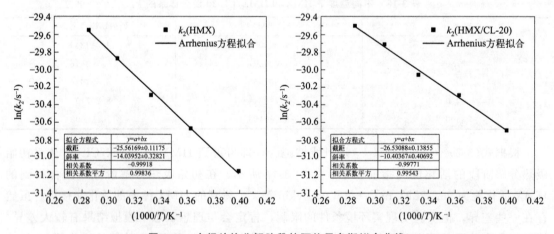

图 3-48 中间放热分解阶段的阿伦尼乌斯拟合曲线

表 3-19 不同温度下 HMX 和 HMX/CL-20 混合体系的 k_2　　　　　单位：ps^{-1}

温度/K	k_2(HMX)	k_2(HMX/CL-20)
2500	0.02938	0.047008
2750	0.04782	0.069927
3000	0.07043	0.088643

温度/K	k_2(HMX)	k_2(HMX/CL-20)
3250	0.10628	0.124721
3500	0.14619	0.155230

计算得出的 HMX 活化能为 116.725kJ/mol。在这一阶段，混合体系的活化能为 86.496kJ/mol，仍低于纯 HMX 体系的活化能。因此，在这一阶段，CL-20 仍能促进 HMX 的热分解。对比两个体系的 k_2 与 k_1 随温度的变化趋势完全相同，这不仅验证了上述分析，还表明混合体系中的 HMX 将以更快的速度分解。总之，在任何阶段加入 CL-20 都有利于 HMX 的热分解，而且 HMX/CL-20 体系对外部热刺激的不敏感性不断降低。

3.7.2.3　初始反应机理分析

为了深入认识 HMX/CL-20 混合体系的热分解初始机理，对 HMX/CL-20 混合体系在不同温度下前 10ps 内主要的初始反应进行了统计，包括主要反应式及其频次和反应时间，如表 3-20 所示。

表 3-20　HMX/CL-20 混合体系的主要初始反应及其重要信息

温度/K	时间/ps	频次	反应
2500	0.10~2.51	91	$C_4H_8O_8N_8 \longrightarrow C_4H_8O_6N_7 + NO_2$
	0.15~3.66	51	$C_4H_8O_6N_7 \longrightarrow C_4H_8O_4N_6 + NO_2$
	0.33~10.00	46	$HNO_2 \longrightarrow HO + ON$
	0.09~0.67	30	$C_6H_6O_{12}N_{12} \longrightarrow C_6H_6O_{10}N_{11} + NO_2$
	1.06~9.94	21	$HON + NO_2 \longrightarrow HNO_2 + ON$
	2.16~9.87	17	$HO + HON \longrightarrow H_2O + ON$
	0.33~1.25	13	$C_6H_6O_{12}N_{12} + C_4H_8O_8N_8 \longrightarrow C_{10}H_{13}O_{18}N_{19} + HNO_2$
	1.57~1.57	8	$C_4H_8O_8N_8 + NO_2 \longrightarrow C_4H_7O_8N_8 + HNO_2$
	0.54~1.32	5	$C_4H_8O_8N_8 + OH \longrightarrow C_4H_7O_8N_8 + H_2O$
	0.09~0.97	5	$C_6H_6O_{12}N_{12} + NO_2 \longrightarrow C_6H_6O_{10}N_{11} + HNO_2$
2750	0.10~1.33	80	$C_4H_8O_8N_8 \longrightarrow C_4H_8O_6N_7 + NO_2$
	0.15~2.33	76	$C_4H_8O_6N_7 \longrightarrow C_4H_8O_4N_6 + NO_2$
	0.22~10.00	71	$HNO_2 \longrightarrow OH + ON$
	0.09~0.32	25	$C_6H_6O_{12}N_{12} \longrightarrow C_6H_6O_{10}N_{11} + NO_2$
	0.15~0.87	23	$C_6H_6O_{10}N_{11} \longrightarrow C_6H_6O_8N_{10} + NO_2$
	0.24~1.14	16	$C_6H_6O_{12}N_{12} + C_4H_8O_8N_8 \longrightarrow C_{10}H_{13}O_{18}N_{19} + HNO_2$
	0.37~3.11	11	$C_4H_8O_8N_8 + NO_2 \longrightarrow C_4H_7O_8N_8 + HNO_2$
	0.45~1.17	11	$C_4H_8O_8N_8 + OH \longrightarrow C_4H_7O_8N_8 + H_2O$
	0.14~0.88	7	$C_6H_6O_{12}N_{12} + NO_2 \longrightarrow C_6H_6O_{10}N_{11} + HNO_2$
	1.44~2.31	6	$C_4H_8NO_5 + NO_2 \longrightarrow C_4H_7NO_5 + HNO_2$

温度/K	时间/ps	频次	反应
3000	0.57~10.00	114	$HNO_2 \longrightarrow OH + ON$
	0.10~0.78	73	$C_4H_8O_8N_8 \longrightarrow C_4H_8O_6N_7 + NO_2$
	0.15~1.87	41	$C_4H_8O_6N_7 \longrightarrow C_4H_8O_4N_6 + NO_2$
	0.61~9.77	33	$HON + NO_2 \longrightarrow HNO_2 + ON$
	1.48~10.00	31	$HO + HON \longrightarrow H_2O + ON$
	0.09~0.29	21	$C_6H_6O_{12}N_{12} \longrightarrow C_6H_6O_{10}N_{11} + NO_2$
	0.14~0.71	13	$C_6H_6O_{12}N_{12} + C_4H_8O_8N_8 \longrightarrow C_6H_6O_{10}N_{11} + C_4H_7O_8N_8 + HNO_2$
	0.12~0.82	8	$C_6H_6O_{12}N_{12} + C_4H_8O_8N_8 \longrightarrow C_{10}H_{13}O_{18}N_{19} + HNO_2$
	0.22~0.98	7	$C_4H_8O_8N_8 + NO_2 \longrightarrow C_4H_7O_8N_8 + HNO_2$
	0.31~0.74	6	$C_6H_6O_{12}N_{12} + NO_2 \longrightarrow C_6H_6O_{10}N_{11} + HNO_2$
3250	0.35~10.00	139	$HNO_2 \longrightarrow OH + ON$
	0.10~0.77	70	$C_4H_8O_8N_8 \longrightarrow C_4H_8O_6N_7 + NO_2$
	0.63~9.96	41	$H + NO_2 \longrightarrow HNO_2$
	0.09~0.23	34	$C_6H_6O_{12}N_{12} \longrightarrow C_6H_6O_{10}N_{11} + NO_2$
	1.20~9.99	19	$OH + HON \longrightarrow H_2O + ON$
	0.11~0.94	10	$C_6H_6O_{12}N_{12} + C_4H_8O_8N_8 \longrightarrow C_6H_6O_{10}N_{11} + C_4H_7O_8N_8 + HNO_2$
	0.24~1.02	9	$C_6H_6O_{12}N_{12} + NO_2 \longrightarrow C_6H_6O_{10}N_{11} + HNO_2$
	0.16~0.59	7	$C_4H_8O_8N_8 + NO_2 \longrightarrow C_4H_7O_8N_8 + HNO_2$
	1.44~1.68	6	$C_4H_7N_4 + NO_2 \longrightarrow C_4H_6N_4 + HNO_2$
	0.41~0.96	4	$C_6H_6O_{12}N_{12} + NO_2 \longrightarrow C_6H_6O_{10}N_{11} + HNO_2$
3500	0.35~10.00	131	$HNO_2 \longrightarrow OH + ON$
	0.10~0.51	65	$C_4H_8O_8N_8 \longrightarrow C_4H_8O_6N_7 + NO_2$
	0.94~9.99	47	$OH + HON \longrightarrow H_2O + ON$
	0.17~1.13	37	$C_4H_8O_4N_6 \longrightarrow C_4H_8O_2N_5 + NO_2$
	0.09~0.22	26	$C_6H_6O_{12}N_{12} \longrightarrow C_6H_6O_{10}N_{11} + NO_2$
	1.40~10.00	19	$CHON + OH \longrightarrow CON + H_2O$
	0.34~0.79	17	$C_6H_6O_{12}N_{12} + C_4H_8O_8N_8 \longrightarrow C_6H_6O_{10}N_{11} + C_4H_7O_8N_8 + HNO_2$
	0.11~0.58	10	$C_4H_8O_8N_8 + NO_2 \longrightarrow C_4H_7O_8N_8 + HNO_2$
	0.27~0.77	4	$C_6H_6O_{12}N_{12} + NO_2 \longrightarrow C_6H_6O_{10}N_{11} + HNO_2$
	0.66	1	$C_6H_6O_{12}N_{12} + C_4H_8O_8N_8 \longrightarrow C_{10}H_{13}O_{18}N_{19} + HNO_2$

$$C_4H_8O_8N_8 \longrightarrow C_4H_8O_6N_7 + NO_2 \tag{3-56}$$

$$C_6H_6O_{12}N_{12} \longrightarrow C_6H_6O_{10}N_{11} + NO_2 \tag{3-57}$$

$$C_6H_6O_{12}N_{12} + C_4H_8O_8N_8 \longrightarrow C_{10}H_{13}O_{18}N_{19} + HNO_2 \tag{3-58}$$

$$C_6H_6O_{12}N_{12} + C_4H_8O_8N_8 \longrightarrow C_6H_6O_{10}N_{11} + C_4H_7O_8N_8 + HNO_2 \tag{3-59}$$

由于 HMX 和 CL-20 都是典型的硝铵炸药，敏感的硝基脱落是其单体分子的初始分解路径，这些均已经被证明是正确的[69,96]。表 3-20 中的数据显示，大多数 HMX 和 CL-20 单分子为硝基脱落，如式(3-56) 和式(3-57) 所示。然而，在混合体系中，它们之间的相互作用也是显而易见的。首先，HMX 和 CL-20 会发生化学反应，CL-20 上脱落的 NO_2 基团会与 HMX 上的 H 原子结合形成 HNO_2 中间体，而其他原子则会连接在一起形成更大的 N 杂环骨架，如式 (3-58) 所示。有趣的是，在统计过程中发现，HMX 与 CL-20 直接反应的频次随着温度的升高而增加，但式(3-58) 的频次却逐渐降低，甚至在 3250K 时完全为零。相反，式(3-59) 的反应频次逐渐增加。首先需要说明的是，随着温度的升高，外部环境在更短的时间内产生更多的热量，这反过来又增加了两个分子之间的碰撞频率，这也是导致 HMX 和 CL-20 化学反应频次上升的主要原因。支持这一观点的另一个明显观察结果是，随着温度升高，HMX 和 CL-20 单分子热解率在不同程度上降低。式(3-58) 和式(3-59) 的数目之间存在负相关。这主要是因为随着温度的升高，HMX 的 N 杂环与 CL-20 的笼状结构不再容易结合，当然这也在一定程度上反映了它们之间的位阻效应。因此，式(3-58) 主要出现在低温条件下。

$$C_4H_8O_8N_8 + NO_2 \longrightarrow C_4H_7O_8N_8 + HNO_2 \tag{3-60}$$

$$HNO_2 \longrightarrow OH + ON \tag{3-61}$$

$$C_4H_5N_4 + NO_2 \longrightarrow C_4H_4N_4 + HNO_2 \tag{3-62}$$

$$C_4H_8O_6N_7 + NO_2 \longrightarrow C_4H_7O_6N_7 + HNO_2 \tag{3-63}$$

$$C_4H_7O_2N_5 + NO_2 \longrightarrow C_4H_6O_2N_5 + HNO_2 \tag{3-64}$$

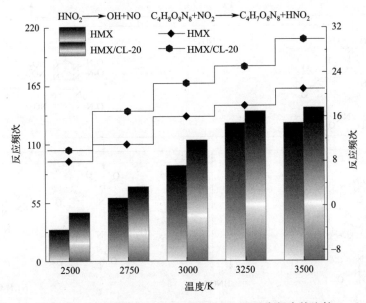

图 3-49　HMX 和 HMX/CL-20 体系中不同反应频次的比较

此外，还分别统计了两个体系中式(3-60) 和式(3-61) 在不同温度下的反应频次，如图 3-49 所示，图中的信息解释了许多问题。虽然式(3-61) 在纯 HMX 和 HMX/CL-20 体系中都会发生，但在混合体系中该反应的频次更高，这是混合体系中的 CL-20 对 HMX 热分解的影响。CL-20 单分子的 NO_2 分解会增加整个体系中的 NO_2 量，因此更多的 NO_2 基团会有机会与 HMX 分子碰撞，然后发生化学反应。当然，许多 NO_2 会选择与 HMX 的分解产物进一步反应生成 HNO_2，如式(3-62)～式(3-64) 所示。因此，不难发现 CL-20 会促进 HMX 的热分解。此外，考虑到 HMX 还会与 OH 基团发生反应，而式(3-61) 中的反应是 OH 基团的主要来源，因此也对其发生频次进行了统计和比较。不难发现，式(3-61) 在混合体系中出现的频次远高于 HMX，这意味着混合体系中 OH 的"浓度"更高，HMX 的热解速率将不断加快。至于混合体系中的另一种主要成分，CL-20 除了自分解外，还与二氧化氮基团发生反应。同样，这也可以理解为 HMX 对其热分解的影响。有趣的是，CL-20 与 OH 基团之间的初始反应在五个温度下均未发现。一般来说，混合体系中的 HMX 和 CL-20 起着"催化剂"的作用，相互促进分解过程，加速整体热分解，这与实验得出的结论相同[99]。同时，根据上述分析得出 HMX/CL-20 混合体系的初始反应路径网络，如图 3-50 所示。必须承认，全面的路径分析对于理解 HMX/CL-20 混合体系的热解过程至关重要。

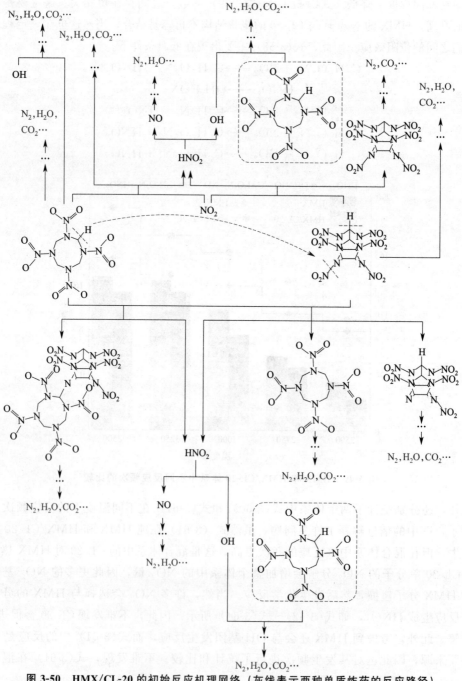

图 3-50　HMX/CL-20 的初始反应机理网络（灰线表示两种单质炸药的反应路径）

3.7.2.4 产物及化学键分析

在混合体系中，HMX 和 CL-20 作为初始反应物将不断被消耗，随着物种数的变化，系统中的产物数量也将不断增加。虽然图 3-46 显示的物种数量相对较多，但某些产物的数量却很少，甚至可以忽略不计。然而，一些主要产物的数量非常多，而且对整个热解过程意义重大，因此对它们进行研究的重要性不言而喻。中间产物在整个热解过程中都是活跃的，但在体系中并不是稳定存在，主要包括 HNO_2、NO_2、OH 等。在不同温度下，HMX/CL-20 混合体系主要中间产物的统计如图 3-51 所示。

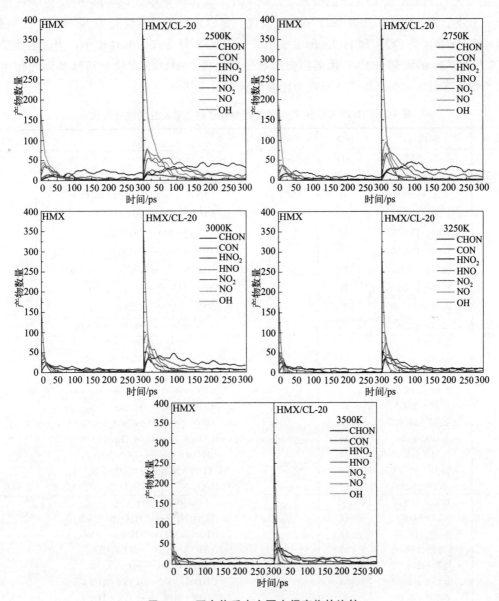

图 3-51　两个体系中主要中间产物的比较

首先，温度的升高使这些中间产物的数量更快地趋向于 0，这主要是因为单位时间内外界提供的能量越多，原子运动速率越快，反应速率也就越快，这点已经再一次得到证明。

NO 的数量曲线变化最大,峰值也最大。如之前的分析,大量的 HNO_2 被不断分解,这是 NO 数量多的主要原因。而且混合体系中的 NO 数量远大于纯 HMX 系统中的 NO 数量。虽然式(3-61)中 HNO_2、NO、OH 的比例为 $1:1:1$,但 NO 的峰值明显高于其他两个分子片段。这恰恰说明 HNO_2 在不断分解,而 OH 在不断与 HMX 及其分解产物发生反应。不可否认,混合体系中 HNO_2 和 OH 的峰值仍比纯 HMX 体系中的峰值高,这就是加入 CL-20 带来的影响。为了探究产物分子之间的相互作用,对相关产物之间的主要反应及其频次进行了统计,如表 3-21 所示。表 3-21 中的数据很好地解释了主要中间产物数量的变化。NO_2 主要来自 HMX 和 CL-20 的分解。300ps 内,混合体系中式(3-61)的反应频次最高,验证了上述分析。此外,从表 3-21 中可以发现,氮氧化物最终会转化为 N_2 和 H_2O 等最终产物,而 CHON 是 CON 和 HON 的主要来源。CHON 只含有一个 C 原子,因此不难想象,HMX 和 CL-20 的大部分 C-N 骨架都会随着反应变成 CHON。在这些活性基团的作用下,中间产物最终会转化为最终产物或成为团簇的重要组成部分。

表 3-21 HMX/CL-20 混合体系产物分子间主要反应的统计数据

温度/K	时间/ps	频次	反应
2500	$0.70\sim281.50$	118	$HNO_2 \longrightarrow HO + ON$
	$0.10\sim1.55$	93	$C_4H_8O_8N_8 \longrightarrow C_4H_8O_6N_7 + NO_2$
	$4.85\sim299.2$	51	$CHON + HO \longrightarrow CON + H_2O$
	$2.20\sim284.65$	45	$HO + HON \longrightarrow H_2O + ON$
	$1.50\sim183.95$	34	$H + NO_2 \longrightarrow HNO_2$
	$1.10\sim129.55$	31	$HON + NO_2 \longrightarrow HNO_2 + ON$
	$0.10\sim0.35$	21	$C_6H_6O_{12}N_{12} \longrightarrow C_6H_6O_{10}N_{11} + NO_2$
	$1.25\sim173.15$	17	$HO + HNO_2 \longrightarrow H_2O + NO_2$
	$31.35\sim297.40$	7	$CON + NH_3 \longrightarrow CHON + NH_2$
	$2.50\sim2.50$	5	$CHON_3 + NO_2 \longrightarrow CON_3 + HNO_2$
2750	$0.45\sim128.40$	117	$HNO_2 \longrightarrow HO + ON$
	$0.10\sim1.30$	88	$C_4H_8O_8N_8 \longrightarrow C_4H_8O_6N_7 + NO_2$
	$1.95\sim198.45$	54	$HO + HON \longrightarrow H_2O + ON$
	$2.50\sim296.85$	43	$CHON + HO \longrightarrow CON + H_2O$
	$15.80\sim297.55$	40	$CON + HN_2 \longrightarrow CHON + N_2$
	$2.85\sim53.55$	30	$HON + NO_2 \longrightarrow HNO_2 + ON$
	$0.10\sim0.35$	26	$C_6H_6O_{12}N_{12} \longrightarrow C_6H_6O_{10}N_{11} + NO_2$
	$4.30\sim231.05$	20	$CHON + ON \longrightarrow CON + HON$
	$2.15\sim81.30$	19	$HN_2 + NO_2 \longrightarrow HNO_2 + N_2$
	$0.20\sim0.45$	13	$C_6H_6O_{10}N_{11} \longrightarrow C_6H_6O_8N_{10} + NO_2$
3000	$0.70\sim237.4$	116	$HNO_2 \longrightarrow HO + ON$
	$0.10\sim0.75$	86	$C_4H_8O_8N_8 \longrightarrow C_4H_8O_6N_7 + NO_2$
	$1.00\sim46.25$	48	$HON + NO_2 \longrightarrow HNO_2 + ON$
	$6.95\sim296.90$	30	$CHON + N_2 \longrightarrow CON + HN_2$
	$1.75\sim238.45$	29	$HO + HON \longrightarrow H_2O + ON$
	$5.45\sim109.05$	13	$CHON + ON \longrightarrow CON + HON$
	$2.95\sim53.20$	8	$CHON + NO_2 \longrightarrow CON + HNO_2$
	$3.00\sim298.85$	6	$CHON + HO \longrightarrow CON + H_2O$
	$2.90\sim7.85$	5	$HO + HNO_3 \longrightarrow H_2O + NO_3$
	$2.15\sim7.45$	4	$H + NO_2 \longrightarrow HO + ON$

温度/K	时间/ps	频次	反应
3250	0.35~255.00	129	$HNO_2 \longrightarrow HO + ON$
	2.80~300.00	108	$HN_2 \longrightarrow H + N_2$
	0.10~0.80	81	$C_4H_8O_8N_8 \longrightarrow C_4H_8O_6N_7 + NO_2$
	4.30~298.00	56	$CHON + N_2 \longrightarrow CON + HN_2$
	1.20~278.85	46	$HO + HON \longrightarrow H_2O + ON$
	8.75~299.40	35	$NH_3 + HO \longrightarrow H_2N + H_2O$
	0.25~1.15	26	$C_4H_8O_4N_6 \longrightarrow C_4H_8O_2N_5 + NO_2$
	1.15~248.70	26	$CHON + ON \longrightarrow CON + HON$
	0.70~42.75	18	$H + NO_2 \longrightarrow HNO_2$
	2.15~27.30	14	$CHON + NO_2 \longrightarrow CON + HNO_2$
3500	0.45~261.6	85	$HNO_2 \longrightarrow HO + ON$
	0.10~0.45	72	$C_4H_8O_8N_8 \longrightarrow C_4H_8O_6N_7 + NO_2$
	2.20~300.00	53	$H + N_2 \longrightarrow HN_2$
	0.85~300.00	51	$H + HO \longrightarrow H_2O$
	1.90~296.60	39	$CHON + HO \longrightarrow CON + H_2O$
	1.10~289.50	26	$HO + HON \longrightarrow H_2O + ON$
	2.40~192.20	16	$HN_2 + NO_2 \longrightarrow HNO_2 + N_2$
	2.60~36.75	14	$CHON + NO_2 \longrightarrow CON + HNO_2$
	1.20~240.85	11	$H + HNO_2 \longrightarrow H_2O + ON$
	6.65~298.95	8	$CON + HN_2 \longrightarrow CHON + N_2$

图 3-52 显示了不同温度下 HMX 和 HMX/CL-20 体系最终产物数量随时间的变化情况。从图 3-52 可以看出，随着温度的升高，最终产物数量曲线达到平衡所需的时间缩短。在 HMX 中加入 CL-20 后，体系中最终产物的数量有不同程度的增加。一般来说，NH_3 是混合炸药热解过程中的主要最终产物。但在 HMX/CL-20 体系中，NH_3 的数量与 HMX 体系相比变化不大。虽然 CL-20 中含有大量 H 原子，但从 NH_3 数量的变化曲线来看，CL-20 对 NH_3 的形成影响不大。此外，混合体系中含有更多的 H_2O 和 N_2，这两条曲线比纯 HMX 体系中的相应曲线更加"陡峭"，这说明混合体系中最终产物 H_2O 和 N_2 的形成速率会更快。毫无疑问，这是 CL-20 的影响，更多的 NO_2 和 OH 基团会促进 HMX 的整体热分解。此外，一个有趣的现象是，随着温度的升高，H_2O 分子的"产量"似乎在减少。例如，在 2500K 时，H_2O 变化曲线的最大值接近 400，而在 3500K 时，其值甚至小于 375。主要原因是随着温度的升高，体系中的其他中间产物、最终产物和一些分子片段更多地选择与 H_2O 发生反应，H_2O 的消耗速率加快，因此在一个固定的时间步长内，H_2O 分子的数量似乎减少了。需要补充的是，这并不意味着混合体系中生成的 H_2O 数量减少，而是 H_2O 的消耗速率逐渐大于其生成速率。这也是 H_2O 分子数量曲线从峰值到下降的主要原因。

最后，另一个"奇怪"的现象是，在混合体系中，所有的 HMX 和 CL-20 分子都含有近 800 个 C 原子，而 CO_2 分子的数量却只有约 375 个（在整个统计过程中，CO 分子的数量非常少，在不同温度下的最大数量也只有约 10 个，所以它不在统计的中间产物中）。那么，这

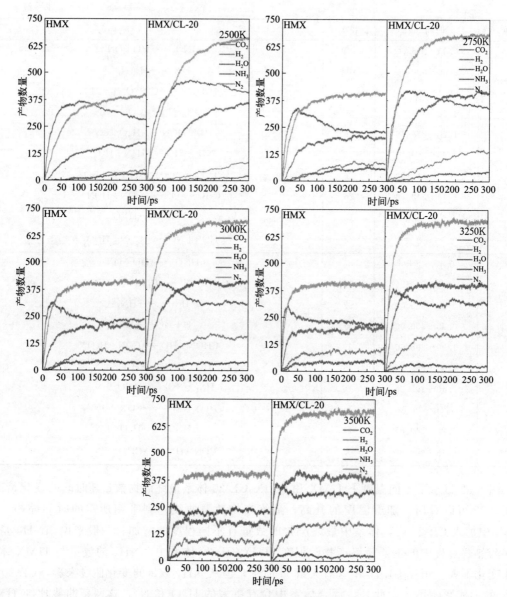

图 3-52 两种体系中各种最终产物的比较

么多的 C 原子在哪里呢？毫无疑问，它们存在于团簇中。

不同温度下 HMX/CL-20 混合体系中化学键数量随时间的变化如图 3-53 所示。首先，一定数量的 C—C 键证明了团簇的存在。C—O 键的数量最多，接近 1200 个，这与最终产品中 CO_2 的数量明显不同。因此，除了团簇中有大量的 C 原子之外，团簇中的一些 C 原子也会与 O 原子成键。H—H、N—N 和 O—H 键数量的变化对应于 H_2、N_2 和 H_2O 分子。O—H 键数量曲线甚至呈现出增长、下降和最终平衡的趋势。此外，还存在相当数量的 N—H 键，一方面，这代表最终产物 NH_3 的贡献。NH_3 分子的数量很少，但每个分子都有三个 N—H 键。相反，这可能意味着团簇中的 N 原子和 H 原子会成键。不过，似乎不会有太多的 H 原子与团簇中的 C 原子相连，因为 C—H 键的数量一直在减少，直到几乎为零。

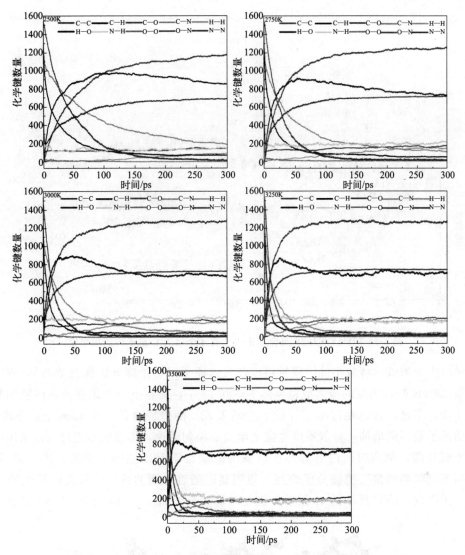

图 3-53　HMX/CL-20 混合体系热分解过程中化学键数量的统计数据

3.7.2.5　团簇分析

在含能材料的热分解过程中，含有 C 原子的分子会不断脱落基团和活性原子，但剩余的 C 骨架会在范德华相互作用下继续聚集并形成团簇[28,75]。虽然统计时间有限，但这些团簇将贯穿整个热分解过程并对其产生影响。然而，HMX 和 CL-20 都是由 N 杂环组成，其 C 原子含量不容忽视。因此，研究 HMX/CL-20 混合体系热解时发生的团簇变化至关重要[74]。根据 3.5.2.5 小节对于团簇的定义，将 C 原子数大于 4 的分子当作团簇。此外，计算团簇的时间将从 5ps 开始，即所有反应物分子完全分解时。

如图 3-54 所示，前两个温度下的团簇数量演变趋势相似；但在 3000K 时，团簇数量曲线变化很大。虽然团簇的最大数量会随着温度的升高而减小，但它们最初会出现在 3000K 之前，之后，团簇的最大数量会随着温度的升高而减小，这可能是因为高温会迅速释放大量能量。随着反应的进行，团簇上的 C 原子和 H 原子逐渐氧化成最终产物，导致团簇最终分

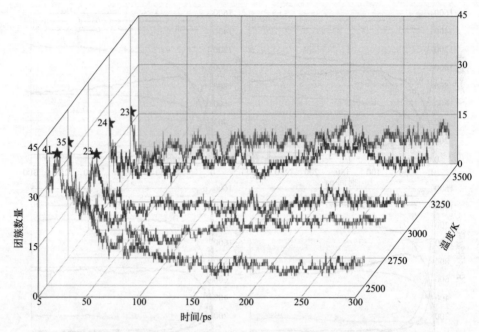

图3-54 HMX/CL-20混合体系中含有4个以上C原子的团簇数量

解，数量减少。当然，将微小的团簇拼接成较大的原子团也是降低团簇总数的另一种方法。然而，在3000K时，团簇的最大数量突然下降到23个，而在下一个温度下，团簇的数量基本保持不变。不过，这也是这项工作的一个新发现。随着混合体系中C原子的不断聚集，团簇中的原子数逐渐增加，分解难度也随之增加。换句话说，当温度不超过一定范围时，即使温度不断升高，单位时间内外部环境提供的能量也不足以使团簇破裂。图3-55显示了3000K时不同时期的最大团簇分子快照。很明显，随着时间的推移，最大团簇的原子数稳步上升，团簇内连接C原子的O原子数也在增加。自然而然，团簇中的C—O键就会越来

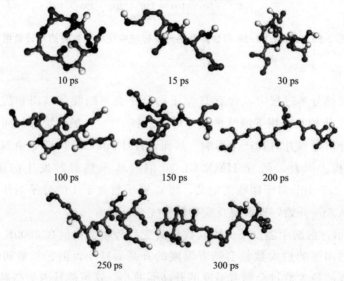

图3-55 3000K下HMX/CL-20体系8个时间点的最大团簇分子快照

越多，这也验证了前面的分析。不过，这并不意味着这些团簇不会分解，因为在混合炸药的
实际爆炸过程中，产生的温度和热量要比本研究中使用的温度高得多。另外，由于目前技术
和成本的限制，虽然 300ps 的热分解时间间隔可以反映出很多问题，揭示热解的本质，但在
更长的时间内可能会暴露出很多现象，而目前来看，很长的时间是没有必要的。因此不难想
象，这些"难分解"的团簇会在更高的温度或更长的加热时间下逐渐分解，最终转化为
CO_2 和 H_2O 等最终产物，这是可以肯定的。

　　为了理解热分解过程中 HMX/CL-20 体系团簇结构的发展规律，测量了不同温度下 N、
H 和 O 原子与 C 原子在 300ps 内的比率，如图 3-56 所示。从图 3-56 中可以清楚地看出，
N/C 值在不断下降。这可能是由于在整个热分解过程中，氮氧化物（如 NO_2 和 N_2）不断
从团簇中分离，从 C—N 键的数量不断减少可以看出这一点。此外，H/C 值也经历了一个
上升到平衡的过程，但这与混合体系中最终产物 H_2 和 H_2O 等含 H 原子分子数量的增加并

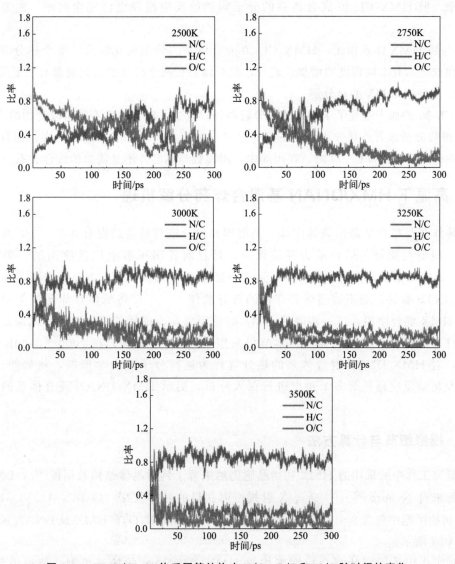

图 3-56　HMX/CL-20 体系团簇结构中 N/C、O/C 和 H/C 随时间的变化

不冲突。这是因为形成这些最终产物的 H 原子并不完全来自团簇，一些含有 C 原子的较小分子片段和本身不含 C 原子的分子也可能发生反应形成这些最终产物。当然，也有可能有更多的 C 原子从团簇中脱落或解离，因此提高 H/C 值是合理的。导致 H/C 值增大的另一个重要因素是，一些 H 原子含量较高的微小分子会逐渐聚集成团簇。很容易理解，O/C 值越来越小。事实上，团簇中的 O 原子已经氧化了 C 原子和 H 原子，因此团簇中 O 原子的数量自然会减少。

3.7.3　小结

基于一个全新的混合炸药模型，通过研究以 HMX/CL-20 为基础的混合炸药的热分解，统计得到了两个体系的势能变化，拟合了不同温度和阶段下的反应速率常数，进而得到了活化能，判断了 CL-20 对 HMX 热分解过程产物的影响。当然，最重要的是，尽管双组分体系结构复杂，但 HMX/CL-20 混合体系的分子间初始反应路径也已完全揭示。主要有以下几点：

① 与纯 HMX 体系相比，HMX/CL-20 混合体系的势能变化较大，整个热分解过程中的吸热和放热均有不同程度的增加。此外，混合体系在两个阶段的活化能都有所下降，这表明 CL-20 能促进 HMX 的热分解。

② CL-20 的加入改变了 HMX 的热分解路径，改变了混合体系不同阶段产物的产出。

③ 键数分析起着连接作用。它不仅通过对产物的分析验证了团簇的存在，而且表明团簇中存在许多 C—C 和 C—O 键。在团簇中，团簇数与温度并不是简单的线性关系。

3.8　高温下 HMX/DNAN 基混合炸药分解机理

熔铸炸药是指在熔融的载体中加入高能固相组分进行铸装的混合炸药[101]，具有生产成本低、成型性能好、爆炸威力高等优点，是目前各国军事上广泛使用的一类混合炸药[102]。2,4-二硝基苯甲醚（DNAN）是一种感度和毒性都低于 TNT 的炸药，并且熔铸过程比 DNTF 容易，是不敏感熔铸炸药的良好载体[103-106]。将低熔点炸药作为熔铸炸药载体与 HMX 混合使用，进一步降低 HMX 的使用成本，提高其综合性能，以满足不同的装药条件和爆炸性能的使用需求。本节仍采用 ReaxFF-lg 力场，在 2000～3500K 的温度范围内，对 HMX/DNAN 混合体系的热分解行为进行分子动力学模拟，从势能、产物、团簇以及初始反应路径等多个角度进行深入分析，揭示 HMX/DNAN 混合体系的热分解机理。

3.8.1　模拟细节与计算方法

本研究工作中所采用的 HMX 初始晶胞仍然来源于剑桥晶体结构数据库[58]，DNAN 的初始晶胞来自 Nyburg 等[107] 通过 X 射线衍射获得的晶体数据（CCDC：1155005）。每个 DNAN 初始晶胞中包含 8 个 DNAN 分子，分子式为 $C_7H_6N_2O_5$。HMX 及 DNAN 的分子结构如图 3-57 所示。

本项工作仍采用层状混合模型来构建 HMX 与 DNAN 的计算模型。值得说明的是，DNAN 作为熔铸载体，其晶格结构在熔融的过程中将遭到破坏，整个 DNAN 体系不会以晶

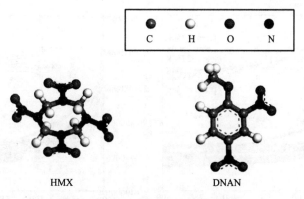

图 3-57　HMX 和 DNAN 的分子结构

体的形式与 HMX 发生反应。因此，在层状模型构建中仍选择对 HMX 组分最大暴露面进行切面处理，而熔铸载体 DNAN 则使用无定形模型。此外，按照 HMX/DNAN 熔铸体系的极限固含量（约 80%）进行混合模型的搭建[105]。

首先，对 HMX 单胞沿着最大暴露面（011）面进行切面处理，构建了 $3 \times 7 \times 1$ 的超晶胞模型。随后将 DNAN 的无定形模型沿 c 轴放置在 HMX 晶体表面层的上方，两层晶面之间预留了 2Å 的真空层，以确保相邻的 HMX 和 DNAN 不会形成化学键。至此，HMX/DNAN 混合体系的模型构建完成，其中包含 126 个 HMX 分子和 47 个 DNAN 分子，共计 4468 个原子。HMX/DNAN 体系的建模过程如图 3-58 所示。

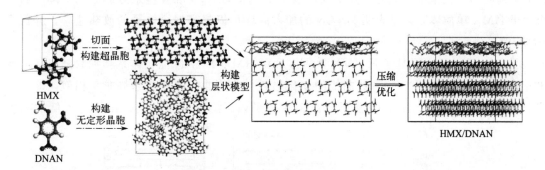

图 3-58　HMX/DNAN 体系的建模过程

由于孙翠等[108]已经证明 ReaxFF-lg 力场同样适用于 DNAN，因此后续的模拟工作均在 ReaxFF-lg 力场下进行。弛豫和热分解过程仍采用 3.6.1 的方法。

3.8.2　模拟结果与分析

3.8.2.1　势能及物种数变化

不同温度下 HMX 单质体系和 HMX/DNAN 混合体系势能随时间的变化曲线如图 3-59 所示。

从图 3-59 可以看出，不同温度下，两个体系的势能曲线均呈现先急剧升高到最大值，然后不断下降直至平衡的趋势。例如在 3500K 的温度下，HMX/DNAN 混合体系在 0.7ps 内上升到 -400797.81kcal/mol 的势能峰值，然后在 44.25ps 左右降到 -460404.12kcal/mol 的势能平衡值，之后势能曲线在平衡值范围内上下波动直至模拟结束。其中势能上升是因为

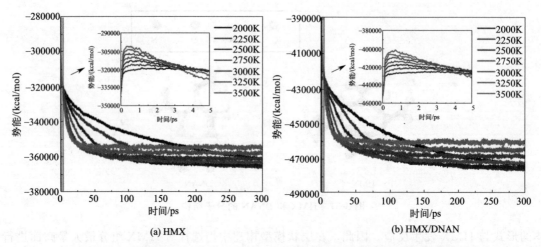

(a) HMX   (b) HMX/DNAN

图 3-59 不同温度下 HMX（a）和 HMX/DNAN（b）体系势能随时间的变化

HMX/DNAN 混合体系的吸热速率大于放热速率，体系快速积聚热量。这个过程主要以吸热为主，混合体系中分子的分解速率较小。温度越高，势能峰值越大，体系吸收的热量也就越多。在势能达到最大值后，体系开始发生剧烈的热分解反应。这个过程主要以放热为主，体系放热速率大于吸热速率，体系势能不断下降并释放出大量能量。当体系反应基本完成，体系势能趋于平衡状态。随着温度的升高，两个体系势能曲线的下降速率逐渐加快，势能达到平衡的时间相应减少。此外，在不同温度下 HMX/DNAN 混合体系势能曲线下降的斜率均大于 HMX 单质体系，这表明 DNAN 的加入同样可以提高混合体系的放热速率，并促进 HMX 的热分解。

图 3-60 显示了不同温度下 HMX 单质体系和 HMX/DNAN 混合体系物种数随时间的变化。从图 3-60 可以看出，物种数曲线的变化趋势与势能曲线的变化趋势非常相似，即先快速上升到一个最大值，随后缓慢下降直至曲线平衡。需要说明的是，在相对较低的温度

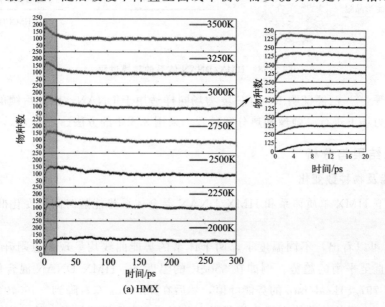

(a) HMX

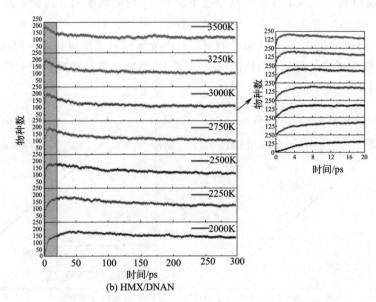

图 3-60　不同温度下 HMX（a）和 HMX/DNAN（b）体系物种数随时间的变化

（2000K）下，两个体系物种数量在达到最大值后并没有出现明显的下降趋势。这是因为在模拟的时间范围（300ps）内，较低的温度下体系反应还未完全，随着温度的升高，曲线下降的趋势将越来越明显。不仅如此，两个体系物种增长的速率随温度的升高而不断加快，产生的最大物种数也会增多。例如在 HMX/DNAN 混合体系中，在 2000K 温度下总物种数最大值约为 197 个；当温度为 3500K 时，总物种数最大值约为 219 个。最大物种数增大了将近 22 个。这表明高温下体系分解反应更加充分，进而生成的分子种数更多。此外，DNAN的加入使得体系分子种类显著增加。例如在 3000K 的温度下，HMX 单质体系的最终物种数稳定在 95 个左右，而 HMX/DNAN 混合体系的最终物种数稳定在 124 个左右。这表明DNAN 的分解产生了新的分子碎片或自由基，为物种的形成提供了更多的可能。

3.8.2.2　反应动力学参数分析

本研究仍采用 3.5.2.2 的方法对 HMX 体系和 HMX/DNAN 混合体系的反应动力学参数进行分析。

（1）初始吸热分解阶段

采用式（3-1）对 HMX 分子数量随时间的变化进行拟合，得到不同温度下的反应速率常数 k_1，如表 3-22 所示。

表 3-22　HMX 和 HMX/DNAN 体系在不同温度下的反应速率常数 k_1

温度/K	k_1（HMX）/ps^{-1}	k_1（HMX/DNAN）/ps^{-1}
2000	1.16785	1.19604
2250	2.19174	2.81563
2500	3.73596	4.10866
2750	5.37142	7.28483
3000	7.50152	9.42344
3250	11.27168	11.75574
3500	13.50729	13.51960

从表 3-22 可以看出，两个体系的反应速率常数 k_1 均随温度的升高而不断增大。在所有温度下，HMX/DNAN 混合体系的反应速率常数 k_1 均大于 HMX 单质体系，这表明混合体系中的 HMX 分解速率更快，DNAN 对 HMX 的热分解起到了促进作用。根据式(3-2) 对反应速率 k_1 进行线性拟合，得到了 HMX 和 HMX/DNAN 体系初始吸热分解阶段的活化能与指前因子，如图 3-61 所示。

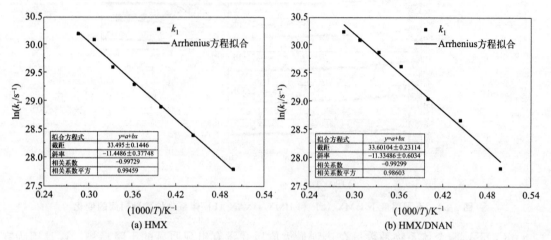

图 3-61 HMX（a）和 HMX/DNAN（b）体系初始吸热分解阶段的 Arrhenius 拟合曲线

从图 3-61 中拟合线的斜率和截距可知，在初始吸热分解阶段，HMX 体系的活化能为 95.18kJ/mol，指前因子的对数 $\ln A$ 为 $33.50s^{-1}$。HMX/DNAN 体系的活化能为 94.24kJ/mol，指前因子的对数 $\ln A$ 为 $33.60s^{-1}$。这与黄可奇等[109] 通过不同计算方法测定的 HMX/DNAN 体系的活化能（Kissinger：113.20kJ/mol，Ozawa：116.30kJ/mol）相近，并且得到了与其实验测得的现象相同的结果，即添加 DNAN 后的混合体系活化能会减小，这验证了本节工作的正确性。相较于 HMX 单质体系，HMX/DNAN 混合体系热稳定性降低，对热刺激更为敏感。

（2）中间放热分解阶段

通过式(3-3) 对不同温度下的势能曲线进行拟合，得到中间放热分解阶段的反应速率常数 k_2，如表 3-23 所示。

表 3-23 HMX 和 HMX/DNAN 体系在不同温度下的反应速率常数 k_2

温度/K	k_2（HMX）/ps^{-1}	k_2（HMX/DNAN）/ps^{-1}
2000	0.01080	0.01132
2250	0.01595	0.01794
2500	0.02880	0.02870
2750	0.04766	0.04419
3000	0.07056	0.06667
3250	0.11002	0.10084
3500	0.15669	0.15621

从表 3-23 可以看出，随着温度的升高，两种体系中间放热分解阶段的化学反应速率常数 k_2 逐渐增大，这与 k_1 的变化规律一致。根据式（3-2）对反应速率 k_2 进行线性拟合，得到了 HMX 和 HMX/DNAN 体系中间放热分解阶段的活化能与指前因子，如图 3-62所示。

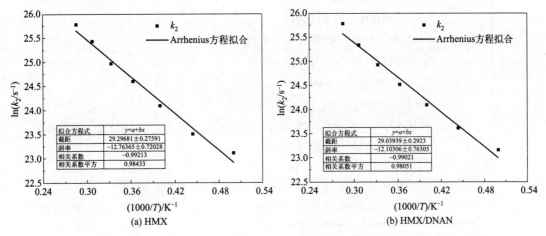

图 3-62　HMX（a）和 HMX/DNAN（b）体系中间放热分解阶段的 Arrhenius 拟合曲线

从图 3-62 可以看出，在中间放热分解阶段，HMX 体系的活化能为 106.12kJ/mol，指前因子的对数 $\ln A$ 为 $29.30s^{-1}$。HMX/DNAN 体系的活化能为 100.62kJ/mol，指前因子的对数 $\ln A$ 为 $29.04s^{-1}$。HMX/DNAN 体系的活化能仍比 HMX 单质体系的活化能低，与初始吸热分解阶段的活化能计算结果一致，这说明 DNAN 的确加快了 HMX 的热分解，混合体系对外界热刺激的不敏感程度降低。

3.8.2.3　初始反应机理分析

为了深入认识 HMX/DNAN 混合体系的热分解初始机理，对 HMX/DNAN 混合体系在不同温度下前 10ps 内主要的初始反应进行了统计，包括主要反应式及其频次和反应时间，如表 3-24 所示。

表 3-24　不同温度下 HMX/DNAN 体系的主要初始反应

温度/K	反应	频次	反应时间/ps
	$C_4H_8N_8O_8 \longrightarrow C_4H_8N_7O_6 + NO_2$	98	0.05~5.97
	$C_4H_8N_7O_6 \longrightarrow C_4H_8N_6O_4 + NO_2$	63	0.13~8.53
	$C_4H_8N_6O_4 \longrightarrow C_4H_8N_5O_2 + NO_2$	27	0.39~7.72
	$C_7H_6N_2O_5 \longrightarrow C_6H_3N_2O_4 + CH_3O$	12	0.10~10.00
2000	$C_4H_8N_5O_2 \longrightarrow C_4H_8N_4 + NO_2$	7	0.77~8.68
	$HNO_2 \longrightarrow NO + OH$	5	2.01~10.00
	$C_4H_8N_7O_6 + OH \longrightarrow C_4H_7N_7O_6 + H_2O$	4	2.13~8.53
	$C_7H_6N_2O_5 + NO_2 \longrightarrow C_7H_5N_2O_5 + HNO_2$	3	2.31~3.84
	$C_4H_8N_8O_8 + NO_2 \longrightarrow C_4H_7N_8O_8 + HNO_2$	2	1.21~1.32
	$H + NO_2 \longrightarrow HNO_2$	2	1.79~9.36

温度/K	反应	频次	反应时间/ps
2250	$C_4H_8N_8O_8 \longrightarrow C_4H_8N_7O_6 + NO_2$	114	0.05~3.66
	$C_4H_8N_7O_6 \longrightarrow C_4H_8N_6O_4 + NO_2$	52	0.12~3.69
	$C_7H_6N_2O_5 \longrightarrow C_6H_3N_2O_4 + CH_3O$	16	0.10~9.97
	$HNO_2 \longrightarrow NO + OH$	11	1.16~9.99
	$C_7H_6N_2O_5 + NO_2 \longrightarrow C_7H_5N_2O_5 + HNO_2$	7	2.27~3.77
	$C_4H_8N_7O_6 + OH \longrightarrow C_4H_7N_7O_6 + H_2O$	5	1.62~2.27
	$H + NO_2 \longrightarrow HNO_2$	4	1.12~9.78
	$C_4H_8N_8O_8 + NO_2 \longrightarrow C_4H_7N_8O_8 + HNO_2$	4	0.52~1.67
	$C_4H_8N_8O_8 + OH \longrightarrow C_4H_7N_8O_8 + H_2O$	2	1.12~1.15
	$CH_3O + NO_2 \longrightarrow CH_2O + HNO_2$	1	1.24
	$CH_3O \longrightarrow CH_2O + H$	1	1.15
2500	$C_4H_8N_8O_8 \longrightarrow C_4H_8N_7O_6 + NO_2$	91	0.05~1.34
	$C_4H_8N_7O_6 \longrightarrow C_4H_8N_6O_4 + NO_2$	61	0.12~2.12
	$HNO_2 \longrightarrow NO + OH$	55	0.45~10.00
	$C_7H_6N_2O_5 \longrightarrow C_6H_3N_2O_4 + CH_3O$	18	0.10~9.96
	$H + NO_2 \longrightarrow HNO_2$	9	1.00~9.91
	$C_7H_6N_2O_5 + NO_2 \longrightarrow C_7H_5N_2O_5 + HNO_2$	6	2.25~3.14
	$C_4H_8N_8O_8 + NO_2 \longrightarrow C_4H_7N_8O_8 + HNO_2$	5	0.46~1.60
	$C_4H_8N_8O_8 + OH \longrightarrow C_4H_7N_8O_8 + H_2O$	4	1.10~1.14
	$CH_3O + NO_2 \longrightarrow CH_2O + HNO_2$	4	1.21~1.27
	$CH_3O \longrightarrow CH_2O + H$	2	0.89~1.03
2750	$C_4H_8N_8O_8 \longrightarrow C_4H_8N_7O_6 + NO_2$	106	0.05~1.07
	$C_4H_8N_7O_6 \longrightarrow C_4H_8N_6O_4 + NO_2$	68	0.12~1.90
	$HNO_2 \longrightarrow NO + OH$	60	0.37~10.00
	$H + NO_2 \longrightarrow HNO_2$	16	0.79~9.81
	$C_7H_6N_2O_5 \longrightarrow C_6H_3N_2O_4 + CH_3O$	14	0.10~9.85
	$C_7H_6N_2O_5 + NO_2 \longrightarrow C_7H_5N_2O_5 + HNO_2$	7	2.10~3.15
	$CH_3O \longrightarrow CH_2O + H$	3	0.82~1.40
	$C_4H_8N_8O_8 + OH \longrightarrow C_4H_7N_8O_8 + H_2O$	2	1.01~1.07
	$C_4H_8N_7O_6 + NO_2 \longrightarrow C_4H_7N_7O_6 + HNO_2$	1	1.47
	$CH_3O + NO_2 \longrightarrow CH_2O + HNO_2$	1	1.16
3000	$C_4H_8N_8O_8 \longrightarrow C_4H_8N_7O_6 + NO_2$	104	0.05~0.76
	$HNO_2 \longrightarrow NO + OH$	86	0.26~9.99
	$C_4H_8N_7O_6 \longrightarrow C_4H_8N_6O_4 + NO_2$	62	0.12~1.26
	$C_7H_6N_2O_5 \longrightarrow C_6H_3N_2O_4 + CH_3O$	20	0.10~5.39
	$H + NO_2 \longrightarrow HNO_2$	16	0.65~9.87
	$C_7H_6N_2O_5 + NO_2 \longrightarrow C_7H_5N_2O_5 + HNO_2$	12	1.14~2.17
	$C_4H_8N_5O_2 + NO_2 \longrightarrow C_4H_7N_5O_2 + HNO_2$	8	0.28~1.45
	$CH_3O + NO_2 \longrightarrow CH_2O + HNO_2$	3	0.84~0.97
	$CH_3O \longrightarrow CH_2O + H$	2	1.07~1.12
	$C_4H_8N_7O_6 + OH \longrightarrow C_4H_7N_7O_6 + H_2O$	1	0.61

温度/K	反应	频次	反应时间/ps
3250	$HNO_2 \longrightarrow NO + OH$	111	0.22~10.00
	$C_4H_8N_8O_8 \longrightarrow C_4H_8N_7O_6 + NO_2$	96	0.05~0.74
	$C_4H_8N_7O_6 \longrightarrow C_4H_8N_6O_4 + NO_2$	60	0.11~1.07
	$H + NO_2 \longrightarrow HNO_2$	14	0.49~9.27
	$C_7H_6N_2O_5 \longrightarrow C_6H_3N_2O_4 + CH_3O$	14	0.10~3.04
	$C_7H_6N_2O_5 + NO_2 \longrightarrow C_7H_5N_2O_5 + HNO_2$	8	0.20~1.35
	$CH_3O \longrightarrow CH_2O + H$	4	1.41~9.04
	$C_4H_8N_6O_4 + NO_2 \longrightarrow C_4H_7N_6O_4 + HNO_2$	2	0.24~0.30
	$C_4H_8N_6O_4 + OH \longrightarrow C_4H_7N_6O_4 + H_2O$	1	0.48
	$C_4H_8N_7O_6 + NO_2 \longrightarrow C_4H_7N_7O_6 + HNO_2$	1	0.52
	$CH_3O + NO_2 \longrightarrow CH_2O + HNO_2$	1	0.86
3500	$HNO_2 \longrightarrow NO + OH$	131	0.23~9.99
	$C_4H_8N_8O_8 \longrightarrow C_4H_8N_7O_6 + NO_2$	99	0.05~0.53
	$C_4H_8N_7O_6 \longrightarrow C_4H_8N_6O_4 + NO_2$	66	0.11~0.61
	$H + NO_2 \longrightarrow HNO_2$	32	0.82~6.16
	$C_7H_6N_2O_5 \longrightarrow C_6H_3N_2O_4 + CH_3O$	18	0.10~4.67
	$CH_3O \longrightarrow CH_2O + H$	10	0.33~9.27
	$C_4H_8N_6O_4 + NO_2 \longrightarrow C_4H_7N_6O_4 + HNO_2$	5	0.26~0.34
	$CH_3O + NO_2 \longrightarrow CH_2O + HNO_2$	3	1.77~3.25
	$C_7H_6N_2O_5 + NO_2 \longrightarrow C_7H_5N_2O_5 + HNO_2$	3	0.19~0.84
	$C_4H_8N_7O_6 + NO_2 \longrightarrow C_4H_7N_7O_6 + HNO_2$	1	0.41
	$C_4H_8N_6O_4 + OH \longrightarrow C_4H_7N_6O_4 + H_2O$	1	0.32

$$C_7H_6N_2O_5 \longrightarrow C_6H_3N_2O_4 + CH_3O \tag{3-65}$$

$$CH_3O \longrightarrow CH_2O + H \tag{3-66}$$

$$C_4H_8N_8O_8 + NO_2 \longrightarrow C_4H_7N_8O_8 + HNO_2 \tag{3-67}$$

$$C_4H_8N_7O_6 + NO_2 \longrightarrow C_4H_7N_7O_6 + HNO_2 \tag{3-68}$$

$$C_4H_8N_6O_4 + NO_2 \longrightarrow C_4H_7N_6O_4 + HNO_2 \tag{3-69}$$

$$C_4H_8N_5O_2 + NO_2 \longrightarrow C_4H_7N_5O_2 + HNO_2 \tag{3-70}$$

$$H + NO_2 \longrightarrow HNO_2 \tag{3-71}$$

$$HNO_2 \longrightarrow NO + OH \tag{3-72}$$

从表 3-24 可以明显看出，在所有温度下，混合体系中 HMX 分子热分解的第一步依旧是 N—N 键的断裂并脱去硝基，然而 DNAN 分子热分解反应的第一步并不是 C—N 键断裂释放硝基，而是 C—O 键断裂导致与苯环相连的 CH_3O 基团脱离，随后 CH_3O 分子中的 C—H 键进一步断裂生成 CH_2O 和 H 自由基，如式（3-65）~式（3-66）所示，这些反应与孙翠等[108] 在研究 RDX/DNAN 高温热分解中所给出的 DNAN 分子的初始分解路径一致。但不可否认的是，DNAN 分子中的硝基随反应的进行仍会脱离，这无疑会增加整个体系中 NO_2 的数量，更多的 NO_2 基团有机会与 HMX 以及 HMX 的分解产物发生反应生成亚硝酸，如式（3-67）~式（3-70）所示。不仅如此，DNAN 分子脱落的 CH_3O 发生分解将为体系引入更多的 H 原子，进而促使更多的 NO_2 与 H 原子反应生成 HNO_2，然后再转化为 OH、

NO，如式(3-71)、式(3-72) 所示。对不同温度下 HMX 单质体系和 HMX/DNAN 混合体系在前 10ps 内发生式(3-72) 反应的数量进行对比，如图 3-63 所示。

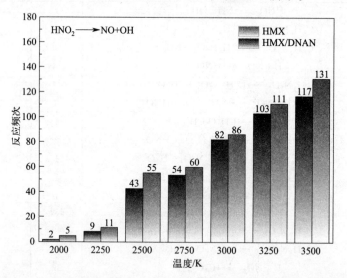

图 3-63　不同温度下 HMX 和 HMX/DNAN 体系式(3-72) 的反应频次

$$C_4H_8N_8O_8 + OH \longrightarrow C_4H_7N_8O_8 + H_2O \tag{3-73}$$
$$C_4H_8N_7O_6 + OH \longrightarrow C_4H_7N_7O_6 + H_2O \tag{3-74}$$
$$C_4H_8N_6O_4 + OH \longrightarrow C_4H_7N_6O_4 + H_2O \tag{3-75}$$
$$C_7H_6N_2O_5 + NO_2 \longrightarrow C_7H_5N_2O_5 + HNO_2 \tag{3-76}$$

从图 3-63 可以清楚地看到，相较于 HMX 单质体系，混合体系中 HNO_2 分解反应数量显然更多。这表明混合体系中 HNO_2 含量较高，然而在反应初期，HMX 分子内的 C—H 键断裂生成 H 原子相对困难。因此，HNO_2 中的 H 原子大多来自 DNAN 分子中 CH_3O 的裂解，这进一步验证了上述的分析。更多的 HNO_2 发生分解产生了更多的 OH，而这些 OH 仍会与 HMX 及其中间产物反应生成 H_2O，如式(3-73)~式(3-75) 所示，以上这些反应对促进 HMX 的热分解起着至关重要的作用。除此之外，混合体系中的 DNAN 分子也会与 NO_2 基团发生反应生成 HNO_2，如式(3-76) 所示。可见，混合体系中的 HMX 和 DNAN 分子在热分解过程中相互作用，促进彼此分解。值得一提的是，除本节列举的这些反应，类似的反应还有许多，可见 HMX 和 DNAN 之间的反应非常复杂，因此着重展示了 HMX 和 DNAN 之间的一些主要的初始反应路径，如图 3-64 所示。

3.8.2.4　产物及化学键分析

根据统计得到的产物信息可以发现，七个温度下 HMX 单质体系和 HMX/DNAN 混合体系主要产物有 CHN、CHON、CON、OH、HNO_2、CH_2O、HNO、NO_2、NO、N_2、H_2O、CO_2、NH_3 及 H_2 等产物。随着热分解过程的进行，CHN、CHON、CON、OH、HNO_2、CH_2O、HNO、NO_2 及 NO 的数量不断减少，因此它们被认定为中间产物。而 N_2、H_2O、CO_2、NH_3 及 H_2 这五种产物在反应后期仍能够稳定存在，因此这些产物被认定为最终产物。不同温度下，HMX 单质体系及 HMX/DNAN 混合体系中间产物数量变化如图 3-65 所示。从图 3-65 可以明显看出，温度的升高依然对中间产物的生成和消耗起到促进作用。在这些中间产物中，NO_2 的数量是最多的。这主要是因为在热分解初期，大量的

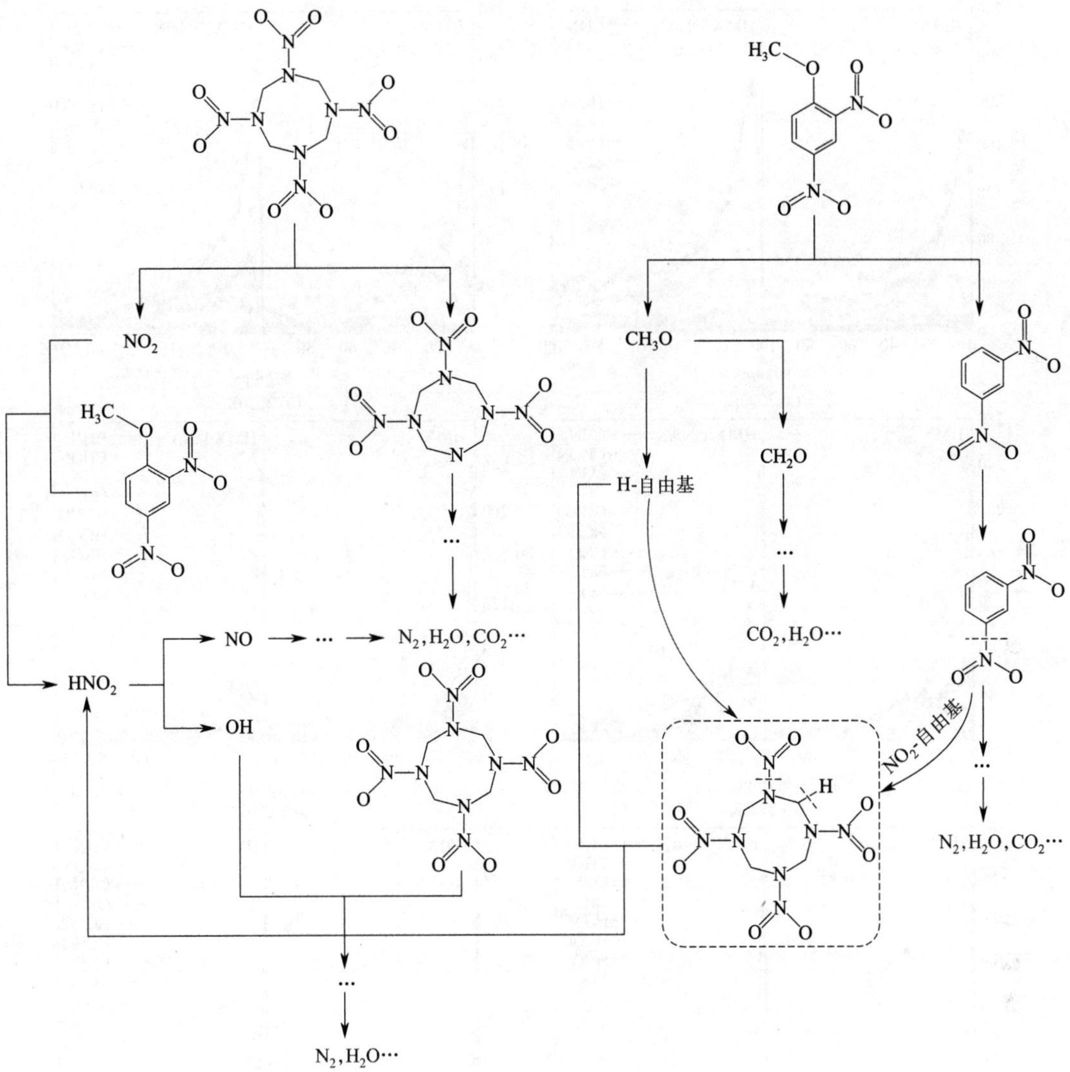

图 3-64 HMX/DNAN 反应机理图

NO_2 从 HMX 和 DNAN 分子中脱离，导致 NO_2 的数量急剧升高。随后次级反应消耗了大量的 NO_2。例如部分 NO_2 之间会发生二聚反应生成 N_2O_4，随后 N_2O_4 分解为 NO 和 NO_3，如式(3-77)、式(3-78) 所示。NO_2 还会与 H 原子反应生成 HNO_2，并进一步分解产生 OH、NO 等。当然这些小分子产物最后都会形成稳定的产物 N_2 和 H_2O 等，如式(3-79) 所示。同样，CHN、CHON、CON 等产物数量减少并最终转化为 H_2、H_2O 等。此外，相比 HMX 单质体系，混合体系中 HNO_2、NO_2 以及 CH_2O 的数量明显更多，这也印证了反应路径的分析。毫无疑问，较多的 HNO_2 会分解出更多数量的 OH，HMX/DNAN 混合体系中 OH 的数量也多于 HMX 单质体系。当然，更多的 OH 会与 HMX 及其分解产物发生反应，进一步加快 HMX 的热分解。

$$NO_2 + NO_2 \longrightarrow N_2O_4 \tag{3-77}$$

$$N_2O_4 \longrightarrow NO + NO_3 \tag{3-78}$$

$$HN_2 + OH \longrightarrow H_2O + N_2 \tag{3-79}$$

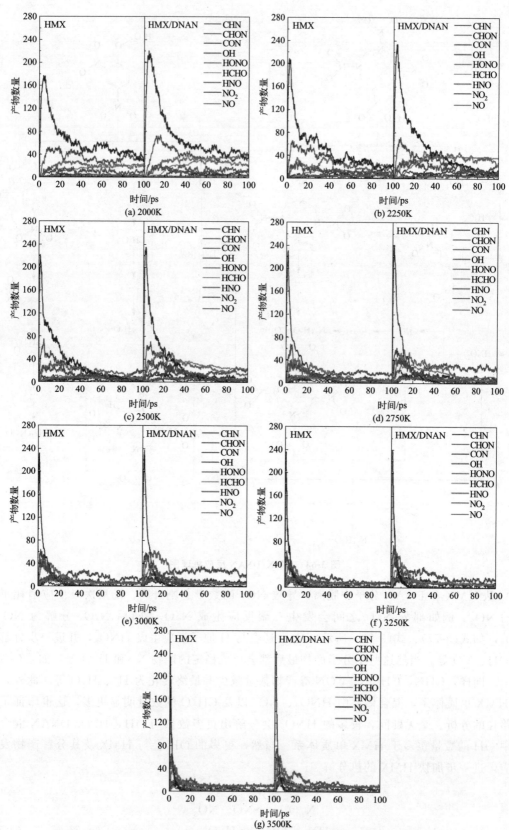

图 3-65　2000～3500K 下 HMX 和 HMX/DNAN 体系中间产物数量随时间的变化

　　图 3-66 显示了 HMX 单质体系和 HMX/DNAN 混合体系中最终产物数量随时间的变化曲线。从图 3-66 中可以看出，相比 HMX 单质体系，混合体系中 N_2 的数量小幅度上升，这是因为 DNAN 的分子结构中仅含有两个 N 原子，因此并没有为混合体系带入过多的 N 原子，混合体系中 N_2 的数量仅有少许增长。而混合体系中 H_2O 和 H_2 的数量却有所增加，这主要是因为 DNAN 的加入为混合体系引入更多的 H 原子，这些 H 原子会继续参与反应生成 H_2O 和 H_2，从图 3-66 中也可以看出混合体系中 H_2O 和 H_2 分子的数量曲线上升的斜率大于 HMX 体系，这表明 DNAN 的加入的确会促进 HMX 体系生成 H_2O 和 H_2 分子。此外，由于每个 DNAN 分子含有 7 个 C 原子，预计混合体系最终产物中 CO_2 的数量会更多，然而实际上两个体系 CO_2 的数量相近，这说明混合体系中有较多的 C 原子存在于团簇中。另外，NH_3 的数量也没有明显的变化，表明混合体系中形成 N_2 和 H_2 的 N 原子和 H 原子更多，而用于生成 NH_3 的 N 原子和 H 原子较少。

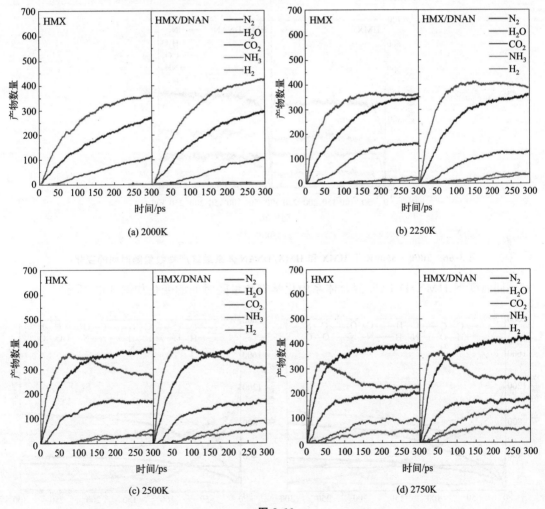

(a) 2000K

(b) 2250K

(c) 2500K

(d) 2750K

图 3-66

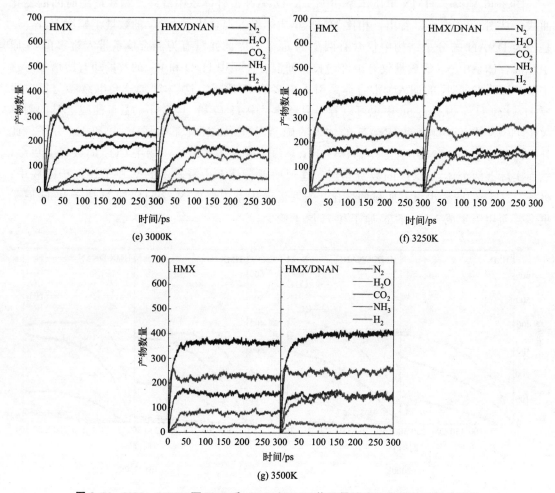

图 3-66 2000～3500K 下 HMX 和 HMX/DNAN 体系最终产物数量随时间的变化

不同温度下 HMX/DNAN 混合体系中化学键数量随时间的变化如图 3-67 所示。

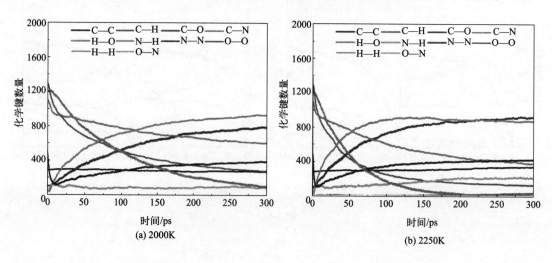

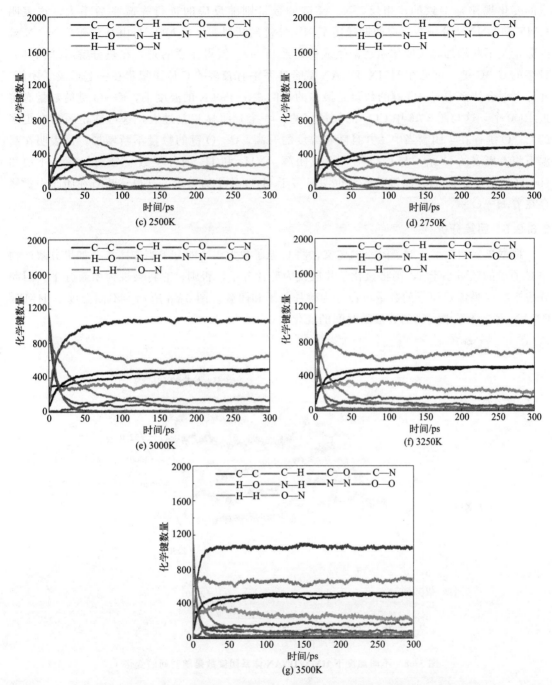

图 3-67 2000~3500K 下 HMX/DNAN 体系化学键数量随时间的变化

从图 3-67 可以看出，C—O 键、H—H 键以及 N—H 键随着温度的升高逐渐增多，这说明随着热分解反应的进行，体系中生成了许多 CO_2、H_2 和 NH_3 等稳定小分子产物，这与最终产物数量的变化（图 3-66）是对应的。然而，O—N 键以及 C—H 键随着温度的升高逐渐趋于 0，这主要是因为 HMX 和 DNAN 分子不断脱落 NO_2、NO 以及 H 原子等中间产物，这些中间产物随后转化为 N_2、H_2O、H_2 等最终产物，因此 O—N 键和 C—H 键的数量不断减少。此外，H—O 键的数量随反应的进行先增加后减少，这与最终产物中 H_2O 分子数量的变化规律是一致的。相反，N—N 键的数量则随反应的进行先减少后增大，这表明 HMX 和 DNAN 分子在反应初期经历了 N—N 键的断裂，生成 NO_2 自由基，随后 N—N 键的数量又不断增加，表明体系逐渐生成稳定产物 N_2。值得注意的是，在热分解后期仍具有较多的 C—C 键，可见在 HMX/DNAN 混合体系中有较多的 C 原子聚集在一起形成了团簇。此外，混合体系中 C—O 键的数量是最多的，例如在 3500K 的温度下，C—O 键的数量有将近 1000 个，这与图 3-66 中 CO_2 的数量（约 140 个）明显相差过大，这可能是因为有更多的 C—O 键存在于团簇当中。并且随着温度的升高，C—O 键的数量不断增加。这表明在高温下将有更多的 O 原子与 C 链结合形成团簇。NH_3 和 H_2 的分子数量分别与 N—H 键和 H—H 键对应，而 H—O 键的数量也明显多于 H_2O 分子的数量，这也意味着在团簇中仍然存在着 H—O 键。

3.8.2.5 团簇分析

根据 3.5.2.5 小节对于团簇的定义，将 C 原子数大于 4 的分子当作团簇。如果分解产物中 C 原子的数量小于 4，则将该化学片段视为碎片分子，否则，它将被视为团簇分子。因此分解产物按照含 C 原子的数量可以分为碎片分子和团簇。图 3-68 所示为不同温度下 HMX/DNAN 混合体系中团簇的数量随时间的变化曲线。

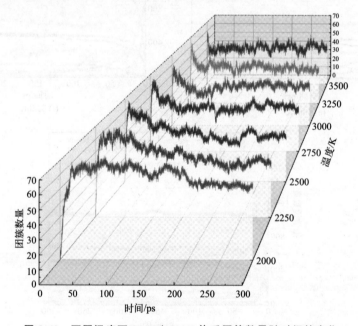

图 3-68　不同温度下 HMX/DNAN 体系团簇数量随时间的变化

从图 3-68 可以看出，温度对团簇数量的影响是显著的，温度升高促使团簇数量曲线急剧上升，团簇数量更快达到峰值。并且温度升高会导致团簇数量曲线的下降速率增大，这说明团簇的分解速率随温度升高而加快。表 3-25 展示了不同温度下团簇的最大数量。从表 3-25 可以看出，随着温度的升高，最大团簇数整体呈现下降的趋势，例如 2000K 温度下的最大团簇数有 73 个，而 3500K 温度下最大团簇数仅有 59 个。可见，较高的温度不利于 HMX/DNAN 体系中 C 原子及含 C 基团的聚集，导致最大团簇数不断减小。

表 3-25　不同温度下 HMX/DNAN 体系中团簇的最大数量

温度/K	最大团簇数
2000	73
2250	69
2500	68
2750	66
3000	60
3250	64
3500	59

为了进一步分析团簇分子中元素的变化，对不同温度下混合体系团簇中 H/C、N/C 以及 O/C 的值进行了统计，如图 3-69 所示。从图 3-69 可以观察到，H/C 曲线趋势先增大后减小，这说明团簇中 H 原子的含量先增加后减少。这是因为在反应初期，含有大量 H 原子的 C 基团或 C 链发生分子间聚合等反应，导致团簇中 H 原子的数量快速增加，如式(3-80)～式(3-82) 所示。随后这些 H 原子不断脱离团簇，并与其他自由基团反应生成 H_2 和 H_2O 等产物，导致 H/C 的值不断降低直至平衡。相反，O/C 曲线趋势先减小后增大，这是因为在反应初期，部分 HMX 脱去硝基以及 DNAN 分子脱去 CH_3O 基团，使得 O/C 的值不断地减小，之后这些含有 C 和 O 原子的小分子片段不断结合成团簇，O/C 的值不断增大直到平衡。然而，N/C 与 O/C 的变化趋势不同，N/C 曲线随时间的变化不断下降，之后并没有出现上升趋势。这说明团簇中 N 原子在热分解过程中不断脱落，因此 N/C 的值不断降低，随后这些 N 原子会生成 N_2、NH_3 等最终产物。此外，值得注意的是，三条曲线在平衡时的数值大小顺序为：O/C＞H/C＞N/C。这说明团簇中 N 原子的含量最小，H 原子其次，而 O 原子在团簇中的含量最大，可见 O 原子较强的电负性使得其不会轻易从团簇中脱落。进一步对 3000K 温度下不同时间的最大团簇进行了分子快照，从图 3-70 可以明显看出，各个时间点下，最大团簇中含有较多的 O 原子。

$$C_4H_6N_6+CHON \longrightarrow C_5H_7N_7O \tag{3-80}$$

$$C_{11}H_7N_8O_4+C_6H_3O_3 \longrightarrow C_{17}H_{10}N_8O_7 \tag{3-81}$$

$$C_4H_3N_3O_2+C_4H_7N_6+CH_2NO \longrightarrow C_9H_{12}N_{10}O_3 \tag{3-82}$$

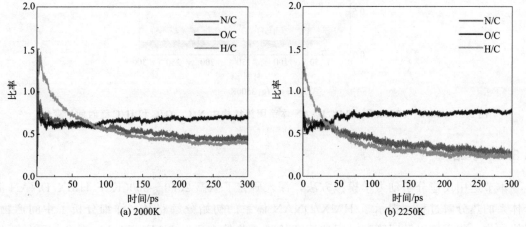

图 3-69

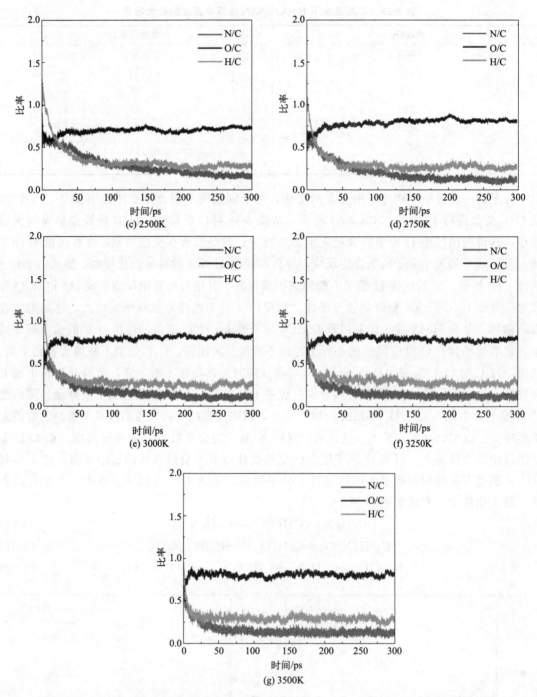

图 3-69 2000~3500K 下 HMX/DNAN 体系团簇结构中 N/C、O/C 和 H/C 随时间的变化

3.8.3 小结

本节运用反应分子动力学模拟方法，深入研究了恒温 2000~3500K 下 HMX/DNAN 混合体系的热分解过程，揭示了 HMX/DNAN 体系的初始分解路径，详细分析了中间产物、最终产物、化学键以及团簇随时间的演变趋势。此外，还对 HMX/DNAN 混合体系的反应

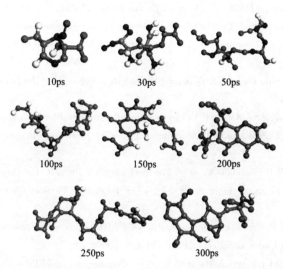

图 3-70　3000K 下 HMX/DNAN 体系在不同时间的最大团簇结构

动力学参数，如活化能和指前因子等进行了计算。得到的结论如下：

① 不同温度下两种体系势能的变化表明，DNAN 的加入加快了势能放热阶段的下降速率，这与 HTPB 对 HMX 的影响是相似的。此外，HMX 初始吸热分解阶段和中间放热分解阶段的活化能分别为 95.18kJ/mol 和 106.12kJ/mol。而 HMX/DNAN 两个阶段的活化能分别为 94.24kJ/mol 和 100.62kJ/mol。相比 HMX 单质体系，混合体系的活化能较低，这表明 DNAN 的加入可以加快 HMX 的热分解。

② HMX/DNAN 混合体系的初始反应路径表明，DNAN 分解脱落的 H 原子和硝基会与 HMX 及其中间产物反应生成 HNO_2，进而促进 HMX 的热分解，而 HNO_2 分解产生的 OH 自由基也会诱导 HMX 继续发生分解。此外，DNAN 及其中间产物也会与 NO_2 基团发生反应生成 HNO_2，促进彼此的热分解。

③ 热分解产物的分析结果表明，DNAN 的加入提高了混合体系最终产物 H_2O 和 H_2 的数量，N_2 的数量小幅度增加，对 CO_2 数量的影响较小。键数的变化则说明团簇中存在着许多 C—O 和 H—O 键。此外，在 2000~3500K 的温度范围内，混合体系最大团簇数随温度的升高整体呈现下降的趋势，这可能是因为升高温度促进了团簇的分解。

参考文献

[1]　Bai H，Gou R J，Chen M H，et al. ReaxFF-lg molecular dynamics study on thermal decomposition mechanism of 1-methyl-2,4,5-trinitroimidazole [J]．Computational and Theoretical Chemistry，2022，1209：113594.

[2]　Jiang J，Wang H R，Zhao F Q，et al. Decomposition mechanism of 1,3,5-trinitro-2,4,6-trinitroaminobenzene under thermal and shock stimuli using ReaxFF molecular dynamics simulations [J]．Phys Chem Chem Phys，2023，25(5)：3799-3805.

[3]　Potapov D，Orekhov N. Mechanisms of soot thermal decomposition：Reactive molecular dynamics study [J]．Combustion and Flame，2023，249：112596.

[4]　Xu Y B，Chu Q Z，Chang X Y，et al. Thermal decomposition mechanism of 1,3,5-trinitroperhydro-1,3,5-triazine：Experiments and reaction kinetic modeling [J]．Chemical Engineering Science，2023，282：119234.

[5]　Ye L L，Zhang Z H，Wang F，et al. Reaction mechanism and kinetic modeling of gas-phase thermal decomposition of

prototype nitramine compound HMX [J]. Combustion and Flame, 2024, 259: 113181.

[6]　Zhang J W, Chen L, Yang J, et al. Thermal behaviors, thermal decomposition mechanism, kinetic model analysis and thermal hazard prediction of 3, 6, 7-triamino-7H-[1,2,4]triazolo[4,3-b][1,2,4]triazole (TATOT) [J]. Thermochimica Acta, 2023, 724: 179515.

[7]　Wu C J, Fried L E. Ab initio study of RDX decomposition mechanisms [J]. The Journal of Physical Chemistry A, 1997, 101 (46): 8675-8679.

[8]　Vinodgopal K, Hotchandani S, Kamat P V. Electrochemically Assisted Photocatalysis TiO$_2$ Particulate Film Electrodes for Photocatalytic Degradation of 4-Chlorophenol [J]. The Journal of Physical Chemistry, 1993, 97 (35): 9040-9044.

[9]　Chakraborty D, Muller R P, Dasgupta S, et al. The Mechanism for Unimolecular Decomposition of RDX (1, 3, 5-Trinitro-1, 3, 5-triazine), an ab Initio Study [J]. The Journal of Physical Chemistry A, 2000, 104 (11): 2261-2272.

[10]　Wight C A, Botcher T R. Thermal decomposition of solid RDX begins with nitrogen-nitrogen bond scission [J]. Journal of the American Chemical Society, 1992, 114 (21): 8303-8304.

[11]　van Esch J H, Feiters M C, Peters A M, et al. UV-Vis, fluorescence, and EPR studies of porphyrins in bilayers of dioctadecyldimethylammonium surfactants [J]. The Journal of Physical Chemistry, 1994, 98 (21): 5541-5551.

[12]　Choi C S, Prince E. The crystal structure of cyclotrimethylene-trinitramine [J]. Acta Crystallographica Section B Structural Crystallography and Crystal Chemistry, 1972, 28 (9): 2857-2862.

[13]　van Duin A C T, Dasgupta S, Lorant F, et al. ReaxFF: A Reactive Force Field for Hydrocarbons [J]. The Journal of Physical Chemistry A, 2001, 105 (41): 9396-9409.

[14]　Strachan A, Kober E M, van Duin A C T, et al. Thermal decomposition of RDX from reactive molecular dynamics [J]. J Chem Phys, 2005, 122 (5): 54502.

[15]　Behrens Jr R, Bulusu S. Thermal decomposition of energetic materials 4 Deuterium isotope effects and isotopic scrambling (H/D, ^{13}C/^{18}O, ^{14}N/^{15}N) in condensed-phase decomposition of 1,3,5-trinitrohexahydro-s-triazine (RDX) [J]. The Journal of Physical Chemistry, 1992, 96 (22): 8891-8897.

[16]　Xu J C, Zhao J J, Sun L Z. Thermal decomposition behaviour of RDX by first-principles molecular dynamics simulation [J]. Molecular Simulation, 2008, 34 (10-15): 961-965.

[17]　Strachan A, van Duin A C T, Chakraborty D, et al. Shock waves in high-energy materials: the initial chemical events in nitramine RDX [J]. Phys Rev Lett, 2003, 91 (9): 098301.

[18]　Irikura K K, Johnson Ⅲ R D. Is NO$_3$ Formed during the Decomposition of Nitramine Explosives? [J]. J Phys Chem A, 2006, 110 (51): 13974-13978.

[19]　Capellos C, Papagiannakopoulos P, Liang Y L. The 248 nm photodecomposition of hexahydro-1,3,5-trinitro-1,3,5-triazine [J]. Chemical physics letters, 1989, 164 (5): 533-538.

[20]　Pensak D A, McKinney R J. Application of molecular orbital theory to transition-metal complexes. 1. Fully optimized geometries of first-row metal carbonyl compounds [J]. Inorganic Chemistry, 1979, 18 (12): 3407-3413.

[21]　Varga R, Zeman S. Decomposition of some polynitro arenes initiated by heat and shock Part I 2,4,6-Trinitrotoluene [J]. J Hazard Mater, 2006, 132 (2-3): 165-170.

[22]　Cohen R, Zeiri Y, Wurzberg E, et al. Mechanism of thermal unimolecular decomposition of TNT (2,4,6-trinitrotoluene): a DFT study [J]. J Phys Chem A, 2007, 111 (43): 11074-11083.

[23]　Vrcelj R M, Sherwood J N, Kennedy A R, et al. Polymorphism in 2-4-6 Trinitrotoluene [J]. Crystal growth & design, 2003, 3 (6): 1027-1032.

[24]　Makashir P S, Kurian E M. Spectroscopic and thermal studies on 2, 4, 6-trinitro toluene (TNT) [J]. Journal of thermal analysis and calorimetry, 1999, 55 (1): 173-185.

[25]　Hiyoshi R I, Brill T B. Thermal Decomposition of Energetic Materials 83. Comparison of the Pyrolysis of Energetic Materials in Air versus Argon [J]. Propellants, Explosives, Pyrotechnics, 2002, 27 (1): 23-30.

[26]　Brill T B, James K J. Thermal decomposition of energetic materials 62 Reconciliation of the kinetics and mechanisms

of TNT on the time scale from microseconds to hours [J] . The Journal of Physical Chemistry, 1993, 97 (34): 8759-8763.

[27] Turner A G, Davis L P. Thermal decomposition of TNT: use of 1-nitropropene to model the initial stages of decomposition [J] . Journal of the American Chemical Society, 1984, 106 (19): 5447-5451.

[28] Zhang L Z, Zybin S V, van Duin A C T, et al. Carbon cluster formation during thermal decomposition of octahydro-1,3,5,7-tetranitro-1,3,5,7-tetrazocine and 1,3,5-triamino-2,4,6-trinitrobenzene high explosives from ReaxFF reactive molecular dynamics simulations [J] . J Phys Chem A, 2009, 113 (40): 10619-10640.

[29] Zhang L Z, van Duin A C T, Zybin S V, et al. Thermal decomposition of hydrazines from reactive dynamics using the ReaxFF reactive force field [J] . J Phys Chem B, 2009, 113 (31): 10770-10778.

[30] Zhou S P, Zhou X Y, Tang G, et al. Differences of thermal decomposition behaviors and combustion properties between CL-20-based propellants and HMX-based solid propellants [J] . Journal of Thermal Analysis and Calorimetry, 2019, 140 (5): 2529-2540.

[31] Luo L Q, Chai Z H, Jin B, et al. The isothermal decomposition of a CL-20/HMX co-crystal explosive [J] . Cryst Eng Comm, 2020, 22 (8): 1473-1479.

[32] Guan J, Peng H, Song Y L, et al. Thermal properties of CL-20/HMX-Am-GO composites [J] . Propellants, Explosives, Pyrotechnics, 2023, 48 (7): 1-12.

[33] Pouretedal H R, Damiri S, Panahi H. Thermal Stability, Kinetic Triplet Study and Sensitivity Evaluation of Composite Explosive of 1, 3, 5, 7-Tetranitro-1,3,5,7-tetrazocane (HMX) and Nitro-1,2,4-triazol-5-one (NTO) [J]. Russian Journal of Applied Chemistry, 2023, 95 (10): 1641-1651.

[34] Thompson A P, Aktulga H M, Berger R, et al. LAMMPS - a flexible simulation tool for particle-based materials modeling at the atomic, meso, and continuum scales [J] . Computer Physics Communications, 2022, 271: 108171.

[35] Choi C S, Boutin H P. A study of the crystal structure of β-cyclotetramethylene tetranitramine by neutron diffraction [J] . Acta Crystallographica Section B: Structural Crystallography and Crystal Chemistry, 1970, 26 (9): 1235-1240.

[36] Jensen B D, Bandyopadhyay A, Wise K E, et al. Parametric Study of ReaxFF Simulation Parameters for Molecular Dynamics Modeling of Reactive Carbon Gases [J] . J Chem Theory Comput, 2012, 8 (9): 3003-3008.

[37] Fu W D, Wang X Y, Zhou J J, et al. Exploring the oxidation mechanism of Ni_3Al based alloy by ReaxFF molecular dynamics simulation [J] . Computational Materials Science, 2022, 211: 111546.

[38] AlAreeqi S, Bahamon D, Polychronopoulou K, et al. Insights into the thermal stability and conversion of carbon-based materials by using ReaxFF reactive force field: Recent advances and future directions [J] . Carbon, 2022, 196: 840-866.

[39] Liu S H, Wei L H, Zhou Q, et al. Simulation strategies for ReaxFF molecular dynamics in coal pyrolysis applications: A review [J] . Journal of Analytical and Applied Pyrolysis, 2023, 170: 105882.

[40] Lu Q Q, Xiao L, Wang Y L, et al. Theoretical simulation study on crystal property and hygroscopicity of ADN doping with nitramine explosives (RDX, HMX, and CL-20) [J] . J Mol Model, 2022, 28 (8): 208.

[41] Liu H, He Y H, Li J L, et al. ReaxFF molecular dynamics simulations of shock induced reaction initiation in TNT [J] . AIP Advances, 2019, 9 (1): 015202.

[42] Zhou M M, Wei G W, Zhang Y, et al. Molecular dynamic insight into octahydro-1,3,5,7-tetranitro-1,3,5,7-tetrazocine (HMX) and the nano-HMX decomposition mechanism [J] . RSC Adv, 2022, 12 (50): 32508-32517.

[43] Rom N, Zybin S V, Tv D A C, et al. Density-Dependent Liquid Nitromethane Decomposition: Molecular Dynamics Simulations Based on ReaxFF [J] . J Phys Chem A, 2011, 115 (36): 10181-10202.

[44] Chen L, Wang H Q, Wang F P, et al. Thermal Decomposition Mechanism of 2,2′,4,4′,6,6′-Hexanitrostilbene by ReaxFF Reactive Molecular Dynamics Simulations [J] . The Journal of Physical Chemistry C, 2018, 122 (34): 19309-19318.

[45] Singh A, Sharma T C, Kumar M, et al. Thermal decomposition and kinetics of plastic bonded explosives based on

mixture of HMX and TATB with polymer matrices [J]. Defence Technology, 2017, 13 (1): 22-32.

[46] Siviour C R, Laity P R, Proud W G, et al. High strain rate properties of a polymer-bonded sugar: their dependence on applied and internal constraints [J]. Proceedings of the Royal Society A: Mathematical, Physical and Engineering Sciences, 2008, 464 (2093): 1229-1255.

[47] Xu X J, Xiao H M, Xiao J J, et al. Molecular dynamics simulations for pure ε-CL-20 and ε-CL-20-based PBXs [J]. J Phys Chem B, 2006, 110 (14): 7203-7207.

[48] Colclough M E, Desai H, Millar R W, et al. Energetic polymers as binders in composite propellants and explosives [J]. Polymers for Advanced Technologies, 2003, 5 (9): 554-560.

[49] Becuwe A, Delclos A. Low - Sensitivity Explosive Compounds for Low Vulnerability Warheads [J]. Propellants, Explosives, Pyrotechnics, 2004, 18 (1): 1-10.

[50] Zalewski K, Chylek Z, Trzcinski W A. A Review of Polysiloxanes in Terms of Their Application in Explosives [J]. Polymers (Basel), 2021, 13 (7): 1080.

[51] Trzciński W A. Study of Shock Initiation of an NTO - Based Melt - Cast Insensitive Composition [J]. Propellants, Explosives, Pyrotechnics, 2020, 45 (9): 1472-1477.

[52] Shee S K, Shah P N, Athar J, et al. Understanding the Compatibility of the Energetic Binder Poly-NIMMO with Energetic Plasticizers: Experimental and DFT Studies [J]. Propellants, Explosives, Pyrotechnics, 2016, 42 (2): 167-174.

[53] Kumar R, Siril P F, Soni P. Optimized Synthesis of HMX Nanoparticles Using Antisolvent Precipitation Method [J]. Journal of Energetic Materials, 2015, 33 (4): 277-287.

[54] Gao C, Sun X Y, Liang W T, et al. Review on phase transition of RDX, HMX and CL-20 crystals under high temperature and high pressure [J]. Chinese Journal of Energetic Materials, 2020, 28 (9): 902-914.

[55] Ghosh M, Banerjee S, Shafeeuulla Khan M A, et al. Understanding metastable phase transformation during crystallization of RDX, HMX and CL-20: experimental and DFT studies [J]. Phys Chem Chem Phys, 2016, 18 (34): 23554-23571.

[56] 王晓嘉. HMX/黏结剂复合物的制备及性能研究 [D]. 南京: 南京理工大学, 2020.

[57] Sabatini J, Oyler K. Recent Advances in the Synthesis of High Explosive Materials [J]. Crystals, 2015, 6 (1): 1-22.

[58] Cady H H, Larson A C, Cromer D T. The crystal structure of α-HMX and a refinement of the structure of β-HMX [J]. Acta Crystallographica, 1963, 16 (7): 617-623.

[59] He Z H, Huang Y Y, Ji G F, et al. Electron Properties and Thermal Decomposition Behaviors for HMX/HTPB Plastic-Bonded Explosives [J]. The Journal of Physical Chemistry C, 2019, 123 (39): 23791-23799.

[60] Yuan X F, Huang Y, Zhang S H, et al. Multi-aspect simulation insight on thermolysis mechanism and interaction of NTO/HMX-based plastic-bonded explosives: a new conception of the mixed explosive model [J]. Phys Chem Chem Phys, 2023, 25 (31): 20951-20968.

[61] Xiao J J, Wang W R, Chen J, et al. Study on structure, sensitivity and mechanical properties of HMX and HMX-based PBXs with molecular dynamics simulation [J]. Computational and Theoretical Chemistry, 2012, 999: 21-27.

[62] Huang Y, Gou R J, Zhang S H, et al. Comprehensive theoretical study on safety performance and mechanical properties of 3-nitro-1,2,4-triazol-5-one (NTO) -based polymer-bonded explosives (PBXs) via molecular dynamics simulation [J]. J Mol Model, 2022, 28 (12): 406.

[63] Huang Y, Guo Q J, Gou R J, et al. Theoretical investigation on interface interaction and properties of 3-nitro-1,2,4-triazol-5-one (NTO) /fluoropolymer polymer-bonded explosives (PBXs) [J]. Theoretical Chemistry Accounts, 2022, 141 (11): 74.

[64] Lan Q H, Zhang H G, Ni Y X, et al. Thermal decomposition mechanisms of LLM-105/HTPB plastic-bonded explosive: ReaxFF-lg molecular dynamics simulations [J]. Journal of Energetic Materials, 2021, 41 (3): 269-290.

[65] Yuan X F, Guo Q J, Zhang S H, et al. Comprehensive study on thermal decomposition mechanism and interaction

of 3-Nitro-1，2，4-Triazol-5-One/Poly-3-nitromethyl-3-methyloxetane plastic bonded explosives［J］. Journal of Analytical and Applied Pyrolysis，2022，168：105753.

［66］　Guo G Q，Chen F，Li T H，et al. Multi-aspect and comprehensive atomic insight：the whole process of thermolysis of HMX/Poly-NIMMO-based plastic bonded explosive［J］. Journal of Molecular Modeling，2023，29（12）：392.

［67］　Liu L C，Liu Y，Zybin S V，et al. ReaxFF-lg：correction of the ReaxFF reactive force field for London dispersion，with applications to the equations of state for energetic materials［J］. J Phys Chem A，2011，115（40）：11016-11022.

［68］　Yuan X F，Zhang S H，Gou R J，et al. ReaxFF-lg molecular dynamics study on thermolysis mechanism of NTO/HTPB plastic bonded explosive［J］. Computational and Theoretical Chemistry，2022，1215：113834.

［69］　Zhou T T，Huang F L. Effects of defects on thermal decomposition of HMX via ReaxFF molecular dynamics simulations［J］. J Phys Chem B，2011，115（2）：278-287.

［70］　Chen F，Jia F S，Chen Y，et al. Reaction molecular dynamics simulation of thermal decomposition of HMX at high temperature［J］. Journal of Atomic and Molecular Physics，2025，42（02）：111-116.

［71］　Lin C P，Chang Y M，Tseng J M，et al. Comparisons of nth-order kinetic algorithms and kinetic model simulation on HMX by DSC tests［J］. Journal of Thermal Analysis and Calorimetry，2009，100（2）：607-614.

［72］　Sinapour H，Damiri S，Pouretedal H R. The study of RDX impurity and wax effects on the thermal decomposition kinetics of HMX explosive using DSC/TG and accelerated aging methods［J］. Journal of Thermal Analysis and Calorimetry，2017，129（1）：271-279.

［73］　Chyłek Z，Jurkiewicz R. Investigation of the properties of polymer bonded explosives based on 1，1-diamino-2，2-dinitroethene（FOX-7）and 1,3,5,7-tetranitro-1,3,5,7-tetraazacyclooctane（HMX）［J］. Central European Journal of Energetic Materials，2016，13（4）：859-870.

［74］　Zhang Y P，Yang Z，Li Q K，et al. Carbon-rich Clusters and Graphite-like Structure Formation during Early Detonation of 2,4,6-Trinitrotoluene（TNT）via Molecular Dynamics Simulation［J］. Acta Chimica Sinica，2018，76（7）：556.

［75］　Huo X Y，Wang F F，Niu L L，et al. Clustering rooting for the high heat resistance of some CHNO energetic materials［J］. Fire Phys Chem，2021，1（1）：8-20.

［76］　文玉史. 热与冲击波作用下典型炸药原子团簇演化过程研究［D］. 绵阳：中国工程物理研究院，2017.

［77］　Bao P，Li J，Han Z W，et al. Comparing the impact safety between two HMX-based PBX with different binders［J］. Fire Phys Chem，2021，1（3）：139-145.

［78］　Xu W Z，Liang X，Li H，et al. Experiment study on the influencing factors of mechanical response of HMX-based PBXs in the high-g deceleration environments［J］. Journal of Energetic Materials，2020，39（1）：33-47.

［79］　Yang Q，Liu J，Zeng J B，et al. Thermal Decomposition Characteristics of Nano-HMX based PBX［J］. Chinese J Explos Propell，2014，37（6）：16-19.

［80］　吴兴宇. HTPB 基黏结体系固化反应动力学研究［D］. 北京：北京理工大学，2016.

［81］　White N，Reeves T，Cheese P，et al. Live decomposition imaging of HMX/HTPB based formulations during cook-off in the dual window test vehicle［C］. 2018.

［82］　Tasker D G，Dick R D，Wilson W H. Mechanical properties of explosives under high deformation loading conditions［M］. AIP Conference Proceedings，1998：591-594.

［83］　Xiao J J，Huang H，Li J S，et al. A molecular dynamics study of interface interactions and mechanical properties of HMX-based PBXs with PEG and HTPB［J］. Journal of Molecular Structure：THEOCHEM，2008，851（1-3）：242-248.

［84］　Keshavarz M H，Esmaeilpour K，Damiri S，et al. Novel High-Nitrogen Content Energetic Compounds with High Detonation and Combustion Performance for Use in Plastic Bonded Explosives（PBXs）and Composite Solid Propellants［J］. Central European Journal of Energetic Materials，2018，15（2）：364-375.

［85］　Yuan X F，Zhang S H，Gou R J，et al. ReaxFF-lg reaction molecular dynamics simulation of thermal decomposition mechanism of CL-20/HTPB［J］. Chin Eq Environ Eng，2022，19：1-11.

[86] Peng H，Guan J，Yan Q L，et al. Isothermal decomposition of HMX before and after thermally induced β-δ crystal transformation [J] . Cryst Eng Comm，2021，23 (43)：7698-7705.

[87] Abd-Elghany M，Klapitke T M，Elbeih A，et al. Study of thermal reactivity and kinetics of HMX and its PBX by different methods [J] . Chinese Journal of Explosives & Propellants，2017，40 (2)：24-32.

[88] Wu J Y，Wu J J，Li J J，et al. Molecular Dynamics Simulations of the Thermal Decomposition of RDX/HTPB Explosives [J] . ACS Omega，2023，8 (21)：18851-18862.

[89] Nair U R，Sivabalan R，Gore G M，et al. Hexanitrohexaazaisowurtzitane (CL-20) and CL-20-based formulations [J] . Combustion，Explosion and Shock Waves，2005，41：121-132.

[90] Kalman J，Essel J. Influence of Particle Size on the Combustion of CL-20/HTPB Propellants [J] . Propellants，Explosives，Pyrotechnics，2017，42 (11)：1261-1267.

[91] Liang W T，Sun X Y，Wang H，et al. Isothermal structural evolution of CL-20/HMX cocrystals under slow roasting at 190℃ [J] . Phys Chem Chem Phys，2023，25 (23)：15756-15766.

[92] Zhao X T，Li J Z，Quan S X，et al. Study on the effect of solvent on cocrystallization of CL-20 and HMX through theoretical calculations and experiments [J] . RSC Adv，2022，12 (33)：21255-21263.

[93] 赵信岐，施倪承 . ε-六硝基六氮杂异伍兹烷的晶体结构 [J] . 科学通报，1995，40 (23)：2158-2160.

[94] Xu X J，Xiao J J，Huang H，et al. Molecular dynamic simulations on the structures and properties of epsilon-CL-20 (0 0 1) /F_{2314} PBX [J] . J Hazard Mater，2010，175 (1-3)：423-428.

[95] Cao Z M，Zong W J，Zhang J J，et al. Desensitising effect of water film on initial decomposition of HMX crystal under nano-cutting conditions by ReaxFF MD simulations [J] . Molecular Simulation，2020，46 (7)：530-540.

[96] Ren C X，Li X X，Guo L. Reaction Mechanisms in the Thermal Decomposition of CL-20 Revealed by ReaxFF Molecular Dynamics Simulations [J] . Acta Physico-Chimica Sinica，2018，34 (10)：1151-1162.

[97] Li Y Q，Li B，Zhang D，et al. Theoretical studies on CL-20/HMX based energetic composites under external electric field [J] . Chemical Physics Letters，2021，778：138806.

[98] Vyazovkin S，Wight C A. Model-free and model-fitting approaches to kinetic analysis of isothermal and nonisothermal data [J] . Thermochimica acta，1999，340：53-68.

[99] Li X Y，Jin B，Luo L Q，et al. Study on the isothermal decomposition of CL-20/HMX co-crystal by microcalorimetry [J] . Thermochimica Acta，2020，690：178665.

[100] Ding L，Zhao F Q，Liu Z R. Thermal decomposition of CL-20/HMX mixed system [J] . J Solid Rocket Technol，2008，31 (2)：164-167.

[101] 郑保辉，罗观，舒远杰，等 . 熔铸炸药研究现状与发展趋势 [J] . 化工进展，2013，32 (06)：1341-1346.

[102] 曹端林，李雅津，杜耀，等 . 熔铸炸药载体的研究评述 [J] . 含能材料，2013，21 (02)：157-165.

[103] Zhu D L，Zhou L，Zhang X R，et al. Comparison of Comprehensive properties for DNAN and TNT-Based melt-cast explosives [J] . Chinese Journal of Energetic Materials，2019，27 (11)：923-930.

[104] Tan Y W，Liu Y C，Yang Z W，et al. The current research of the Melt-cast explosive [J] . Shandong Chemical Industry，2011，5 (40)：22-24.

[105] Li D W，Miao F C，Zhang X R，et al. Dynamic mechanical properties of an insensitive DNAN-based melt-cast explosive [J] . Acta Armamentarii，2021，42 (11)：2344-2349.

[106] Zhang G Q，Dong H S. Review on melt-castable explosives based on 2,4-dinitroanisole [J] . Chinese Journal of Energetic Materials，2010，18 (5)：604-609.

[107] Nyburg S C，Faerman C H，Prasad L，et al. Structures of 2,4-dinitroanisole and 2,6-dinitroanisole [J] . Acta Crystallographica Section C：Crystal Structure Communications，1987，43 (4)：686-689.

[108] 孙翠，张力 . 基于分子动力学的 DNAN 基熔铸炸药结合能和热分解反应性能研究 [J] . 爆破器材，2022，51 (03)：1-8.

[109] 黄可奇，韦争何，夏良洪，等 . HMX 与低熔点含能材料混合物的热安定性研究 [J] . 装备环境工程，2022，19 (03)：17-25.

第4章 含能材料结晶形貌的理论预测

4.1 引言

晶体形貌是指晶体的几何形状，晶体中各个晶面生长速率的差异导致晶体的几何形状不同。对于同种含能晶体，形貌对炸药的密度、感度、流散性和安全性能等性质有着显著的影响。当含能晶体的形貌从球形变为片状、棱柱形、四面体形和针状时，其机械感度会增加，装药密度、流散性和安全性能降低。因此，对晶形进行控制对于提高含能材料的性能和缓解能量与安全性之间的矛盾具有极大的意义[1]。结晶技术是一种简单常见的分离提纯手段，在含能材料领域，可以通过结晶技术来获得特定形态的炸药，以满足军事和民用中的需求。

晶体形貌不仅由分子结构和分子堆积方式决定，还受到结晶外部环境（如温度、溶剂、搅拌、晶种、容器的大小和形状等）的影响。由于含能材料的结晶过程主要发生在溶液环境中，溶质分子的聚集、扩散的过程均是在溶剂的参与下完成的，所以溶剂因素又是重中之重。溶剂对晶体生长的影响是一个复杂的过程，如果溶剂与晶面相互作用很强，晶面要生长首先要脱溶剂，这个过程就会降低晶面生长速率。而溶剂吸附也会降低晶面的表面张力，有利于溶质分子在晶面上的沉积即加快晶面的生长速率[2-4]。因此，研究溶剂对含能晶体形貌的影响，对于含能晶体的应用有着重要的意义。

实验和计算模拟是研究结晶形貌最主要的方法，但实验研究是比较昂贵和耗时的。在计算模拟方面，基于附着能（AE）模型和修正附着能（MAE）模型[5-11]对含能材料的晶形开展了广泛的研究。笔者对溶剂中 TKX-50[12,14]、β-HMX[15,16]、RDX[17]、BTO[18]、HNBP[19,20] 和 PYX[20] 的晶体形貌进行了预测研究。

4.2 TKX-50晶体形貌预测

5,5′-联四唑-1,1′-二氧二羟铵（dihydroxylammonium 5,5′-bistetrazole-1,1′-diolate，TKX-50）是一种含能离子盐，具有较高的爆轰速度和较低的机械感度，TKX-50 分子结构如图 4-1 所示。TKX-50 具有较好的爆炸性能，主要源于分子结构中的 C—N、N—N 高能键。TKX-50 爆炸时，高能键发生断裂，产生大量热量，而传统炸药爆炸是分子内或分子间发生氧化还原反应[21]。溶剂会影响分子的几何结构和电子结构[22]，因此可以通过研究溶剂对 TKX-50 分子结构的影响，从而研究溶剂对 TKX-50 感度可能的影响。

虽然 TKX-50 有着良好的高能低感等性能，但是目前大多数工业结晶的 TKX-50 呈现多面体晶形结构，颗粒形貌不规则，且粒度分布不均匀，不能满足现代武器装备、推进剂等的装药要求。因此，当 TKX-50 需要投入工程应用中时，必须对 TKX-50 的形貌进行控制，以提高其在工程应用中的可行性。

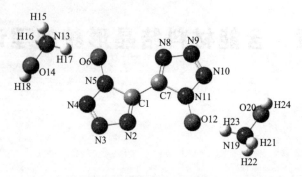

图 4-1　TKX-50 分子结构

4.2.1　模拟细节与计算方法

根据 TKX-50 的单晶衍射数据，获取 TKX-50 的晶胞结构参数[23]。TKX-50 的晶胞结构参数如表 4-1 所示，根据其参数，在 Materials Studio 软件中绘制 TKX-50 的初始单晶胞结构。

表 4-1　TKX-50 的晶胞结构参数

晶胞	空间群	N	$a/\text{Å}$	$b/\text{Å}$	$c/\text{Å}$	$\alpha/(°)$	$\beta/(°)$	$\gamma/(°)$	$\rho/(\text{g/cm}^3)$
TKX-50	P21/C	2	5.441	11.751	6.561	90	95.071	90	1.81

TKX-50 的晶胞如图 4-2 所示，可以看到，TKX-50 分子在晶胞内部层叠排布，联四唑阴离子互相平行排布，羟铵阳离子的存在导致晶体内部分子间产生相互交织的氢键作用，这有利于 TKX-50 晶胞整体结构的稳定性。

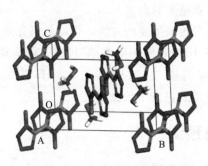

图 4-2　TKX-50 晶胞结构图

溶剂效应的计算均利用 Gaussian 09 程序包[24] 完成，后续部分分析借助 Multiwfn 程序[25] 完成。运用密度泛函理论，在 B3LYP/6-311＋＋G＊＊ 基组[26] 下对 TKX-50 的分子结构进行优化和振动频率分析，采用 SMD 模型来模拟溶剂相环境。然后，对 TKX-50 分子进行自然电荷布居分析和前线轨道分析。最后，借助 Multiwfn 程序分析 TKX-50 分子的电子定域化程度以及溶剂对电子定域化的影响。

关于晶体形貌的计算，首先选择 COMPASS、PCFF 和 CVFF 力场分别对 TKX-50 晶胞和分子结构进行几何优化。范德华相互作用[27] 和静电相互作用[28] 分别通过 Atom-based 和 Ewald 求和方法计算。通过比较优化前后的晶胞参数及原子坐标误差，确定模拟 TKX-50 的最优力场。然后借助 AE 模型预测真空下 TKX-50 晶体的形貌。借助 MAE1，预测 TKX-50 在 EG、DMF、H$_2$O、DMSO、EtOH、TOL 溶剂和不同体积比 FA/H$_2$O 混合溶剂中的晶体形貌。

对于 TKX-50 溶液生长理论模型的比较和分析，一是借助 MAE2，二是考虑溶质作用，借助占据率模型。通过预测 TKX-50 晶体在 EG 和 DMF 溶剂中的形貌，并与实验重结晶形貌进行比较，验证这些模型对本节研究体系的适用性。

4.2.2 TKX-50 分子结构的溶剂效应研究

在溶液环境中，溶质分子和溶剂分子相互吸引的过程称为溶剂化过程[29]，对溶剂化的处理方式可使用连续介质模型（continuum solvation model，CSM）。CSM 将整个溶剂环境看作一个整体，简化了对溶剂分子的处理方式，也降低了计算难度，可用来研究溶剂效应[30]。SMD 模型[31] 属于 CSM 的一种，能同时描述溶质与溶剂分子间的静电和非静电相互作用，已经被广泛地使用。

在分子中存在能够填充电子的分子轨道。在填充电子的轨道中，能量最高的被称为最高占据分子轨道（highest occupied molecular orbit，HOMO）；在未填充电子的空轨道中，能量最低的被称为最低未占分子轨道（lowest unoccupied molecular orbit，LUMO）。最高占据分子轨道 HOMO 和最低轨道 LUMO 被称为前线轨道。HOMO 与 LUMO 之间的能量差称为能带隙[32]，能带隙越小，分子越容易被激发。也就是说，带隙越小分子越容易参与反应，相应的感度也会提高。

电子定域化函数（electron localization function，ELF）是一种能够研究电子结构特征的工具[33]，能展现电子的定域程度。ELF 是一个三维空间函数，数值范围在 0～1 之间。在一个三维空间内，如果电子的定域性越高，说明电子被限制在这个空间的程度越高，不容易跑出去。反之，电子的定域性越低，说明电子越容易离域出去。当定域性达到理论最大值时，说明电子的运动完全被限制在部分空间内而不与外部电子交换。

甲苯（TOL）、乙醇（EtOH）、二甲基甲酰胺（DMF）、二甲基亚砜（DMSO）、甲酸（FA）以及水（H$_2$O）可作为 TKX-50 重结晶的溶剂，其溶解度参数见表 4-2。这些溶剂的介电常数（ε）见表 4-3。由于溶剂的极性与溶剂的介电常数是呈正相关的，溶剂的介电常数越大，溶剂极性就越大，因此，这些溶剂的极性大小顺序为 H$_2$O＞FA＞DMSO＞DMF＞EtOH＞TOL。

表 4-2 在 298.15K 下 TKX-50 在溶剂中的溶解度[34]

溶剂	TOL	EtOH	DMF	DMSO	FA	H$_2$O
S/(g/100g)	0.006	0.002	0.023	0.395	0.118	0.037

表 4-3 溶剂的介电常数（298K）

溶剂	TOL	EtOH	DMF	DMSO	FA	H$_2$O
ε	2.37	24.30	37.60	46.83	58.50	80.4

4.2.2.1 溶剂效应对 TKX-50 分子结构的影响

表 4-4 列出了在 B3LYP/6-311＋＋G** 水平下，在气相以及 6 种不同溶剂模型中优化后的 TKX-50 分子部分键长。由表 4-4 可知，与气相下分子键长相比，TKX-50 分子中桥联四唑环的 C—C 键长在溶剂中的变化非常小，说明溶剂效应对两个四唑环之间的连接能力影响不大；在 TKX-50 分子四唑环的骨架上，C—N 键和 N—N 键的键长变化都不大，在溶剂中有少量的增加，说明溶剂效应对四唑环骨架的影响不大。N—O 键的变化情况非常大，在溶剂模型中，N—O 键的键长都有大幅度的减少，这说明溶剂效应对 TKX-50 分子中的 N—O 键长影响显著。

表 4-4　在 B3LYP/6-311＋＋G** 水平下优化的气相与不同溶剂相中的 TKX-50 分子部分键长

键	键长/Å							平均变化
	GAS	TOL	EtOH	DMF	DMSO	FA	H$_2$O	
C1—C7	1.443	1.442	1.444	1.446	1.444	1.441	1.441	0
C1—N2	1.334	1.337	1.336	1.339	1.336	1.340	1.337	0.003
C1—N5	1.345	1.351	1.351	1.351	1.351	1.351	1.349	0.006
N2—N3	1.334	1.331	1.336	1.328	1.335	1.331	1.332	−0.002
N3—N4	1.306	1.311	1.311	1.311	1.311	1.309	1.311	0.005
N4—N5	1.333	1.340	1.337	1.340	1.339	1.339	1.339	0.006
N5—O6	1.346	1.310	1.316	1.307	1.312	1.310	1.312	−0.035
N13—O14	1.443	1.422	1.414	1.415	1.414	1.412	1.416	−0.028

表 4-5 列出了在 B3LYP/6-311＋＋G** 水平下，在气相以及 6 种不同溶剂模型中优化后的 TKX-50 分子部分键角和二面角。从表 4-5 中可以发现，与气相中相比，TKX-50 分子键角在溶剂中的变化都比较小，几乎没有太大的变化，这说明溶剂效应对 TKX-50 的键角影响不大。对于二面角，只有 N8-C7-C1-N2 和 N8-C7-C1-N5 发生了较大的变化，这说明溶剂效应会改变两个四唑环之间的二面角，对四唑环本身并没有太大的影响。

表 4-5　在 B3LYP/6-311＋＋G** 水平下优化的气相与不同溶剂相中 TKX-50 分子部分键角和二面角

键角和二面角	角/(°)							平均变化
	GAS	TOL	EtOH	DMF	DMSO	FA	H$_2$O	
C7-C1-N2	127.2	127.0	126.9	126.8	126.9	127.0	127.1	−0.250
C7-C1-N5	125.6	125.3	125.3	125.3	125.3	125.1	124.8	−0.417
N2-C1-N5	107.2	107.9	107.8	107.9	107.9	107.9	108.1	0.717
C1-N2-N3	106.7	106.6	106.3	106.8	106.5	106.6	106.5	−0.150
N2-N3-N4	110.7	110.3	110.9	110.3	110.4	110.4	110.4	−0.250
N3-N4-N5	106.4	107.3	106.6	107.4	107.3	107.4	107.3	0.817
C1-N5-N4	109.0	107.9	108.4	107.6	107.9	107.7	107.7	−1.133
C1-N5-O6	128.4	130.0	129.4	130.4	130.4	130.4	130.0	1.700
N4-N5-O6	122.6	122.4	122.3	122.0	122.2	121.9	122.4	−0.400
N8-C7-C1-N2	180.0	165.3	153.8	150.9	156.2	171.8	142.4	−23.267

续表

键角和二面角	角/(°)							平均变化
	GAS	TOL	EtOH	DMF	DMSO	FA	H$_2$O	
N8-C7-C1-N5	0	14.7	−25.2	−28.1	−23.8	−8.2	−36.6	−17.867
C7-C1-N2-N3	−180.0	−180.0	−179.5	−179.4	−180.0	−180.0	−178.7	0.400
C7-C1-N5-N4	180.0	180.0	179.6	179.5	180.0	180.0	178.7	−0.367
C7-C1-N5-O6	0	−0.7	−1.0	−1.4	−1.1	−0.3	−2.1	−1.100
C1-N2-N3-N4	0	0	−0.1	0.1	0	−0.1	0	−0.017
C1-N5-N4-N3	0	0	−0.1	0	−0.1	0	0.1	−0.017
N2-N3-N4-N5	0	−0.1	0.1	−0.1	0.1	0.1	−0.1	0.000
N3-N4-N5-O6	−180	−179.5	−179.5	−179.2	−179.2	−179.7	−179.2	0.617

综上可知，与 TKX-50 气相中的优化结果相比，溶剂中 TKX-50 的分子构型受到了影响。溶剂模型中的 TKX-50 分子除了 N—O 键之外，其他键的键长变化不大，键角的变化也不大，而二面角除了 N8-C7-C1-N2 和 N8-C7-C1-N5 之外，其他的变化也不大。这说明溶剂效应对 TKX-50 的 C—N、N—N 高能键的影响较小，对唑环上由 N 原子为中心参与形成的键角、二面角影响较小。也就是说，溶剂效应对 TKX-50 的爆轰性能影响较小。

4.2.2.2 溶剂效应对 TKX-50 电子结构的影响

在 B3LYP/6-311＋＋G** 水平下计算 TKX-50 分子分别在气相和溶剂相中的自然电荷布居，如表 4-6 所示。从表 4-6 中发现，TKX-50 分子电荷的分布具有较强的对称性。与气相中相比，溶剂相中 TKX-50 分子骨架的 N2 和 N3 原子负电荷增加，N4 原子负电荷减少，N5 原子正电荷增加。位于羟铵阳离子上的 O14 原子负电荷在溶剂相中增加，与之相连的 N13 原子电荷几乎没有变化。靠近联四唑骨架 O6 原子的 H17 原子正电荷减少，而其他 H 原子的正电荷都增加。这些结果表明，在溶剂环境中，负电荷主要转移到了 TKX-50 分子骨架上的 N 原子和羟铵阳离子的 O 原子上，而正电荷主要集中在 TKX-50 分子骨架上与 O 原子连接的 N 原子以及部分 H 原子上。

表 4-6　在 B3LYP/6-311＋＋G** 水平下计算 TKX-50 分子在气相与不同溶剂相中的自然电荷布居

原子	自然电荷/e							平均转移数
	GAS	TOL	EtOH	DMF	DMSO	FA	H$_2$O	
C1	0.251	0.243	0.251	0.244	0.243	0.253	0.253	−0.003
N2	−0.297	−0.316	−0.338	−0.339	−0.339	−0.339	−0.339	−0.038
N3	−0.119	−0.140	−0.151	−0.161	−0.161	−0.150	−0.150	−0.033
N4	−0.174	−0.167	−0.148	−0.160	−0.159	−0.144	−0.144	0.020
N5	0.130	0.139	0.139	0.144	0.144	0.138	0.138	0.010
O6	−0.674	−0.668	−0.684	−0.656	−0.656	−0.691	−0.693	−0.001
C7	0.251	0.243	0.251	0.244	0.244	0.252	0.253	−0.003
N8	−0.298	−0.316	−0.338	−0.339	−0.339	−0.339	−0.339	−0.037
N9	−0.119	−0.140	−0.151	−0.161	−0.161	−0.150	−0.150	−0.033

续表

原子	自然电荷/e							平均转移数
	GAS	TOL	EtOH	DMF	DMSO	FA	H₂O	
N10	−0.175	−0.168	−0.149	−0.160	−0.160	−0.144	−0.144	0.021
N11	0.130	0.139	0.139	0.144	0.144	0.138	0.138	0.010
O12	−0.673	−0.668	−0.684	−0.656	−0.656	−0.691	−0.693	−0.002
N13	−0.366	−0.365	−0.356	−0.365	−0.365	−0.355	−0.356	0.006
O14	−0.492	−0.504	−0.537	−0.522	−0.522	−0.540	−0.541	−0.036
H15	0.389	0.412	0.433	0.437	0.437	0.435	0.436	0.043
H16	0.405	0.420	0.432	0.435	0.435	0.433	0.433	0.026
H17	0.464	0.456	0.446	0.447	0.446	0.445	0.446	−0.016
H18	0.484	0.490	0.513	0.496	0.496	0.515	0.516	0.020
N19	−0.365	−0.365	−0.357	−0.365	−0.365	−0.356	−0.356	0.004
O20	−0.491	−0.504	−0.538	−0.522	−0.523	−0.540	−0.542	−0.037
H21	0.388	0.410	0.437	0.440	0.440	0.437	0.438	0.046
H22	0.405	0.422	0.429	0.432	0.432	0.430	0.432	0.025
H23	0.464	0.457	0.446	0.447	0.447	0.446	0.447	−0.016
H24	0.483	0.489	0.514	0.497	0.497	0.517	0.517	0.022

4.2.2.3　溶剂效应对 TKX-50 分子轨道的影响

在 B3LYP/6-311＋＋G** 水平下分析 TKX-50 分子分别在气相和 DMF 溶剂相中的前线轨道，如图 4-3 所示。从图 4-3 中可以看出，在气相和 DMF 溶剂相中，TKX-50 分子的 HOMO 主要集中在联四唑环的骨架上，包括骨架上的 O 原子；LUMO 主要集中在桥联四唑环的 C—C 键上。当分子发生反应时，分子轨道相互作用，电子从分子的 HOMO 转移到分子的 LUMO，也就是说，当 TKX-50 发生反应时，电子主要从联四唑骨架上转移到 C—C 键上。其他溶剂相中的分析结果与 DMF 溶剂相中的分析结果相似，因此这里不再详细说明。气相与不同溶剂相中的能带隙计算结果见表 4-7。可以看到，与气相中相比，溶剂相中的能带隙计算结果都增大。由于能带隙增大，分子更难被激发。因此，与气相中相比，TKX-50 在溶剂相中活性降低，不容易发生反应。

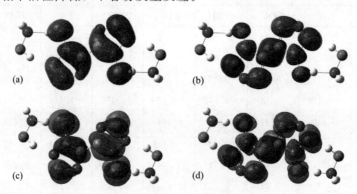

图 4-3　TKX-50 分子分别在气相和 DMF 溶剂相中的 HOMO［(a)、(c)］及 LUMO［(b)、(d)］

表 4-7　在 B3LYP/6-311＋＋G** 水平下优化的不同溶剂中的 TKX-50 分子的能带隙

单位：kJ/mol

项目	GAS	TOL	EtOH	DMF	DMSO	FA	H$_2$O
HOMO	−475.1	−527.1	−602.2	−577.5	−578.4	−611.9	−613.9
LUMO	−188.2	−114.2	−114.8	−102.3	−103.2	−121.7	−124.1
ΔE	286.9	412.9	487.4	475.2	475.2	490.2	489.8

4.2.2.4　溶剂效应对 TKX-50 电子定域性的影响

采用电子定域化函数来研究 TKX-50 分子的电子定域程度，气相与不同溶剂相中的计算结果如图 4-4 所示。图中横纵坐标为空间坐标，单位是 Bohr。右侧的颜色代表 ELF 值，范围 0~1。电子定域化最低的区域的电子很容易离域到其他区域去。电子定域化最强的区域，

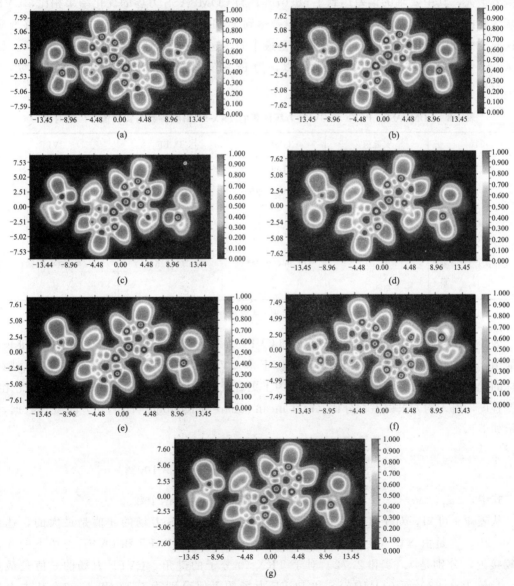

图 4-4　TKX-50 分子在气相 (a)、TOL (b)、EtOH (c)、DMF (d)、DMSO (e)、FA (f)、H$_2$O (g) 溶剂相中的电子定域化函数

电子在里面定域性强，不容易跑出去。从图 4-4 中可以看到，气相中，电子主要定域在 TKX-50 分子骨架的 N 原子上，以及羟基 H 原子上。在不同的溶剂相中，电子的分布不均匀，相比于气相，电子的定域化程度降低。这说明，溶剂化效应会降低 TKX-50 分子的电子定域化，对 TKX-50 分子的电子分布造成很大的影响，可能会影响 TKX-50 分子的反应活性、感度等性质，需要进一步研究。

4.2.3 真空中 TKX-50 晶体生长形态预测

4.2.3.1 力场的选择

表 4-8 列出了在 COMPASS、PCFF 和 CVFF 力场下优化后的 TKX-50 晶胞参数与对应的实验值。从表 4-8 可知，对于 TKX-50 晶胞参数，COMPASS 力场的优化值与实验值之间的偏差最大，其中 a 轴的偏差达到了 56.07%；与 COMPASS 力场的优化结果相比，CVFF 力场优化的偏差相对较小，然而 b 轴的偏差达到了 11.15%，这个模拟结果还是不够准确；在这三个力场中，PCFF 力场的优化偏差是最小的，这其中，c 轴参数的偏差为 6.95%（小于 7%），误差相对不是特别大，因此可以认为 PCFF 力场适用于 TKX-50 的模拟研究，与文献报道一致[35-37]。

表 4-8 **COMPASS、PCFF 和 CVFF 力场计算的 TKX-50 晶胞参数与实验值[38] 的对比**

项目	实验值	COMPASS	PCFF	CVFF
a/Å	5.44	8.49(56.07%)	5.67(4.21%)	5.53(1.65%)
b/Å	11.75	8.81(25.02%)	11.18(4.88%)	13.06(11.15%)
c/Å	6.56	6.83(4.12%)	6.11(6.95%)	6.47(1.37%)
α/(°)	90	90	90	90
β/(°)	95.07	114.66(20.61%)	100.41(5.62%)	90.56(4.74%)
γ/(°)	90	90	90	90

注：（ ）内的数值为 TKX-50 晶胞参数的力场优化值对实验值的偏差百分比。

表 4-9 给出了在 COMPASS、PCFF 和 CVFF 力场下优化后的 TKX-50 分子部分键长和二面角，表 4-10 给出了在 COMPASS、PCFF 和 CVFF 力场下 TKX-50 各个原子在晶胞中坐标的优化值，并与实验值进行了比较。为了更直观地比较各个力场对 TKX-50 分子优化的偏差程度，引入均方根误差百分比（root mean square percentage error，δ）来处理数据，δ 表示如下：

$$\delta = \sqrt{\frac{(\Delta a_1)^2 + (\Delta a_2)^2 + \cdots + (\Delta a_n)^2}{n}} \times 100\% \tag{4-1}$$

式中，Δa_1，Δa_2，$\cdots$，Δa_n 为各个数据的偏差；n 为数据个数。

从表 4-9 可知，对于 TKX-50 分子的键长，COMPASS 力场的 δ 值是最大的，达到了 56.25，这是由 N1—O1 键的键长误差过大而导致的。PCFF 和 CVFF 力场下的 δ 值比较接近，分别是 1.69 和 2.72。对于 TKX-50 分子的键角，CVFF 力场的 δ 值是最小的，数值为 2.38，而 COMPASS 和 PCFF 力场的 δ 值分别为 5.59 和 4.62，基本上比较接近。

表 4-9 COMPASS、PCFF 和 CVFF 力场计算的 TKX-50 分子键长、键角与实验值[39] 的对比

键长	实验值	COMPASS	PCFF	CVFF	键角	实验值	COMPASS	PCFF	CVFF
C1—C2	1.449	1.406	1.420	1.494	C2—C1—N1	124.4	112.7	115.6	124.9
C1—N1	1.340	1.342	1.355	1.377	C2—C1—N4	126.9	129.6	128.2	122.9
C1—N4	1.336	1.322	1.337	1.373	N1—C1—N4	108.7	117.7	116.2	112.2
N1—N2	1.343	1.341	1.335	1.342	C1—N1—N2	108.6	102.1	102.1	104.8
N2—N3	1.309	1.322	1.316	1.364	C1—N1—O1	129.3	128.9	131.5	129.4
N3—N4	1.358	1.353	1.352	1.354	N2—N1—O1	122.1	128.9	126.2	125.8
N1—O1	1.325	3.432	1.304	1.302	N1—N2—N3	106.5	107.2	108.6	108.8
N5—O2	1.409	1.348	1.356	1.357	N2—N3—N4	110.9	114.1	113.8	111.0
					N3—N4—C1	105.3	98.4	99.3	103.1
δ	—	56.25	1.69	2.72	δ		5.59	4.62	2.38

从表 4-10 可知，使用 COMPASS、PCFF 和 CVFF 力场优化后，TKX-50 晶胞中各个原子 z 轴的 δ 值都非常大，分别达到了 150.71、174.12 和 156.53，这说明晶体在 z 轴方向上不够稳定。对于 x 轴和 y 轴，经过 COMPASS 力场优化后，TKX-50 晶胞中各个原子坐标的 δ 值都比较大，比如 x 轴的 δ 值达到了 31.94。对比 CVFF 和 PCFF 力场，两者优化 TKX-50 各个原子的 δ 值相对比较接近。综合考虑所有的 δ 值，COMPASS 力场不适用于优化 TKX-50 分子构型，而 PCFF 和 CVFF 力场均适用于优化 TKX-50 分子。再结合前面对 TKX-50 晶胞参数优化的研究，认为 PCFF 力场是研究 TKX-50 晶胞和分子构型的最优力场。

表 4-10 COMPASS、PCFF 和 CVFF 力场计算的 TKX-50 原子坐标与实验值[39] 的对比

原子	x				y				z			
	实验值	COMPASS	PCFF	CVFF	实验值	COMPASS	PCFF	CVFF	实验值	COMPASS	PCFF	CVFF
O1	0.7327	0.5992	0.7066	0.7358	0.4141	0.4192	0.4259	0.4404	0.1847	−0.0733	0.1633	0.1783
N1	0.7377	0.7977	0.7393	0.7494	0.4141	0.4202	0.4181	0.4216	0.3869	0.4375	0.3786	0.3747
N2	0.5682	0.7416	0.6009	0.6025	0.3589	0.3741	0.3597	0.3596	0.4862	0.5845	0.4983	0.4804
N3	0.6258	0.8663	0.6916	0.6638	0.3764	0.4017	0.3739	0.3638	0.6816	0.7769	0.7103	0.6843
N4	0.8301	1.0092	0.8919	0.8502	0.4428	0.4663	0.4417	0.4289	0.7121	0.7727	0.7487	0.7166
C1	0.8965	0.9570	0.9107	0.9004	0.4655	0.4722	0.4657	0.4634	0.5252	0.5610	0.5384	0.5217
O2	0.1096	0.2072	0.1517	0.1139	0.2890	0.2690	0.2861	0.2786	0.1068	0.0864	0.1756	0.1569
N5	0.2648	0.3484	0.2430	0.2511	0.3521	0.2474	0.3709	0.3449	−0.0117	0.0470	0.0585	0.0515
δ	—	31.94	12.11	3.22	—	9.26	1.81	2.62	—	150.71	174.12	156.53

4.2.3.2 BFDH 模型预测

使用 BFDH 模型预测的真空中 TKX-50 晶体形貌如图 4-5 所示，从图 4-5 可以看到，TKX-50 晶体形貌主要有 5 个重要生长晶面，分别是（020）、（100）、（011）、（110）和（11
−1），形状为不规则长块形，纵横比为 1.50。

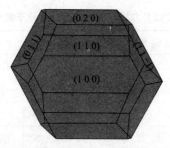

图 4-5　真空中使用 BFDH 模型对 TKX-50 晶体的形貌预测图

表 4-11 是 BFDH 模型计算的 TKX-50 晶习参数，从表 4-11 可知，（011）晶面是最大的显露面，面积比达到了 37.54%，具有最大的形态重要性；（020）面是第二大显露面，面积比是 20.45%；（11-1）晶面的显露面积相对最小，面积比只有 8.10%。

表 4-11　BFDH 模型计算的 TKX-50 晶习参数

(h k l)	multiplicity	d_{hkl}/Å	面积比/%
(0 2 0)	2	5.59	20.45
(1 0 0)	2	5.58	18.21
(0 1 1)	4	5.29	37.54
(1 1 0)	4	4.99	15.71
(1 1 -1)	4	4.18	8.10

注：multiplicity 为晶体（h k l）面的个数。

4.2.3.3　AE 模型预测

科研工作者已经使用 AE 模型对 TKX-50 的真空形貌有了一定的研究。任晓婷等[36] 预测 TKX-50 真空中晶体晶形为不规则长块形，主要包括 4 个晶面，分别是（0 2 0）、（1 0 0）、（0 1 1）和（1 1 0）晶面。Xiong 等[35] 预测 TKX-50 真空中晶体晶形为片状，主要晶面为（0 2 0）、（1 0 0）、（0 1 1）、（1 1 0）、（1 1 -1）和（1 2 -1）。刘英哲等[37] 预测 TKX-50 真空中的晶体晶形呈长片状，由 5 个生长晶面构成，即（0 2 0）、（1 0 0）、（0 1 1）、（1 1 0）和（1 1 -1）。本节使用 AE 模型预测的 TKX-50 在真空中的形貌如图 4-6 所示，主要有 6 个重要生长面，分别是（0 2 0）、（1 0 0）、（0 1 1）、（1 1 0）、（1 1 -1）和（1 2 -1），晶体晶形为不规则长块形，纵横比为 1.98。本节模拟的结果与文献[35] 中结果相一致。

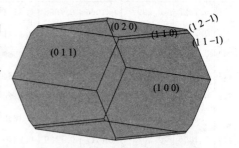

图 4-6　真空中 TKX-50 晶体形貌

表 4-12 是 AE 模型计算的 TKX-50 晶习参数。从表 4-12 可知，（0 1 1）晶面的面积比最大，达到了 35.65%，具有最大的形态重要性。（0 1 1）面的附着能（Tol）为 -222.43kJ/mol，其中范德华力（vdW）和静电相互作用（Elect）分别为 -58.96kJ/mol 和 -163.47kJ/mol。（1 1 -1）面的附着能为 -312.63kJ/mol，其绝对值相对最大，其中范德华力和静电相互作用分别为 -92.10kJ/mol 和 -220.53kJ/mol。而且（1 1 -1）晶面面积比仅有 0.36%。因此，（1 1 -1）晶面的生长速率快于其他重要面，趋向于消失。（0 2 0）、（1 0 0）、（1 1 0）和（1

2 −1）晶面的附着能分别为 − 172.79kJ/mol、− 185.62kJ/mol、− 239.68kJ/mol 和 −307.79kJ/mol。因此，TKX-50 各个晶面的生长速率的顺序为：（1 1 −1）＞（1 2 −1）＞（1 1 0）＞（0 1 1）＞（1 0 0）＞（0 2 0）。此外，TKX-50 晶面的附着能由范德华力和静电相互作用组成，相比较而言，静电相互作用的贡献更大。

表 4-12　AE 模型预测的真空中 TKX-50 形态重要面参数

（h k l）	multiplicity	d_{hkl}/Å	E_{att}(Tol)/(kJ/mol)	E_{att}(vdW)/(kJ/mol)	E_{att}(Elect)/(kJ/mol)	R_{hkl}	面积比/%
（0 2 0）	2	5.59	−172.79	−99.17	−73.62	1	28.72
（1 0 0）	2	5.58	−185.62	−85.33	−100.29	1.07	33.68
（0 1 1）	4	5.29	−222.43	−58.96	−163.47	1.29	35.65
（1 1 0）	4	4.99	−239.68	−106.62	−133.06	1.39	1.36
（1 1 −1）	4	4.18	−312.63	−92.10	−220.53	1.81	0.36
（1 2 −1）	4	3.51	−307.79	−107.77	−200.02	1.78	0.23

注：R_{hkl} 是各晶面的相对生长速率。

BFDH 模型预测的真空中 TKX-50 晶体习性主要由（0 2 0）、（1 0 0）、（0 1 1）、（1 1 0）和（1 1 −1）晶面组成，其中（0 1 1）晶面的形态重要性是最大的，而（1 1 −1）晶面的形态重要性是最小的。AE 模型预测的真空中 TKX-50 晶体习性主要由（0 2 0）、（1 0 0）、（0 1 1）、（1 1 0）、（1 1 −1）和（1 2 −1）晶面组成，其中（0 1 1）晶面的形态重要性是最大的，而（1 2 −1）晶面的形态重要性是最小的。这两种模型预测的 TKX-50 真空形貌共同点在于都包括（0 2 0）、（1 0 0）、（0 1 1）、（1 1 0）和（1 1 −1）晶面，差异在于相比于 BFDH 模型，AE 模型的预测多了一个（1 2 −1）晶面，而且（0 2 0）和（1 0 0）晶面的显露面积增加，（1 1 0）和（1 1 −1）晶面的显露面积减少。从前文的理论来看，AE 模型相比于 BFDH 模型的优势在于 AE 模型考虑到了晶体生长过程中的能量和分子间键链作用，因此使用 AE 模型可以预测得到更为准确的 TKX-50 真空晶体形貌。

4.2.3.4　TKX-50 晶面生长分析

图 4-7 显示了 TKX-50 重要晶面的 PBC 矢量。椭球形的中心代表分子的质心，不同颜色的线代表不同的能量，线的长度也各不相同，颜色与作用力的对应关系如表 4-13 所示。蓝色线代表能量较大的强键，其值为 −460.62kJ/mol；红色线代表能量较小的弱键，其值为 −163.42kJ/mol。从图 4-7 可知，TKX-50 每个晶面都具有两个以上相互交叉的 PBC 矢量，因此每个晶面都属于 PBC 理论中的平坦面。可以通过平行于主面的 PBC 的强度来判断晶体表面的稳定性。如果平行于晶面的 PBC 弱于垂直于晶面的 PBC，晶面更趋向于沿着垂直于晶面的方向生长，导致晶面的生长速率变快。

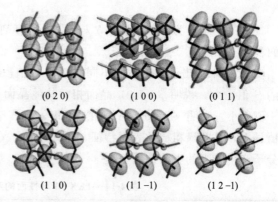

图 4-7　TKX-50 习性面的 PBC 矢量（见彩图）

表 4-13　TKX-50 分子间相互作用大小和其对应的颜色

颜色	蓝	紫	棕	绿	黄	橙	红
能量/(kJ/mol)	−460.62	−316.68	−264.59	−195.84	−164.93	−164.01	−163.42
键长/Å	4.09	3.84	5.12	3.44	5.59	6.64	7.31

4.2.3.5　TKX-50 晶面结构

　　TKX-50 分子的羟铵阳离子和联四唑阴离子通过强静电相互作用结合，不同的分子排布方式可能会导致不同的电荷分布，最终影响晶面与溶剂之间的相互作用。TKX-50 各个重要晶面的分子堆积结构如图 4-8 所示。可以看到，在（0 2 0）晶面上有排列规则的联四唑阴离子显露。（1 0 0）晶面上联四唑阴离子环对立分布，空间位阻较大。（1 1 −1）和（1 2 −1）晶面的分子堆叠相对分散，既有联四唑阴离子显露，又有少量羟铵阳离子显露，阳离子显露部位空间位阻较小。因此溶液中的溶质分子能够很容易地吸附到（1 1 −1）和（1 2 −1）晶面上，导致晶面快速生长。

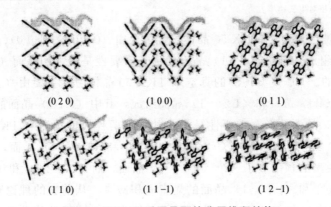

图 4-8　TKX-50 重要晶面的分子堆积结构

　　晶面的生长速率与其粗糙程度有关。粗糙晶面具有较多的生长台阶和扭结点位，容易吸附溶液中的溶质分子[40]，因此具有较快的生长速率。参数 S 可以用来描述晶面的粗糙程度，计算方法如下：

$$S = A_{acc}/A_{hkl} \tag{4-2}$$

　　式中，A_{acc} 为单位晶胞（$h\ k\ l$）面的溶剂可及面积；A_{hkl} 为单位晶胞（$h\ k\ l$）面的面积。

　　表 4-14 列出了 TKX-50 不同晶面的 S 值。（1 1 0）晶面的 S 值为 1.45，相对其他晶面的 S 值更大，说明（1 1 0）晶面相对其他晶面更粗糙，生长速率相对较快。（1 0 0）晶面的 S 值最小，表明（1 0 0）晶面相对平坦，在真空中生长较慢。此外，由于（1 1 0）晶面的 S 值最大，具有最粗糙的表面特征，可以预测，（1 1 0）表面吸附点位较多，也可能会与溶剂分子产生较强的吸附作用。

表 4-14　TKX-50 习性面的溶剂可及面积和表面面积

（$h\ k\ l$）	（0 2 0）	（1 0 0）	（0 1 1）	（1 1 0）	（1 1 −1）	（1 2 −1）
A_{acc}/Å²	40.76	79.75	86.97	110.86	122.83	149.56

$(h\,k\,l)$	$(0\,2\,0)$	$(1\,0\,0)$	$(0\,1\,1)$	$(1\,1\,0)$	$(1\,1\,-1)$	$(1\,2\,-1)$
$A_{hkl}/\text{Å}^2$	34.05	68.25	71.95	76.27	90.94	108.39
S	1.20	1.17	1.21	1.45	1.35	1.38

从前面的分析来看，（１１０）晶面由于其表面的结构特征，可以对溶质分子和溶剂分子产生较强的吸附能力。但是，晶面更容易吸附溶质分子还是溶剂分子，仅分析表面结构是不够的。溶液结晶是一个复杂的相际转变过程，溶剂优先吸附占据了晶面的生长活性位，溶质生长必须首先克服溶剂的抑制作用[41]。溶质分子和溶剂分子在界面上竞争吸附，其吸附强弱能力需要从多方面来分析，比如晶面结构、溶质和溶剂分子结构、表面静电势等。之前的工作已经分析了 TKX-50 晶面的表面静电势[42]，得到的结论为，除了（１００）晶面，其他晶面都为极性面。晶面的正电荷比较多，因此溶质中的阴离子相较于阳离子来说更容易吸附到晶面上。此外，选择具有负电子基团或富电子芳环的溶剂分子，更容易控制 TKX-50 晶面的生长速率，从而控制 TKX-50 的晶体形貌。

4.2.4 单溶剂中 TKX-50 晶体生长形态预测

4.2.4.1 PCFF 力场对溶剂分子的适用性

在前面的研究中，TKX-50 晶胞由 PCFF 力场来进行模拟，模拟结果是比较准确的，但是并不确定 PCFF 力场是否适用于溶剂分子的模拟。为了测试 PCFF 力场对溶剂分子的适用性，使用 MD 模拟计算了所有溶剂分子的密度。构建包含 200 个随机分布溶剂分子的溶剂层，执行几何优化以使溶剂分子更加均匀分布。选择 NPT 系综，在 298K 和 100kPa 的条件下执行 200ps 的 MD 模拟，时间步长设置为 1fs。溶剂密度的预测结果如表 4-15 所示，从表 4-15 中可以看到，本节研究的溶剂的最大相对误差小于 7%，说明 PCFF 力场适用于本书所用到的溶剂。

表 4-15 溶剂密度的实验值和优化值对比

溶剂	EG	DMF	FA	H_2O	DMSO	EtOH	TOL
实验值/(g/cm^3)	1.10[43]	0.94[43]	1.22[44]	1.00[45]	1.12[46]	0.82[43]	0.87[47]
PCFF/(g/cm^3)	1.17	0.95	1.25	1.06	1.17	0.86	0.83
相对误差/%	6.36	1.06	2.46	6.00	4.46	4.88	4.60

4.2.4.2 相互作用能

生长界面由晶体表面和与其接触的溶液组成，溶剂分子会从溶液体系中扩散到生长界面中，之后附着到晶体表面上。溶液中的溶质和溶剂分子在晶体生长方面具有竞争力。为了将溶质分子附着到晶体表面，必须去除已经吸附在晶体表面上的溶剂分子[48,49]。此过程的速率和难度将影响晶体的生长。显然，溶剂和晶体表面之间的相互作用会影响晶体的最终形态。以 EG 溶剂与 TKX-50 晶体的重要生长晶面（０１１）和（１１０）为例，MD 模拟后（０１１）和（１１０）晶面上的 EG 分子分布如图 4-9 所示。从图 4-9 看到，溶剂-晶面体系经过 MD 模拟之后，EG 溶剂分子皆扩散到了 TKX-50 的（０１１）和（１１０）晶面并吸附在晶面上，这表明 EG 溶剂与 TKX-50 的（０１１）和（１１０）晶面存在相互作用。不同的是，（０１１）晶面的表面相对平坦，具有较大的空间位阻，这使得 EG 分子难以与（０１１）晶面上的羟铵阳离子结合。相反，（1 1 0）晶面上的羟铵阳离子显露比较明显，EG 分子容易与（1 1 0）晶面上的羟铵阳离子相互作用。溶剂与晶面之间的相互作用强度可以用体系的结合能（E_{bind}）来表示，E_{bind} 在数值上等于相互作用能（E_{int}）的负值。E_{bind} 越大，溶剂在晶面上的吸附越强，晶面生长受到溶剂更多的抑制作用，相对生长速率变慢。为了研究不同溶剂体系对 TKX-50 晶面的影响，计算不同溶剂体系与 TKX-50 晶面之间的 E_{int} 和 E_s，单溶剂 EG、DMF、H_2O、DMSO、EtOH、TOL 的计算结果总结在表 4-16 中。

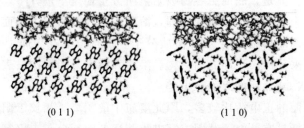

（0 1 1）　　　　　　　　　　　　　　　（1 1 0）

图 4-9　MD 模拟后（0 1 1）和（1 1 0）晶面的溶剂分子分布

从表 4-16 中可以看到，对于 EG 溶剂来说，（1 2 −1）晶面拥有最大的 E_{int} 绝对值，数值为 −888.45kJ/mol，而（0 2 0）晶面有最小的 E_{int} 绝对值，数值为 17.09kJ/mol；不同表面相互作用能绝对值的大小顺序如下：（1 2 −1）>（1 0 0）>（1 1 0）>（1 1 −1）>（0 1 1）>（0 2 0）。E_{int} 的值为负且越小，EG 溶剂对 TKX-50 晶面的吸附能力越大；而 E_{int} 为正数时，EG 溶剂基本不会影响 TKX-50 晶面的生长。这些结果表明，（1 2 −1）晶面的 E_{int} 负值最大，因此与其他晶面相比，（1 2 −1）晶面与 EG 溶剂的相互作用能力更强，晶面生长更容易受到 EG 溶剂的抑制作用。最终，（1 2 −1）晶面的生长速率减慢，容易成为形态学上的重要晶面。对于（0 2 0）和（0 1 1）晶面，虽然 EG 溶剂分子吸附在表面上，但是 E_{int} 的值为正数，说明 EG 溶剂不会对（0 2 0）和（0 1 1）晶面产生较强的作用，晶面生长不会受到 EG 溶剂的抑制作用，表明其生长速率不变，因此相对于其他晶面，（0 2 0）和（0 1 1）晶面趋向于减少或消失。

对于 DMF 溶剂来说，（1 2 −1）晶面拥有最大的 E_{int} 绝对值，数值为 −953.19kJ/mol，而（0 2 0）晶面有最小的 E_{int} 绝对值，数值为 −136.55kJ/mol；不同表面相互作用能绝对值的大小顺序如下：（1 2 −1）>（1 0 0）>（1 1 −1）>（1 1 0）>（0 1 1）>（0 2 0）。E_{int} 的值为负且越小，DMF 溶剂对 TKX-50 晶面的吸附能力越大；而 E_{int} 为正数时，DMF 溶剂基本不会影响 TKX-50 晶面的生长。这些结果表明，（1 2 −1）晶面的 E_{int} 负值最大，因此与其他晶面相比，（1 2 −1）晶面与 DMF 溶剂的相互作用能力更强，晶面生长更容易受到 DMF 溶剂的抑制作用。最终，（1 2 −1）晶面的生长速率减慢，容易成为形态学上的重要晶面。对于（0 1 1）晶面，虽然 DMF 溶剂分子吸附在表面上，但是 E_{int} 的值为正数，说明 DMF 溶剂不会对（0 1 1）晶面产生较强的作用，晶面生长不会受到 EG 溶剂的抑制作用，表明其生长速率不变，因此相对于其他晶面，（0 1 1）晶面趋向于减少或消失。

表 4-16　单溶剂与 TKX-50 晶面之间的相互作用

溶剂	$(h\,k\,l)$	E_{tot} /(kJ/mol)	E_{surf} /(kJ/mol)	E_{solv} /(kJ/mol)	E_{int} /(kJ/mol)	A_{acc} /Å²	A_{box} /Å²	E_S /(kJ/mol)
EG	(0 2 0)	19490.44	10533.14	8940.21	17.09	40.76	307.11	2.27
	(1 0 0)	31435.04	22746.63	9415.19	−726.77	79.75	614.21	−94.37

续表

溶剂	(h k l)	E_{tot} /(kJ/mol)	E_{surf} /(kJ/mol)	E_{solv} /(kJ/mol)	E_{int} /(kJ/mol)	A_{acc} /Å²	A_{box} /Å²	E_S /(kJ/mol)
EG	(0 1 1)	29966.32	20431.35	9405.83	129.13	86.97	646.36	17.37
	(1 1 0)	32068.73	23118.75	9632.98	−683	110.86	684.17	−110.6
	(1 1 −1)	31994.65	22793.58	9620.57	−419.5	122.83	839.46	−61.38
	(1 2 −1)	38474.06	29108.36	10253.75	−888.45	149.56	975.51	−136.21
DMF	(0 2 0)	24179.45	10536.03	13779.97	−136.55	40.76	307.11	−18.12
	(1 0 0)	36123.38	22766.52	14117.62	−760.76	79.75	614.21	−98.78
	(0 1 1)	35020.88	20437.57	14390.95	192.36	86.97	646.36	25.88
	(1 1 0)	36765.36	23123.74	14230.75	−589.13	110.86	684.17	−95.46
	(1 1 −1)	36867.78	22877.38	14741.7	−751.3	122.83	839.46	−109.93
	(1 2 −1)	39002.23	25304.28	14651.14	−953.19	149.56	975.51	−146.14
H₂O	(0 2 0)	2262.87	10531.13	−7767.97	−500.29	40.76	307.11	−66.40
	(1 0 0)	14786.82	22718.56	−7093.95	−837.79	79.75	614.21	−108.78
	(0 1 1)	12642.52	20430.95	−6909.91	−878.52	86.97	646.36	−118.21
	(1 1 0)	14885.86	23115.45	−7024.81	−1204.78	110.86	684.17	−195.22
	(1 1 −1)	14951.58	22781.75	−6654.52	−1175.65	122.83	839.46	−172.02
	(1 2 −1)	17475.94	25446.53	−6286.22	−1684.37	149.56	975.51	−258.24
DMSO	(0 2 0)	−32475.18	10533.82	−42771.28	−237.72	40.76	307.11	−31.55
	(1 0 0)	−20817.9	22749.72	−42773.62	−794	79.75	614.21	−103.09
	(0 1 1)	−22291.14	20434.37	−42640.94	−84.57	86.97	646.36	−11.38
	(1 1 0)	−19432.86	23128.67	−41578.43	−983.1	110.86	684.17	−159.30
	(1 1 −1)	−19574.2	22870.43	−41569.73	−874.91	122.83	839.46	−128.02
	(1 2 −1)	−18409.17	25287.01	−42203.98	−1492.2	149.56	975.51	−228.78
EtOH	(0 2 0)	−527.43	10535.68	−11124.9	61.79	40.76	307.11	8.20
	(1 0 0)	11435.37	22771.28	−10798.69	−537.22	79.75	614.21	−69.75
	(0 1 1)	10348.25	20438.15	−10779.29	689.39	86.97	646.36	92.76
	(1 1 0)	12567.29	23123.12	−10164.75	−391.08	110.86	684.17	−63.37
	(1 1 −1)	12360	22884.83	−10028.08	−496.75	122.83	839.46	−72.68
	(1 2 −1)	14803.65	25393.14	−10124.56	−464.93	149.56	975.51	−71.28
TOL	(0 2 0)	11932.75	10536.93	1700.98	−305.16	40.76	307.11	−40.50
	(1 0 0)	23836.42	22786.67	1854.44	−804.69	79.75	614.21	−104.48
	(0 1 1)	22393.29	20440.04	1915.90	37.36	86.97	646.36	5.03
	(1 1 0)	24489.15	23133.43	1930.43	−574.71	110.86	684.17	−93.12
	(1 1 −1)	23988.54	22852.60	1855.06	−719.12	122.83	839.46	−105.22
	(1 2 −1)	26189.74	25290.32	2047.25	−1147.82	149.56	975.51	−175.98

4.2.4.3　界面吸附作用分析

溶剂分子在 TKX-50 不同晶面上的作用形式包括短程相互作用和长程相互作用。分子间短程相互作用包括氢键作用（＜3.1Å）和范德华相互作用（3.1～5.0Å），分子间长程相互作用通常指静电相互作用（＞5.0Å）[50-52]。晶体材料中原子的分布是周期性的，但是溶剂-晶面系统中原子的分布总体来看不具有周期性，研究溶剂在晶体表面上的吸附作用可以使用分子间径向分布函数工具来分析。径向分布函数（radical distribution function，RDF）定义为给定一个粒子的坐标，距离这个粒子为 r 时出现其他粒子的概率，反映了体系中粒子的聚集特性。

以 EG 溶剂为例，图 4-10 显示了 EG 溶剂与 TKX-50（1 1 0）晶面之间的 RDF 分析结果曲线。分析图 4-10，在 sur-H～sol-O 的 RDF 曲线上，分别在 3.1Å 以下和 5.0Å 以上存在尖峰，这说明（1 1 0）晶面上的 H 原子和 EG 溶剂中的 O 原子之间存在氢键和静电相互作用。对于 sur-O～sol-H 的 RDF 曲线，在小于 3.1Å、3.1～5.0Å 和大于 5.0Å 范围均存在高峰，这表明（1 1 0）晶面上的 O 原子和 EG 溶剂中的 H 原子之间同时存在氢键和范德华相互作用以及静电相互作用。sur-N～sol-H 的 RDF 曲线显示出若干个高峰（分别在 3.1～5.0Å 范围和 5.0Å 以上），这说明（1 1 0）晶面上的 N 原子与 EG 溶剂中的 H 原子之间可能存在范德华相互作用和静电相互作用。此外可以看出，（1 1 0）晶面上的 O、N 原子和 EG 溶剂分子中的 H 原子之间的 RDF 曲线值整体要大于晶面上的 H 原子与 EG 溶剂中的 O 原子之间的 RDF 曲线值，这表明 TKX-50 晶面与 EG 溶剂分子之间的相互作用主要由表面上的 O、N 原子和溶剂中的 H 原子组成。弱氢键和强氢键的距离范围分别是 1.5～2.2Å 和 2.0～3.0Å[53]。综合来看，晶面上的 TKX-50 分子与 EG 溶剂分子之间形成的氢键是 O—H…O，距离大约在 2.7～3.0Å，属于强氢键。

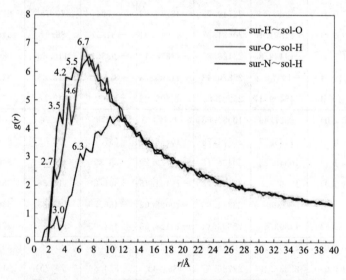

图 4-10　（1 1 0）晶面与 EG 溶剂体系之间径向分布函数

4.2.4.4　单溶剂对 TKX-50 晶体形貌的影响

表 4-17 给出了单溶剂中 TKX-50 各个习性面的修正附着能。对于 EG 溶剂体系，（1 1 -1）晶面的修正附着能为 -248.65kJ/mol，其绝对值是最大的，而（1 0 0）晶面的修正附着能为 -91.51kJ/mol，其绝对值是最小的。由于（0 2 0）和（0 1 1）晶面的修正项 E_S 为正数，因此（0 2 0）和（0 1 1）晶面的附着能不会受到溶剂吸附能的影响，与真空中的附着能保

持一致。TKX-50 生长面的修正附着能绝对值的大小顺序为（1 1 −1）＞（0 1 1）＞（0 2 0）＞
（1 2 −1）＞（1 1 0）＞（1 0 0），这与 TKX-50 在真空中附着能的大小顺序不同。表 4-17 同样
列出了 TKX-50 各个晶面在 EG 溶剂中的面积比。与真空中相比，在 EG 溶剂中（1 1 0）和
（1 2 −1）晶面的相对生长速率大大降低，（1 1 0）晶面的面积比从 1.36％增加到 16.17％，
（1 2 −1）晶面的面积比从 0.23％增加到 23.93％。（0 1 1）晶面的面积比在真空中最大，在
EG 溶剂中则降至 14.09％。（0 2 0）晶体表面的生长速率加快，并且面积比从 28.72％减小
到 11.21％。真空中（1 1 −1）晶面仅有 0.36％，在 EG 溶剂中，（1 1 −1）晶面已经消失。

　　对于 DMF 溶剂体系来说，（0 1 1）晶面的修正附着能为 −222.43kJ/mol，其绝对值是
最大的，而（1 0 0）晶面的修正附着能为 −86.84kJ/mol，其绝对值是最小的。由于（0 1 1）
晶面的修正项 E_s 为正数，因此（0 1 1）晶面的附着能不会受到溶剂吸附能的影响，与真空中
的附着能保持一致。TKX-50 生长面的修正附着能绝对值的大小顺序为（0 1 1）＞（1 1 −1）＞
（1 2 −1）＞（0 2 0）＞（1 1 0）＞（1 0 0），这与 TKX-50 在真空中附着能的大小顺序不同。与真空
中相比，在 DMF 溶剂中（1 1 0）和（1 2 −1）晶面的相对生长速率大大降低，（1 1 0）晶面
的面积比从 1.36％增加到 11.68％，（1 2 −1）晶面的面积比从 0.23％增加到 25.75％。
（0 1 1）面的面积比在真空中最大，在 DMF 溶剂中则降至 11.68％。（0 2 0）晶体表面的生
长速率加快，并且面积比从 28.72％减小到 17.06％。真空中（1 1 −1）晶面仅有 0.36％，
在 DMF 溶剂中，（1 1 −1）晶面已经消失。

表 4-17　单溶剂体系中 TKX-50 重要晶面的修正附着能、相对生长速率和面积比

溶剂	$(h\,k\,l)$	$E_{att}^{*}/(kJ/mol)$	R_{hkl}	面积比/％
EG	（0 2 0）	−172.79	1.00	11.21
	（1 0 0）	−91.26	0.53	34.60
	（0 1 1）	−222.43	1.29	14.09
	（1 1 0）	−129.02	0.75	16.17
	（1 1 −1）	−251.25	1.45	—
	（1 2 −1）	−171.58	1.00	23.93
DMF	（0 2 0）	−154.66	1.00	17.06
	（1 0 0）	−86.84	0.56	44.36
	（0 1 1）	−222.43	1.44	11.68
	（1 1 0）	−144.23	0.93	1.15
	（1 1 −1）	−202.70	1.31	—
	（1 2 −1）	−161.65	1.05	25.75
H_2O	（0 2 0）	−106.92	1.00	—
	（1 0 0）	−77.14	0.72	—
	（0 1 1）	−103.09	0.96	—
	（1 1 0）	−45.47	0.43	35.7
	（1 1 −1）	−133.33	1.25	—
	（1 2 −1）	−36.2	0.34	64.3

续表

溶剂	(h k l)	$E_{att}^{*}/(kJ/mol)$	R_{hkl}	面积比/%
DMSO	(0 2 0)	−141.49	1.00	—
	(1 0 0)	−82.81	0.59	9.26
	(0 1 1)	−210.94	1.49	—
	(1 1 0)	(1 1 0)	−81.2	0.57
	(1 1 −1)	(1 1 −1)	−179.2	1.27
	(1 2 −1)	(1 2 −1)	−67.19	0.47
EtOH	(0 2 0)	−180.93	1.00	19.71
	(1 0 0)	−116.06	0.64	41.91
	(0 1 1)	−316.08	1.75	1.76
	(1 1 0)	−176.64	0.98	3.21
	(1 1 −1)	−236.87	1.31	10.52
	(1 2 −1)	−232.82	1.29	6.51
TOL	(0 2 0)	−132.61	1.00	13.30
	(1 0 0)	−81.42	0.61	42.84
	(0 1 1)	−227.51	1.72	1.84
	(1 1 0)	−147.04	1.11	—
	(1 1 −1)	−202.96	1.53	
	(1 2 −1)	−122.71	0.93	42.02

　　使用附着能模型预测 TKX-50 在真空中和不同单溶剂中的各个晶面的面积比总结在图 4-11 中。从图 4-11 中可以看到，与真空中相比，所有单溶剂中 TKX-50 的（0 2 0）和（0 1 1）面的面积比均减小，而（1 1 0）和（1 2 −1）晶面的面积比均增大。溶剂的极性与溶剂的介电常数呈正相关的趋势。EG 溶剂的介电常数为 37.7，结合表 4-3 可知，本节研究的单溶剂极性大小顺序为：$H_2O >$ DMSO $>$ EG $>$ DMF $>$ EtOH $>$ TOL。因此，从图 4-11 中看到，随着溶剂极性的减小，（1 0 0）晶面的面积比增大，而（1 1 0）晶面的面积比减小。（1 1 −1）晶面在 EtOH 溶剂中消失，而（1 2 −1）晶面则占据相对较大的区域。此外，可以看到，在 EG 和 DMF 溶剂中，TKX-50 的晶体形态主要由五个面组成，而在 H_2O 溶剂中，TKX-50 仅剩下两个面。

　　图 4-12(a) 是采用修正附着能模型预测的 TKX-50 在 EG 溶剂中的结晶形貌，纵横比为 2.92。图 4-12(b) 是采用冷却重结晶法得到的 TKX-50 晶体形貌[35]。对比可知，理论预测的 TKX-50 晶体形貌与相对应的实验结果基本上是一致的。

　　图 4-13(a) 是采用修正能模型预测的 TKX-50 在 DMF 溶剂中的结晶形貌，纵横比为 3.01，图 4-13(b) 是采用冷却重结晶法得到的 TKX-50 晶体形貌[54]。对比可知，理论预测的 TKX-50 晶体形貌与相对应的实验结果基本上是一致的。

　　图 4-14(a)～(d) 分别给出了采用修正能模型预测的 TKX-50 在 H_2O、DMSO、EtOH、TOL 溶剂中的结晶形貌，纵横比分别为 3.33、3.12、3.27、3.13。纵横比是习性晶体最长和最短直径之比，纵横比越接近 1，预测的晶体越接近球形。在 EG、DMF、H_2O、DMSO、EtOH、TOL 这六种溶剂里，EG 和 DMF 的纵横比相对较小。因此，在这六种溶剂中，EG

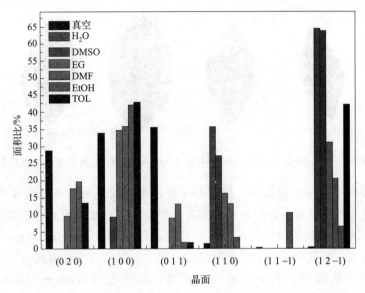

图 4-11 TKX-50 习性面在真空和不同溶剂中的面积比（见彩图）

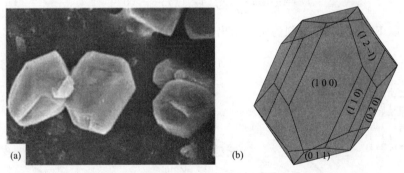

图 4-12 TKX-50 晶体在 EG 溶剂中的扫描电镜图[35]（a）、形貌预测图（b）

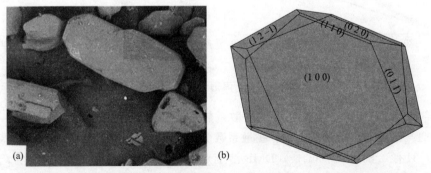

图 4-13 TKX-50 晶体在 DMF 溶剂中的扫描电镜图[54]（a）、形貌预测图（b）

和 DMF 更有利于 TKX-50 的球形化。

4.2.4.5 单溶剂对 TKX-50 界面扩散的研究

在晶体-溶剂界面系统中，溶剂分子不是固定的，而是处于不停的运动之中。Song 等[56]对乙酸乙酯溶剂与 DNP 炸药模型进行了分子动力学模拟，发现溶剂分子的扩散系数

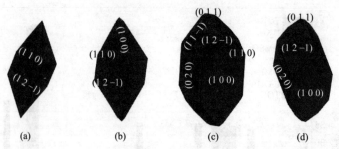

图 4-14　TKX-50 在 H₂O(a)、DMSO(b)、EtOH(c)、TOL(d)溶剂中的形貌预测图

可能会对晶体表面产生一定的影响。溶剂分子扩散至生长界面，并在晶体表面上扩散。其中，溶剂在晶面上的扩散对晶体生长起着非常重要的作用。这里重点讨论溶剂扩散对 TKX-50 晶体生长的影响，溶剂扩散可以采用溶剂扩散系数（diffusion coefficient，D）来进行表征。扩散系数越大，溶剂在晶面上的吸附越强，因此，晶面将受到溶剂的影响，生长速率将发生变化。在分子扩散中，粒子在不停地运动，均方位移（mean square displacement，MSD）表示在 t 时刻某个粒子与初始位置的距离。扩散系数 D 的计算公式如下：

$$D = \frac{1}{6} \lim_{t \to \infty} \frac{\mathrm{d}}{\mathrm{d}t} \sum_{i=1}^{N} \langle |r_i(t) - r_i(0)|^2 \rangle \tag{4-3}$$

图 4-15 以 EG 和 DMF 溶剂为例，给出了在 298K 下，溶剂分子在 TKX-50 重要晶面上的均方位移。

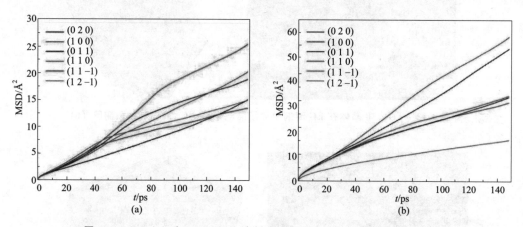

图 4-15　EG（a）和 DMF（b）溶剂分子在 TKX-50 晶面上的均方位移

单溶剂分子 TKX-50 重要晶面上的扩散系数见表 4-18。从表 4-18 中可以看到，EG 溶剂对（1 1 −1）晶面的扩散是最大的，扩散系数为 $1.80 \times 10^{-9}\,\mathrm{m^2/s}$；对（1 0 0）晶面的扩散是最小的，只有 $0.83 \times 10^{-9}\,\mathrm{m^2/s}$；DMF 溶剂对（1 1 0）晶面的扩散是最大的，扩散系数为 $3.92 \times 10^{-9}\,\mathrm{m^2/s}$，对（1 2 −1）晶面的扩散是最小的，只有 $0.97 \times 10^{-9}\,\mathrm{m^2/s}$，（1 1 0）晶面的扩散系数几乎是（1 2 −1）晶面的四倍多。DMF 溶剂分子的扩散系数要比 EG 溶剂分子的扩散系数大，说明相对于 EG 溶剂，DMF 溶剂分子更容易扩散到 TKX-50 晶面。整体来看最大的是（0 2 0）晶面，达到了 $12.42 \times 10^{-9}\,\mathrm{m^2/s}$（H₂O 溶剂）。DMSO 和 EtOH 溶剂分子的扩散系数都相对比较小，TOL 溶剂的扩散系数也比较大，仅次于 H₂O 溶剂的扩散系数。其中，（0 2 0）、（1 0 0）和（1 1 −1）晶面的扩散系数都达到了 $8.58 \times 10^{-9}\,\mathrm{m^2/s}$。

表 4-18 **TKX-50 习性面在单溶剂体系中的溶剂扩散系数** 单位：$\times 10^{-9}\,\mathrm{m}^2/\mathrm{s}$

溶剂	（0 2 0）	（1 0 0）	（0 1 1）	（1 1 0）	（1 1 −1）	（1 2 −1）
EG	0.94	0.83	1.29	1.33	1.80	0.91
DMF	3.43	1.93	2.02	3.92	2.11	0.97
H_2O	12.42	9.96	10.2	9.66	10.08	7.08
DMSO	2.88	3.12	2.34	3.6	2.58	1.62
EtOH	4.2	2.52	2.16	2.82	2.88	2.16
TOL	8.58	8.58	7.44	8.4	8.58	7.32

4.2.5 FA/H_2O 混合溶剂中 TKX-50 晶体生长形态预测

4.2.5.1 相互作用能

TKX-50 在不同体积比的甲酸/水混合溶剂中的相互作用见表 4-19，从表 4-19 中可以看到，5 种体系溶剂与晶面之间的相互作用能都是负值，说明溶剂的吸附是放热过程，溶剂分子会自发附着在 TKX-50 界面上。对于 5 种研究的体系来说，与混合溶剂产生较大相互作用能的晶面都是（1 2 −1），产生较小相互作用能的晶面都是（0 2 0）。由此可以推测，5 种不同体积比的 FA/H_2O 混合溶剂都会阻碍（1 2 −1）晶面的生长，而相对来说，（0 2 0）晶面的生长速率会比较快，在混合溶剂体系中趋向于减小或消失。

表 4-19 **TKX-50 在不同体积比的甲酸/水混合溶剂中的相互作用**

体积比	（$h\,k\,l$）	E_{tot} /(kJ/mol)	E_{surf} /(kJ/mol)	E_{solv} /(kJ/mol)	E_{int} /(kJ/mol)	A_{acc}/Å^2	A_{box}/Å^2	E_S/(kJ/mol)
	（0 2 0）	−451.58	10526.24	−10331.71	−646.11	40.76	307.11	−85.75
	（1 0 0）	11014.74	21471.99	−9235.98	−1221.28	79.75	614.21	−158.57
	（0 1 1）	10445.29	21217.28	−9697.82	−1074.17	86.97	646.36	−144.53
1∶4	（1 1 0）	10567.18	21758.54	−9792.01	−1399.35	110.86	684.17	−226.74
	（1 1 −1）	11546.63	22484.01	−8972.48	−1964.90	122.83	839.46	−287.51
	（1 2 −1）	12676.79	23774.38	−8111.41	−2986.18	149.56	975.51	−457.82
	（0 2 0）	−1140.16	10586.13	−10720.15	−1006.14	40.76	307.11	−133.54
	（1 0 0）	10336.37	21669.73	−10176.25	−1157.11	79.75	614.21	−150.24
	（0 1 1）	10592.04	21697.36	−9787.67	−1317.65	86.97	646.36	−177.29
1∶3	（1 1 0）	10936.39	22305.07	−9979.85	−1388.83	110.86	684.17	−225.04
	（1 1 −1）	10954.54	22288.43	−9325.99	−2007.90	122.83	839.46	−293.80
	（1 2 −1）	12202.46	24033.03	−9078.47	−2752.10	149.56	975.51	−421.94
	（0 2 0）	−2963.02	10392.48	−12780.29	−575.21	40.76	307.11	−76.34
	（1 0 0）	15083.22	27100.55	−10821.46	−1195.87	79.75	614.21	−155.27
	（0 1 1）	15278.75	27027.79	−10715.08	−1033.96	86.97	646.36	−139.12
1∶2	（1 1 0）	8941.58	21757.84	−11433.87	−1382.40	110.86	684.17	−224.00
	（1 1 −1）	8856.21	22329.56	−11443.45	−2029.89	122.83	839.46	−297.02
	（1 2 −1）	10949.12	23976.64	−10300.96	−2726.55	149.56	975.51	−418.02

体积比	$(h\ k\ l)$	E_{tot} /(kJ/mol)	E_{surf} /(kJ/mol)	E_{solv} /(kJ/mol)	E_{int} /(kJ/mol)	$A_{acc}/\text{Å}^2$	$A_{box}/\text{Å}^2$	E_S/(kJ/mol)
1:1	(0 2 0)	−5991.30	10363.30	−15659.85	−694.74	40.76	307.11	−92.21
	(1 0 0)	5924.18	21745.70	−14546.74	−1274.77	79.75	614.21	−165.52
	(0 1 1)	6054.78	21741.92	−14604.75	−1082.40	86.97	646.36	−145.64
	(1 1 0)	5974.99	21806.25	−14487.60	−1343.66	110.86	684.17	−217.72
	(1 1 −1)	6307.53	22417.54	−14164.25	−1945.75	122.83	839.46	−284.70
	(1 2 −1)	7849.84	23905.68	−13578.58	−2477.26	149.56	975.51	−379.80
2:1	(0 2 0)	−10035.49	10351.56	−19653.47	−733.58	40.76	307.11	−97.36
	(1 0 0)	1117.34	21523.04	−19051.80	−1353.89	79.75	614.21	−175.79
	(0 1 1)	1352.03	21525.99	−18951.43	−1222.53	86.97	646.36	−164.50
	(1 1 0)	2013.30	21895.49	−18478.90	−1403.29	110.86	684.17	−227.38
	(1 1 −1)	2100.41	22500.51	−18501.22	−1898.87	122.83	839.46	−277.84
	(1 2 −1)	3054.92	24049.51	−18170.32	−2824.28	149.56	975.51	−433.00

综上，相互作用能 E_{int} 的计算结果表明，对于溶剂体系，（1 2 −1）晶面都具有最负的 E_{int} 值，溶剂作用更容易抑制 TKX-50（1 2 −1）晶面的生长。在 EG 溶剂体系中，（0 2 0）和（0 1 1）晶面趋向于减少或消失。在 DMF 溶剂体系中，（0 1 1）晶面趋向于减少或消失。在 FA/H$_2$O 混合溶剂体系中，（0 2 0）晶面趋向于减小或消失。

4.2.5.2 界面吸附作用分析

以 FA/H$_2$O 体积比为 1:2 为例，图 4-16 显示了甲酸/水混合溶剂与 TKX-50 的（1 1 0）晶面之间的 RDF 分析结果曲线。对于 TKX-50 晶面上的 O 原子和溶剂中的 H 原子来说，RDF 的第一个峰出现在 2.2Å 的位置，说明（1 1 0）-O 和溶剂-H 之间存在着氢键；第二个尖锐的峰出现在 6.6Å 的位置，说明（1 1 0）-O 和溶剂-H 之间有静电相互作用存在，而没有范德华相互作用存在。对于 TKX-50 晶面上的 H 原子和溶剂中的 O 原子来说，RDF 分别在 2.3Å、3.4Å、4.6Å 和 6.6Å 的位置出现较为尖锐的峰，说明（1 1 0）-H 和溶剂-O 之间同时存在氢键、范德华相互作用和静电相互作用。总的来看，氢键、范德华相互作用和静电相互作用同时存在于 TKX-50 的（1 1 0）晶面与 FA/H$_2$O 混合溶剂分子间。相应的，晶面上的 TKX-50 分子与 FA/H$_2$O 混合溶剂分子之间形成的氢键依然是 O—H…O，距离大约在 2.2~2.3Å，属于强氢键。

4.2.5.3 FA/H$_2$O 混合溶剂对 TKX-50 晶体形貌的影响

表 4-20 给出了不同体积比 FA/H$_2$O 混合溶剂中 TKX-50 习性面的修正附着能。从表 4-20 中可以发现，对于所有的比例，（1 2 −1）晶面的附着能都是正数，晶面非常不稳定，因此计算 TKX-50 在 FA/H$_2$O 混合溶剂中的形貌时不考虑（1 2 −1）晶面。（1 1 0）晶面均具有最小的附着能绝对值，因此（1 1 0）晶面生长速率相对最慢。当 FA/H$_2$O 的体积比为 1:4、1:3 和 1:2 时，（0 2 0）、（1 0 0）和（0 1 1）晶面完全消失；当 FA/H$_2$O 的体积比为 1:1 和 2:1 时，（0 2 0）和（0 1 1）晶面完全消失。对于这 5 种研究的体系来说，（1 1 0）面均是面积最大的晶面，具有最强的形态重要性。前面分析（1 1 0）晶面可能与溶剂分子产

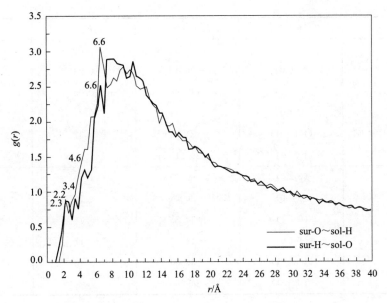

图 4-16 （1 1 0）晶面与体积比为 1/2 的 FA/H$_2$O 混合溶剂体系之间的径向分布函数

生较强的相互作用，而强相互作用导致（1 1 0）晶面生长较慢，这里的模拟结果与前面的分析结果是一致的。

表 4-20　不同体积比 FA/H$_2$O 混合溶剂中 TKX-50 重要晶面的修正附着能、相对生长速率和面积比

体积比	($h\ k\ l$)	$E_{att}^{*}/(kJ/mol)$	R_{hkl}	面积比/%
1 : 4	(0 2 0)	−91.94	1.00	—
	(1 0 0)	−27.05	0.29	—
	(0 1 1)	−78.70	0.86	—
	(1 1 0)	−14.45	0.16	76.11
	(1 1 −1)	−29.07	0.32	23.89
	(1 2 −1)	87.73	—	—
1 : 3	(0 2 0)	−46.88	1.00	—
	(1 0 0)	−35.38	0.75	—
	(0 1 1)	−46.12	0.98	—
	(1 1 0)	−16.14	0.34	66.60
	(1 1 −1)	−22.86	0.49	33.40
	(1 2 −1)	56.72	—	—
1 : 2	(0 2 0)	−100.81	1.00	—
	(1 0 0)	−30.35	0.30	—
	(0 1 1)	−84.08	0.84	—
	(1 1 0)	−17.18	0.17	59.25
	(1 1 −1)	−19.69	0.20	40.75
	(1 2 −1)	53.34	—	—

续表

体积比	$(h\,k\,l)$	$E_{att}^{*}/(kJ/mol)$	R_{hkl}	面积比/%
1:1	(0 2 0)	−85.85	1.00	—
	(1 0 0)	−20.10	0.23	18.93
	(0 1 1)	−77.60	0.90	—
	(1 1 0)	−23.41	0.27	46.85
	(1 1 −1)	−31.83	0.37	34.22
	(1 2 −1)	55.21	—	—
2:1	(0 2 0)	−80.99	1.00	—
	(1 0 0)	−9.83	0.12	31.71
	(0 1 1)	−58.85	0.73	—
	(1 1 0)	−13.82	0.17	52.26
	(1 1 −1)	−38.60	0.48	16.03
	(1 2 −1)	66.28	—	—

　　使用附着能模型预测 TKX-50 在不同体积比的 FA/H_2O 混合溶剂中各个晶面的面积比总结在图 4-17 中。从图 4-17 中可以看到，在所有的比例中，TKX-50 的（0 2 0）和（0 1 1）晶面均已经消失，而（1 1 0）和（1 2 −1）晶面均成为形态重要面。只有 FA/H_2O 的体积比为 1∶1 和 2∶1 时，（1 0 0）和（0 1 1）晶面才显露。此外，随着 FA 比例的增加，（1 1 0）晶面的面积比先减小后增大，而（1 2 −1）晶面的面积比先增大后减小。

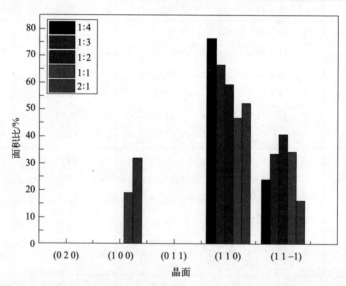

图 4-17　TKX-50 习性面在不同体积比 FA/H_2O 混合溶剂中的面积比

　　图 4-18（a）～（e）显示了 FA/H_2O 混合溶剂中 TKX-50 晶体形貌的预测结果。当 FA/H_2O 的比例分别为 1∶4、1∶3、1∶2、1∶1 和 2∶1 时，TKX-50 晶体的纵横比分别为 4.11、3.28、2.91、3.37 和 6.71。可以看到，当 FA/H_2O 体积比为 2∶1 时，TKX-50 晶体形貌为片状。当体积比为其他值时，TKX-50 晶体形貌为菱形。体积比为 1∶1 时，重结晶得到的 TKX-50 晶体形貌[55] 如图 4-18（f）所示。对比图 4-18（d）和图 4-18（f）可以看

到，通过理论预测的形貌与实验得到的形貌基本一致。

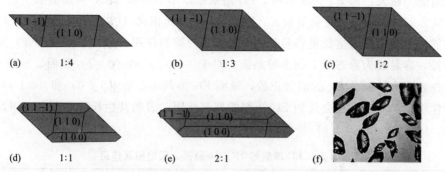

图 4-18　TKX-50 在不同体积比的 FA/H_2O 混合溶剂中预测的晶体形貌(a)～(e)

以及重结晶得到的 TKX-50 晶体形貌（体积比为 1：1）(f)[55]

以上分析表明，在不同溶剂体系中预测的 TKX-50 晶体生长形态与实验结果基本上是一致的。因此，采用附着能修正模型 1（MAE1），来预测 TKX-50 晶体在溶剂中的形貌，具有一定的可行性。

4.2.5.4　FA/H_2O 混合溶剂对 TKX-50 界面扩散的研究

混合溶剂分子 TKX-50 重要晶面上的扩散系数如表 4-21 所示，从表 4-21 中可以看到，在 FA/H_2O 混合溶剂体系中，随着 H_2O 分子比例的增加，混合溶剂分子的扩散系数有着上升的趋势。

表 4-21　TKX-50 习性面在不同体积比甲酸/水混合溶剂体系中的溶剂扩散系数

单位：$\times 10^{-9} \mathrm{m}^2/\mathrm{s}$

溶剂	体积比	(0 2 0)	(1 0 0)	(0 1 1)	(1 1 0)	(1 1 −1)	(1 2 −1)
FA/H_2O	1：4	8.76	8.18	7.49	7.47	7.17	6.44
	1：3	8.80	7.03	7.70	7.87	7.09	6.03
	1：2	7.37	9.95	10.26	6.51	5.46	4.47
	1：1	4.91	5.01	5.26	3.91	4.28	4.45
	2：1	3.28	3.20	3.24	3.34	2.90	2.53

4.2.6　TKX-50 溶液生长理论模型比较与分析

本节将从两个方面来预测溶剂影响下的晶体形貌：一是借助附着能修正模型 2（MAE2）；二是考虑溶质作用，借助占据率模型。通过预测 TKX-50 晶体在 EG 和 DMF 溶剂中的形貌，并与实验重结晶形貌进行比较，验证这些模型对本节研究体系的适用性，进而为其他材料的形貌预测提供更多可能的方法。

4.2.6.1　相互作用能

在 EG 溶剂中，根据 MAE2 计算公式，E_{int} 等参数计算结果见表 4-22。从表 4-22 中可以看到，(1 2 −1) 晶面拥有最大的 E_S 绝对值，数值为 −98.72kJ/mol，而 (0 2 0) 晶面有最小的 E_S 绝对值，数值为 1.89kJ/mol；不同表面 E_S 绝对值的大小顺序情况如下：(1 2 −1)＞

（１００）＞（１１０）＞（１１－１）＞（０１１）＞（０２０）。E_S 的值为负且越小，EG 溶剂对 TKX-50 晶面的吸附能力越大；而 E_S 为正数时，EG 溶剂基本不会影响 TKX-50 晶面的生长。这些结果表明，（１２－１）晶面的 E_S 负值最大，因此与其他晶面相比，（１２－１）晶面与 EG 溶剂的相互作用能力更强，晶面生长更容易受到 EG 溶剂的抑制作用。最终，（１２－１）晶面的生长速率减慢，容易成为形态学上的重要晶面。对于（０２０）和（０１１）晶面，虽然 EG 溶剂分子吸附在表面上，但是 E_S 的值为正数，说明 EG 溶剂不会对（０２０）和（０１１）晶面产生较强的作用，晶面生长不会受到 EG 溶剂的抑制作用，表明其生长速率不变，因此相对于其他晶面，（０２０）和（０１１）晶面趋向于减少或消失。

表 4-22　EG 溶剂与 TKX-50 晶面之间的相互作用

$(h\ k\ l)$	$E_{int}/(\text{kJ/mol})$	Z_{cry}	Z_{hkl}	$A_{hkl}/\text{Å}^2$	$A_{box}/\text{Å}^2$	$E_S/(\text{kJ/mol})$
（０２０）	17.09	2	1	34.05	307.11	1.89
（１００）	−726.77	2	2	68.25	614.21	−80.76
（０１１）	129.13	2	2	71.95	646.36	14.37
（１１０）	−683	2	2	76.27	684.17	−76.14
（１１－１）	−419.5	2	2	90.94	839.46	−45.44
（１２－１）	−888.45	2	2	108.39	975.51	−98.72

从表 4-23 中可以看到，（１２－１）晶面拥有最大的 E_S 绝对值，数值为 −105.91kJ/mol，而（０２０）晶面有最小的 E_S 绝对值，数值为 −15.14kJ/mol；不同表面相互作用能绝对值的大小顺序如下：（１２－１）＞（１００）＞（１１－１）＞（１１０）＞（０１１）＞（０２０）。这些结果表明，（１２－１）晶面的 E_S 负值最大，因此与其他晶面相比，（１２－１）晶面与 DMF 溶剂的相互作用能力更强，晶面生长更容易受到 DMF 溶剂的抑制作用。最终，（１２－１）晶面的生长速率减慢，容易成为形态学上的重要晶面。对于（０１１）晶面，虽然 DMF 溶剂分子吸附在表面上，但是 E_S 的值为正数，说明 DMF 溶剂不会对（０１１）晶面产生较强的作用，晶面生长不会受到 EG 溶剂的抑制作用，表明其生长速率不变，因此相对于其他晶面，（０１１）晶面趋向于减少或消失。

表 4-23　DMF 溶剂与 TKX-50 晶面之间的相互作用

$(h\ k\ l)$	$E_{int}/(\text{kJ/mol})$	Z_{cry}	Z_{hkl}	$A_{hkl}/\text{Å}^2$	$A_{box}/\text{Å}^2$	$E_S/(\text{kJ/mol})$
（０２０）	−136.55	2	1	34.05	307.11	−15.14
（１００）	−760.76	2	2	68.25	614.21	−84.53
（０１１）	192.36	2	2	71.95	646.36	21.41
（１１０）	−589.13	2	2	76.27	684.17	−65.67
（１１－１）	−751.3	2	2	90.94	839.46	−81.39
（１２－１）	−953.19	2	2	108.39	975.51	−105.91

综上，附着能校正项 E_S 的计算结果表明，对于 EG 和 DMF 溶剂体系，（１２－１）晶面都具有最小的 E_S 值，溶剂作用更容易抑制 TKX-50（１２－１）晶面的生长。在 EG 溶剂体系中，（０２０）和（０１１）晶面趋向于减少或消失。在 DMF 溶剂体系中，（０１１）晶面趋向于减少或消失。

4.2.6.2　占据率模型中的溶质吸附能

与传统的 AE 模型不同，占据率模型考虑到了溶剂中溶质的作用，用溶质对晶面的作用来修正晶面生长的附着能，从而预测晶体的生长。本节以 EG 和 DMF 溶剂为例，考察 k 值对 TKX-50 晶体形貌的影响。

EG 溶剂中各个晶面计算得到的 k 值见表 4-24。不同晶面 k 值的大小顺序如下：（0 1 1）＞（0 2 0）＞（1 1 -1）＞（1 0 0）＞（1 1 0）＞（1 2 -1）。在（0 1 1）晶面上，由于溶剂与晶面之间的相互作用能大于 0，说明 EG 溶剂不能自发地吸附到（0 1 1）晶面上，溶质附着到（0 1 1）晶面不会受到 EG 溶剂的阻碍，导致（0 1 1）晶面的 k 值为 1。在（0 2 0）晶面上，溶剂与晶体之间的 k 值为 0.82，说明在（0 2 0）晶面上，溶质对晶面的作用大于溶剂对晶面的作用，溶剂影响较弱。（1 1 -1）晶面上的 k 值为 0.51，说明在（1 1 -1）晶面上，溶质与溶剂对晶面的作用几乎一样。（1 0 0）、（1 1 0）和（1 2 -1）晶面的 k 值都小于 0.5，说明在这几个晶面上，溶质对晶面产生的作用小于溶剂产生的作用，晶面生长将受到较大的溶剂抑制作用。

表 4-24　EG 溶剂-晶面模型中能量与 k 值计算

$(h\,k\,l)$	$E_{int}/(kJ/mol)$		N_{sol}		$E_{int,m}/(kJ/mol)$		k
	溶剂	溶质	溶剂	溶质	溶剂	溶质	
(0 2 0)	-377.93	-136.55	8.52	13.56	-44.37	-10.07	0.82
(1 0 0)	-409.47	-760.76	16.76	26.68	-24.43	-28.51	0.46
(0 1 1)	-114.71	192.36	16.82	26.77	-6.82	7.19	1.00
(1 1 0)	-82.87	-589.13	16.81	26.76	-16.83	-22.02	0.43
(1 1 -1)	-291.10	-751.3	17.40	27.70	-28.23	-27.13	0.51
(1 2 -1)	-189.48	-953.19	16.77	26.69	-23.23	-35.71	0.39

DMF 溶剂中各个晶面的 k 值见表 4-25。不同晶面 k 值的大小顺序如下：（0 2 0）＝（0 1 1）＞（1 1 -1）＞（1 0 0）＞（1 2 -1）＞（1 1 0）。在（0 2 0）和（0 1 1）晶面上，由于溶剂与晶面之间的相互作用能大于 0，说明 DMF 溶剂不能自发地吸附到（0 2 0）和（0 1 1）晶面上，溶质附着到（0 2 0）和（0 1 1）晶面不会受到 EG 溶剂的阻碍，导致（0 2 0）和（0 1 1）晶面的 k 值为 1。在（1 1 -1）晶面上，溶剂与晶体之间的 k 值为 0.79，说明在（1 1 -1）晶面上，溶质对晶面的作用大于溶剂对晶面的作用，溶剂影响较弱。（1 0 0）、（1 1 0）和（1 2 -1）晶面的 k 值分别为 0.55、0.48 和 0.49，说明在（1 0 0）、（1 1 0）和（1 2 -1）晶面上，溶质与溶剂对晶面的作用几乎一样。

表 4-25　DMF 溶剂-晶面模型中能量与 k 值计算

$(h\,k\,l)$	$E_{int}/(kJ/mol)$		N_{sol}		$E_{int,m}/(kJ/mol)$		k
	溶剂	溶质	溶剂	溶质	溶剂	溶质	
(0 2 0)	-377.93	17.09	8.52	18.82	-44.37	0.91	1.00
(1 0 0)	-409.47	-726.77	16.76	37.03	-24.43	-19.63	0.55
(0 1 1)	-114.71	129.13	16.82	37.15	-6.82	3.48	1.00
(1 1 0)	-82.87	-683	16.81	37.13	-16.83	-18.40	0.48

$(h\,k\,l)$	E_{int}/(kJ/mol)		N_{sol}		$E_{int,m}$/(kJ/mol)		k
	溶剂	溶质	溶剂	溶质	溶剂	溶质	
$(1\,1\,-1)$	-291.10	-419.5	17.40	38.43	-28.23	-10.92	0.72
$(1\,2\,-1)$	-189.48	-888.45	16.77	37.03	-23.23	-23.99	0.49

综上，根据对占据率模型的研究，EG 溶剂对 TKX-50（0 1 1）晶面没有产生抑制，对（0 2 0）晶面的影响较弱，对（1 0 0）、（1 1 0）和（1 2 -1）晶面有着较强的抑制作用。DMF 溶剂对（0 2 0）和（0 1 1）晶面没有产生抑制，对（1 1 -1）晶面影响较弱，对（1 0 0）、（1 1 0）和（1 2 -1）晶面的影响与溶质分子对这些晶面的影响几乎一样。

4.2.6.3 不同模型预测的晶体形貌

表 4-26 给出了使用 MAE2 模型和占据率模型计算的 EG 溶剂中 TKX-50 各个习性面的修正附着能。从表中可以发现，对于 MAE2 模型，（1 1 -1）晶面的修正附着能为 -267.19kJ/mol，其绝对值是最大的，而（1 0 0）晶面的修正附着能为 -104.86kJ/mol，其绝对值是最小的。由于（0 2 0）和（0 1 1）晶面的修正项 E_s 为正数，因此（0 2 0）和（0 1 1）晶面的附着能不会受到溶剂吸附能的影响，与真空中的附着能保持一致。TKX-50 生长面的修正附着能绝对值的大小顺序为（1 1 -1）>（0 1 1）>（1 2 -1）>（0 2 0）>（1 1 0）>（1 0 0），这与 TKX-50 在真空中附着能的大小顺序不同。表 4-26 也列出了 TKX-50 各个晶面在 EG 溶剂中的面积比。与真空中相比，在 EG 溶剂中，（1 0 0）、（1 1 0）和（1 2 -1）晶面的相对生长速率降低，（1 0 0）晶面的面积比从 33.68% 增加到 42.87%，（1 1 0）晶面的面积比从 1.36% 增加到 3.25%，（1 2 -1）晶面的面积比从 0.23% 增加到 10.92%。（0 1 1）晶面的面积比在真空中最大，在 EG 溶剂中则降至 23.05%。（0 2 0）晶面的生长速率加快，并且面积比从 28.72% 减小到 19.91%。真空中（1 1 -1）晶面仅有 0.36%，在 EG 溶剂中，（1 1 -1）晶面已经消失。对于占据率模型，（1 1 -1）晶面的修正附着能为 -236.61kJ/mol，其绝对值是最大的，而（1 0 0）晶面的修正附着能为 -102.92kJ/mol，其绝对值是最小的。TKX-50 生长面的修正附着能绝对值的大小顺序为（1 1 -1）>（0 1 1）>（0 2 0）>（1 2 -1）>（1 1 0）>（1 0 0）。与真空中相比，在 EG 中，（1 1 0）和（1 2 -1）晶面的相对生长速率大大降低，（1 1 0）晶面的面积比从 1.36% 增加到 19.33%，（1 2 -1）晶面的面积比从 0.23% 增加到 26.57%。（0 1 1）晶面的面积比在真空中最大，在 EG 溶剂中则降至 14.44%。（0 2 0）晶体表面的生长速率加快，并且面积比从 28.72% 减小到 11.19%。真空中（1 1 -1）晶面仅有 0.36%，EG 溶剂中，（1 1 -1）晶面已经消失。

表 4-26 MAE2 模型和占据率模型预测 TKX-50 重要晶面在 EG 溶剂中的修正附着能

$(h\,k\,l)$	$E_{att,1}^{*}$/(kJ/mol)	$E_{att,2}^{*}$/(kJ/mol)	$R_{hkl,1}$	$R_{hkl,2}$	面积比$_1$/%	面积比$_2$/%
$(0\,2\,0)$	-172.79	-172.79	1.00	1.00	19.91	11.19
$(1\,0\,0)$	-104.86	-102.92	0.61	0.60	42.87	28.46
$(0\,1\,1)$	-222.43	-222.43	1.29	1.29	23.05	14.44
$(1\,1\,0)$	-163.55	-132.60	0.95	0.77	3.25	19.33
$(1\,1\,-1)$	-267.19	-236.61	1.55	1.37	—	—

续表

$(h\,k\,l)$	$E^{*}_{\mathrm{att},1}/(\mathrm{kJ/mol})$	$E^{*}_{\mathrm{att},2}/(\mathrm{kJ/mol})$	$R_{hkl,1}$	$R_{hkl,2}$	面积比$_1$/%	面积比$_2$/%
(1 2 −1)	−209.07	−168.96	1.21	0.98	10.92	26.57

注：下标1和2分别表示 MAE2 模型和占据率模型。

　　图 4-19(a) 是采用 MAE2 模型预测的 TKX-50 在 EG 溶剂中的晶体形貌，纵横比为 2.78，图 4-19（b）是采用占据率模型预测的 TKX-50 在 EG 溶剂中的晶体形貌，纵横比为 2.58。与图 4-12 对比可知，MAE2 模型和占据率模型预测的 EG 溶剂中 TKX-50 晶体形貌与相对应的实验重结晶结果基本上是一致的，区别在于部分晶面大小不同。

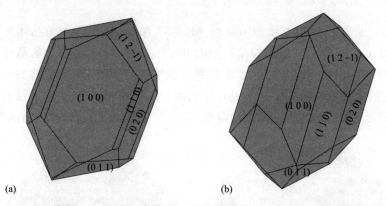

图 4-19　MAE2 模型（a）及占据率模型（b）预测的 TKX-50 在 EG 溶剂中的晶体形貌

　　表 4-27 给出了使用 MAE2 模型和占据率模型计算的 DMF 溶剂中 TKX-50 各个习性面的修正附着能。从表中可以发现，对于 MAE2 模型，（1 1 −1）晶面的修正附着能为 −231.24kJ/mol，其绝对值是最大的，而（1 0 0）晶面的修正附着能为 −101.09kJ/mol，其绝对值是最小的。由于（0 1 1）晶面的修正项 E_{S} 为正数，因此（0 1 1）晶面的附着能不会受到溶剂吸附能的影响，与真空中的附着能保持一致。TKX-50 生长面的修正附着能绝对值的大小顺序为（1 1 −1）＞（0 1 1）＞（1 2 −1）＞（0 2 0）＞（1 0 0）＞（1 1 0），这与 TKX-50 在真空中附着能的大小顺序不同。表 4-27 也列出了 TKX-50 各个晶面在 DMF 溶剂中的面积比。与真空中相比，DMF 溶剂中（1 1 0）晶面已经消失；（1 0 0）和（1 2 −1）晶面的相对生长速率降低，（1 0 0）晶面的面积比从 33.68% 增加到 43.75%，并占据最大的形态重要性。（1 2 −1）晶面的面积比从 0.23% 增加到 9.39%。（0 1 1）晶面的面积比在真空中最大，在 EG 溶剂中则降至 20.05%。（0 2 0）和（1 1 −1）晶面的生长速率变化不大，（0 2 0）晶面的面积比从 28.72% 减小到 26.00%，（1 1 −1）晶面的面积比从 0.36% 增加到 0.81%。对于占据率模型，（0 1 1）晶面的修正附着能为 −222.43kJ/mol，其绝对值是最大的，而（1 0 0）晶面的修正附着能为 −85.65kJ/mol，其绝对值是最小的。TKX-50 生长面的修正附着能绝对值的大小顺序为（0 1 1）＞（1 1 −1）＞（0 2 0）＞（1 2 −1）＞（1 1 0）＞（1 0 0）。（0 1 1）晶面的面积比在真空中最大，在 DMF 溶剂中则降至 6.14%。（1 2 −1）晶面的面积比从 0.23% 增加到 35.34%。（0 2 0）晶体表面的生长速率加快，并且面积比从 28.72% 减小到 12.59%。（1 1 0）晶面的相对生长速率降低，晶面的面积比从 1.36% 增加到 10.22%。此外，在 DMF 溶剂中，（1 1 −1）晶面已经消失。

表 4-27　MAE2 模型和占据率模型预测 TKX-50 重要晶面在 DMF 溶剂中的修正附着能

$(h\,k\,l)$	$E_{\mathrm{att},1}^{*}/(\mathrm{kJ/mol})$	$E_{\mathrm{att},2}^{*}/(\mathrm{kJ/mol})$	$R_{hkl,1}$	$R_{hkl,2}$	面积比$_1$/%	面积比$_2$/%
(0 2 0)	−142.51	−140.82	1	1	26.00	12.59
(1 0 0)	−101.09	−85.65	0.71	0.61	43.75	35.71
(0 1 1)	−222.43	−222.43	1.56	1.58	20.05	6.14
(1 1 0)	−174.01	−121.88	1.22	0.87	—	10.22
(1 1 −1)	−231.24	−173.84	1.62	1.23	0.81	—
(1 2 −1)	−201.88	−138.44	1.42	0.98	9.39	35.34

注：下标 1 和 2 分别表示 MAE2 模型和占据率模型。

　　图 4-20(a) 是采用 MAE2 模型预测的 TKX-50 在 DMF 溶剂中的晶体形貌，纵横比为 2.77，图 4-20（b）是采用占据率模型预测的 TKX-50 在 DMF 溶剂中的晶体形貌，纵横比为 2.98。与图 4-13 对比可知，MAE2 模型和占据率模型预测的 DMF 溶剂中 TKX-50 晶体形貌与相对应的实验重结晶结果基本上是一致的，区别在于 MAE2 模型预测的 TKX-50 晶体（1 1 0）晶面消失，而占据率模型预测的 TKX-50 晶体（1 1 −1）晶面消失。

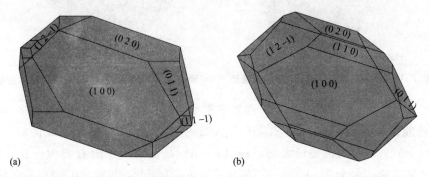

图 4-20　MAE2 模型（a）及占据率模型（b）预测的 TKX-50 在 DMF 溶剂中的晶体形貌

4.2.6.4　不同模型预测 TKX-50 晶体形貌对比

　　图 4-21 总结了分别使用 MAE1、MAE2 和占据率模型预测 TKX-50 晶体习性面在 EG 和 DMF 溶剂中的面积比。从图 4-21(a) 中看到，当溶剂为 EG 时，对于所有的晶面，使用 MAE1 和占据率模型预测的面积比比较接近。对于（0 2 0）、（1 0 0）和（0 1 1）晶面来说，使用 MAE2 模型预测的晶面面积大于其他两种模型预测的晶面面积。其中，相对于真空中的面积，三种模型预测的（0 2 0）和（0 1 1）晶面面积在 EG 溶剂中都增大。对于（0 1 1）和（1 2 −1）晶面来说，使用 MAE2 模型预测的晶面面积小于其他两种模型预测的晶面面积，并且在 EG 溶剂中，三种模型预测的晶面面积都减小。对于（1 1 −1）晶面，三种模型预测的晶面在 EG 溶剂中都已经消失。从图 4-21(b) 中看到，溶剂为 DMF 时，对于（0 2 0）、（0 1 1）和（1 1 −1）晶面来说，使用 MAE2 模型预测的晶面面积大于其他两种模型预测的晶面面积，其中，相对于真空中的面积，三种模型预测的（0 2 0）和（0 1 1）晶面面积在 DMF 溶剂中都增大。对于（1 1 0）和（1 2 −1）晶面来说，使用 MAE2 模型预测的晶面面积小于其他两种模型预测的晶面面积。此外，在 DMF 溶剂中，使用三种模型预测的（1 0 0）和（1 2 −1）晶面面积都减小。

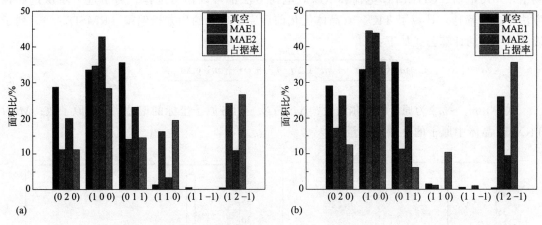

图 4-21　使用不同模型预测的 TKX-50 在 EG 溶剂（a）、DMF 溶剂（b）中习性面的面积比例

综上，MAE1、MAE2 和占据率模型预测的溶剂中 TKX-50 形貌基本上比较相似。相比于 MAE1，由于真空中计算的附着能是单胞的附着能，因此在 MAE2 中引入了转换因子 Z_{cry}/Z_{hkl}。当晶胞的 Z_{cry} 和每个晶面 Z_{hkl} 的相同，且每个晶面的结构特征相同时，MAE1 等同于 MAE2 模型。因此，可以说，MAE1 是 MAE2 模型的一个特例，MAE2 模型更具有普遍性，适用性更强。此外，如果考虑溶液中溶质分子的作用，占据率模型比 MAE1 和 MAE2 模型更加适用。

4.2.7　TKX-50 力场的修正

4.2.7.1　COMPASS 力场和 RESP 电荷

在 MD 模拟中需要一个势函数计算分子体系的能量和结构，势函数选择的准确与否也决定了模拟结果的准确程度。在此基础上，使用 4 种力场和 11 种原子电荷计算方法优化 TKX-50 的晶胞结构。力场包括 COMPASS、Dreiding、CVFF 和 PCFF，原子电荷计算方法包括 QEq 电荷、Gasteiger 电荷、力场分配电荷、Mulliken 电荷、电荷模型 5（CM5）电荷、Hirshfeld 电荷、原子偶极矩修正的 Hirshfeld（ADCH）电荷、Merz-Kollmann 电荷、NPA 电荷、RESP 电荷和 CHELPG 电荷。

在计算原子电荷之前，利用 Gaussian 09 程序在 M062X/6-311G(d，p) 基组上基于密度泛函理论（DFT）对 TKX-50 的分子结构进行了优化。Gasteiger 电荷和 QEq 电荷采用 MS 2018 程序计算，NPA 电荷采用 Gaussian 09 程序计算，Mulliken 电荷、CM5 电荷、Hirshfeld 电荷、ADCH 电荷、MK 电荷、CHELPG 电荷和 RESP 电荷采用 Multiwfn 程序计算[57]。然后，利用这些力场和原子电荷计算方法对 TKX-50 的单胞结构进行了优化。

TKX-50 优化前后的晶格参数和密度相对误差（绝对值）箱线图见图 4-22。箱线图包含一组数据的最大值、最小值、中位数以及上下四分位数，反映了数据集的分散性。横轴上的数字表示不同的电荷校正方法（1：力场分配电荷；2：Gasteiger 电荷；3：QEq 电荷；4：Mulliken 电荷；5：NPA 电荷；6：CM5 电荷；7：Hirshfeld 电荷；8：ADCH 电荷；9：MK 电荷；10：CHELPG 电荷；11：RESP 电荷）。以 5% 作为边界进行分割，可以清楚地看到每个数据集的相对误差。在 CVFF 和 Dreiding 下，数据集的值大于 5%，因此可以排除这两个力场。在 PCFF 中，只有 Hirshfeld 电荷方法相对误差小于 5%，可作为一种选择。在 COMPASS 力场下，MK 电荷、CHELPG 电荷和 RESP 电荷方法都可以作为选择。为了进一步从这四种方法中进行筛选，计算了 TKX-50 晶体优化前后原子坐标的均方根偏差（RMSD, δ），列于表 4-28。δ 的计算公式如下：

$$\delta = \sqrt{\frac{m_1(\Delta a_1)^2 + m_2(\Delta a_2)^2 + \cdots + m_n(\Delta a_n)^2}{M}} \times 100\% \tag{4-4}$$

式中，$m_1 \sim m_n$ 为原子的摩尔质量；$\Delta a_1 \sim \Delta a_n$ 为各原子坐标的偏差；n 为原子数；M 为 TKX-50 晶体中原子的总摩尔质量。

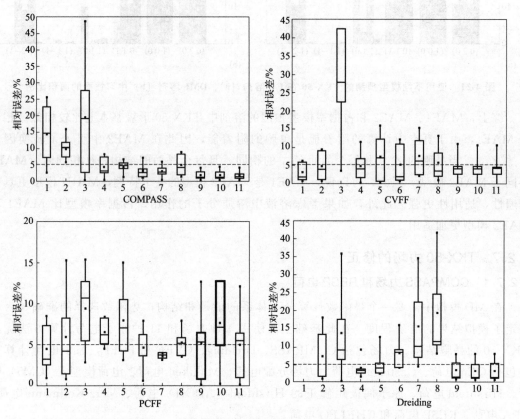

图 4-22　COMPASS、CVFF、PCFF 和 Dreiding 四种力场优化下 TKX-50 晶格
参数和密度的相对误差（绝对值）箱线图

从表 4-28 可以看出，Hirshfeld & PCFF 方法的 δ 值明显大于其他三种方法，如 x 坐标的 δ 值为 6.07，z 坐标的 δ 值为 5.17。在 COMPASS 中，MK 电荷、CHELPG 电荷、RESP 电荷的 δ 值比较接近，所以都可以作为选择。此外，TKX-50 晶体中含有大量的阴离子和阳离子，具有很强的静电相互作用。因此，在分子模拟中最好使用 MK 电荷、CHELPG 电荷和 RESP 电荷。其中，RESP 电荷更适合模拟有机分子[58]。COMPASS 力场适用于模拟一般有机分子[7,59,63]。Song 等[64] 利用 COMPASS 力场和 RESP 电荷对 DNTF 进行了分子动力学模拟。TKX-50 和 DNTF 的分子结构在唑环上有相似的 C—N、N—O 键，因此可以使用相同的模拟参数。综上所述，COMPASS 力场和 RESP 电荷适用于 TKX-50 的分子动力学模拟。

表 4-28　使用 Hirshfeld & PCFF,MK & COMPASS,CHELPG & COMPASS 和 RESP & COMPASS 方法计算 TKX-50 原子分数坐标

方法	力场	轴	计算设置	TKX-50 原子												$\delta/\%$
				O1	N1	N2	N3	N4	C1	O2	N5	H1A	H1B	H1C	H2	
		x	Exp	0.7327	0.7377	0.5682	0.6258	0.8301	0.8965	0.1090	0.2648	0.1930	0.4050	0.3050	-0.0160	—
		y	Exp	0.4141	0.4141	0.3589	0.3764	0.4428	0.4655	0.2890	0.3521	0.4188	0.3701	0.3100	0.3383	—
		z	Exp	0.1847	0.3869	0.4862	0.6816	0.7121	0.5252	0.1068	-0.0117	-0.0580	0.0620	-0.1110	0.1210	—
Hirshfeld	PCFF	x	Opt	0.7064	0.7476	0.6227	0.7199	0.9119	0.9183	0.1865	0.2967	0.2400	0.2703	0.4735	0.0196	6.07
		y	Opt	0.4212	0.4147	0.3548	0.3714	0.4419	0.4649	0.2890	0.3629	0.3546	0.4477	0.3491	0.3075	0.95
		z	Opt	0.2296	0.4313	0.5723	0.7613	0.7612	0.5544	0.1241	-0.0033	-0.1559	0.0387	-0.0006	0.1230	5.17
MK	COMPASS	x	Opt	0.7116	0.7310	0.5865	0.6359	0.8201	0.8981	0.1466	0.2682	0.2220	0.4526	0.2426	-0.0268	1.93
		y	Opt	0.4191	0.4088	0.3527	0.3617	0.4260	0.4616	0.2990	0.3562	0.4434	0.3588	0.3195	0.3088	0.95
		z	Opt	0.1512	0.3540	0.4873	0.6753	0.6860	0.5146	0.1427	0.0001	-0.0151	0.0323	-0.1408	0.1184	2.41
CHELPG	COMPASS	x	Opt	0.7115	0.7315	0.5863	0.6351	0.8196	0.8982	0.1441	0.2678	0.2220	0.4519	0.2433	-0.0290	1.86
		y	Opt	0.4185	0.4082	0.3526	0.3622	0.4265	0.4616	0.2994	0.3563	0.4438	0.3585	0.3193	0.3100	0.93
		z	Opt	0.1525	0.3549	0.4881	0.6756	0.6861	0.5149	0.1420	0.0004	-0.0154	0.0341	-0.1399	0.1165	2.36
RESP	COMPASS	x	Opt	0.7117	0.7309	0.5865	0.6360	0.8202	0.8981	0.1467	0.2680	0.2217	0.4522	0.2419	0.0266	1.94
		y	Opt	0.4192	0.4089	0.3527	0.3616	0.4259	0.4617	0.2989	0.3560	0.4432	0.3585	0.3194	0.3086	0.94
		z	Opt	0.1513	0.3540	0.4873	0.6753	0.6860	0.5146	0.1433	0.0004	-0.0146	0.0324	-0.1404	0.1190	2.43

4.2.7.2 Dreiding-TKX-50-CFDL 力场

Dreiding 力场为 TKX-50 分子的每个原子所赋予的原子类型如图 4-23(a) 所示，对应原子类型的原子序号如图 4-23(b) 所示。

(a) Dreiding力场中TKX-50分子的原子类型

(b) TKX-50分子的原子序号

图 4-23　TKX-50 分子的原子序号和原子类型

Dreiding 力场所采用的势函数形式如式(4-5) 所示：

$$
\begin{aligned}
E_{\text{total}} = & \sum_{\text{bonds}} \frac{1}{2} K_r (r - r_0)^2 + \sum_{\text{angles}} \frac{1}{2} K_\theta (\theta - \theta_0)^2 \\
& + \sum_{\text{torsions}} \frac{1}{2} \{ B (1 - d \cos [n\phi]) \} + \sum_{\text{out-of-plane}} K_0 (1 - \cos\omega) \\
& + \sum_{\text{atoms}} D_0 \left[\left(\frac{R_0}{R}\right)^{12} - 2\left(\frac{R_0}{R}\right)^6 \right] + \sum_{\text{atoms}} D_{\text{hb}} \left[5\left(\frac{R_0}{R}\right)^{12} - 6\left(\frac{R_0}{R}\right)^{10} \right] \cos^4 \phi
\end{aligned}
\tag{4-5}
$$

其中前四项为分子内参数项，包括键的伸缩振动项、键角的弯曲项、二面角的扭转项和面外扭转项；后两项为分子间参数项，包括范德华项和氢键项。由于 Dreiding 力场中没有为 TKX-50 分配面外扭转项参数，面外扭转项在这里不做考虑。本节重建了键长、键角、二面角、范德华项和氢键项的力场参数。力场通过基于 DFT 计算和 MD 模拟的迭代方法进行参数化。迭代循环的主要步骤如图 4-24 所示。

详细的步骤描述如下：

第一步：确定合适的初始力场参数。TKX-50 的初始力场参数由 Dreiding 力场提供。

第二步：初始 MD 模拟。基于确定的电荷参数，利用初始 Dreiding 力场计算 TKX-50 的构型和能量。将模拟结果与实验值进行比较，并计算出各项误差。

第三步：FF 参数优化。根据实验数据或 DFT 计算结果对各项力场参数进行调整。例如，对 TKX-50 分子内可旋转二面角进行旋转计算获得一系列的分子构型与能量，根据相应的 DFT 能量剖面拟合二面角项。

第四步：模拟结果评估。评估新的力场在不同性质上的预测能力。

第五步：判断力场参数能否达到计算要求，对拟合的参数进行检验，进行分子结构、晶体结构等的计算，并与实验方法、第一性原理计算结果进行比较。精确度如果达不到要求，则重复第三、四步。

以下是力场修正详细步骤。首先是电荷参数的确定，Dreiding 力场优化后 TKX-50 的晶格参数和密度绝对值的相对误差方框图如图 4-25 所示，横轴上的数字代表不同的电荷校正方法。在图 4-25 中，以误差 10％为边界进行分割，可以清楚地看到每个数据集的相对误差，只有 RESP 电荷的所有数据集的误差小于 10％。此外，RESP 电荷方法解决了常规拟合静电势方法中存在的构象依赖性、内部原子电荷值的不稳定性和原子等价性问题[58]。因此，选择 RESP 方法确定电荷参数，把新得到的力场命名为 Dreiding-RESP。

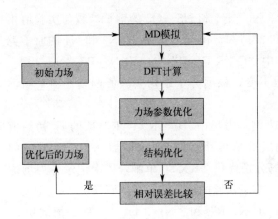

图 4-24　分子力场校正流程图

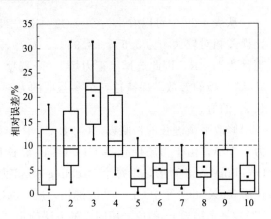

图 4-25　**Dreiding 力场优化 TKX-50 晶格参数和密度的相对误差箱线图**

1—Gasteiger；2—QEq；3—Mulliken；4—NPA；

5—CM5；6—Hirshfeld；7—ADCH；

8—MK；9—CHELPG；10—RESP

确定电荷参数后，接着修正力场分子内参数，使用 Dreiding-RESP 力场优化 TKX-50 分子，将优化后的键长等参数与实验数据进行比较，选出误差较大的参数。保持参数项的力常数不变，根据分子结构调整平衡键长等参数。在这里很容易将实验数据设置为平衡值，但这可能会过度拟合相互作用，从而导致整体结构的变化，所以选择正确的平衡距离可能需要一些猜测。

Dreiding 力场中用于计算键长项的公式如式(4-6) 所示：

$$E=\frac{1}{2}K_r(r-r_0)^2 \tag{4-6}$$

式中，K_r 为键长项的力常数；r_0 为平衡键长。保持力常数 K_r 不变，在修改平衡键长 r_0 之前，使用 Dreiding-RESP 力场对 TKX-50 单胞进行结构优化，表 4-29 列出了 Dreiding-RESP 力场优化后 TKX-50 分子内键长参数与实验值的比较。

表 4-29　**Dreiding-RESP 力场优化后的键长参数与实验值的比较**

键长	实验/Å	Dreiding-RESP/Å	误差/％
C1—C2	1.449	1.399	3.45
C1—N1	1.340	1.341	−0.07

键长	实验/Å	Dreiding-RESP/Å	误差/%
C1—N4	1.336	1.345	−0.67
N1—N2	1.343	1.290	3.95
N2—N3	1.309	1.296	0.99
N3—N4	1.358	1.293	4.79
N1—O1	1.325	1.318	0.53
N5—O2	1.409	1.368	2.91

从表 4-29 中可以看出，C1—C2、N1—N2、N3—N4 和 N5—O2 的键长参数与实验值相比误差相对较大，为 3.5%、3.95%、4.79% 和 2.91%。由于 N1、N2、N3 和 N4 的原子类型都为 N＿R，因此选择修正力场 bond 选项卡中 "C＿R C＿R" "N＿R N＿R" "N＿3 O＿3" 这三项的参数。保持这三个参数项的力常数不变，根据分子结构实验值调整三项平衡键长 r_0 的值。

修改平衡键长的步骤以 "C＿R C＿R" 项为例，力场中 "C＿R C＿R" 项的 r_0 初始值为 1.39Å，由于力场优化后 C1—C2 的键长比实验值偏小，使 r_0 每增加 0.005 生成新的 Dreiding-bond 力场，用每个 Dreiding-bond 力场分别优化 TKX-50 单胞，依次记录各力场优化后 TKX-50 分子中 C1—C2 的键长，从中选择出靠近实验的键长结果，从而确定 "C＿R C＿R" 项平衡键长 r_0 的值。用同样的方法确定 "N＿R N＿R" 和 "N＿3 O＿3" 项平衡键长 r_0 的值。改变 r_0 的各力场优化 TKX-50 后 C1—C2、N1—N2、N3—N4 和 N5—O2 的键长变化如图 4-26 所示。

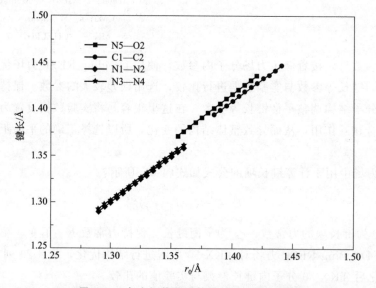

图 4-26　各力场优化后的键长值（见彩图）

图 4-26 中的横坐标为 Dreiding 力场中键长项的平衡键长 r_0，"C＿R C＿R" "N＿R N＿R" "N＿3 O＿3" 的 r_0 初始值分别为 1.39Å、1.29Å、1.352Å。纵坐标为改变 r_0 的各力场优化单胞后，TKX-50 分子中 C1—C2、N1—N2、N3—N4、N5—O2 的键长值。从图 4-26 中可

以看出，力场优化后四个键的键长与力场中平衡键长 r_0 的改变趋势相同，平衡键长 r_0 增大，优化后对应原子类型之间的键长就增大。根据表 4-29 中 TKX-50 四个键长的实验数据，选出三个参数项 r_0 的值，在图 4-26 中显示为四条线上的红色点。三个键伸缩项参数修改如下：

"C _ R C _ R"：$r_0 = 1.43\text{Å}$，$K_r = 1050\text{kcal/mol}$；

"N _ R N _ R"：$r_0 = 1.315\text{Å}$，$K_r = 1050\text{kcal/mol}$；

"N _ 3 O _ 3"：$r_0 = 1.39\text{Å}$，$K_r = 700\text{kcal/mol}$。

此时，修改键伸缩项后的力场命名为 Dreiding-RESP-bond。

Dreiding 力场中用于计算键角项的公式如式（4-7）所示：

$$E = \frac{1}{2}K_\theta(\theta - \theta_0)^2 \tag{4-7}$$

式中，K_θ 为键角项的力常数；θ_0 为平衡键角。保持力常数 K_θ 不变，在修改平衡键角 θ_0 之前，使用 Dreiding-RESP-bond 力场对 TKX-50 单胞进行结构优化，表 4-30 列出了 Dreiding-RESP-bond 力场优化后 TKX-50 分子内键角参数与实验值的比较。

表 4-30　Dreiding-RESP-bond 力场优化后的键角参数与实验值的比较

键角	实验/(°)	Dreiding-bond/(°)	误差/%
C2—C1—N1	124.407	126.304	−1.52
C2—C1—N4	126.865	126.102	0.60
N1—C1—N4	108.726	107.594	1.04
C1—N1—N2	108.592	107.794	0.73
C1—N1—O1	129.285	128.398	0.69
N2—N1—O1	122.119	123.808	−1.38
N1—N2—N3	106.483	108.443	−1.84
N2—N3—N4	110.905	108.878	1.83
N3—N4—C1	105.292	107.289	−1.90

从表 4-30 中可以看出键角的误差都比较小，$\angle$N3—N4—C1 的误差最大，为 −1.90%，因此选择修正 "X N _ R X" 项参数，保持力常数不变，根据分子结构调整平衡键角 θ_0 的值。力场中 "X N _ R X" 项的初始 θ_0 值为 120°，由于力场优化后 $\angle$N3—N4—C1 的键角值为 107.289°，比实验值 105.292° 偏大，所以使 θ_0 每减小 1° 生成新的 Dreiding-angle 力场，用各 Dreiding-angle 力场分别优化 TKX-50 单胞，比较优化后的各单胞中的 TKX-50 分子键角与实验值的误差，为了了解改变 "X N _ R X" 参数后其他 N _ R 原子类型键角值的变化，选取 $\angle$N1—N2—N3、$\angle$N2—N3—N4 和 $\angle$N2—N1—O1 三个键角进行比较，结果如图 4-27 所示。

图 4-27 中的横坐标为改变 "X N _ R X" 参数项的平衡键角 θ_0，纵坐标为改变 θ_0 后四个键键角值的变化。从图 4-27 中可以看出，随着 θ_0 的减小，四个角的键角值逐渐靠近表 4-30 中的实验值，当 θ_0 为 110° 时，四个键角的值都接近于实验值，在图 4-27 中显示为四条线上红色的点。一个键弯曲项的参数修改如下：

"X N _ R X"：$\theta_0 = 110°$，$K_r = 100\text{kcal/mol}$。

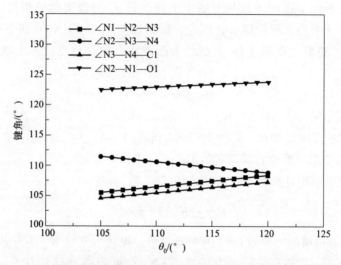

图 4-27　各力场优化后的键角值（见彩图）

此时，修改键角弯曲项后的力场命名为 Dreiding-RESP-bond-angle。

Dreiding 力场中用于计算二面角扭转项的公式如式（4-8）所示：

$$E = \frac{1}{2} \sum_j \left\{ B_j \left(1 - d_j \cos \left[n_j \phi \right] \right) \right\} \tag{4-8}$$

式中，B 为旋转能垒；d_j 为相因子；n 为周期性参数；ϕ 为两个面的夹角。由于 TKX-50 分子结构的特殊性，选择了非共向的二面角 $\angle$N1—C1—C2—N9 和 $\angle$H2—O2—N5—H3 做拟合，对应修正 "X　C_R　C_R　X" 和 "X　O_3　N_3　X" 的参数项，分别计算 TKX-50 分子中 $(C_2O_2N_8)^{2-}$ 阴离子和 $(NH_3OH)^+$ 阳离子的旋转构象能。使用两种方法计算，第一种是采用分子动力学方法扫描二面角 $\angle$N1—C1—C2—N9 和 $\angle$H2—O2—N5—H3 从 $0°\sim360°$ 的构型和能量，步距为 $5°$，力场选择 Dreiding-RESP-bond-angle。计算产生了 72 个构型和能量。第二种是使用第一性原理方法（QM）计算第一种方法产生的 72 个构型的能量。最后，结果绘制于图 4-28（a）和图 4-29（a）。

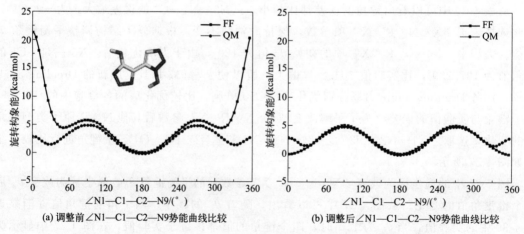

(a) 调整前 $\angle$N1—C1—C2—N9 势能曲线比较　　(b) 调整后 $\angle$N1—C1—C2—N9 势能曲线比较

图 4-28　$\angle$N1—C1—C2—N9 力场参数调整前后 FF 与 QM 的势能曲线比较

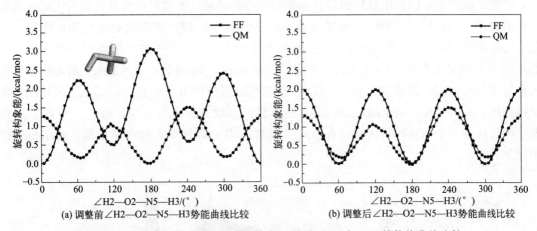

图 4-29　∠H2—O2—N5—H3 力场参数调整前后 FF 与 QM 的势能曲线比较

图 4-28 的横坐标为二面角∠N1—C1—C2—N9 的 72 个旋转构型，纵坐标为两种方法计算出的旋转构象能。从图 4-28(a) 中可以看出 QM 和 FF 的势能曲线走向大致相同，能量势垒差别较大，QM 的能量势垒为 2kcal/mol，FF 的能量势垒为 21kcal/mol。所以根据 QM 所得结果调整力场的 "X　C_R　C_R　X" 扭转项的旋转能垒参数，使 FF 的能量势垒接近 QM，调整参数后的结果如图 4-28(b) 所示，可以看出 FF 调整后的势能曲线和能量势垒与 QM 相比误差很小。定义参数如下：

"X　C_R　C_R　X"：$B = 5\text{kcal/mol}$，$d = 1$，$n = 2$。

图 4-29 的横坐标为二面角∠H2—O2—N5—H3 的 72 个旋转构型，纵坐标为两种方法计算出的旋转构象能。从图 4-29(a) 中可以看出 QM 和 FF 的势能曲线走向相反，能量势垒也有差别，QM 的能量势垒为 1.5kcal/mol，FF 的能量势垒为 3kcal/mol。所以根据 QM 所得结果调整力场的 "X　O_3　N_3　X" 扭转项的相因子和旋转能垒参数，调整完的结果如图 4-29(b) 所示。定义参数如下：

"X　O_3　N_3　X"：$B = 2\text{kcal/mol}$，$d = 1$，$n = 3$。

此时，修改二面角扭转项后的力场命名为 Dreiding-RESP-bond-angle-torsion。

最后是分子间参数的确定，利用 IRI 方法[65] 对 TKX-50 中的相互作用进行分析，通过函数的等值面来展现相互作用区域，可以同时展现化学键和弱相互作用区域。并将 $\text{sign}(\lambda_2)\rho$ 函数通过不同颜色投影到 IRI 等值面上来区分不同区域的作用强度和特征。不同作用类型的 IRI 等值面颜色和相对应的特征数值如图 4-30 所示。

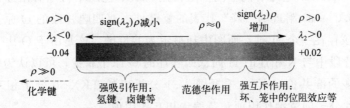

图 4-30　不同作用类型的 IRI 等值面颜色和相对应的特征数值（见彩图）

从图 4-30 中可以看出，使用不同颜色区分了不同相互作用类型，并且在同一颜色区域中，颜色越深表示它们之间的相互作用越强。绿色区域代表以色散作用为主的范德华相互作用，红色区域代表空间位阻效应的强互斥作用，蓝色区域代表以静电相互作用为主的氢键等强吸引作用，当作用区域的电子密度显著小于－0.04a.u. 时，说明此处为化学键作用。根据上述理论，图 4-31 绘制了采用 IRI 分析方法分析 TKX-50 分子的等值面图和散点图。在散点图中 x 轴定义在－0.4～0.1a.u. 之间，代表 $sign(\lambda_2)\rho$ 函数。在 0.00a.u 附近的区域代表范德华相互作用，其左侧大于－0.4a.u. 区域代表氢键作用，小于－0.04a.u. 区域代表化学键作用，右侧区域代表空间位阻效应。将填色图与散点图进行对应，每一个垂直于 x 轴的"峰"代表一个相互作用区域，且"峰"所对应的 x 值越大，散点越密集，表示相互作用越强。

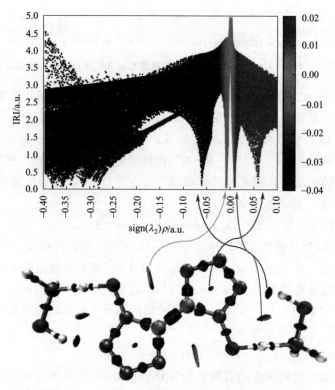

图 4-31 TKX-50 的 IRI 填色等值面图和散点图（见彩图）

根据图 4-31，很容易在 TKX-50 分子中识别出大量的分子内共价键，对应散点图中－0.25～0.4a.u. 区域存在的"峰"。片段中间的范德华弱相互作用对应于 0.00a.u 附近的"峰"，还可以在 0.05a.u. 附近看到空间位阻作用，从填色图中可以看出红色区域位于双四唑环中。除了－0.05a.u. 附近的"峰"代表的氢键外，双四唑片段的 O 原子和羟胺片段的 H 原子之间还应该存在一个 H 键，而图中却显示为共价键。这是由于 O 比 N 具有更强的吸电子能力，羟胺片段中与 N 相连的 H 向双四唑环的 O 原子靠拢，可以认为它们之间形成了比其他氢键强得多的准共价键[66]。根据图 4-31 分析出的 TKX-50 分子相互作用类型和位置，修改力场中的分子间氢键作用项和范德华相互作用项。

孟李娅等[67] 通过 Bader 的 QTAIM 方法、从头算计算方法和 Critic2 方法分析了 TKX-50 晶体中的离子间氢键。图 4-32 显示了 TKX-50 晶体中的离子间氢键，从图 4-32 可以看出 TKX-50 晶体中离子间存在七种不同类型的氢键：三个 N—H···O，三个 N—H···N 和一个

O—H…O。氢键不仅在 $(C_2O_2N_8)^{2-}$ 阴离子和 $(NH_3OH)^+$ 阳离子之间存在，而且在相邻的 $(NH_3OH)^+$ 阳离子之间也存在。为了更清楚地展现这些氢键，图 4-32（a）显示了 $(C_2O_2N_8)^{2-}$ 阴离子周围的所有氢键，一个 $(C_2O_2N_8)^{2-}$ 阴离子被八个 $(NH_3OH)^+$ 阳离子包围，形成十个氢键。图 4-32（b）显示了 $(NH_3OH)^+$ 阳离子周围的所有氢键，形成八个氢键。

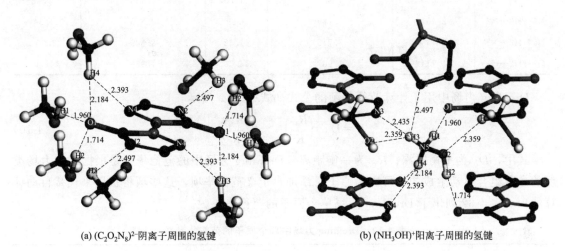

(a) $(C_2O_2N_8)^{2-}$ 阴离子周围的氢键　　　　(b) $(NH_3OH)^+$ 阳离子周围的氢键

图 4-32　TKX-50 晶体中离子间氢键

Dreiding 力场中用于计算氢键项的公式如式（4-9）所示：

$$E = D_0 \left[5\left(\frac{R_0}{R}\right)^{12} - 6\left(\frac{R_0}{R}\right)^{10} \right] \cos^4 \phi \tag{4-9}$$

式中，D_0 为平衡阱深；R_0 为平衡距离。保持平衡阱深 D_0 不变，在修改平衡距离 R_0 之前，使用 Dreiding-RESP-bond-angle-torsion 力场对 TKX-50 单胞进行结构优化。力场中初始参数为 "X　X：$R_0 = 4$Å"，根据表 4-31 列出的七种氢键的键长修正力场的氢键项，N5—H4…O1、N5—H1…O1、O2—H2…O1 和 N5—H3…O2 的键长为 2.184、1.960、1.714 和 2.359，增加了对应的 "H　A　O_3" 项。N5—H4…N4、N5—H3…N2 和 N5—H3…N3 的键长为 2.393、2.497 和 2.435，增加了对应的 "H　A　N_R" 项。定义参数如下：

"X　X"：$D_0 = 4$kcal/mol，$R_0 = 2$Å；

"H　A　O_3"：$D_0 = 4$kcal/mol，$R_0 = 2$Å；

"H　A　N_R"：$D_0 = 4$kcal/mol，$R_0 = 2.4$Å。

此时，修改氢键作用项后的力场命名为 Dreiding-RESP-bond-angle-torsion-H。表 4-31 给出了力场参数修改前后 TKX-50 晶体中的离子间氢键几何参数的对比。从表中的误差可以看出，修改氢键作用项后氢键的键长误差大多都减小。

表 4-31　TKX-50 晶体中的离子间氢键几何参数

D—H…A	H…A/Å	Dreiding-RESP-bond-angle-torsion/Å	误差/%	Dreiding-RESP-bond-angle-torsion-H/Å	误差/%
N5—H4…O1	2.184	3.047	39.51	2.180	−0.18

续表

D—H···A	H···A/Å	Dreiding-RESP-bond-angle-torsion/Å	误差/%	Dreiding-RESP-bond-angle-torsion-H/Å	误差/%
N5—H1···O1	1.960	2.910	48.47	2.128	8.57
N5—H4···N4	2.393	4.223	76.47	2.424	1.30
N5—H3···O2	2.359	1.993	−15.52	2.136	−9.45
N5—H3···N2	2.497	2.729	9.29	2.855	14.34
N5—H3···N3	2.435	2.713	11.42	2.509	3.04
O2—H2···O1	1.714	1.967	14.76	1.966	14.70

Dreiding 力场中用于计算范德华项的公式如式（4-10）所示：

$$E = D_0 \left[\left(\frac{R_0}{R} \right)^{12} - 2 \left(\frac{R_0}{R} \right)^6 \right] \tag{4-10}$$

式中，D_0 为平衡阱深；R_0 为平衡距离。Dreiding 力场中的范德华项是根据每种力场类型的参数组合自动生成的，可以为原子对添加自定义范德华项，这些项将被用来代替自动计算的项。表 4-32 列出了 Dreiding 力场单个原子的范德华参数。

表 4-32　Dreiding 力场中单个原子的范德华参数

项目	原子	范德华参数	D_0/(kcal/mol)	R_0/Å
C_R	C	LJ_12_6	0.0951	3.8983
H_A	H	LJ_12_6	0.0001	3.195
N_3	N	LJ_12_6	0.0774	3.6621
N_R	N	LJ_12_6	0.0774	3.6621
O_3	N	LJ_12_6	0.0957	3.4046

参数组合通常使用算术平均值计算。根据相互作用图 4-31，为 O_3 和 N_R 原子对添加自定义范德华项，计算出"O_3　N_R"：$D_0 = 0.086$kcal/mol，$R_0 = 3.53$Å；将这一项加入 Dreiding-RESP-bond-angle-torsion-H 力场中，重新优化 TKX-50 单胞，修改范德华项参数前后晶胞参数的误差对比列入表 4-33，从表 4-33 可以看出修改范德华项参数后晶胞参数 a 和 b 的误差有所减小。最后，将修改完的力场命名为 Dreiding-TKX-50-CFDL。

表 4-33　TKX-50 晶胞参数的误差绝对值对比

项目	实验	Dreiding-RESP-bond-angle-torsion-H	Dreiding-TKX-50-CFDL
a/nm	0.544	0.572(5.15%)	0.571(4.96%)
b/nm	1.175	1.165(0.9%)	1.165(0.85%)
c/nm	0.656	0.671(2.29%)	0.671(2.29%)
β/(°)	95.07	94.281(0.83%)	94.178(0.94%)

基于 Dreiding-TKX-50-CFDL 力场对 TKX-50 晶胞进行结构优化并同实验结果对比来验证参数的可靠性。同时与 MS 中原有力场和其他人研究 TKX-50 使用过的力场进行对比。不同力场计算出的 TKX-50 晶胞参数与实验的误差绝对值对比列于表 4-34。从表 4-34 可以看出，原始的 Dreiding 力场优化后晶胞参数 a 和 b 的误差绝对值为 13.23% 和 13.23%，

CVFF 力场优化后晶胞参数 b 的误差绝对值为 11.15%，COMPASS 力场优化后晶胞参数 a、b 和 β 的误差绝对值为 56.06%、25.02% 和 13.23%，这些误差绝对值都大于 10%，不适用于 TKX-50 的模拟计算。本节修改后的 Dreiding-TKX-50-CFDL 力场晶胞参数 a 和 b 的误差绝对值下降到 4.96% 和 0.85%，本课题组使用 RESP 方法修改电荷参数和 COMPASS 力场赋予 TKX-50 的原子类型后，TKX-50 的晶胞参数误差都下降到了 5% 以下[13]。Song 等[68]使用 COMPASS 力场模拟后晶胞参数误差绝对值也在 5% 以下。PCFF 力场优化后晶胞参数 c 和 β 的误差绝对值为 6.95% 和 5.62%，使用 Mulliken 方法修改电荷参数后误差下降到了 5.03% 和 3.54%，但晶胞参数 b 的误差又上升到了 7.3%。综上所述，在原有力场基础上针对 TKX-50 做出修正的力场优化结果普遍更好。Dreiding-TKX-50-CFDL 力场和两种修改后的 COMPASS 预测的晶胞参数与实验结果吻合更好，优于原始的 Dreiding，以及 COMPASS、PCFF 和 CVFF 力场。Dreiding-TKX-50-CFDL 力场模拟的晶胞参数结果与实验值差别全部小于 5%，其中最大差异为 a 值，误差为 4.96%，其余参数误差全部小于 3%。

表 4-34　TKX-50 晶胞参数与实验的误差绝对值对比

项目	a/nm	b/nm	c/nm	β/(°)
实验	0.544	1.175	0.656	95.07
Dreiding	0.472(13.23%)	1.393(13.23%)	0.650(0.91%)	93.33(1.83%)
Dreiding-TKX-50-CFDL	0.571(4.96%)	1.165(0.85%)	0.671(2.29%)	94.178(0.94%)
CVFF	0.553(1.65%)	1.306(11.15%)	0.647(2.29%)	90.56(4.74%)
COMPASS	0.849(56.06%)	0.881(25.02%)	0.683(4.12%)	114.66(13.23%)
COMPASS-RESP[13]	0.552(1.47%)	1.126(4.17%)	0.658(0.30%)	94.11(1.01%)
COMPASS[69]	0.526(3.31%)	1.175(1.62%)	6.46(1.52%)	95.03(0.04%)
PCFF[14]	0.567(4.21%)	1.118(4.88%)	0.611(6.95%)	100.41(5.62%)
PCFF-Mulliken[12]	0.545(0.18%)	1.089(7.30%)	0.623(5.03%)	98.44(3.54%)

同时也对 Dreiding-TKX-50-CFDL 和 COMPASS-Hirshfeld 力场计算得到的键长、键角和二面角结果与实验晶胞参数进行了比较，结果列于图 4-33。从图 4-33（a）和（b）中可以看出，Dreiding-TKX-50-CFDL 力场的键长和键角优化结果与实验值更为接近，从图 4-33（c）中可以看出，Dreiding-TKX-50-CFDL 力场和 COMPASS-Hirshfeld 力场的二面角优化结果都与实验值较为接近，COMPASS-Hirshfeld 力场计算出的其中一个二面角的值与实验值相差约 $50°$。综上所述，Dreiding-TKX-50-CFDL 力场得到的计算结果更接近实验值，可以更好地描述 TKX-50 分子的键长、键角和二面角。

4.2.8　小结

本节采用理论计算的方法，研究了不同溶剂模型对 TKX-50 分子结构的影响，预测了 TKX-50 的真空形貌，并对重要生长晶面进行了分析，预测了不同溶剂对 TKX-50 结晶形貌的影响，并且对比了不同理论模型预测溶剂中 TKX-50 晶体形貌的区别。本节的目的之一在于筛选适用于 TKX-50 结晶的溶剂，为 TKX-50 晶形控制提供理论依据，进而缩短研究周期，为低感 TKX-50 的研制提供参考。并且验证不同理论模型对研究体系的适用性，为其他材料的形貌预测提供更多、更精确的方法和参考。具体结论如下：

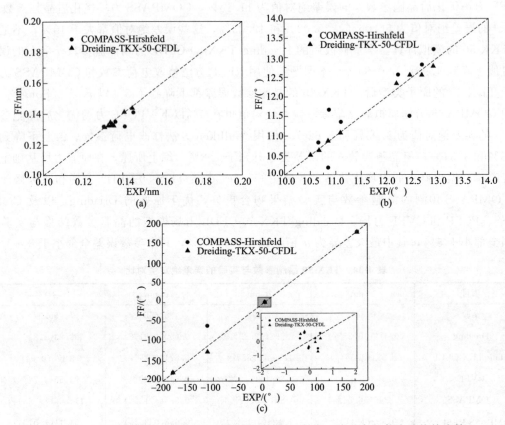

图 4-33　力场优化后 TKX-50 分子键参数（键长、键角、二面角）与实验值的比较

① 与气相中相比，溶剂相中 TKX-50 的分子构型受到了部分影响，其中，溶剂效应对 TKX-50 的 C—N、N—N 高能键的影响较小，对唑环上由 N 原子为中心参与形成的键角、二面角影响较小。自然电荷布居分析表明，在溶剂环境中，负电荷主要转移到了 TKX-50 分子骨架上的 N 原子和羟铵阳离子的 O 原子上，而正电荷主要集中在 TKX-50 分子骨架上与 O 原子连接的 N 原子以及部分 H 原子上。此外，TKX-50 分子的 HOMO 主要集中在联四唑环的骨架上，包括骨架上的 O 原子；LUMO 主要集中在桥连四唑环的 C—C 键上。与气相中相比，TKX-50 在溶剂相中带隙增大，因此活性降低，不容易发生反应。在气相中，电子的主要定域区域集中在 TKX-50 分子联四唑骨架的 N 原子上，以及羟基 H 原子上。溶剂相中，电子的分布不均匀，相比于气相，电子的定域化程度降低。由此推测溶剂效应会降低 TKX-50 分子的电子定域化，对 TKX-50 分子的电子分布造成很大的影响。

② PCFF 力场是模拟 TKX-50 晶体和分子的最佳力场。真空下 TKX-50 的晶体生长形态主要是由（0 2 0）、（1 0 0）、（0 1 1）、（1 1 0）、（1 1 −1）和（1 2 −1）晶面组成，纵横比为 1.98。其中，（0 1 1）晶面具有最强的形态重要性，（1 1 −1）晶面的生长速率最快，趋向于消失。PBC 分析表明，TKX-50 每个晶面都属于 PBC 理论中的平坦面。对晶面结构的分析表明，（1 1 0）晶面的结构最粗糙，因此（1 1 0）晶面可能会与溶剂分子产生较强的吸附作用。（1 0 0）晶面是最平坦的。

③ 对于所有的溶剂体系，（1 2 −1）晶面都具有最负的 E_{int} 值，溶剂作用更容易抑制 TKX-50（1 2 −1）晶面的生长。在 EG 溶剂体系中，（0 2 0）和（0 1 1）晶面趋向于减少

或消失。在 DMF 溶剂体系中，（0 1 1）晶面趋向于减少或消失。在 FA/H$_2$O 混合溶剂体系中，（0 2 0）晶面趋向于减小或消失。径向分布函数的分析表明，TKX-50 晶面与溶剂分子之间主要存在氢键、范德华相互作用和静电相互作用，其中，晶面上的 N、O 原子和溶剂分子的 H 原子之间的作用占据主导。此外，氢键作用形式是 O—H…O，属于强氢键。TKX-50 在 EG 溶剂、DMF 溶剂、FA/H$_2$O 混合溶剂中的晶体形貌理论预测与实验结果有较好的吻合。不同溶剂对 TKX-50 晶体形貌的影响不同，纵横比不同，在 EG、DMF、H$_2$O、DM-SO、EtOH、TOL 溶剂中预测形貌的纵横比分别为 2.92、3.01、3.33、3.12、3.27、3.13。在体积比分别为 1∶4、1∶3、1∶2、1∶1 和 2∶1 的 FA/H$_2$O 混合溶剂中纵横比分别为 4.11、3.28、2.91、3.37 和 6.71。因此，在六种单溶剂体系中，EG 溶剂和 DMF 溶剂更有利于 TKX-50 的球形化。在混合溶剂体系中，体积比为 1∶2 时有利于 TKX-50 的球形化。对溶剂扩散性能的研究表明，DMF 溶剂分子的扩散系数要比 EG 溶剂分子的扩散系数大，说明相对于 EG 溶剂，DMF 溶剂分子更容易扩散到 TKX-50 晶面。在 FA/H$_2$O 混合溶剂体系中，分子的扩散系数相对比较大。随着 H$_2$O 分子比例的增加，混合溶剂分子的扩散系数有着上升的趋势。

④ 应用 MAE2 模型的计算结果表明，对于 EG 和 DMF 溶剂体系，溶剂作用更容易抑制 TKX-50（1 2 −1）晶面的生长。在 EG 溶剂体系中，（0 2 0）和（0 1 1）晶面趋向于减少或消失。在 DMF 溶剂体系中，（0 1 1）晶面趋向于减少或消失。应用占据率模型的计算结果表明，EG 溶剂对 TKX-50（0 1 1）晶面没有产生抑制，对（0 2 0）晶面的影响较弱，对（1 0 0）、（1 1 0）和（1 2 −1）晶面有着较强的抑制作用。DMF 溶剂对（0 2 0）和（0 1 1）晶面没有产生抑制，对（1 1 −1）晶面影响较弱，对（1 0 0）、（1 1 0）和（1 2 −1）晶面的影响与溶质分子对晶面的影响几乎一样。使用 MAE2 模型和占据率模型预测的 TKX-50 在 EG 和 DMF 溶剂中晶体形态与相对应的实验结果大体上是一致的，预测在 EG 溶剂中的纵横比分别为 2.78 和 2.58，预测在 DMF 溶剂中的纵横比分别为 2.77 和 2.98。使用 MAE1、MAE2 和占据率模型预测的溶剂中 TKX-50 形貌基本上比较相似。MAE1 是 MAE2 的一个特例，MAE2 更具有普遍性，适用性更强。此外，如果考虑溶液中溶质分子的作用，占据率模型比 MAE1 和 MAE2 更加适用。

⑤ 对 TKX-50 力场修正仿真结果表明，COMPASS 力场和 RESP 电荷适用于 TKX-50 分子动力学模拟。Dreiding-TKX-50-CFDL 力场能更准确地描述 TKX-50 晶体的结构。

4.3　HMX 晶体形貌预测

1,3,5,7-四硝基-1,3,5,7-四氮杂环辛烷（1,3,5,7-tetranitro-1,3,5,7-tetrazocane）也被称为奥克托今，代号为 HMX，是目前在军事上应用最普遍且整体性能最佳的炸药，由八元环的硝胺构成。相对于 TNT，HMX 的冲击敏感度更高，引爆也更容易，安全性能差，通常用作火箭推进剂和核武器的起爆。HMX 外观为白色晶体粉末，密度 1.902～1.905g/cm^3，熔点 276～280℃。HMX 晶体拥有四种不同类型的晶型，其中最常见的是 β-HMX，爆热 5673kJ/kg，爆速 9110m/s。HMX 具有良好的起爆性能，但是 HMX 比较敏感，这限制了 HMX 的广泛应用。因此，必须对 HMX 的结晶形貌进行调控，以增加 HMX 在工程应用中的安全性。

4.3.1 模拟细节与计算方法

通过 HMX 的单晶衍射数据[70]，可以得到 HMX 的晶胞结构参数。HMX 的晶胞参数如表 4-35 所示，并且在此基础上进行后续的计算。

表 4-35 HMX 的晶胞参数

晶胞	空间群	N	$a/\text{Å}$	$b/\text{Å}$	$c/\text{Å}$	$\alpha/(°)$	$\beta/(°)$	$\gamma/(°)$	$\rho/(\text{g/cm}^3)$
HMX	P21/n	2	6.53	11.04	7.36	90	102.67	90	1.96

HMX 晶体属于单斜晶系，空间群为 P21/n，单晶胞中存在两个 HMX 分子。HMX 的晶胞参数分别为 $a=6.53\text{Å}$，$b=11.04\text{Å}$，$c=7.36\text{Å}$，$\alpha=\gamma=90°$ 并且 $\beta=102.67°$，晶体的密度为 1.96g/cm^3。HMX 的单胞如图 4-34 所示。

本节使用 COMPASS、Dreiding、Universal、CVFF 和 PCFF 力场[71,77] 来进行模拟计算，使用不同力场分别对 HMX 晶胞进行弛豫。在模拟过程中，范德华相互作用[27] 选择 Atom-based，静电相互作用[28] 选择 Ewald。然后统计优化后晶胞参数的误差，并与优化前的晶胞参数比较，得出合适的力场，之后的模拟都基于此力场进行。

使用 MAE1 预测 HMX 在不同溶剂中的晶形，溶剂分子选择 DMSO、丙酮（AC）、二甲基乙酰胺（DMAC）、环戊酮、环己酮、吡啶、磷酸三乙酯（TP）和丙烯碳酸盐（PC）。接着使用 MAE2 模型和占据率模型来进一步预测 HMX 在 DMSO 溶剂

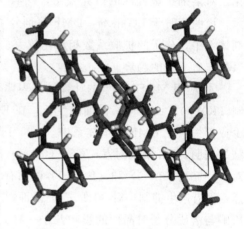

图 4-34 HMX 单胞结构图

中晶体形貌，然后对比实验，进一步验证三种模型的准确性。

然而除此之外，在晶体生长的过程中，温度也会改变晶体的生长形貌。Gao 等[78] 研究不同温度对过氧化丙酮二聚体（DADP）/1，3，5-三溴-2，4，6-三硝基苯（TBTNB）共晶的生长形貌，结果表明温度会改变其生长形貌。因此，在结晶过程中也需要考虑温度的影响，在占据率模型的基础上，建立 298K、318K、338K 及 358K 四个温度下的界面模型，然后进行分子动力学模拟，并进一步分析平均吸附能、质量密度分布和溶剂扩散能力，基于分子动力学模拟结果分析温度变化对晶面的影响。

4.3.2 真空中 HMX 晶体形貌的预测

4.3.2.1 力场的选择

本书采用最稳定的 β-HMX 晶体进行研究。β-HMX 取自剑桥晶体结构数据库（Ref-Code：OCHTET17）。为寻找准确的力场来描述 HMX 晶胞，使用不同的力场对 HMX 晶胞进行优化。为了对比不同力场的准确性，采用均方根（RMS，δ）研究力场优化后晶胞参数的误差，公式如下：

$$\delta = \sqrt{\frac{\sum d_i^2}{n}}$$

（4-11）

晶格参数的误差用 d_i 表示，晶格参数的个数用 n 表示。

表 4-36 给出了在 COMPASS、Dreiding、Universal、CVFF 和 PCFF 力场下 HMX 晶胞参数的实验值以及优化值。通过比较晶格参数的误差和 δ 值，发现 COMPASS 和 Dreiding 的力场计算的误差比较小。COMPASS 力场优化结果误差最高的是 b 轴，误差为 6.34%。Dreiding 力场优化结果误差最高的是 β，误差为 4.42%。COMPASS 和 Dreiding 力场优化的 δ 值分别为 0.04 和 0.03。通过综合考虑晶格参数的误差、δ 值以及参考文献，在接下来的模拟中使用 COMPASS 力场进行计算。

表 4-36　HMX 晶格常数优化结果及 δ

力场	晶格参数	实验值	优化值	误差/%	δ
COMPASS	$a/\text{Å}$	6.53	6.47	0.92	
	$b/\text{Å}$	11.04	10.34	6.34	
	$c/\text{Å}$	7.36	7.62	3.53	0.04
	$\beta/(°)$	102.67	101.51	1.13	
Dreiding	$a/\text{Å}$	6.53	6.67	2.14	
	$b/\text{Å}$	11.04	11.45	3.71	
	$c/\text{Å}$	7.36	7.46	1.36	0.03
	$\beta/(°)$	102.67	98.13	4.42	
Universal	$a/\text{Å}$	6.52	6.77	3.83	
	$b/\text{Å}$	11.04	10.98	0.54	
	$c/\text{Å}$	7.36	7.88	7.07	0.05
	$\beta/(°)$	102.67	95.96	6.54	
CVFF	$a/\text{Å}$	6.53	6.52	0.16	
	$b/\text{Å}$	11.04	11.17	1.18	
	$c/\text{Å}$	7.36	7.83	6.39	0.04
	$\beta/(°)$	102.67	96.89	5.63	
PCFF	$a/\text{Å}$	6.53	6.08	6.89	
	$b/\text{Å}$	11.04	10.81	2.08	
	$c/\text{Å}$	7.36	8.56	16.30	0.10
	$\beta/(°)$	102.67	95.41	7.07	

4.3.2.2　BFDH 模型预测

BFDH 模型预测的 HMX 晶体在真空中的形貌如图 4-35 所示，从图 4-35 中可以得出，

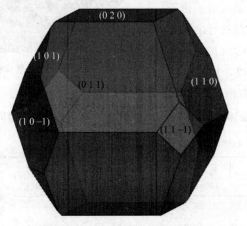

图 4-35　真空中 HMX 晶体的 BFDH 模型形貌图

真空中 HMX 有 6 个重要生长面，分别为（0 1 1）、（1 1 0）、（1 0 −1）、（0 2 0）、（1 1 −1）和（1 0 1），纵横比是 1.42。

BFDH 模型计算的真空中 HMX 晶面参数列于表 4-37，由表 4-37 可知，（0 1 1）晶面是最大的习性面，面积比 43.34%；（1 1 0）面是第二大习性面，面积比 30.54%；（1 0 1）晶面的面积比最小，只有 2.24%。

表 4-37　BFDH 模型计算的 HMX 晶习参数

（h k l）	multiplicity	d_{hkl}/Å	面积比/%
（0 1 1）	4	6.06	43.34
（1 1 0）	4	5.40	30.54
（1 0 −1）	2	5.39	11.51
（0 2 0）	2	5.17	9.60
（1 1 −1）	4	4.78	2.77
（1 0 1）	2	4.42	2.24

4.3.2.3　AE 模型预测

科研人员已经通过 AE 模型预测了真空中 HMX 晶体的形貌[79]。从图 4-36 可得，HMX 的重要生长面包括（0 1 1）、（1 1 0）、（1 0 −1）、（0 2 0）和（1 0 1）晶面，形状呈扁平状，纵横比是 1.96。

由表 4-38 可以得知，通过 AE 模型所预测的 HMX 晶体在真空中的重要生长面是（0 1 1）、（1 1 0）、（1 0 −1）、（0 2 0）和（1 0 1）晶面，其中面积比最大的是（0 1 1）晶面，面积比为 57.69%；面积比最小的是（1 0 −1）晶面，仅为 1.20%。附着能绝对值最大的是（1 0 −1）晶面，为 −56.74kcal/mol。附着能绝对值最小的是（0 1 1）晶面，仅为 −29.42kcal/mol。附着能数值是负数，代表放热过程。又因为晶面附着能的绝对值正比于晶面的生长速率，因此 HMX 晶面相对生长速率由大到小的排序为（1 0 −1）＞（1 0 1）＞（1 1 0）＞（0 2 0）＞（0 1 1）。所以，在真空中 HMX 晶体中的（0 1 1）晶体表面具有最大的形态重要性，而（1 0 −1）晶体表面具有最低的形态重要性，最终趋向于消失。

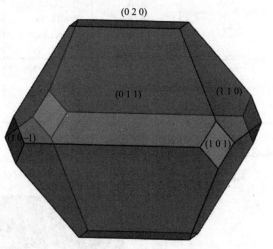

图 4-36　真空中 HMX 晶体的 AE 模型形貌图

表 4-38　真空中 HMX 重要生长面参数

（h k l）	multiplicity	d_{hkl}/Å	E_{att}(Tol) /(kcal/mol)	E_{att}(vdW) /(kcal/mol)	E_{att}(Elect) /(kcal/mol)	R_{hkl}	面积比/%
（0 1 1）	4	6.06	−29.42	−17.44	−11.98	1.00	57.69
（1 1 0）	4	5.40	−39.96	−20.82	−19.14	1.36	33.61

续表

$(h\,k\,l)$	multiplicity	d_{hkl}/Å	E_{att}(Tol) /(kcal/mol)	E_{att}(vdW) /(kcal/mol)	E_{att}(Elect) /(kcal/mol)	R_{hkl}	面积比/%
$(1\,0\,-1)$	2	5.39	−56.74	−25.43	−31.31	1.93	1.20
$(0\,2\,0)$	2	5.17	−39.66	−20.65	−19.00	1.35	6.06
$(1\,0\,1)$	2	4.42	−46.56	−21.89	−24.67	1.58	1.43

使用 BFDH 模型预测的 HMX 晶体在真空中的晶面是（0 1 1）、（1 1 0）、（1 0 −1）、（0 2 0）、（1 1 −1）和（1 0 1），其面积比最大的是（0 1 1）晶面，而面积比最小的是（1 0 1）晶面。使用 AE 模型预测的 HMX 晶体在真空中的晶面是（0 1 1）、（1 1 0）、（1 0 −1）、（0 2 0）和（1 0 1），其中面积比最大的是（0 1 1）晶面，而面积比最小的是（1 0 1）晶面。两种不同的模型预测结果都包括（0 1 1）、（1 1 0）、（1 0 −1）、（0 2 0）和（1 0 1）晶面，与 BFDH 模型相比，AE 模型预测结果少了（1 1 −1）晶面，而且（0 1 1）和（1 1 0）晶面的面积比增加，（1 0 −1）、（0 2 0）和（1 0 1）晶面的面积比则减小。AE 模型考虑了分子间键链相互作用以及生长过程中所需的能量，有助于更为准确地预测 HMX 晶体在真空中的形貌。

4.3.2.4　PBC 分析

PBC 理论表明，不同晶面能量与垂直的强键数量呈正相关。晶面上的强键数量越多，代表晶面的键能越强。本节通过计算 HMX 晶胞内的分子基团间相互作用，研究 HMX 晶胞上的 PBC 对晶胞生长的影响。

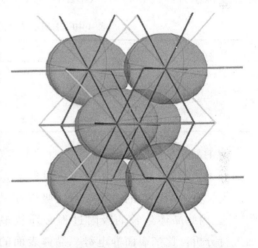

HMX 晶体的 PBC 矢量绘制于图 4-37。椭球代表晶胞中 HMX 分子的位置，而 PBC 键的能量则由不同颜色的线所表示，不同颜色与作用力之间的关系列于表 4-39 中。红线代表能量较小的键，值为 −3.30kJ/mol；蓝线代表能量较大的键，值为 −10.17kJ/mol。由 PBC 理论可以得知，HMX 分子沿着蓝线方向生长速率比红线方向快。

图 4-37　HMX 晶体的 PBC 矢量（见彩图）

表 4-39　HMX 分子间相互作用大小和其对应的颜色

颜色	蓝色	黄色	绿色	红色
键长/Å	6.47	7.53	7.63	6.84
键能/(kJ/mol)	−10.17	−5.74	−5.25	−3.30

4.3.2.5　HMX 晶面结构

通过分析不同晶面的表面生长结构来更好地了解溶剂分子在不同重要生长面上的吸附效果。HMX 的分子排列以及 Connolly 表面列于图 4-38。晶体表面上的蓝色网格是 Connolly 表面。

由图 4-38 可知，最粗糙的表面是（1 0 −1），其主要原因是硝基垂直暴露于（1 0 −1）晶体表面，暴露的硝基会与其他 HMX 分子的氢和氧原子作用，从而导致（１０－１）晶体表面非常粗糙。对比（１０－１）晶面，（０２０）、（１１０）和（０１１）晶面相对光滑，它们的硝基暴露在表面上的程度不同。然而（１０１）是最光滑的表面，因为（１０１）晶面的硝基平行于表面。

从表 4-40 中可以看出，（０１１）、（１１０）、（１０－１）、（０２０）和（１０１）的 S 值分别为 1.21、1.30、1.67、1.31 和 1.11。可以看出，（１０－１）平面的 S 值是五个主平面中最大的，说明（１０－１）平面非常粗糙。（１０１）晶面的 S 值最小，这意味着

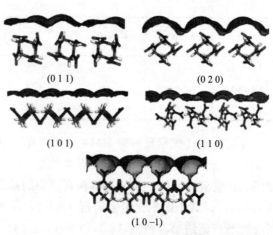

图 4-38　HMX 重要晶面的分子堆积结构（见彩图）

与其他晶面相比，（１０１）晶面是最平坦的。可以得出（１０－１）面最容易吸附溶剂分子，而（１０１）面则最不易吸附溶剂分子。通过分析 S 值，可以得出 HMX 晶体 5 个晶面的粗糙程度排序为：（１０－１）＞（０２０）＞（１１０）＞（０１１）＞（１０１）。

表 4-40　HMX 晶面的溶剂可及面积和表面面积

$(h k l)$	$(0 1 1)$	$(1 1 0)$	$(1 0 -1)$	$(0 2 0)$	$(1 0 1)$
$A_{acc}/\text{Å}^2$	99.69	120.32	155.58	63.33	126.01
$A_{hkl}/\text{Å}^2$	82.52	92.47	92.65	48.33	113.10
S	1.21	1.30	1.67	1.31	1.11

由 HMX 晶体结构可得，（１０－１）晶体表面最粗糙，因此能够高效地吸附溶质分子和溶剂分子。但是，仅仅分析表面结构是无法判断晶面更容易吸附溶质分子还是溶剂分子。晶体的生长是一个复杂的过程，溶质吸附在晶体的表面需要对吸附在晶体表面的溶剂进行脱附[80]。因此晶体生长的吸附过程必须从多个方面进行分析，比如表面静电势、晶体表面的结构以及溶剂分子结构等。

4.3.2.6　指纹图

通常，含能材料中的—CH_2 基团中的 H 原子都能够和—NO_2 基团中的 O 原子形成氢键。所以 C—H···O 键在爆炸分子中很常见。分子内氢键可以有效地降低其势能，提升含能材料的热稳定性，提升含能材料的熔点。为了进一步研究 HMX 晶体内的相互作用，使用 Crystal Explorer 研究了 HMX 的紧密接触，HMX 的 Hirshfeld 表面绘制于图 4-39，HMX 的指纹图绘制于图 4-40。在

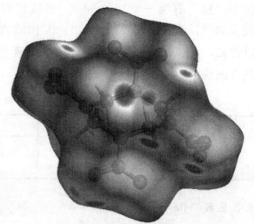

图 4-39　HMX 的 Hirshfeld 表面（见彩图）

图 4-39 中，红色区域分子间效应显著，而蓝色区域分子间效应则较弱。d_{norm} 描述了分子之

间相互作用的强度，它被定义为：

$$d_{norm} = \frac{d_i - r_i^{vdW}}{r_i^{vdW}} + \frac{d_e - r_e^{vdW}}{r_e^{vdW}} \qquad (4\text{-}12)$$

式中，d_i（d_e）为 Hirshfeld 表面上的特定位置到表面内（外）最近原子的距离；r_i^{vdW}（r_e^{vdW}）为 Hirshfeld 表面内（外）原子的范德华半径。

二维指纹是在 Hirshfeld 表面上生成的，可以定量分析各类原子之间的相互作用。从图 4-40 可以看出，相互作用的主要类型是 O···H/H···O，占 63.0%。左下方有两个尖峰，表示典型的 O···H/H···O 氢键接触。O···O、O···N/N···O 和 H···H 相互作用的比例分别为 20.7%、9.1% 和 4.0%，它们位于指纹的中间。此外，N···H/H···N 弱相互作用仅占 3.3%。由于 HMX 晶胞中存在大量的—NO₂ 和—CH₂，O···H/H···O 的接触比例最大。

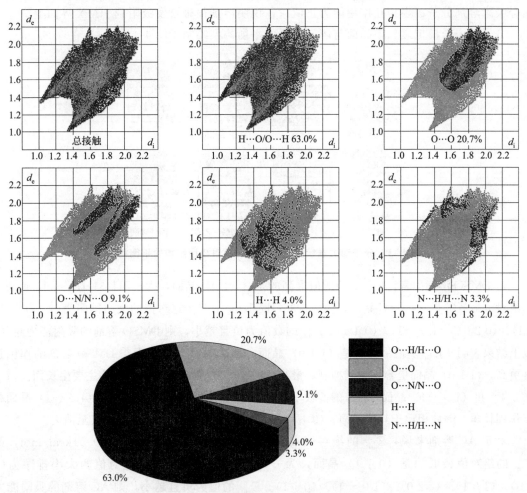

图 4-40　HMX 指纹图和不同相互作用占比

4.3.3　单溶剂中 HMX 晶体形貌预测

4.3.3.1　COMPASS 力场对溶剂分子的适用性

从上一节可以得知 COMPASS 力场可以很好地描述 HMX 晶体，但是 COMPASS 力场能否描述溶剂分子还有待验证。为了研究 COMPASS 力场对溶剂分子的适用性，采用分子动力学进行 NPT 模拟。溶剂密度的模拟结果列于表 4-41，由表 4-41 中可以看出，力场优化后溶剂密度的误差均小于 5%，说明 COMPASS 力场可以准确描述本节中所用到的溶剂。

表 4-41　溶剂密度的实验值和优化值对比　　　　　　　　　　单位：g/cm³

溶剂	二甲基亚砜	丙酮	二甲基乙酰胺	环戊酮	吡啶	环己酮	磷酸三乙酯	丙烯碳酸盐
实验值	1.10	0.79	0.94	0.95	1.01	0.95	1.07	1.20
COMPASS	1.12	0.81	0.95	0.98	1.05	0.99	1.11	1.18
相对误差/%	1.81	2.53	1.06	3.16	3.96	4.21	3.37	1.67

4.3.3.2　相互作用能

当相互作用能 E_{int} 为负值时，则表明溶剂与 HMX 晶面相互作用是放热过程，HMX 晶面会吸附溶剂分子；当相互作用能为正值时，说明溶剂很难自发吸附到 HMX 界面上。

分子动力学模拟之后，晶面与溶剂分子的平衡构型绘制于图 4-41。

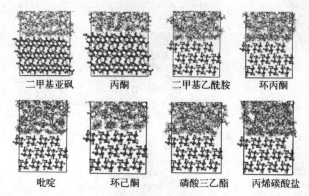

二甲基亚砜　　　丙酮　　　二甲基乙酰胺　　　环丙酮

吡啶　　　环己酮　　　磷酸三乙酯　　　丙烯碳酸盐

图 4-41　分子动力学模拟后溶剂分子吸附模型结构的平衡构型

对 DMSO 溶剂而言，E_{int} 的绝对值最高的是（1 1 0）晶面，为 −211.31kcal/mol，而 E_{int} 的绝对值最低的是（0 1 1）晶面，为 −123.71kcal/mol；E_{int} 绝对值的大小排序为（1 1 0）＞（1 0 1）＞（0 2 0）＞（1 0 −1）＞（0 1 1）。E_{int} 的数值为负且越小，则 DMSO 溶剂的吸附能力越强。以上结果表明，E_{int} 负值最大的是（1 1 0）晶面，因此（1 1 0）晶面与 DMSO 溶剂的作用强度更高，（1 1 0）晶面更容易受到抑制。最终，（1 1 0）晶面保留下来，成为主要生长面。对于（0 1 1）和（1 0 −1）晶面，E_{int} 的值较小，说明 DMSO 溶剂与（0 1 1）和（1 0 −1）晶面相互作用较弱，因此相比于其他晶面，（0 1 1）和（1 0 −1）晶面趋向于变小甚至消失。

对于 AC 溶剂来说，E_{int} 的绝对值最高的是（1 1 0）晶面，为 −229.51kcal/mol，而 E_{int} 的绝对值最低的是（0 1 1）晶面，为 −130.68kcal/mol；E_{int} 绝对值的大小排序为（1 1 0）＞（1 0 1）＞（0 2 0）＞（1 0 −1）＞（0 1 1）。E_{int} 的值为负且越小，则 AC 溶剂的吸附能力越强。以上结果表明，E_{int} 负值最大的是（1 1 0）晶面，因此（1 1 0）晶面与 AC 溶剂的作用强度更高，（1 1 0）晶面更容易受到抑制。最终，（1 1 0）晶面保留下来，成为主要生长面。对于（0 1 1）晶面，E_{int} 的值较小，说明 AC 溶剂与（0 1 1）晶面相互作用较弱，因此相比于其他晶面，（0 1 1）晶面趋向于变小或消失。

对于二甲基乙酰胺溶剂来说，E_{int} 的绝对值最高的是（1 1 0）晶面，为 −275.83kcal/mol，

而 E_{int} 的绝对值最低的是（0 1 1）晶面，为－152.89kcal/mol；E_{int} 绝对值的大小排序为（1 1 0）＞（1 0 1）＞（0 2 0）＞（1 0 −1）＞（0 1 1）。E_{int} 的值为负且越小，则二甲基乙酰胺溶剂的吸附能力越强。以上结果表明，E_{int} 负值最大的是（1 1 0）晶面，因此（1 1 0）晶面与二甲基乙酰胺溶剂的作用强度更高，（1 1 0）晶面更容易受到抑制。最终，（1 1 0）晶面保留下来，成为主要生长面。对于（0 1 1）晶面，E_{int} 的值较小，说明二甲基乙酰胺溶剂与（0 1 1）晶面相互作用较弱，因此相比于其他晶面，（0 1 1）晶面趋向于变小或消失。

对于环戊酮溶剂来说，E_{int} 的绝对值最高的是（1 1 0）晶面，为－240.15kcal/mol，而 E_{int} 的绝对值最低的是（0 1 1）晶面，为－147.02kcal/mol；E_{int} 绝对值的大小排序为（1 1 0）＞（1 0 1）＞（0 2 0）＞（1 0 −1）＞（0 1 1）。E_{int} 的值为负且越小，则环戊酮的吸附能力越强。以上结果表明，E_{int} 负值最大的是（1 1 0）晶面，因此（1 1 0）晶面与环戊酮溶剂的作用强度更高，（1 1 0）晶面更容易受到抑制。最终，（1 1 0）晶面保留下来，成为主要生长面。对于（0 1 1）晶面，E_{int} 的值较小，说明环戊酮溶剂与（0 1 1）晶面相互作用较弱，因此相比于其他晶面，（0 1 1）晶面趋向于变小或消失。

对于吡啶溶剂来说，E_{int} 的绝对值最高的是（1 1 0）晶面，为－256.85kcal/mol，而 E_{int} 的绝对值最低的是（0 1 1）晶面，为－161.74kcal/mol；E_{int} 绝对值的大小排序为（1 1 0）＞（1 0 1）＞（0 2 0）＞（1 0 −1）＞（0 1 1）。E_{int} 的值越负，则吡啶溶剂的吸附能力越强。以上结果表明，E_{int} 负值最大的是（1 1 0）晶面，因此（1 1 0）晶面与吡啶溶剂的作用强度更高，（1 1 0）晶面更容易受到抑制。最终，（1 1 0）晶面保留下来，成为主要生长面。对于（0 1 1）晶面，E_{int} 的值较小，说明吡啶溶剂与（0 1 1）晶面相互作用较弱，因此相比于其他晶面，（0 1 1）晶面趋向于变小或消失。

对于环己酮溶剂来说，E_{int} 的绝对值最高的是（1 1 0）晶面，为－256.03kcal/mol，而 E_{int} 的绝对值最低的是（0 1 1）晶面，为－144.53kcal/mol；E_{int} 绝对值的大小排序为（1 1 0）＞（1 0 1）＞（0 2 0）＞（1 0 −1）＞（0 1 1）。E_{int} 的值为负且越小，则环己酮溶剂的吸附能力越强。以上结果表明，E_{int} 负值最大的是（1 1 0）晶面，因此（1 1 0）晶面与环己酮溶剂的作用强度更高，（1 1 0）晶面更容易受到抑制。最终，（1 1 0）晶面保留下来，成为主要生长面。对于（0 1 1）晶面，E_{int} 的值较小，说明环己酮溶剂与（0 1 1）晶面相互作用较弱，因此相比于其他晶面，（0 1 1）晶面趋向于变小或消失。

对于磷酸三乙酯溶剂来说，E_{int} 的绝对值最高的是（1 1 0）晶面，为－231.23kcal/mol，而 E_{int} 的绝对值最低的是（0 1 1）晶面，为－147.98kcal/mol；E_{int} 绝对值的大小排序为（1 1 0）＞（1 0 1）＞（0 2 0）＞（1 0 −1）＞（0 1 1）。E_{int} 的值为负且越小，则磷酸三乙酯溶剂的吸附能力越强。以上结果表明，E_{int} 负值最大的是（1 1 0）晶面，因此（1 1 0）晶面与磷酸三乙酯溶剂的作用强度更高，（1 1 0）晶面更容易受到抑制。最终，（1 1 0）晶面保留下来，成为主要生长面。对于（0 1 1）晶面，E_{int} 的值较小，说明磷酸三乙酯溶剂与（0 1 1）晶面相互作用较弱，因此相比于其他晶面，（0 1 1）晶面趋向于变小或消失。

对于丙烯碳酸盐溶剂来说，E_{int} 的绝对值最高的是（1 1 0）晶面，为－265.76kcal/mol，而 E_{int} 的绝对值最低的是（0 1 1）晶面，为－166.21kcal/mol；E_{int} 绝对值的大小排序为（1 1 0）＞（1 0 1）＞（0 2 0）＞（1 0 −1）＞（0 1 1）。E_{int} 的值越负，则丙烯碳酸盐溶剂的吸附能力越强。以上结果表明，E_{int} 负值最大的是（1 1 0）晶面，因此（1 1 0）晶面与丙烯碳酸盐溶剂的作用强度更高，（1 1 0）晶面更容易受到抑制。最终，（1 1 0）晶面保留下来，成为主要生长面。对于（0 1 1）晶面，E_{int} 的值较小，说明丙烯碳酸盐溶剂与（0 1 1）晶面相互作用较弱，因此相比其他晶面，（0 1 1）晶面趋向于变小或消失。

综上所述，可以从两个角度分析不同溶剂与 HMX 晶面之间的相互作用：

① 由图 4-41 可知，丙烯碳酸盐分子与（0 1 1）晶面的相互作用最强，它们之间的相互作用能的值最大（$E_{int} = -166.21$kcal/mol）。DMSO 与（0 1 1）晶面的 E_{int} 和 E_S 最小，分别为 -123.71kcal/mol 和 -15.46kcal/mol。基于表 4-42 的数据进行分析，可以得出不同溶剂分子与（0 1 1）晶面的 E_{int} 和 E_S 的顺序为丙烯碳酸盐＞吡啶＞二甲基乙酰胺＞磷酸三乙酯＞环戊酮＞环己酮＞丙酮＞DMSO。

② 不同的溶剂分子在 HMX 晶面上的吸附效果不同。因为 HMX 分子与溶剂分子产生了相互作用，会改变晶体表面的相互作用能，进一步影响附着能的大小。HMX 的不同晶面的 E_{int} 绝对值的大小排序为(1 1 0)＞(1 0 1)＞(0 2 0)＞(1 0 $-$1)＞(0 1 1)。

表 4-42　溶剂与 HMX 晶面之间的相互作用

溶剂	($h\ k\ l$)	E_{int}	A_{acc}	A_{box}	E_S
二甲基亚砜	(0 1 1)	-123.71	82.52	660.18	-15.46
	(1 1 0)	-211.31	92.47	1109.66	-17.61
	(1 0 $-$1)	-143.75	92.65	833.88	-15.97
	(0 2 0)	-180.34	48.34	773.40	-11.27
	(1 0 1)	-198.87	113.10	1017.90	-22.10
丙酮	(0 1 1)	-130.68	82.52	660.18	-16.33
	(1 1 0)	-229.51	92.47	1109.66	-19.13
	(1 0 $-$1)	-171.64	92.65	833.88	-19.07
	(0 2 0)	-180.98	48.34	773.40	-11.31
	(1 0 1)	-209.72	113.10	1017.90	-23.30
二甲基乙酰胺	(0 1 1)	-152.89	82.52	660.18	-19.11
	(1 1 0)	-275.83	92.47	1109.66	-22.99
	(1 0 $-$1)	-173.38	92.65	833.88	-19.26
	(0 2 0)	-221.16	48.34	773.40	-13.82
	(1 0 1)	-245.83	113.10	1017.90	-27.31
环戊酮	(0 1 1)	-147.02	82.52	660.18	-18.38
	(1 1 0)	-240.15	92.47	1109.66	-20.01
	(1 0 $-$1)	-174.64	92.65	833.88	-19.40
	(0 2 0)	-195.30	48.34	773.40	-12.21
	(1 0 1)	-224.99	113.10	1017.90	-25.00
吡啶	(0 1 1)	-161.74	82.52	660.18	-20.22
	(1 1 0)	-256.85	92.47	1109.66	-21.40
	(1 0 $-$1)	-171.36	92.65	833.88	-19.04
	(0 2 0)	-252.43	48.34	773.40	-15.78
	(1 0 1)	-256.33	113.10	1017.90	-28.48
环己酮	(0 1 1)	-144.53	82.52	660.18	-18.07
	(1 1 0)	-256.03	92.47	1109.66	-21.34
	(1 0 $-$1)	-161.49	92.65	833.88	-17.94
	(0 2 0)	-207.48	48.34	773.40	-12.97
	(1 0 1)	-222.15	113.10	1017.90	-24.68
磷酸三乙酯	(0 1 1)	-147.98	82.52	660.18	-18.50
	(1 1 0)	-231.23	92.47	1109.66	-19.27
	(1 0 $-$1)	-153.07	92.65	833.88	-17.01
	(0 2 0)	-174.44	48.34	773.40	-10.90

续表

溶剂	$(h\,k\,l)$	E_{int}	A_{acc}	A_{box}	E_S
磷酸三乙酯	(1 0 1)	−221.97	113.10	1017.90	−24.66
	(0 1 1)	−166.21	82.52	660.18	−20.78
	(1 1 0)	−265.76	92.47	1109.66	−22.15
丙烯碳酸盐	(1 0 −1)	−195.15	92.65	833.88	−21.68
	(0 2 0)	−208.58	48.34	773.40	−13.04
	(1 0 1)	−253.30	113.10	1017.90	−28.14

注：能量的单位是 kcal/mol，1kcal/mol＝4.1840J/mol；面积的单位是 Å²。

4.3.3.3　RDF 分析

HMX 晶面与溶剂分子之间的作用分为长程相互作用和短程相互作用。短程相互作用分为氢键作用（<3.1Å）和范德华相互作用（3.1～5.0Å），长程相互作用指的是静电相互作用（>5.0Å）[81]。径向分布函数（radical distribution function，RDF）的概念是距离一个微粒为 r 距离内出现其他微粒的概率，可以表示体系中微粒的聚集特性。

以 DMSO 溶剂为例，HMX（0 1 1）晶面与 DMSO 溶剂之间的 RDF 绘制于图 4-42。通过分析图 4-42，可以看出在 RDF 的 sur-H～sol-O 中，分别于 3.1Å 以下和 5.0Å 以上存在尖峰，这代表晶面上的氢原子与溶剂中的氧原子之间存在氢键以及静电相互作用。在 RDF 的 sur-O～sol-H 中，小于 3.1Å、3.1～5.0Å 范围内以及大于 5.0Å 范围均存在尖峰，这代表晶面上的氧原子与溶剂中的氢原子存在氢键和范德华相互作用以及静电相互作用。除此以外，晶面上的氧原子和溶剂中的氢原子之间的 RDF 曲线值低于晶面上的氢原子溶剂中的氧原子之间的 RDF 曲线值，这

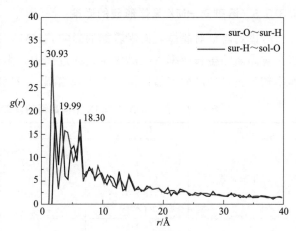

图 4-42　HMX（0 1 1）晶面与 DMSO 溶剂体系之间径向分布函数

表明晶面与溶剂分子之间的相互作用主要由晶面上的氢原子和溶剂中的氧原子构成。

4.3.3.4　溶剂质量密度分布

质量密度分布函数能够说明晶体表面上的溶剂行为。晶体表面特征差异会使溶剂质量密度分布不同，较粗糙的晶体表面容易吸引溶剂，从而导致拥有更高的质量密度[79]。5 个 HMX 晶面的 S 值列于表 4-40 中。S 值越大，晶面越粗糙；S 值越小，晶面越光滑。

本节主要讨论了 HMX 不同晶面对溶剂质量密度的影响。由图 4-43 可以看出，z 轴溶剂质量密度的第一个峰值都高于溶剂的真实密度。这说明晶体与溶剂的界面处聚集了大量的溶剂分子，代表此处的相互作用更强，这会导致溶剂密度变大。随着 z 轴的上升，DMSO 的密度发生波动，密度趋近于真实溶剂的密度。从图 4-43 中可以看出，DMSO 在（0 1 1）晶面拥有最大的密度峰，（0 2 0）晶面具有最小的密度峰，其他三个晶面的密度峰接近于 1.25g/cm³，最终密度逐渐稳定在 1.10g/cm³，与 DMSO 的密度一致。

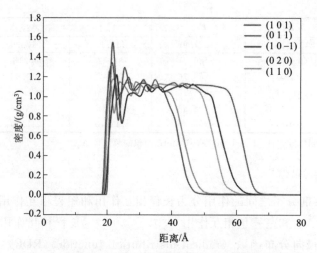

图 4-43　DMSO 溶剂在不同界面模型上的质量密度分布

4.3.3.5　溶剂对 HMX 晶体形貌的影响

考虑到溶剂对晶体表面附着能的影响，HMX 晶体的附着能绝对值均会改变，将会进一步影响晶面的生长速率。在晶体生长的过程中，生长速率高的晶面会趋向于消失，并且生长速率较为缓慢的晶面容易保留。表 4-43 给出了 HMX 各个晶面的修正附着能。

表 4-43　溶剂体系中 HMX 不同晶面的修正附着能，相对生长速率和面积比

溶剂	($h\ k\ l$)	E_{att}^{*}	R_{hkl}	面积比/%
二甲基亚砜	(0 1 1)	−11.13	1.00	69.66
	(1 1 0)	−17.76	1.59	30.34
	(1 0 −1)	−30.90	1.74	—
	(0 2 0)	−25.25	0.82	—
	(1 0 1)	−22.42	0.89	—
丙酮	(0 1 1)	−10.11	1.00	69.17
	(1 1 0)	−15.84	1.57	30.83
	(1 0 −1)	−25.89	1.63	—
	(0 2 0)	−25.20	0.97	—
	(1 0 1)	−21.10	0.84	—
二甲基乙酰胺	(0 1 1)	−6.82	1.00	69.93
	(1 1 0)	−10.98	1.61	30.07
	(1 0 −1)	−25.58	2.33	—
	(0 2 0)	−21.99	0.86	—
	(1 0 1)	−16.72	0.76	—
环戊酮	(0 1 1)	−7.69	1.00	74.60
	(1 1 0)	−14.73	1.91	25.40
	(1 0 −1)	−25.35	1.72	—
	(0 2 0)	−24.05	0.95	—
	(1 0 1)	−19.25	0.80	—
吡啶	(0 1 1)	−5.52	1.00	79.22
	(1 1 0)	−12.97	2.35	20.78
	(1 0 −1)	−25.94	2.00	—
	(0 2 0)	−19.49	0.75	—
	(1 0 1)	−15.44	0.79	—

续表

溶剂	$(h\,k\,l)$	E_{att}^{*}	R_{hkl}	面积比/%
环己酮	(0 1 1)	−8.06	1.00	70.13
	(1 1 0)	−13.06	1.62	29.87
	(1 0 −1)	−27.72	2.12	—
	(0 2 0)	−23.08	0.83	—
	(1 0 1)	−19.59	0.85	—
磷酸三乙酯	(0 1 1)	−7.55	1.00	76.51
	(1 1 0)	−15.66	2.07	23.49
	(1 0 −1)	−29.23	1.87	—
	(0 2 0)	−25.72	0.88	—
	(1 0 1)	−19.61	0.76	—
丙烯碳酸盐	(0 1 1)	−4.85	1.00	80.26
	(1 1 0)	−12.04	2.48	19.74
	(1 0 −1)	−21.67	1.80	—
	(0 2 0)	−22.99	1.06	—
	(1 0 1)	−15.81	0.69	—

注：R_{hkl} 是不同晶面的相对生长速率；能量的单位是 kcal/mol。

对于 DMSO 溶剂体系，修正附着能绝对值最大的是生长速率最快的晶面，附着能的值为 −30.90kcal/mol，(1 0 −1) 晶面会减少甚至消失，与表 4-42 相互作用能分析中 DMSO 溶剂作用使得 (1 0 −1) 面趋近于减少或消失结论一致。修正附着能的绝对值最小的是 (0 1 1) 晶面，其值为 −11.13kcal/mol，会成为最终晶体形态的重要生长面。修正附着能的绝对值大小排序为 (1 0 −1)>(0 2 0)>(1 0 1)>(1 1 0)>(0 1 1)。

对于 PC 溶剂来说，修正附着能的绝对值最大的是 (0 2 0) 晶面，即生长速率最快的面，其值为 −22.99kcal/mol，此面会在对应溶剂里晶体的最终形貌中减少或消失。修正附着能的绝对值最小的是 (0 1 1) 晶面，其值为 −4.85kcal/mol，会成为最终晶体形态的重要生长面。HMX 的修正附着能的绝对值大小排序为 (0 2 0)>(1 0 1)>(1 1 0)>(1 0 −1)>(0 1 1)。

对于其他六种溶剂体系来说，(1 0 −1) 晶面是修正附着能的绝对值最大的晶面，也就是生长速率最快的晶面，(1 0 −1) 晶面会趋向于减少或消失，修正附着能的绝对值最小的是 (0 1 1) 晶面，它会成为最终晶体形态的重要生长面。HMX 的修正附着能的绝对值大小排序为 (1 0 −1)>(0 2 0)>(1 0 1)>(1 1 0)>(0 1 1)。

使用 MAE1 预测的 HMX 晶体在不同溶剂以及真空中的不同晶面占比绘制于图 4-44 中。由图 4-44 可知，与真空中相比，所有溶剂中 HMX 的 (1 1 0)、(1 0 −1)、(0 2 0) 和 (1 0 1) 面的面积均减小，而 (0 1 1) 晶面的面积均增大。此外，可以看出，在所有溶剂中 HMX 的晶体形貌由两个面组成，分别是 (0 1 1) 和 (1 1 0) 晶面，(1 0 −1)、(0 2 0) 和 (1 0 1) 面均消失。

图 4-45 是使用 MAE1 模型预测的 HMX 在 DMSO、AC、二甲基乙酰胺、环戊酮、吡啶、环己酮、磷酸三乙酯、丙烯碳酸盐中的结晶形态，纵横比分别为 2.49、2.46、2.50、2.83、3.31、2.51、3.00、3.45。对比实验结晶图[82] 可知，使用 MAE1 模型预测的 HMX 晶体形貌在 DMSO 和丙酮溶液中与实验结晶相吻合。

4.3.3.6　扩散能力分析

溶剂分子一直处于无规则的运动中，因此溶剂在晶面上的扩散运动会对晶体生长起着十

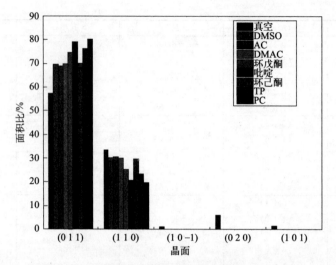

图 4-44　HMX 习性面在真空和不同溶剂中的面积比

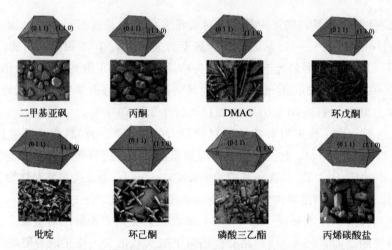

图 4-45　MAE1 模型的模拟结果和 HMX 在溶剂中的实验晶体形态

分关键的作用。在本节中将讨论溶剂的扩散对 HMX 晶面的影响，溶剂的扩散作用使用扩散系数（diffusion coefficient，D）来表示。在晶面上溶剂的吸附作用越强，则扩散系数越大。晶面受到溶剂扩散的影响，晶体表面的生长速率发生改变。扩散系数 D 可通过下面公式进行计算：

$$D = \frac{1}{6} \lim_{t \to \infty} \frac{\mathrm{d}}{\mathrm{d}t} \sum_{i=1}^{N} \langle |r_i(t) - r_i(0)|^2 \rangle \tag{4-13}$$

图 4-46 给出了温度 298K 下，HMX 不同生长面上 DMSO 溶剂分子的均方位移（MSD）。

HMX 晶面上不同的溶剂分子的扩散系数列于表 4-44 中。从表 4-44 中可以得知，（1 1 0）晶面上的 DMSO 溶剂的扩散系数最大，扩散系数的值为 $0.16 \times 10^{-9} \mathrm{m}^2/\mathrm{s}$；而在（0 1 1）和（0 2 0）晶面上的扩散系数较小，只有 $0.13 \times 10^{-9} \mathrm{m}^2/\mathrm{s}$。AC 溶剂在（1 0 -1）晶面上的扩散系数最大，扩散系数的值为 $0.23 \times 10^{-9} \mathrm{m}^2/\mathrm{s}$；在（1 0 1）和（1 1 0）晶面上的扩散系数最小，只有 $0.19 \times 10^{-9} \mathrm{m}^2/\mathrm{s}$。DMSO 溶剂分子的扩散系数比 AC 溶剂分子的扩散系数小，

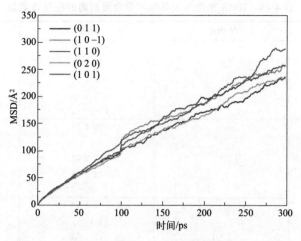

图 4-46 DMSO 溶剂分子在 HMX 晶面上的均方位移

说明 AC 溶剂分子比 DMSO 溶剂分子更容易扩散到 HMX 的晶面上。

表 4-44 HMX 习性面在单溶剂体系中的溶剂扩散系数 单位：$\times 10^{-9} \mathrm{m}^2/\mathrm{s}$

溶剂	（0 1 1）	（0 2 0）	（1 0 −1）	（1 0 1）	（1 1 0）
二甲基亚砜	0.13	0.13	0.14	0.14	0.16
丙酮	0.22	0.22	0.23	0.19	0.19
二甲基乙酰胺	0.10	0.11	0.12	0.10	0.10
环戊酮	0.08	0.10	0.14	0.10	0.10
吡啶	0.09	0.11	0.12	0.08	0.11
环己酮	0.07	0.09	0.10	0.07	0.11
磷酸三乙酯	0.08	0.10	0.11	0.10	0.11
丙烯碳酸盐	0.08	0.09	0.10	0.08	0.08

4.3.4 混合溶剂中 HMX 晶体形貌预测

4.3.4.1 相互作用能分析

HMX 重要生长晶面与混合溶剂间的相互作用能见表 4-45。对于 DMF/水混合溶剂，体积比为 1∶3 和 1∶2 时，相互作用能大小顺序为（1 0 −2）＞（1 0 0）＞（1 1 −1）＞（0 1 1）＞（0 2 0）。体积比为 1∶1 时，结合能的顺序为（1 0 0）＞（1 0 −2）＞（0 1 1）＞（1 0 −2）＞（0 2 0）。体积比为 2∶1 时，结合能的顺序为（1 0 −2）＞（0 1 1）＞（1 1 −1）＞（1 0 0）＞（0 2 0）。对于体积比为 3∶1 的共溶剂，结合能的顺序为（1 0 0）＞（1 0 −2）＞（1 1 −1）＞（0 1 1）＞（0 2 0）。（0 2 0）面与 DMF/水的相互作用能均是最小的，（0 2 0）面更容易生长。

对于丙酮/γ-丁内酯体系，体积比为 1∶2 和 3∶1 时，HMX 重要生长面相互作用能排序为（1 0 0）＞（1 0 −2）＞（1 1 −1）＞（0 1 1）＞（0 2 0）。体积比为 2∶1 时，结合能顺序为（1 0 −2）＞（1 0 0）＞（0 1 1）＞（1 1 −1）＞（0 2 0）。体积比为 1∶1 和 1∶3 时，结合能的顺序为（1 0 −2）＞（1 1 −1）＞（0 1 1）＞（1 0 0）＞（0 2 0）。所有体积比中（0 2 0）面的相互作用能都是最小的，说明（0 2 0）面与溶剂的相互作用最弱。

表 4-45　HMX 重要生长晶面与混合溶剂间的相互作用能

混合溶剂	体积比	晶面	E_{int}/(kcal/mol)
DMF/水	3 : 1	(0 1 1)	−112.21
		(1 1 −1)	−126.78
		(0 2 0)	−63.58
		(1 0 0)	−157.62
		(1 0 −2)	−148.36
	2 : 1	(0 1 1)	−110.26
		(1 1 −1)	−107.71
		(0 2 0)	−62.04
		(1 0 0)	−90.15
		(1 0 −2)	−143.73
	1 : 1	(0 1 1)	−101.66
		(1 1 −1)	−99.38
		(0 2 0)	−62.57
		(1 0 0)	−143.29
		(1 0 −2)	−123.54
	1 : 2	(0 1 1)	−80.44
		(1 1 −1)	−80.56
		(0 2 0)	−38.42
		(1 0 0)	−104.18
		(1 0 −2)	−107.91
	1 : 3	(0 1 1)	−70.14
		(1 1 −1)	−82.05
		(0 2 0)	−50.13
		(1 0 0)	−90.77
		(1 0 −2)	−101.30
丙酮/γ-丁内酯	3 : 1	(0 1 1)	−79.48
		(1 1 −1)	−104.64
		(0 2 0)	−54.86
		(1 0 0)	−155.23
		(1 0 −2)	−141.96
	2 : 1	(0 1 1)	−108.35
		(1 1 −1)	−105.74
		(0 2 0)	−57.16
		(1 0 0)	−131.09
		(1 0 −2)	−137.45
	1 : 1	(0 1 1)	−104.93
		(1 1 −1)	−113.13
		(0 2 0)	−62.45
		(1 0 0)	−101.95
		(1 0 −2)	−137.85
	1 : 2	(0 1 1)	−106.50
		(1 1 −1)	−123.20
		(0 2 0)	−63.81
		(1 0 0)	−161.02
		(1 0 −2)	−150.53
	1 : 3	(0 1 1)	−108.99
		(1 1 −1)	−128.19
		(0 2 0)	−63.12
		(1 0 0)	−101.50
		(1 0 −2)	−152.44

4.3.4.2　修正附着能分析

修正附着能及各个晶面相对生长速率列于表 4-46。在 DMF/水的混合体系中，当体积比为 1∶3 时，不同晶面的相对生长速率顺序为（0 2 0）＞（1 0 0）＞（1 0 −2）＞（1 1 −1）＞（0 1 1），体积比 1∶2 时，相对生长速率顺序为（0 2 0）＞（1 0 0）＞（1 1 −1）＞（1 0 −2）＞（0 1 1）；体积比为 1∶1 和 3∶1 时，相对生长速率顺序为（0 2 0）＞（1 0 −2）＞（1 1 −1）＞（0 1 1）＞（1 0 0）；体积比为 2∶1 时，相对生长速率顺序为（1 0 0）≈（0 2 0）＞（1 1 −1）＞（1 0 −2）＞（0 1 1）。总体而言，（0 2 0）面的相对生长速率更高，HMX 晶体在（0 2 0）方向生长更快。

在丙酮/γ-丁内酯混合体系中，体积比为 1∶3 和 1∶1 时，不同晶面的相对生长速率顺序为（0 2 0）＞（1 0 0）＞（1 0 −2）＞（1 1 −1）＞（0 1 1）。体积比为 1∶2 时，相对生长速率顺序为（0 2 0）＞（1 1 −1）≈（1 0 −2）＞（0 1 1）＞（1 0 0）。体积比为 2∶1 时，相对生长速率顺序为（0 2 0）＞（1 1 −1）＞（1 0 0）＞（1 0 −2）＞（0 1 1）。体积比为 3∶1 时，相对生长速率顺序为（0 2 0）＞（0 1 1）＞（1 1 −1）＞（1 0 −2）＞（1 0 0）。从整体上看，（0 2 0）面的相对生长速率在所有情况下都是最高的，这与结合能分析的结果是一致的。

表 4-46　修正附着能及相对生长速率

混合溶剂	体积比	晶面	E_S /(kcal/mol)	E_{att} /(kcal/mol)	E_{att}^* /(kcal/mol)	R	R^*
DMF/水	3∶1	(0 1 1)	−15.47	−18.79	−3.32	1	1
		(1 1 −1)	−17.33	−21.80	−4.47	1.16	1.35
		(0 2 0)	−8.58	−21.84	−13.26	1.16	3.99
		(1 0 0)	−26.27	−28.55	−2.28	1.52	0.69
		(1 0 −2)	−18.78	−24.00	−5.22	1.28	1.57
	2∶1	(0 1 1)	−15.20	−18.79	−3.59	1	1
		(1 1 −1)	−14.72	−21.80	−7.07	1.16	1.97
		(0 2 0)	−8.37	−21.84	−13.47	1.16	3.75
		(1 0 0)	−15.03	−28.55	−13.52	1.52	3.77
		(1 0 −2)	−18.20	−24.00	−5.81	1.28	1.62
	1∶1	(0 1 1)	−14.01	−18.79	−4.77	1	1
		(1 1 −1)	−13.58	−21.80	−8.21	1.16	1.72
		(0 2 0)	−8.45	−21.84	−13.40	1.16	2.81
		(1 0 0)	−23.88	−28.55	−4.67	1.52	0.98
		(1 0 −2)	−15.64	−24.00	−8.36	1.28	1.75
	1∶2	(0 1 1)	−11.09	−18.79	−7.70	1	1
		(1 1 −1)	−11.01	−21.80	−10.78	1.16	1.40
		(0 2 0)	−5.19	−21.84	−16.66	1.16	2.16
		(1 0 0)	−17.37	−28.55	−11.18	1.52	1.45
		(1 0 −2)	−13.66	−24.00	−10.34	1.28	1.34

混合溶剂	体积比	晶面	E_S /(kcal/mol)	E_{att} /(kcal/mol)	E_{att}^* /(kcal/mol)	R	R^*
DMF/水	1:3	(0 1 1)	−9.67	−18.79	−9.12	1	1
		(1 1 −1)	−11.21	−21.80	−10.58	1.16	1.16
		(0 2 0)	−6.77	−21.84	−15.08	1.16	1.65
		(1 0 0)	−15.13	−28.55	−13.42	1.52	1.47
		(1 0 −2)	−12.83	−24.00	−11.18	1.28	1.23
丙酮/γ-丁内酯	3:1	(0 1 1)	−10.96	−18.79	−7.83	1	1
		(1 1 −1)	−14.30	−21.80	−7.49	1.16	0.96
		(0 2 0)	−7.41	−21.84	−14.44	1.16	1.84
		(1 0 0)	−25.87	−28.55	−2.68	1.52	0.34
		(1 0 −2)	−17.97	−24.00	−6.03	1.28	0.77
	2:1	(0 1 1)	−14.94	−18.79	−3.85	1	1
		(1 1 −1)	−14.45	−21.80	−7.34	1.16	1.91
		(0 2 0)	−7.72	−21.84	−14.13	1.16	3.67
		(1 0 0)	−21.85	−28.55	−6.70	1.52	1.74
		(1 0 −2)	−17.40	−24.00	−6.60	1.28	1.71
	1:1	(0 1 1)	−14.46	−18.79	−4.32	1	1
		(1 1 −1)	−15.46	−21.80	−6.33	1.16	1.47
		(0 2 0)	−8.43	−21.84	−13.41	1.16	3.10
		(1 0 0)	−16.99	−28.55	−11.56	1.52	2.68
		(1 0 −2)	−17.45	−24.00	−6.55	1.28	1.52
	1:2	(0 1 1)	−14.68	−18.79	−4.11	1	1
		(1 1 −1)	−16.84	−21.80	−4.96	1.16	1.21
		(0 2 0)	−8.61	−21.84	−13.23	1.16	3.22
		(1 0 0)	−26.84	−28.55	−1.71	1.52	0.42
		(1 0 −2)	−19.06	−24.00	−4.95	1.28	1.20
	1:3	(0 1 1)	−15.02	−18.79	−3.76	1	1
		(1 1 −1)	−17.52	−21.80	−4.28	1.16	1.14
		(0 2 0)	−8.52	−21.84	−13.32	1.16	3.54
		(1 0 0)	−16.92	−28.55	−11.63	1.52	3.09
		(1 0 −2)	−19.30	−24.00	−4.70	1.28	1.25

4.3.4.3 混合溶剂对 HMX 晶习的影响

表 4-47 列出了不同体积比混合溶剂作用后各个晶面的面积比和纵横比。在 DMF/水混合体系中，除体积比为 1:3 外，显露面种类数都有所减少，共同点是（0 2 0）面消失不见，（1 0 0）面在体积比为 2:1 时也在生长过程中消失。在丙酮/γ-丁内酯混合体系中，显露面数量同样有减少，同样是（0 2 0）面消失不见，而（1 0 0）面在体积比 1:3

和 1∶1 下也消失不见。体积比 1∶3 时，（0 1 1）和（1 1 −1）面占比增大，（1 0 −2）面占比减少。体积比为 1∶2 和 3∶1 时，（1 0 0）和（1 0 −2）面占比增大，（1 1 −1）和（0 1 1）面占比减少。体积比为 1∶1 时，（0 1 1）面占比增大，（1 1 −1）和（1 0 −2）面占比减少。体积比为 2∶1 时，（1 0 0）、（1 0 −2）和（0 1 1）面占比增大，（1 1 −1）面占比减少。

表 4-47　主要晶面面积比、纵横比

混合溶剂	体积比	晶面	面积比/%	纵横比
DMF/水	3∶1	（0 1 1）	51.25	2.73
		（1 1 −1）	12.43	
		（1 0 0）	34.51	
		（1 0 −2）	1.81	
	2∶1	（0 1 1）	72.68	2.76
		（1 1 −1）	19.69	
		（1 0 −2）	7.63	
	1∶1	（0 1 1）	62.46	2.08
		（1 1 −1）	6.67	
		（1 0 0）	28.26	
		（1 0 −2）	2.61	
	1∶2	（0 1 1）	60.63	1.89
		（1 1 −1）	26.13	
		（1 0 0）	7.13	
		（1 0 −2）	6.11	
	1∶3	（0 1 1）	53.33	1.70
		（1 1 −1）	36.42	
		（0 2 0）	1.31	
		（1 0 0）	3.68	
		（1 0 −2）	5.26	
丙酮/γ-丁内酯	3∶1	（0 1 1）	17.92	5.28
		（1 1 −1）	14.37	
		（1 0 0）	51.39	
		（1 0 −2）	16.32	
	2∶1	（0 1 1）	70.36	2.23
		（1 1 −1）	15.94	
		（1 0 0）	8.44	
		（1 0 −2）	5.26	
	1∶1	（0 1 1）	65.59	2.24
		（1 1 −1）	31.10	
		（1 0 −2）	3.31	

续表

混合溶剂	体积比	晶面	面积比/%	纵横比
丙酮/γ-丁内酯	1∶2	（0 1 1）	36.51	4.41
		（1 1 −1）	6.38	
		（1 0 0）	50.79	
		（1 0 −2）	6.32	
	1∶3	（0 1 1）	55.79	1.93
		（1 1 −1）	40.01	
		（1 0 −2）	4.20	

　　DMF/水混合溶剂计算得到的 HMX 晶习如图 4-47 所示。结合表 4-47 可以发现，晶体纵横比随着有机溶剂相对体积占比的增大而逐渐增大。DMF/水体积比为 1∶3 时，HMX 晶体纵横比为 1.70，球形化程度最好。刘飞等[83] 通过重结晶技术研究发现，DMF/水体积比为 1∶3.5 时，HMX 颗粒的球形效果最好。当体积比为 1∶2 时，晶体纵横比为 1.89。在体积比为 1∶1 的情况下，晶体纵横比为 2.08，晶体形状为矩形片状。当体积比为 2∶1 和 3∶1 时，晶体纵横比分别为 2.76 和 2.73。HMX 晶体的纵横比趋势上是随着有机溶剂相对体积的增加而呈现出上升趋势。

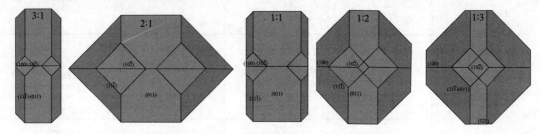

图 4-47　DMF/水不同体积比下的 HMX 晶体形貌

　　丙酮/γ-丁内酯溶剂体系计算得到的 HMX 晶习如图 4-48 所示。不同体积比下溶剂结晶形貌的纵横比顺序为 3∶1(5.28)＞1∶2(4.41)＞1∶1(2.24)＞2∶1(2.23)＞1∶3(1.93)。体积比为 3∶1 和 1∶2 时，HMX 晶形呈船状，体积比为 2∶1 和 1∶1 时，形貌呈矩形片状，体积比为 1∶3 时，形貌呈菱形。这些结果表明，在结晶过程中使用丙酮/γ-丁内酯混合溶剂可能不利于 β-HMX 的球化。在本书模拟范围内，丙酮/γ-丁内酯体积比为 1∶3 时，HMX 形态球形度最好。

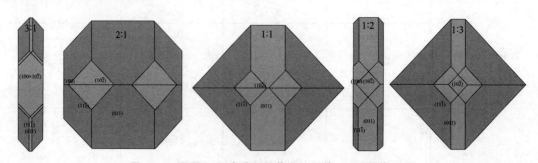

图 4-48　丙酮/γ-丁内酯不同体积比下的 HMX 晶体形貌

用 MAE1 模型预测体积比为 1∶1 的混合溶剂丙酮/γ-丁内酯 HMX 晶体形貌如图 4-49 （b）所示，摩尔比 1∶1 丙酮/γ-丁内酯混合溶液中，冷却结晶得到的实验形貌如图 4-49（a）所示[84]。可以发现，预测的形貌与实验结果吻合较好。

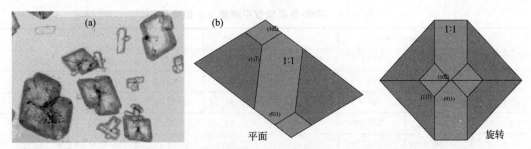

图 4-49　（a）摩尔比 1∶1 的丙酮/γ-丁内酯混合溶剂中 HMX 晶体 SEM 图[84]；
（b）体积比为 1∶1 丙酮/γ-丁内酯混合溶剂中预测晶形

值得一提的是，在体积比为 3∶1 和 1∶2 时，丙酮/γ-丁内酯混合溶剂中 HMX 的纵横比相对 DMF/水更高。例如，在丙酮/γ-丁内酯体积比为 3∶1 时，HMX 晶体纵横比为 5.28，而 DMF/水中晶体纵横比为 2.73。比较丙酮/γ-丁内酯与 DMF/水溶剂体积比为（1∶ 3）～（3∶1）时 HMX 的晶体纵横比，可以发现 DMF/水体积比为 1∶3 时更利于 HMX 球形化。

4.3.5　HMX 溶液生长理论模型比较与分析

4.3.5.1　相互作用能

HMX 不同晶面与 DMSO 溶剂之间的 E_S，计算结果列于表 4-48。由表 4-48 可知 HMX 晶体不同晶面的 E_S 均为负数，说明 DMSO 溶剂分子可以自发地吸附在 HMX 的不同晶面上，其过程是放热过程。E_S 的绝对值最大的面为（0 2 0）晶面，其值为 −23.14kcal/mol，E_S 的绝对值最小的面为（1 0 −1）晶面，其值为 −16.26kcal/mol。HMX 不同晶面的 E_S 绝对值的大小顺序为（0 2 0）＞（1 0 1）＞（1 1 0）＞（0 1 1）＞（1 0 −1）。E_S 越小，说明 DMSO 溶剂与 HMX 晶面的吸附作用越强。在 HMX 五个重要生长面中，（0 2 0）晶面的生长过程容易受到抑制，会导致其生长速率减慢，成为最终的主要生长面。

表 4-48　DMSO 溶剂与 HMX 晶面之间的相互作用

$(h\ k\ l)$	E_{int}/(kcal/mol)	Z_{cry}	Z_{hkl}	A_{hkl}/Å²	A_{box}/Å²	E_S/(kcal/mol)
（0 1 1）	−166.35	2	2	82.52	825.23	−16.63
（1 1 0）	−213.01	2	2	92.47	1109.66	−17.75
（1 0 −1）	−146.37	2	2	92.65	833.88	−16.26
（0 2 0）	−185.10	2	1	48.34	773.40	−23.14
（1 0 1）	−204.10	2	2	113.10	1017.90	−22.68

依据占据率模型计算方法，可以得到不同晶面的 k 值，并列于表 4-49。表 4-49 中，N_{sol} 是厚度为 d_{hkl} 的模型中含有的溶质或溶剂分子的数量。不同晶面 k 值的大小排序情况为（1 0 1）＞（0 2 0）＞（0 1 1）＞（1 1 0）＞（1 0 −1）。（0 1 1）、（1 1 0）、（1 0 −1）、（0 2 0）和

（１０１）的 k 值大小分别是 0.69、0.68、0.67、0.71、0.73，其值均在 0.5～1 之间，说明在 HMX 的所有晶面上，溶质与晶面之间的相互作用均大于溶剂对晶面的相互作用，溶剂对晶面生长的影响较弱。

表 4-49　溶剂-晶面模型中能量与 k 值计算

$(h\,k\,l)$	$E_{int}/(kcal/mol)$		N_{sol}		$E_{int,m}/(kcal/mol)$		k
	溶质	溶剂	溶质	溶剂	溶质	溶剂	
（０１１）	−172.81	−166.35	19.92	42.37	−8.68	−3.93	0.69
（１１０）	−209.95	−213.01	23.90	50.85	−8.78	−4.19	0.68
（１０−１）	−139.64	−146.37	17.93	38.13	−7.79	−3.84	0.67
（０２０）	−216.82	−185.10	15.93	33.90	−13.61	−5.46	0.71
（１０１）	−259.83	−204.10	17.93	38.13	−14.50	−5.35	0.73

4.3.5.2　晶体形貌预测

表 4-50 给出了使用 MAE2 和占据率模型计算的 HMX 在 DMSO 溶剂中的修正附着能。表 4-51 给出了两种模型下预测的 HMX 重要晶面在 DMSO 溶剂中主要晶面面积所占百分比及纵横比。下标 1 和 2 分别表示 MAE2 和占据率模型。从表 4-50 和表 4-51 可以发现，在这两种模型下，HMX 在溶剂中的附着能与在真空中相比都发生了很大的变化，晶面的面积比也发生了变化。

表 4-50　MAE2 模型和占据率模型预测 HMX 重要晶面在 DMSO 溶剂中的修正附着能

晶面	$E_{att,1}^{*}/(kcal/mol)$	$E_{att,2}^{*}/(kcal/mol)$
（０１１）	−12.78	−20.25
（１１０）	−22.20	−27.05
（１０−１）	−40.48	−38.01
（０２０）	−16.52	−28.30
（１０１）	−23.88	−34.00

表 4-51　MAE2 和占据率模型预测 HMX 重要晶面在 DMSO 溶剂中晶面面积所占百分比及纵横比

$(h\,k\,l)$	面积比$_1$/%	纵横比$_1$	面积比$_2$/%	纵横比$_2$
（０１１）	62.50		58.48	
（１１０）	27.08		34.77	
（１０−１）	—	2.64	1.44	1.91
（０２０）	9.05		4.87	
（１０１）	1.37		0.44	

在 MAE2 模型中，（１０−１）晶面的修正附着能的绝对值最大，为−40.48kcal/mol。（０１１）晶面的修正附着能的绝对值最小，值为−12.78kcal/mol。修正附着能的绝对值大小顺序为（１０−１）＞（１０１）＞（１１０）＞（０２０）＞（０１１），这与 HMX 在真空中附着能的大小排序是一样的。与真空中预测的形貌相比，（０１１）晶面的面积比由 57.69% 提升至 62.50%，（１１０）晶面的面积比由 33.61% 降低至 27.08%，（０２０）晶面的面积比由 6.06% 提升至 9.05%，（１０１）

晶面的面积比由 1.43％降低至 1.37％。（1 0 −1）晶面在真空中的面积比只有 1.20％，然而在 DMSO 溶剂中，（1 0 −1）晶面已经消失。使用 MAE2 模型预测的形貌纵横比是 2.64。

在占据率模型中，（1 0 −1）晶面的修正附着能的绝对值也是最大的，为 −38.01kcal/mol，（0 1 1）晶面的修正附着能的绝对值也是最小的，为 −20.25kcal/mol。修正附着能的绝对值大小顺序为（1 0 −1）＞（1 0 1）＞（0 2 0）＞（1 1 0）＞（0 1 1），这与 HMX 在真空中附着能的大小排序不一样。与真空中预测的晶面面积比相比，（0 1 1）晶面的面积比由 57.69％提升至 58.48％，（1 1 0）晶面的面积比由 33.61％提升至 34.77％，（1 0 −1）晶面的面积比由 1.20％提升至 1.44％，（0 2 0）晶面的面积比由 6.06％降低至 4.87％，（1 0 1）晶面的面积比从 1.43％降低至 0.44％。使用占据率模型预测的形貌纵横比为 1.91。

4.3.5.3　理论模型的比较与分析

通过 MAE1、MAE2 和占据率模型预测的 HMX 晶体在 DMSO 溶剂中的面积比绘制于图 4-50。因为（1 0 −1）晶面具有最大的修正附着能，因此（1 0 −1）晶面的生长速率是最快的，最终会趋于消失。通过对比三种不同的模型预测的面积比，可以看出占据率模型预测的（1 0 −1）晶面有消失的趋势，最终只占总面积的 1.44％。而 MAE1 和 MAE2 两种方法预测的（1 0 −1）晶面最终消失了。（0 1 1）晶面具有最小的修正附着能，因此（0 1 1）晶面的生长速率最慢，最终会保留下来。由图 4-50 可知，三种模型预测的 HMX 在 DMSO 溶剂中习性面占比最大的是（0 1 1）面。对比实验结果，（0 1 1）晶面也是最大面，占比 45.51％。（0 2 0）晶面在 MAE1、MAE2、占据率模型和实验中的占比分别为 0％、9.05％、4.87％和 8.47％。因此认为 MAE2 和占据率模型预测结果比 MAE1 模型更加准确。占据率模型预测的（1 0 −1）和（1 0 1）晶面面积比分别为 1.44％和 0.44％，MAE2 模型预测的（1 0 −1）和（1 0 1）晶面面积比分别为 0％和 1.37％。对比实验中（1 0 −1）和（1 0 1）晶面的面积比为 0.27％和 2.94％，因此认为占据率模型预测结果最准确。

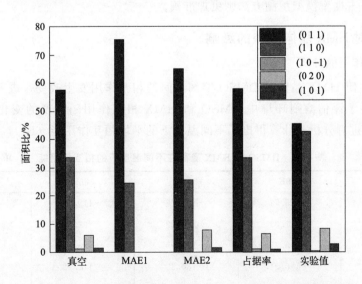

图 4-50　使用不同方法预测的 HMX 在 DMSO 溶剂中习性面的面积比

图 4-51(b)～(d)分别表示了采用 MAE1、MAE2、占据率模型预测的 HMX 在 DMSO 溶剂中的晶体形貌，图 4-51(a) 表示 HMX 在 DMSO 溶剂中的实验所得晶体形貌[85]。使用

MAE1 模型预测的晶体形貌为棱锥状，纵横比为 2.71，使用 MAE2 模型预测的晶体形貌为不规则长块形，纵横比为 2.64，使用占据率模型预测的晶体形貌呈片状，纵横比为 1.91。其中占据率模型预测的晶体形貌最接近实验值[85]。

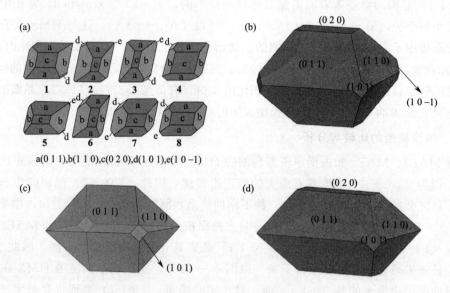

图 4-51　HMX 在 DMSO 溶剂中的晶体形貌

(a) 扫描电镜图[85]；(b) MAE1 模型；(c) MAE2 模型；(d) 占据率模型

综上所述，相对于 MAE1 模型，MAE2 模型认为真空中的附着能应该与溶液中的相互作用能具有相同的维度，因此在 MAE2 模型中引入参数 Z_{cry}/Z_{hkl} 的概念，使真空中的附着能与溶剂与晶面之间的相互作用能处于同一量级。除此之外，考虑溶质分子在结晶过程中竞争吸附的作用，占据率模型预测方法则更加准确。

4.3.6　温度对 HMX 晶体形貌的影响

4.3.6.1　相互作用能分析

由于温度会使 HMX 晶体与 DMSO 溶剂之间的相互作用发生改变，进一步将影响晶体的生长形貌。为了评估溶剂环境中 DMSO 和 HMX 相互作用随温度的变化情况，选取后 100 帧平衡结构进行分析，计算得出了不同温度下的平均相互作用能（E_{int}，见表 4-52）。

表 4-52　DMSO 和 HMX 晶面在不同温度下的相互作用能　　单位：kcal/mol

$(h\,k\,l)$	298K	318K	338K	358K
$(0\,1\,1)$	-123.71	-119.07	-119.70	-114.82
$(1\,1\,0)$	-211.31	-203.29	-192.54	-184.29
$(1\,0\,{-}1)$	-143.75	-137.95	-128.90	-123.01
$(0\,2\,0)$	-180.34	-180.33	-172.22	-170.58
$(1\,0\,1)$	-198.87	-191.25	-179.67	-178.90

由表 4-52 中可以看出，E_{int} 的大小顺序为$(1\,1\,0)>(1\,0\,1)>(0\,2\,0)>(1\,0\,{-}1)>(0\,1\,1)$，不同晶面 E_{int} 的大小顺序并未发生改变。随着温度的提高，相互作用能变小，说明温

度越高，溶剂对晶面生长的抑制作用就越低。为了进一步研究温度对 HMX 不同晶面的影响，下面将讨论四种温度下 DMSO 溶剂行为的变化。

4. 3. 6. 2　质量密度分布

在四种温度下，DMSO 溶剂在 z 轴上的质量密度分布绘制于图 4-52。对于不同温度下的界面模型，溶剂质量密度的第一个峰值在 298K 时都是最高的，其值大约为 $1.46g/cm^3$，

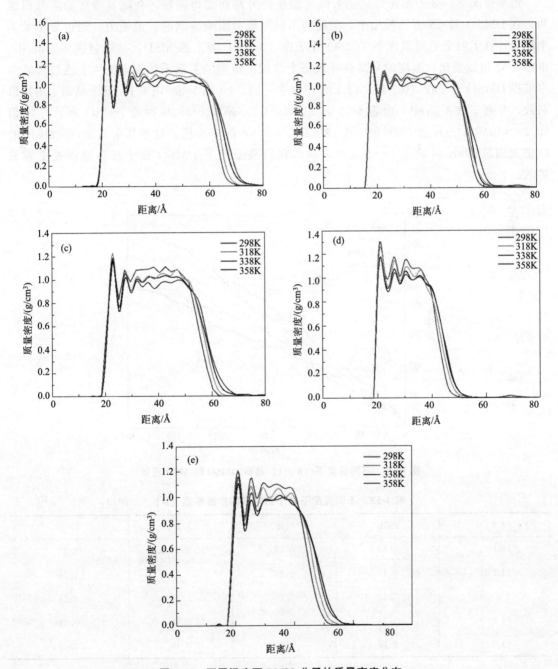

图 4-52　不同温度下 DMSO 分子的质量密度分布

(a) (0 1 1)；(b) (0 2 0)；(c) (1 0 −1)；(d) (1 0 1)；(e) (1 1 0)

1.26g/cm^3，1.19g/cm^3，1.21g/cm^3，1.20g/cm^3，它们所对应的晶面为（0 1 1），（0 2 0），（1 0 −1），（1 0 1），（1 1 0）。由图 4-52 可知，当温度为 318K 和 338K 时，第一个峰值略低，当温度为 358K 时，第一个峰值最低。这说明随着温度的提高，DMSO 分子与晶面间的相互作用力减小，DMSO 分子在晶面减少，溶剂效应变弱。

4.3.6.3 扩散能力分析

通常情况下，分子无规则运动会随着温度的升高而变得剧烈，会随着温度的降低而缓和。在 DMSO-HMX 界面模型中，温度的不同可能会影响溶剂的扩散能力。通过分子动力学模拟计算了四个不同温度下 DMSO 分子在（0 1 1）面上的 MSD，并绘制在图 4-53 中。由图 4-53 可以看出，温度的升高会导致每个晶面上溶剂的扩散系数逐渐变大。通过计算斜率求得 DMSO 分子在（0 1 1），（1 1 0），（1 0 −1），（0 2 0）和（1 0 1）五个晶面上的扩散系数，并列于表 4-53 中。由表 4-53 可知，（0 1 1）晶面上 358K 时的 DMSO 分子的 D 值（$0.24\times10^{-9}\text{m}^2/\text{s}$）是 298K 时（$0.13\times10^{-9}\text{m}^2/\text{s}$）的 1.8 倍。对于其余晶面，358K 时的 D 值大约是 298K 时的 1.4～1.5 倍，表示在较高温度下 DMSO 分子在各晶面处更容易扩散。

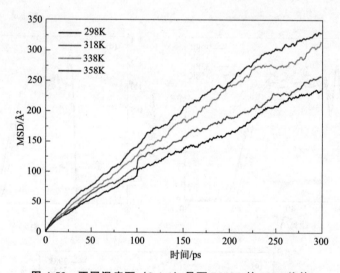

图 4-53　不同温度下（0 1 1）晶面 DMSO 的 MSD 趋势

表 4-53　不同温度下每个面对应的扩散系数（D）　　单位：$\times10^{-9}\text{m}^2/\text{s}$

$(h\ k\ l)$	298K	318K	338K	358K
（0 1 1）	0.13	0.18	0.17	0.24
（1 1 0）	0.13	0.14	0.18	0.18
（1 0 −1）	0.14	0.19	0.21	0.19
（0 2 0）	0.14	0.17	0.19	0.21
（1 0 1）	0.16	0.17	0.19	0.22

4.3.6.4 溶质吸附能

不同温度下各个晶面的 k 值列于表 4-54。由前面相互作用能的分析可知，随着温度的增加，溶剂与晶面的 E_{int} 越小，说明温度越高，溶剂对晶面生长的抑制作用越低。本节通过分析溶质与晶面之间的 E_{int} 可知，随着温度的增加，溶质与晶面之间的 E_{int} 越大，说明温度越高，溶质越容易吸附在晶体表面。对比不同温度下的 k 值，可以发现，随着温度的升高，k 值升高，但是变化幅度不大。所有温度下 k 值均大于 0.5，可以说明溶质对晶面的作用始终大于溶剂对晶面的作用，且随着温度的升高，溶剂的影响逐渐变弱。

表 4-54   不同温度下 DMSO 溶剂-晶面模型中能量与 k 值计算

温度/K	$(h\,k\,l)$	$E_{int}/(\text{kcal/mol})$		N_{sol}		$E_{int,m}/(\text{kcal/mol})$		k
		溶质	溶剂	溶质	溶剂	溶质	溶剂	
298	(0 1 1)	−172.81	−166.35	19.92	42.37	−8.68	−3.93	0.69
	(1 1 0)	−209.95	−213.01	23.90	50.85	−8.78	−4.19	0.68
	(1 0 −1)	−139.64	−146.37	17.93	38.13	−7.79	−3.84	0.67
	(0 2 0)	−216.82	−185.10	15.93	33.90	−13.61	−5.46	0.71
	(1 0 1)	−259.83	−204.10	17.93	38.13	−14.50	−5.35	0.73
318	(0 1 1)	−175.81	−163.35	19.92	42.37	−8.83	−3.86	0.70
	(1 1 0)	−212.95	−210.01	23.90	50.85	−8.91	−4.13	0.68
	(1 0 −1)	−141.64	−143.37	17.93	38.13	−7.90	−3.76	0.68
	(0 2 0)	−219.82	−182.10	15.93	33.90	−13.80	−5.37	0.72
	(1 0 1)	−263.83	−200.10	17.93	38.13	−14.72	−5.25	0.74
338	(0 1 1)	−179.81	−161.35	19.92	42.37	−9.03	−3.81	0.70
	(1 1 0)	−217.95	−208.01	23.90	50.85	−9.12	−4.09	0.69
	(1 0 −1)	−143.64	−140.37	17.93	38.13	−8.01	−3.68	0.69
	(0 2 0)	−222.82	−179.10	15.93	33.90	−13.98	−5.28	0.73
	(1 0 1)	−270.83	−198.10	17.93	38.13	−15.11	−5.19	0.74
358	(0 1 1)	−181.81	−159.35	19.92	42.37	−9.13	−3.76	0.71
	(1 1 0)	−221.95	−205.01	23.90	50.85	−9.29	−4.03	0.70
	(1 0 −1)	−146.64	−138.37	17.93	38.13	−8.18	−3.63	0.69
	(0 2 0)	−225.82	−177.10	15.93	33.90	−14.17	−5.22	0.73
	(1 0 1)	−274.83	−195.10	17.93	38.13	−15.33	−5.11	0.75

4.3.6.5　晶体形貌

可以采用占据率模型来预测 DMSO 溶剂中的晶体形貌。为了研究不同温度对晶体形貌的影响，所有的 E_{att} 值列于表 4-55 中。

表 4-55　不同温度下晶面的修正附着能　　　　　　单位：kcal/mol

$(h\,k\,l)$	298K	318K	338K	358K
(0 1 1)	−20.25	−20.48	−20.69	−20.83
(1 1 0)	−27.05	−27.30	−27.58	−27.86
(1 0 −1)	−38.01	−38.45	−38.88	−39.31

续表

$(h\,k\,l)$	298K	318K	338K	358K
(0 2 0)	−28.30	−28.54	−28.78	−28.98
(1 0 1)	−34.00	−34.32	−34.64	−34.91

当温度确定时，所有面的 E_{att} 大小顺序是相同的：（1 0 −1）＞（1 0 1）＞（0 2 0）＞（1 1 0）＞（0 1 1）。随着温度的升高，所有晶面的修正附着能均变大。根据修正后的附着能预测 298K、318K、338K 和 358K 的晶体形貌如图 4-54 所示，纵横比分别为 1.91、1.91、1.91、1.92。面积比列于表 4-56 中。

表 4-56 不同温度下 HMX 晶面占比 单位：%

$(h\,k\,l)$	298K	318K	338K	358K
(0 1 1)	58.48	58.36	58.31	58.42
(1 1 0)	34.77	34.85	34.84	34.75
(1 0 −1)	1.44	1.41	1.40	1.37
(0 2 0)	4.86	4.93	4.98	5.00
(1 0 1)	0.44	0.45	0.46	0.47

对比四种温度预测的形貌，（1 0 −1）和（1 0 1）晶面趋于消失，（1 0 1）晶面所占面积最小，仅为 0.50% 左右。（1 0 −1）晶面所占面积仅次于（1 0 1）晶面，面积比为 1.40% 左右。（0 1 1）晶面占比最大，面积比为 58.40% 左右。不同温度对 HMX 晶体形貌影响不大。

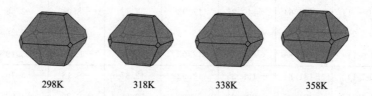

298K　　　　318K　　　　338K　　　　358K

图 4-54 不同温度下 HMX 在 DMSO 溶剂中的晶体形貌

4.3.7 小结

本研究通过分子动力学模拟的方法，预测了 HMX 在真空中的形貌，然后研究了八种溶剂对 HMX 结晶形貌的影响，同时比较了三种理论模型预测 DMSO 溶剂中 HMX 晶体形貌的区别。目的在于研究不同溶剂对 HMX 晶体形貌的影响，并且检验三种理论模型对研究体系的适用性。具体结论如下：

① COMPASS 力场是模拟 HMX 晶体和分子的最佳力场。真空中 HMX 的重要生长晶面为（0 1 1），（1 1 0），（1 0 −1），（0 2 0）和（1 0 1），纵横比为 1.96。对晶面结构的分析表明，（1 0 −1）晶面的结构最粗糙，（1 0 1）晶面是最平坦的。HMX 晶体中相互作用的主要类型是 O⋯H/H⋯O。径向分布函数的分析表明，溶剂与晶体之间存在氢键作用。

② 相互作用能 E_{int} 的计算结果表明，在所有的溶剂中，E_{int} 值最负的是（１１０）晶面，溶剂对晶面的作用更容易抑制（１１０）晶面的生长。HMX 在 DMSO 和丙酮（AC）溶剂中的晶体形貌预测结果与实验结果较吻合。HMX 在 DMSO、AC、二甲基乙酰胺、环戊酮、吡啶、环己酮（CH）、磷酸三乙酯、丙烯碳酸盐（PC）溶剂中预测形貌的纵横比分别为 2.49、2.46、2.50、2.83、3.31、2.51、3.00、3.45。在八种溶剂体系中，DMSO 和 AC 溶剂更有利于 HMX 的球形化。通过混合溶剂对 HMX 晶体形貌影响的研究，发现除 1∶3 的 DMF/水混合溶剂外，其他混合溶剂中（０２０）面都消失不见。体积比为 1∶3 的 DMF/水混合溶剂作用后，晶体形貌最接近球形。

③ 在 DMSO 溶剂影响下，采用 MAE1 预测的 HMX 晶体形貌呈棱锥状，纵横比为 2.71，采用 MAE2 预测的 HMX 晶体形貌呈不规则长块形，纵横比为 2.64，采用占据率模型预测的 HMX 晶体形貌呈片状，纵横比为 1.91。在 DMSO 溶剂影响下，HMX 的晶体形貌更适合用占据率模型预测。

④ 通过研究不同温度下 DMSO 对结晶形貌的影响，分析不同温度下 DMSO 的溶剂密度分布和扩散能力。结果表明，温度越高，DMSO 分子越容易扩散，溶剂密度峰越高。温度对晶体形貌影响不大。

4.4　RDX 晶体形貌预测

RDX 作为一种常见的炸药，不仅在军事上有广泛的应用，在采矿和石油钻探工业中也有广泛的应用[86]。RDX 在水中溶解度较低，而在丙酮、二甲基亚砜、环己酮等有机溶剂中溶解度较高。RDX 在二元混合溶剂（如环己酮和水、N-甲基吡咯烷酮和水、γ-丁内酯和水、丙酮和水）中的溶解度数据也已被测量[87]。

ter Horst 等[86] 预测并解释了溶剂对 RDX 晶体形貌的影响。关于丙酮和环己酮对 RDX 晶习定性的影响，预测到极性面在形态学上的重要性增加，而非极性面在形态学上的重要性降低或者消失[88,89]。此外，Chen 等[90,91] 利用修正附着能模型和 MD 模拟，成功模拟了丙酮和环己酮对 RDX 晶体生长形态的影响，其预测结果与实验观察到的形状吻合较好[92]。关于 RDX 在丙酮、环己酮和二甲基亚砜中的重结晶，实验结果与模拟结果的吻合状况也非常良好[93]。Antoine 等[92] 发现 RDX 在环己酮/水混合溶剂中的结晶形貌优于纯环己酮溶剂中的晶形。

此外，计算得到的 RDX 晶体在丙酮和二甲基亚砜中的纵横比相同，且略小于真空中晶形的纵横比，这两种溶剂都适合用于制备球形 RDX 晶体[93]。本节用 MD 模拟预测 RDX 在体积比为(1∶4)～(2∶1)的环己酮/水和二甲基亚砜/丙酮中的晶体形貌。

4.4.1　模拟细节与计算方法

RDX 的初始晶胞结构从剑桥晶体结构数据库获得（$a=13.182\text{Å}$，$b=11.574\text{Å}$，$c=10.709\text{Å}$，$\alpha=\beta=\gamma=90°$）。RDX 分子和晶体结构如图 4-55 所示。

理论模拟中，AE 模型预测 RDX 在真空中的晶形纵横比为 1.67，存在五个主要生长面，即（２００）、（１１１）、（２１０）、（０２０）和（００２）。表 4-57 列出了 RDX 主要生长面所对应的附着能和相对生长速率。主要生长面在真空中的相对生长速率（R_{hkl}）顺序为（200）＞（210）＞（002）≈（111）＞（020）。（２００）表面附着能绝对值最大（$E_{att}=-140.09\text{kcal/}$

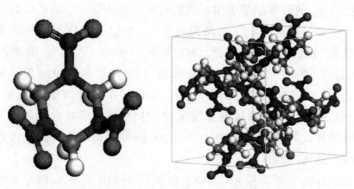

图 4-55　RDX 的分子（左）和晶体（右）结构

表 4-57　RDX 晶体在真空中的晶面参数

$(h\,k\,l)$	$E_{att}/(\text{kcal/mol})$	R_{hkl}
(2 0 0)	−140.09	1.50
(1 1 1)	−112.44	1.21
(2 1 0)	−132.23	1.42
(0 2 0)	−93.20	1
(0 0 2)	−113.21	1.21

mol），可以预测其在这五个平面中的生长速率最快。

关于晶面层的搭建，沿着（$h\,k\,l$）平面平行切割 RDX 晶体，构建 3×3×3 周期性超晶胞结构。在几何优化和 MD 模拟过程中使用 COMPASS 力场，COMPASS 力场已被证明适用于 RDX 的理论模拟[94]。

溶剂层包含 200 个混合溶剂分子，混合溶剂中每种溶剂分子的数量通过体积比来确定。溶剂盒子的大小与晶面尺寸相匹配。

然后建立了 RDX 晶面-混合溶剂界面模型，优化界面模型，降低体系能量，然后对模型进行 MD 模拟。温度设置为 298K，模拟时间为 200ps，时间步长为 1fs，系综选择 NVT。

4.4.2　混合溶剂中 RDX 晶体形貌预测

4.4.2.1　相互作用能分析

相互作用能可以直观地描述溶剂与晶面相互作用的能力。为了研究 RDX 晶体在不同体积比混合溶液中的形态变化，基于 MAE1，模拟计算了不同体积比的环己酮/水和二甲基亚砜/丙酮混合溶剂与 RDX 晶面的相互作用能，计算结果见表 4-58 和表 4-59。可以发现，在两种混合溶剂中，所有的重要生长晶面的相互作用能都是负值，且在 −226.28 ～ −705.67kcal/mol 之间。不同体积比的混合溶剂与 RDX 晶面之间的相互作用能如图 4-56 和图 4-57 所示，可以发现相互作用能较大的晶面为（2 1 0）和（1 1 1）面，相互作用能较小的晶面分别为（2 0 0）、（0 0 2）和（0 2 0）面。根据上述分析可以推测，这两种混合溶剂可以阻碍（2 1 0）和（1 1 1）面的生长，并促进（2 0 0）、（0 0 2）和（0 2 0）面的生长。

表 4-58　不同体积比环己酮与水混合溶剂中，主要生长面的附着能、修正附着能和相对生长速率

体积比	(h k l)	(0 2 0)	(1 1 1)	(0 0 2)	(2 1 0)	(2 0 0)
	$E_{att}/(kcal/mol)$	−93.20	−112.44	−113.21	−132.23	−140.09
	R_{hkl}	1	1.21	1.21	1.42	1.50
	A_{acc}	169.59	303.63	185.49	340.76	152.32
	A_{box}	1238.59	2317.19	1367.53	2419.16	1039.01
1 : 2	$E_{int}/(kcal/mol)$	−257.19	−446.78	−288.82	−647.76	−367.10
	$E_{att}^{s}/(kcal/mol)$	−57.99	−53.90	−74.03	−40.98	−86.27
	$R_{hkl}^{\prime}$	1	0.93	1.28	0.71	1.49
1 : 3	$E_{int}/(kcal/mol)$	−270.96	−442.70	−245.34	−615.75	−389.85
	$E_{att}^{s}/(kcal/mol)$	−56.11	−54.44	−79.93	−45.49	−82.94
	$R_{hkl}^{\prime}$	1	0.97	1.42	0.81	1.48
1 : 4	$E_{int}/(kcal/mol)$	−226.28	−487.04	−292.06	−600.54	−359.17
	$E_{att}^{s}/(kcal/mol)$	−62.22	−48.63	−73.59	−47.63	−87.44
	$R_{hkl}^{\prime}$	1	0.78	1.18	0.77	1.41
1 : 1	$E_{int}/(kcal/mol)$	−289.53	−519.22	−312.81	−682.91	−337.34
	$E_{att}^{s}/(kcal/mol)$	−53.56	−44.41	−70.78	−36.03	−90.64
	$R_{hkl}^{\prime}$	1	0.83	1.32	0.67	1.69
2 : 1	$E_{int}/(kcal/mol)$	−316.48	−528.98	−289.92	−705.67	−342.51
	$E_{att}^{s}/(kcal/mol)$	−49.87	−43.13	−73.88	−32.83	−89.88
	$R_{hkl}^{\prime}$	1	0.86	1.48	0.66	1.80

表 4-59　不同体积比二甲基亚砜/丙酮的混合溶剂中，主要生长面的附着能、修正附着能和相对生长速率

体积比	(h k l)	(0 2 0)	(1 1 1)	(0 0 2)	(2 1 0)	(2 0 0)
	$E_{att}/(kcal/mol)$	−93.20	−112.44	−113.21	−132.23	−140.09
	R_{hkl}	1	1.21	1.21	1.42	1.50
	A_{acc}	169.59	303.63	185.49	340.76	152.32
	A_{box}	1238.59	2317.19	1367.53	2419.16	1039.01
1 : 2	$E_{int}/(kcal/mol)$	−322.87	−517.13	−305.18	−642.39	−336.93
	$E_{att}^{s}/(kcal/mol)$	−49.00	−44.68	−71.81	−44.27	−90.70
	$R_{hkl}^{\prime}$	1	0.91	1.47	0.90	1.85
1 : 3	$E_{int}/(kcal/mol)$	−290.25	−516.77	−316.39	−636.30	−327.83
	$E_{att}^{s}/(kcal/mol)$	−53.46	−44.73	−70.29	−42.60	−92.03
	$R_{hkl}^{\prime}$	1	0.84	1.31	0.80	1.72
1 : 4	$E_{int}/(kcal/mol)$	−324.02	−515.40	−301.25	−621.96	−321.69
	$E_{att}^{s}/(kcal/mol)$	−48.84	−44.91	−72.35	−44.62	−92.93
	$R_{hkl}^{\prime}$	1	0.92	1.48	0.91	1.90
1 : 1	$E_{int}/(kcal/mol)$	−307.43	−525.88	−307.44	−581.81	−320.32
	$E_{att}^{s}/(kcal/mol)$	−51.11	−43.54	−71.51	−50.27	−93.13
	$R_{hkl}^{\prime}$	1	0.85	1.40	0.98	1.82

体积比	(h k l)	(0 2 0)	(1 1 1)	(0 0 2)	(2 1 0)	(2 0 0)
2∶1	E_{int}/(kcal/mol)	−315.51	−497.96	−271.12	−637.97	−316.02
	E_{att}^{s}/(kcal/mol)	−50.01	−47.19	−76.43	−42.36	−93.76
	R_{hkl}'	1	0.94	1.53	0.85	1.87

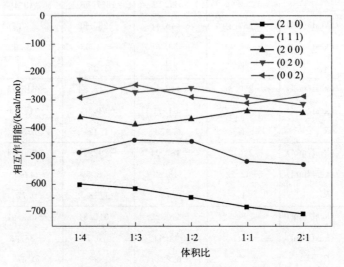

图 4-56　不同体积比环己酮/水与 RDX 晶面相互作用能的关系

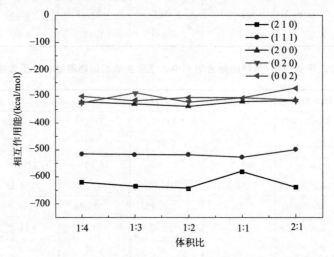

图 4-57　不同体积比的二甲基亚砜/丙酮与 RDX 晶面相互作用能的关系

4.4.2.2　附着能分析

表 4-58 和表 4-59 中列出了不同体积比下环己酮/水和二甲基亚砜/丙酮混合溶剂的修正附着能和相对生长速率。为了更好地进行比较，表中还列出了真空中的附着能和相对生长速率。模拟结果表明，两种混合溶剂对晶面的附着能都有很大的影响。在真空中，主要晶面的相对生长速率顺序为(2 0 0)>(2 1 0)>(0 0 2)≈(1 1 1)>(0 2 0)。在不同体积比的环己酮/水作用下，各晶面的相对生长速率顺序为(2 0 0)>(0 0 2)>(0 2 0)>(1 1 1)>(2 1 0)。当二甲基亚砜/丙酮的体积比为1∶1时，各晶面的相对生长速率顺序为(2 0 0)>(0 0 2)>(0 2

0)＞（２１０）＞（１１１）。其他体积比的二甲基亚砜/丙酮混合溶剂中，晶面相对生长速率顺序为（２００）＞（００２）＞（０２０）＞（１１１）＞（２１０）。

　　上述分析表明，在环己酮/水和二甲基亚砜/丙酮混合溶剂的作用下，（２００）、（００２）和（０２０）面的生长速率大于（１１１）和（２１０）面的生长速率。这一结果与相互作用能分析的结论是一致的。

4.4.2.3　混合溶剂对 RDX 晶形的影响

　　颗粒的球形度可以用纵横比来表示。由环己酮/水混合溶剂计算的 RDX 的晶习如图 4-58。表 4-60 中列出了不同体积比的混合溶剂下的主要晶面和纵横比。当环己酮/水的体积比为１∶２、１∶３ 和 １∶４ 时，RDX 晶体形态的主要晶面从五个变为四个，相应的纵横比分别为 1.83、1.76 和 1.55，共同的特征是（２００）面消失。当环己酮/水的体积比为 １∶１ 和 ２∶１ 时，RDX 晶体形态的主要晶面从五个变为三个，相应的纵横比分别为 1.91 和 2.04，不仅使（２００）面消失，而且（００２）面也没有显现在最终的晶形中。

表 4-60　RDX 在环己酮/水混合溶剂中主要生长面和纵横比

体积比	(h k l)	纵横
1∶2	(1 1 1)	1.83
	(2 1 0)	
	(0 2 0)	
	(0 0 2)	
1∶3	(1 1 1)	1.76
	(2 1 0)	
	(0 2 0)	
	(0 0 2)	
1∶4	(1 1 1)	1.55
	(2 1 0)	
	(0 2 0)	
	(0 0 2)	
1∶1	(1 1 1)	1.91
	(2 1 0)	
	(0 2 0)	
2∶1	(1 1 1)	2.04
	(2 1 0)	
	(0 2 0)	

　　由二甲基亚砜/丙酮混合溶剂计算的 RDX 的结晶习性如图 4-59 所示。表 4-61 中列出了相应的主要晶面和纵横比。从表 4-61 中可以清楚地看出，当二甲基亚砜/丙酮混合溶剂的体积比为 １∶２、１∶３、１∶４、１∶１ 和 ２∶１ 时，RDX 晶体形态的主要晶面从五个变为三个，相应的纵横比分别为 1.56、1.63、1.56、1.55 和 1.73，（２００）和（００２）面都没有显现在最终的晶形中。

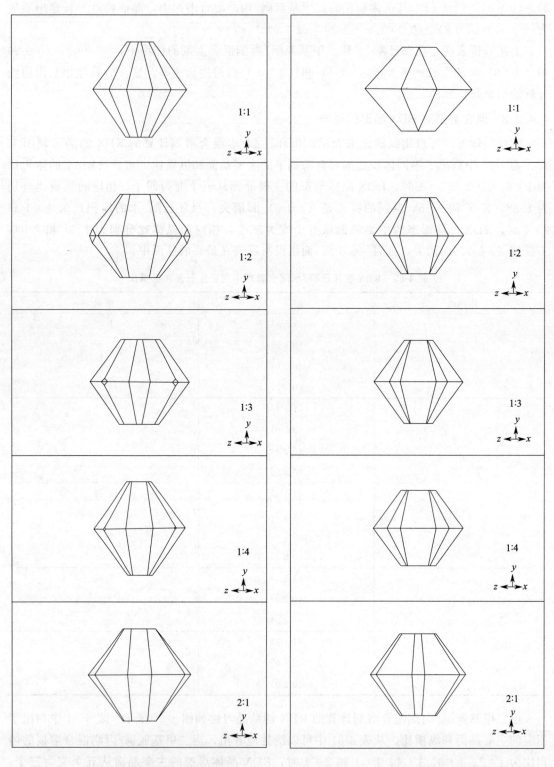

图 4-58　MAE1 模型预测的 RDX 在体积比
为(1∶4)~(2∶1)的环己酮/水中的晶形

图 4-59　MAE1 模型预测的 RDX 在体积比
为(1∶4)~(2∶1)的二甲基亚砜/丙酮中的晶形

表 4-61　RDX 在二甲基亚砜/丙酮混合溶剂中主要生长晶面和纵横比

体积比	(h k l)	纵横
1∶2	(1 1 1)	1.56
	(2 1 0)	
	(0 2 0)	
1∶3	(1 1 1)	1.63
	(2 1 0)	
	(0 2 0)	
1∶4	(1 1 1)	1.56
	(2 1 0)	
	(0 2 0)	
1∶1	(1 1 1)	1.55
	(2 1 0)	
	(0 2 0)	
2∶1	(1 1 1)	1.73
	(2 1 0)	
	(0 2 0)	

　　通过观察图 4-58 和图 4-59，并与 RDX 晶形在真空中的纵横比进行比较，结果表明，当混合溶剂为环己酮/水，体积比为 1∶4，混合溶剂为二甲基亚砜/丙酮，体积比为 1∶2、1∶3、1∶4 和 1∶1 时，RDX 晶体形貌相对较好。

　　为了了解不同体积比的混合溶剂对 RDX 晶体形貌的影响，为实验提供一些理论指导，混合溶剂的体积比和晶形的纵横比的关系见图 4-60 和图 4-61。从图 4-60 中可见，随着有机溶剂环己酮比例的增加，预测的 RDX 晶形的纵横比也增加，这与文献中所述的结论一致，即随着有机溶剂相对体积的增加，晶体的纵横比相应增加[95]。从图 4-61 中可以看出，二甲基亚砜/丙酮的体积比与预测的 RDX 晶体形态的纵横比之间没有直接的线性关系。在模拟范围内，如果需要球形度更高的 RDX 晶体，丙酮的比例应大于或等于二甲基亚砜的比例。

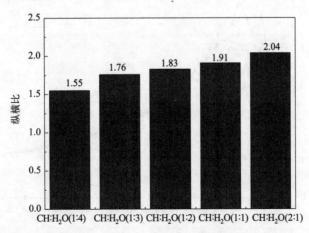

图 4-60　在不同 CH/水体积比下 RDX 晶形的纵横比

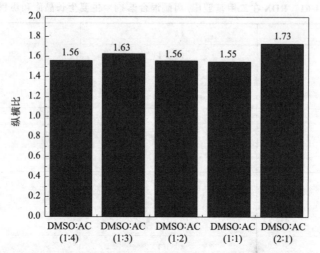

图 4-61　在不同 DMSO/AC 体积比下 RDX 晶形的纵横比

4.4.2.4　径向分布函数分析

径向分布函数（RDF）可以用来理解界面之间的相互作用力。以（1 1 1）面为例，在环己酮/水和二甲基亚砜/丙酮的体积比为(1∶4)～(2∶1)的混合溶剂中，（1 1 1）面的 O 原子与 H 原子之间的 RDF 如图 4-62 和图 4-63 所示。从图 4-62 中可以看出，具有不同体积比的 RDF 线的第一个峰出现在小于 3.1Å 的位置，表明界面之间存在氢键作用。此外，随着有机溶剂环己酮的增加，RDF 的第一个峰值逐渐降低，表明界面之间的氢键作用随着有机溶剂环己酮的增加而减少。RDF 图在 3.1～5Å 和超过 5Å 的范围内具有明显的峰值，表明界面处存在范德华相互作用和静电相互作用。如图 4-63 所示，每个 RDF 线的第一个峰的位置都大于 3.1Å，表明在二甲基亚砜/丙酮的混合溶剂中，（1 1 1）面上的 O 原子和 H 原子之间没有氢键作用，但界面之间存在范德华相互作用和静电相互作用。所有 RDF 曲线都是密集分布的，表明二甲基亚砜/丙酮混合溶剂的体积比变化对界面之间的相互作用影响不大。

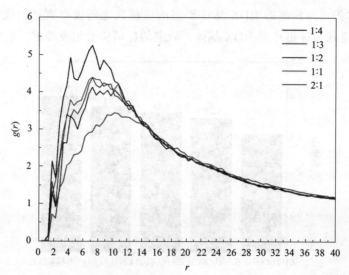

图 4-62　在不同体积比的环己酮/水混合溶剂中，（1 1 1）面 O 原子与溶剂中 H 原子之间的 RDF

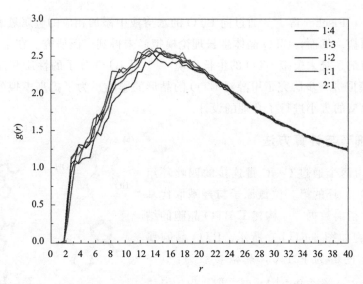

图 4-63　在不同体积比的二甲基亚砜/丙酮混合溶剂中，（1 1 1）面 O 原子与溶剂中 H 原子之间的 RDF

4.4.3　小结

在本研究中，基于 MAE1 模型，通过分子动力学模拟研究了两种不同混合溶剂对 RDX 生长形态的影响。混合溶剂分别为体积比为（1：4）～（2：1）的环己酮/水和二甲基亚砜/丙酮。计算了 RDX 的五个重要晶面与混合溶剂层之间的相互作用能，预测了不同体积比混合溶剂中 RDX 的晶体形貌。本研究的结论如下：

① 加入两种混合溶剂后，重要晶面的相互作用能均为负值，表明重要晶面与混合溶剂具有吸引力。相互作用能较大的晶面为（2 1 0）和（1 1 1）面，相互作用能较小的晶面分别为（2 0 0）、（0 0 2）和（0 2 0）面。

② 两种混合溶剂对晶面的附着能都有很大影响。在两种混合溶剂的作用下，（2 0 0）、（0 0 2）和（0 2 0）晶面的相对生长速率大于（1 1 1）和（2 1 0）晶面的生长速率。

③ 通过分析纵横比和形貌，发现当混合溶剂为环己酮/水时，环己酮的比例越低，RDX 的晶体形貌越接近球形。当混合溶剂为二甲基亚砜/丙酮时，如果需要球化的 RDX，则丙酮的比例应大于或等于二甲基亚砜的比例。

④ 分析两种不同体积比的混合溶剂中 RDX（1 1 1）面 O 原子与溶剂中 H 原子之间的 RDF 发现：当混合溶剂为环己酮/水时，界面处存在氢键作用、范德华相互作用和静电相互作用，并且随着环己酮比例的增加，界面处的氢键作用变得较弱。当混合溶剂为二甲基亚砜/丙酮时，界面处仅存在范德华相互作用和静电相互作用，二甲基亚砜/丙酮的体积比变化对界面之间的相互作用影响不大。

4.5　BTO 晶体形貌预测

作为 TKX-50[96] 的合成前体，5,5′-双四唑-1,1′-二醇酯（BTO）已被广泛研究[97,100]。BTO 具有相对强酸性，可以实现盐的离解。BTO 分子中的羟基有助于分子内或分子间氢键的形成。Fischer 等[97] 合成了 BTO，并加入氨、肼，甚至其他四唑衍生物来合成不同的二羟基铵盐。此外，Fischer 等[98] 通过向 BTO 的水溶液中添加相应的金属氢氧化物，进一步转化为各种金属盐。然而，BTO 晶体生长理论模拟尚未得到广泛研究。在本节计算模拟中，选择甲醇作为溶剂系统来模拟 BTO 的生长环境[101] 对 BTO 分子的性质和晶体结构进行分析，通过 MD 模拟进一步研究了甲醇对 BTO 的晶形的影响。为了提高模拟的准确性，减少模拟时间，对模型的大小进行了合理的设计。

4.5.1 模拟细节与计算方法

BTO 分子由两个通过 C—C 键连接的四唑环组成[见图 4-64(a)]。环的第 5 位氮原子与羟基取代基键合。使用单晶衍射数据[96] 构建了 BTO 晶胞的结构，BTO 的晶胞如图 4-64(b) 所示。BTO 晶胞属于单斜晶系，空间群为 P21/C，晶格参数为：$a = 7.74$Å，$b = 6.25$Å，$c = 8.70$Å，$\alpha = \gamma = 90°$，$\beta = 116.05°$。BTO 晶体内部有水分子，这使得 BTO 具有更好的稳定性。

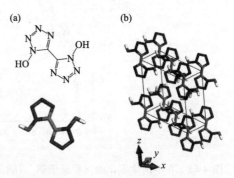

图 4-64　BTO 的化学结构式和棍式模型 (a)；BTO 的晶胞结构 (b)

使用 Materials Studio 5.5（MS 5.5）程序[102] 对 BTO 晶体进行模拟。为了准确描述 BTO 的分子能量与结构之间的关系，使用 Forcite 模块在不同的力场和不同的原子电荷计算方法下对 BTO 晶胞进行了优化。力场分别包括 COMPASS[38,39]、CVFF[40]、PCFF[41,42]、Dreiding[43]、Universal[44] 和 COMPASS Ⅱ[45]。原子电荷的计算方法分别有 Forcefield assign、Gasteiger 和 QEq。详细的优化结果见表 4-62。根据表 4-62，当 COMPASS Ⅱ力场和 Gasteiger 方法用于模拟 BTO 晶体的结构和性能时，优化的晶格参数的相对误差较小。因此，模拟采用 COMPASS Ⅱ力场和 Gasteiger 原子电荷计算方法。

接着讨论了晶面层和溶剂层尺寸大小对计算结果的影响，选择 NVT 系综进行 MD 模拟，步长 1fs，温度 298K，模拟时间 300ps，温度控制选择 Andersen[103]。从最后 100ps 的轨迹文件中随机选取 5 帧，计算相互作用能，求出平均值。MD 模拟结束后，通过计算溶剂-晶体界面的相互作用能对附着能进行修正，并通过修正的 AE 模型预测甲醇溶剂中 BTO 的形态。在占据率模型中，具体的模拟参数、步骤与 MAE1 模型的计算一致。

表 4-62　BTO 的晶格参数实验值和优化值的比较

力场	方法	晶格参数	实验值/Å	优化值/Å	相对误差/%
COMPASS	Forcefield assigned	a	7.74	8.59	−10.93
		b	6.24	6.17	1.14
		c	8.70	9.42	−8.28
		$\beta/(°)$	116.05	131.47	−13.28
	Gasteiger	a	7.74	8.62	−11.25
		b	6.24	6.21	0.58
		c	8.70	8.43	3.10
		$\beta/(°)$	116.05	114.33	1.49

续表

力场	方法	晶格参数	实验值/Å	优化值/Å	相对误差/%
COMPASS	QEq	a	7.74	8.30	−7.17
		b	6.24	6.28	−0.48
		c	8.70	9.11	−4.70
		$\beta/(°)$	116.05	128.02	−10.32
CVFF	Forcefield assigned	a	7.74	8.74	−12.87
		b	6.24	6.38	−2.12
		c	8.70	9.83	−12.98
		$\beta/(°)$	116.05	127.52	−9.88
	Gasteiger	a	7.74	8.75	−13.05
		b	6.24	6.40	−2.46
		c	8.70	9.29	−6.76
		$\beta/(°)$	116.05	118.78	−2.35
PCFF	Forcefield assigned	a	7.74	8.52	−9.97
		b	6.24	6.40	−2.49
		c	8.70	9.45	−8.68
		$\beta/(°)$	116.05	128.38	−10.62
	Gasteiger	a	7.74	8.52	−9.97
		b	6.24	6.20	0.79
		c	8.70	10.63	−22.23
		$\beta/(°)$	116.05	129.72	−11.78
	QEq	a	7.74	8.45	−9.14
		b	6.24	6.45	−3.19
		c	8.70	9.44	−8.56
		$\beta/(°)$	116.05	129.16	−11.30
Dreiding	Gasteiger	a	7.74	7.92	−2.22
		b	6.24	6.09	2.50
		c	8.70	10.20	−17.25
		$\beta/(°)$	116.05	118.68	−2.27
	QEq	a	7.74	7.99	−3.14
		b	6.24	6.13	1.89
		c	8.70	9.99	−14.81
		$\beta/(°)$	116.05	118.18	−1.84
Universal	Gasteiger	a	7.74	6.85	11.54
		b	6.24	6.03	3.42
		c	8.70	11.74	−34.89
		$\beta/(°)$	116.05	106.86	7.92

力场	方法	晶格参数	实验值/Å	优化值/Å	相对误差/%
Universal	QEq	a	7.74	7.57	2.22
		b	6.24	6.16	1.34
		c	8.70	10.71	−23.12
		$\beta/(°)$	116.05	116.66	−0.52
COMPASS Ⅱ	Forcefield assigned	a	7.74	7.94	−2.58
		b	6.24	6.18	1.08
		c	8.70	9.68	−11.26
		$\beta/(°)$	116.05	126.87	−9.32
	Gasteiger	a	7.74	8.25	−6.54
		b	6.24	6.17	1.25
		c	8.70	8.57	1.45
		$\beta/(°)$	116.05	111.84	3.63
	QEq	a	7.74	8.29	−7.06
		b	6.24	6.22	0.34
		c	8.70	9.37	−7.65
		$\beta/(°)$	116.05	128.86	−11.04

4.5.2　模型尺寸对计算的影响

在计算溶剂和晶面之间的 E_s 时，需要考虑模型尺寸的影响。模型尺寸过小会导致计算 E_S 的误差较大，导致模拟结果不够准确。然而，当模型尺寸过大时，模拟时间会增加，但是模拟结果的准确性不会相应提高。总之，在进行模拟之前，设计合适的模型尺寸是提高模拟精度和节省模拟时间的关键步骤。在本模拟中，以（0 0 1）面和甲醇溶剂模型为例，通过设计不同的模型尺寸来寻找合适的模型尺寸，研究了 E_S 的变化趋势。首先，BTO 超晶胞的尺寸恒定，改变溶剂层厚度（t_s），t_s 值通过溶剂层中溶剂分子的数量和溶剂密度来计算。然后，固定溶剂层的尺寸，晶面厚度（t_c）发生变化。最后，固定 t_s 和 t_c，改变 BTO 超晶胞表面的长度和宽度。（0 0 1）面甲醇溶剂模型尺寸设计的详细操作如图 4-65 所示。从图 4-65 中可以看出，溶剂层和晶体层的厚度从 1 层逐渐增加到 5 层，晶体表面的长度和宽度都从 2 倍扩展到 7 倍。

对于（0 0 1）面与甲醇溶剂之间的 E_S 值，其与模型尺寸的关系如图 4-66 所示。如图 4-66(a) 所示，随着 t_s 和 t_c 的增加，初始 E_S 迅速下降，随后的变化非常小。在 t_s 折线上，E_S 趋于平滑，在 20.26～25.33Å 的范围内（起始位置 $t_s=20.26$Å，对应溶剂厚度为 4 层，分子数量为 200），在 t_c 折线上，该范围为 16.59～40.47Å（起始位置 $t_c=16.59$Å，对应晶面为 2 层）。从图中可以发现，随着长度和宽度的增加，初始 E_S 迅速上升，随后的变化趋于稳定。在改变长度和宽度的折线图上，E_S 趋于平滑的起始位置都在 $5U×5V$（相应的晶面长度和宽度分别为 $5U=25.75$Å 和 $5V=25.75$Å）。因此，（0 0 1）面模型的大小被设计为 $5×5×2$。该模拟的截断半径（d_c）设置为 12.5Å。MD 模拟中的 d_c 是指一个原子与其他原子相互作用的有效距离。当原子之间的距离超过 d_c 时，原子之间的相互作用可以忽略不计。因此，为了防止模拟过程中周期性对结果产生影响，对模拟设计的模型大小，有必要确保 t_s 和 t_c 远大于 d_c，而 U 和 V 需略大于 $2d_c$。根据分析结果，考虑到模拟的准确性和时间，将主要生长面（１１０）、（２０－１）和（２００）的超晶胞分别设计为 $3\times5\times3$、$5\times3\times4$ 和 $5\times3\times4$，溶剂分子数设置为 200 个。

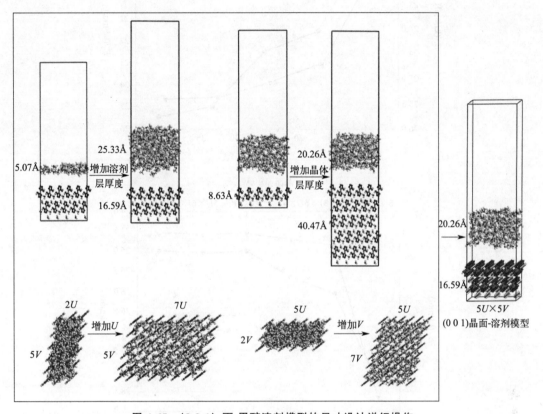

图 4-65 （０ ０ １）面-甲醇溶剂模型的尺寸设计详细操作

4.5.3　BTO 晶体结构分析

将原子视为一个球体，计算其电子密度分布，以构建晶体结构中分子的 Hirshfeld 表面。从 BTO 的 Hirshfeld 表面（如图 4-67 所示），较亮的红色斑点主要是 O—H⋯N 相互作用（标记为 1a），而较淡的红色斑点是由 O—H⋯O 相互作用引起的（标记为 1b）。蓝色区域没有显著的相互作用。d_e 和 d_i 是映射到 Hirshfeld 曲面上的原始曲面特性。d_e 是从 Hirshfeld 表面到表面外最近的原子核的距离，d_i 是到表面内最近的原子核的相应距离。d_{norm} 是一种归一化的接触距离，可用于识别分子间的相互作用。将 d_{norm} 定义为：

$$d_{norm} = \frac{d_i - r_i^{vdW}}{r_i^{vdW}} + \frac{d_e - r_e^{vdW}}{r_e^{vdW}} \tag{4-14}$$

通过 Crystal Explorer 3.0[104] 计算了 BTO 晶胞内原子的紧密接触，BTO 的二维指纹如图 4-68 所示，有两个尖锐的尖峰指向图的左下角，是典型的 N⋯H/H⋯N 氢键接触。$(d_e + d_i)$ 表示最短的接触距离，最小值约为 1.8Å。N⋯H/H⋯N 相互作用的比例占总

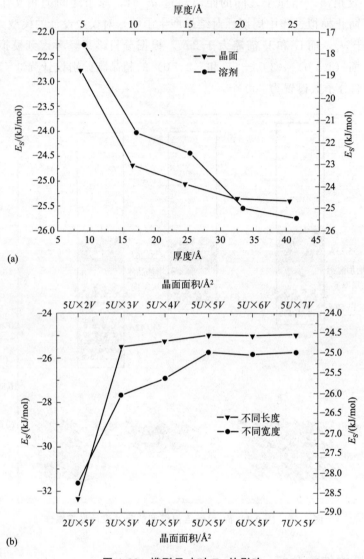

图 4-66　模型尺寸对 E_S 的影响

Hirshfeld 表面的 60.2%。N⋯O/O⋯N 和 O⋯H/H⋯O 相互作用位于指纹图的中间，比例分别为 10.3% 和 10.2%。除此之外，还有其他弱连接，如 N⋯N、C⋯H 等，它们占总触点的 19.3%。这些微弱的相互作用主要有助于 BTO 单位细胞的堆叠。BTO 晶胞内具有大量的氮和大量的水分子，因此 BTO 分子的 N⋯H/H⋯N 为其主要的相互作用。

4.5.4　BTO 在真空中的晶形和晶面分析

　　BTO 晶胞的生长键如图 4-69(a) 所示。椭圆球体是生长元素，生长键的强度用不同的颜色表示，生长键的参数如表 4-63 所示。键能最强的用红色表示，其值为 −15.39kJ/mol，而最弱的键由紫色表示，其值为 −2.60kJ/mol。BTO 的晶体在红色键的方向上具有最快的生长速率，在紫色键的方向生长速率最慢。

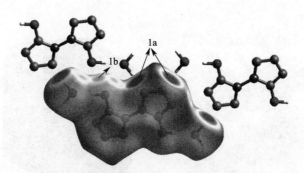

图 4-67　BTO 的 Hirshfeld 曲面映射（见彩图）

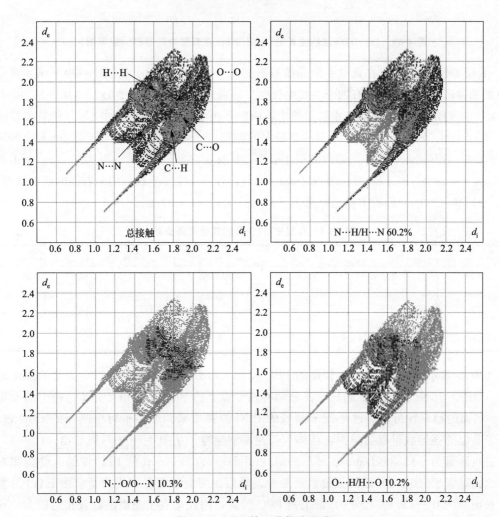

图 4-68　BTO 的二维指纹图谱

表 4-63　BTO 晶体中生长键参数

颜色	红	橙	黄	绿	青	蓝	紫
长度/Å	5.15	5.24	8.25	8.57	6.17	4.41	8.59
能量/(kJ/mol)	−15.39	−7.29	−5.67	−5.05	−3.37	−2.90	−2.60

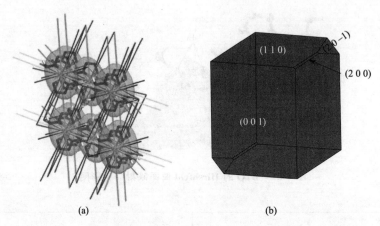

(a) (b)

图 4-69 (a) BTO 晶胞生长键；(b) BTO 在真空中的晶形（见彩图）

AE 模型预测的 BTO 在真空中的晶体形态如图 4-69(b) 所示。从图中可以看出，真空中 BTO 的晶体形态呈现片状，有四个主要生长面，分别为（0 0 1）、（1 1 0）、（2 0 -1）和（2 0 0）。表 4-64 列出了 BTO 在真空中的主要生长面的各项参数。其中，（0 0 1）面附着能最小为 $-38.82kJ/mol$。因此，（0 0 1）面显示出最大的面积比（A），占 52.95%。（2 0 0）面的附着能为 $-136.01kJ/mol$，（2 0 0）面的面积比很小，只有 0.25%。（1 1 0）和（2 0 -1）面的附着能分别为 $-86.65kJ/mol$ 和 $-146.99kJ/mol$。通过比较各个主要生长面的附着能的绝对值可知，（2 0 -1）和（2 0 0）面的生长速率高于（0 0 1）面和（1 1 0）面。

表 4-64 真空中 BTO 形貌优势晶面参数

($h\ k\ l$)	Mul	D_{hkl}/Å	E_{att}/(kJ/mol)	R_{hkl}	A/%
（0 0 1）	2	7.96	-38.82	1	52.95
（1 1 0）	4	4.80	-86.65	2.23	45.78
（2 0 -1）	2	4.10	-146.99	3.79	1.02
（2 0 0）	2	3.83	-136.01	3.50	0.25

图 4-70 显示了 BTO 主要生长面的 PBC 矢量。由不同颜色表示的 PBC 矢量的强度见表 4-63。如图 4-70 所示，BTO 的每个晶面都有两个以上的 PBC 矢量相互交叉，每个晶面属于 F 面。晶面的稳定性可以通过平行于晶面的 PBC 的强度来判断。平行于晶面的 PBC 越强，垂直于晶面的强键数量就会越少，晶体生长速率就越慢。从图 4-70 中可以看出，（0 0 1）面包含三组能量为 $-15.39kJ/mol$、$-7.29kJ/mol$ 和 $-5.67kJ/mol$ 的 PBC 键链，键能相对较大，因此垂直于（0 0 1）面的强键数量最少，导致该面生长缓慢，成为真空中 BTO 最重要的生长面。（2 0 -1）和（2 0 0）面上的 PBC 较弱，因此垂直于晶面的键数相对较大，导致（2 0 -1）和（2 0 0）面的快速生长。

表 4-65 中列出 BTO 主要晶面的 S 值，可以看出在四个主要生长晶面中，（2 0 -1）和（2 0 0）面的 S 值较大，分别为 1.42 和 1.43，说明了（2 0 -1）和（2 0 0）面的粗糙度较高。而（0 0 1）面的 S 值最小，该面相对平坦。对于晶体的生长，生长单元更容易吸附到具有更多台阶和扭结的粗糙晶面上，导致更大的生长驱动力和晶面的生长速率。因此，（2 0 -1）和（2 0 0）晶体表面的生长速率比（0 0 1）面快（不考虑溶剂或杂质分子）。

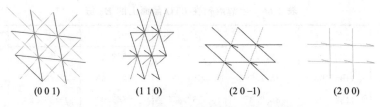

(0 0 1) (1 1 0) (2 0 −1) (2 0 0)

图 4-70 BTO 主要生长面的 PBC 矢量

表 4-65 BTO 主要生长晶面 S 值

$(h\ k\ l)$	$(0\ 0\ 1)$	$(1\ 1\ 0)$	$(2\ 0\ -1)$	$(2\ 0\ 0)$
$A_{acc}/Å^2$	28.11	49.93	70.25	75.62
$A_{hkl}/Å^2$	25.45	42.16	49.42	52.88
S	1.10	1.18	1.42	1.43

BTO 主要生长晶面的分子排列如图 4-71 所示。（1 1 0）、（2 0 −1）和（2 0 0）晶面的四唑环上的羟基暴露在表面上。由于 BTO 分子和水分子在晶体中的紧密排列，（0 0 1）和（1 1 0）面的空间位阻相对较大，（2 0 −1）和（2 0 0）面排列整齐，并具有显著的空隙，促进晶体分子的生长。这也解释了为何（2 0 −1）和（2 0 0）晶面的生长速率快于（0 0 1）面和（1 1 0）面。

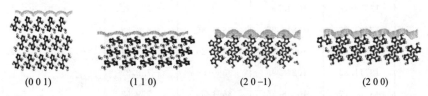

(0 0 1) (1 1 0) (2 0 −1) (2 0 0)

图 4-71 BTO 主要生长晶面的分子排列

4.5.5 甲醇溶剂中 BTO 晶体形貌预测

晶体表面原子和分子排列的差异导致了晶体表面结构的多样性，这也导致了溶剂附着在不同晶面上的吸附位点是不同的。MD 模拟平衡后甲醇分子在 BTO 不同晶面上的分布如图 4-72 所示。对于（0 0 1）和（1 1 0）面，甲醇分子分布在晶面上，几乎不进入晶体。相反，溶剂分子容易吸附在（2 0 −1）和（2 0 0）面上，并占据 BTO 晶体的晶格位置。因此，（2 0 −1）和（2 0 0）面的生长受到溶剂分子的抑制。甲醇溶剂在 BTO 晶面上的 E_S 值列于表 4-66。从表中可以看出，不同晶面的 E_S 绝对值的顺序如下：（2 0 −1）＞（2 0 0）＞（1 1 0）＞（0 0 1）。由于（2 0 −1）和（2 0 0）面与甲醇溶剂的相互作用较强，这两个面的生长将会受到抑制。

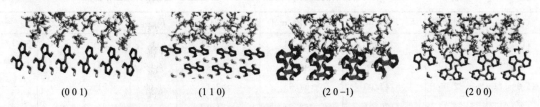

(0 0 1) (1 1 0) (2 0 −1) (2 0 0)

图 4-72 MD 模拟平衡后甲醇分子在 BTO 不同晶面上的分布

表 4-66　甲醇溶剂在 BTO 晶面上的 E_S 值

$(h\,k\,l)$	E_{tot}	E_{sur}	E_{sol}	E_{int}	$\overline{E}_{int}$	E_S
(0 0 1)	11852.36	8832.37	3598.88	−578.89	−565.20	−22.61
	11854.03	8832.37	3588.33	−566.68		
	11827.81	8832.37	3562.47	−567.03		
	11758.60	8832.37	3510.42	−584.19		
	11798.89	8832.37	3495.73	−529.20		
(1 1 0)	10972.32	8040.84	3505.56	−574.07	−634.53	−42.30
	10904.02	8040.84	3490.25	−627.07		
	10976.35	8040.84	3583.00	−647.48		
	10891.50	8040.84	3505.26	−654.60		
	10714.65	8040.84	3343.23	−669.42		
(2 0 −1)	13861.93	11043.13	3648.54	−829.73	−865.87	−57.72
	13873.14	11043.13	3700.69	−870.68		
	13882.67	11043.13	3742.98	−903.42		
	13758.01	11043.13	3634.00	−919.11		
	13886.05	11043.13	3649.33	−806.41		
(2 0 0)	13856.78	10848.95	3783.95	−776.12	−773.83	−51.59
	13624.22	10848.95	3624.65	−849.38		
	13808.36	10848.95	3745.25	−785.84		
	13711.33	10848.95	3590.66	−728.29		
	13770.77	10848.95	3651.33	−729.52		

表 4-67 列出了通过使用 MAE1 和 MAE2 模型计算得到的 BTO 晶面的修正附着能。从两种方法的比较来看，BTO 晶面修正附着能绝对值顺序为（2 0 −1）＞（2 0 0）＞（1 1 0）＞（0 0 1）。在甲醇溶剂中，（0 0 1）面具有最小的 $E^*_{att,1}$ 和 $E^*_{att,2}$，分别为 −13.84kJ/mol 和 −16.21kJ/mol，并且具有最大的形态学重要性。（2 0 −1）面的最大 $E^*_{att,1}$ 和 $E^*_{att,2}$ 分别为 −64.95kJ/mol 和 −89.27kJ/mol，并且有消失的趋势。（2 0 −1）面的生长速率快于（2 0 0）面。如果（2 0 0）面消失，那么（2 0 −1）面也会在晶体生长过程中消失。但事实上，使用 MAE1 预测的（2 0 −1）和（2 0 0）面的面积比分别为 0.29% 和 0%，而使用 MAE2 预测的（1 0 −2）和（2 0 0）面已经全部消失。MAE1 的预测结果与理论推测结果不一致，而 MAE2 是一致的。因此，就生长速率而言，MAE2 比 MAE1 预测更准确。

表 4-67　MAE1 和 MAE2 模型计算得到的 BTO 主要生长晶面的修正附着能

$(h\,k\,l)$	$E_S/(\text{kJ/mol})$	$E_{att}/(\text{kJ/mol})$	$E^*_{att,1}/(\text{kJ/mol})$	$E^*_{att,2}/(\text{kJ/mol})$	$R_{hkl,1}$	$R_{hkl,2}$	$A_1/\%$	$A_2/\%$
(0 0 1)	−24.98	−38.82	−13.84	−16.21	1	1	56.96	57.77
(1 1 0)	−50.10	−86.65	−36.56	−44.35	2.64	2.74	42.75	42.23
(2 0 −1)	−82.05	−147.00	−64.95	−89.27	4.69	5.51	0.29	—
(2 0 0)	−73.77	−136.01	−62.24	−84.42	4.50	5.21	—	—

此外，表 4-68 总结了使用占据率模型预测的 BTO 晶面的附着能。从表 4-68 中可以发现，k 值均大于 0.5，溶质对晶面的作用更为重要。（２０　０）面 E_{att}^* 最大，为 $-101.78kJ/mol$；而（０　０　１）面 E_{att}^* 最小，为 $-28.39kJ/mol$。在预测的形貌中（２０　０）面消失，（００１）面面积比最大，占 51.35%。

表 4-68　占据率模型计算得到的 BTO 主要生长晶面的修正附着能

$(h\,k\,l)$	$E_{int}/(kJ/mol)$		N_{sol}		k	E_{att} /(kJ/mol)	E_{att}^* /(kJ/mol)	R_{hkl}	$A/\%$
	溶质	溶剂	溶质	溶剂					
(0 0 1)	−615.66	−565.20	30.19	75.41	0.73	−38.82	−28.39	1	51.35
(1 1 0)	−512.97	−634.53	18.12	45.25	0.67	−86.65	−57.96	2.04	47.83
(2 0 −1)	−772.61	−865.87	18.11	45.25	0.69	−146.99	−101.47	3.57	0.82
(2 0 0)	−924.29	−773.83	18.18	45.26	0.75	−136.01	−101.78	3.59	—

从表 4-67 和表 4-68 的对比来看，修正的 AE 模型预测结果中，（２０ −１）面的相对生长速率最快，而使用占据率模型，（２０　０）面的相对生长速率最快。使用不同模型在真空和甲醇溶剂中预测的 BTO 主要晶面的面积比如图 4-73 所示。与真空中相比，不同模型预测的各晶面面积比变化不大，表明甲醇溶剂对 BTO 形态的影响较弱。在上述三种方法预测的结果中，（０　０　１）是最大的晶面，（２０　０）晶面消失。

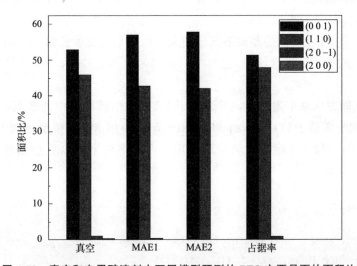

图 4-73　真空和在甲醇溶剂中不同模型预测的 BTO 主要晶面的面积比

BTO 晶体在甲醇溶剂中的扫描电子显微镜（SEM）结果如图 4-74(a) 所示[101]。比较使用修正的 AE 模型（MAE1、MAE2）和占据率模型预测的 BTO 在甲醇溶剂中的晶体形貌图 4-74(b)～(d)，可知三种方法预测的结果非常相似，而呈现出的 BTO 形态与实验结果也非常匹配。综上所述，当使用修正 AE 模型来预测 BTO 的晶形时，MAE2 比 MAE1 效果更好。如果考虑溶质分子的作用，占据率模型可以更准确地预测 BTO 晶体形态。

4.5.6　小结

本节利用修正的 AE 模型和占据率模型对 BTO 在甲醇中的生长形态进行了 MD 模拟。

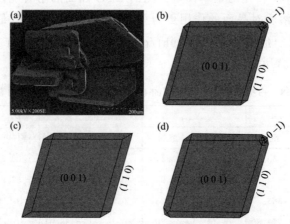

图 4-74　BTO 在甲醇溶剂中 SEM 图（a）[105] 和不同模型预测的晶形（b）～（d）

研究发现：

① BTO 晶体表现出不同强度的分子内和分子间相互作用，相互作用以 N…H/H…N 接触为主，占 60.2%。

② BTO 在真空中的形态优势生长面分别为（0 0 1）、（1 1 0）、（2 0 −1）和（2 0 0）。通过分析晶体键链和晶面分子的堆积，得知（2 0 −1）和（2 0 0）面的生长速率快于（0 0 1）面和（1 1 0）面。

③ 设计了适合 BTO 模拟的晶面溶剂模型大小。四个主要生长面（0 0 1）、（1 1 0）、（2 0 −1）、（0 0 0）的大小分别设计为 5×5×2、3×5×3、5×3×4、5×3×4，溶剂分子个数为 200。

④ 用三种不同方法修正附着能，并预测了 BTO 在甲醇溶剂中的形态。模拟结果表明，预测的 BTO 形貌与实验 BTO 晶体的 SEM 相匹配。使用 MAE 模型预测 BTO 的晶形时，MAE2 优于 MAE1。如果考虑溶质分子的作用，占据率模型可以更准确地预测 BTO 晶体形态。

参考文献

[1]　Li Y J，Xue X G，Wang C Y，et al. Morphology Prediction Methods and Their Applications in Energetic Crystals [J]. Crystal Growth & Design，2023，23 (11)：8436-8452.

[2]　Karunanithi A T，Acquah C，Achenie L E K，et al. Solvent design for crystallization of carboxylic acids [J]. Computer & Chemical Engineering，2009，33 (5)：1014-1021.

[3]　Lahav M，Leiserowitz L. The effect of solvent on crystal growth and morphology [J]. Chemical Engineering Science，2001，56 (7)：2245-2253.

[4]　Bennema P. Theory of growth and morphology applied to organic crystals：possible applications to protein crystals [J]. Journal of Crystal Growth，1992，122 (1-4)：110-119.

[5]　Zhang C Y，Ji C L，Li H Z，et al. Occupancy model for predicting the crystal morphologies influenced by solvents and temperature，and its application to nitroamine explosives [J]. Cryst Growth Des，2013，13：282.

[6]　Song L，Chen L Z，Cao D L，et al. Solvent selection for explaining the morphology of nitroguanidine crystal by molecular dynamics simulation [J]. Journal of Crystal Growth，2018，483：308.

[7]　Duan X H，Wei C X，Liu Y G，et al. A molecular dynamics simulation of solvent effects on the crystal morphology of

HMX [J] . J Hazard Mater，2010，174：175-180.

[8]　Li J，Jin S H，Lan G C，et al. Morphology control of 3-nitro-1，2，4-triazole-5-one（NTO）by molecular dynamics simulation [J] . Cryst Eng Comm，2018，40（20）：6252.

[9]　Song L，Chen L Z，Wang J L，et al. Prediction of crystal morphology of 3，4-dinitro-1H-pyrazole（DNP）in different solvents [J] . Journal of molecular graphics & modelling，2017，75：62.

[10]　Liu Y Z，Yu T，Lai W P，et al. Deciphering solvent effect on crystal growth of energetic materials for accurate morphology prediction [J] . Crystal growth & design，2020，20：521.

[11]　Liu Y Z，Niu S Y，Lai W P. Crystal morphology prediction of energetic materials grown from solution：insights into the accurate calculation of attachment energies [J] . Cryst Eng Comm，2019，21：4910.

[12]　Chen F，Zhou T，Li J，et al. Crystal morphology of dihydroxylammonium 5,5′-bistetrazole-1,1′-diolate（TKX-50）under solvents system with different polarity using molecular dynamics [J] . Comp Mater Sci，2019，168：48.

[13]　Chen F，Zhou T，Li L J，et al. Morphology prediction of dihydroxylammonium 5,5′-bistetrazole-1,1′-diolate（TKX-50）crystal in different solvent systems using modified attachment energy model [J] . Chinese Journal of Chemical Engineering，2023，53：181-193.

[14]　周涛，陈芳，李军，等 . TKX-50 在甲酸/水混合溶剂中生长形貌的分子动力学模拟 [J] . 含能材料，2020，28（09）：865-873.

[15]　Chen F，Liu Y Y，Wang J L，et al. Investigation of the co-solvent effect on the crystal morphology of β-HMX using molecular dynamics simulations [J] . Acta Phys Chim Sin，2017，33（6）：1140.

[16]　陈芳，周涛 . 一元溶剂体系 β-HMX 球形化结晶形貌的分子动力学模拟 [J] . 原子与分子物理学报，2019，36（3）：517.

[17]　Chen F，Zhou T，Wang M F. Spheroidal crystal morphology of RDX in mixed solvent systems predicted by molecular dynamics [J]，Journal of Physics and Chemistry of Solids，2020，136：109196.

[18]　Zhou T，Chen F，Li J，et al. Morphology prediction of 5,5′-bistetrazole-1,1′-diolate（BTO）crystal in solvents with different models using molecular dynamics simulation [J] . Journal of Crystal Growth，2020，548.

[19]　陈芳，任圆圆，何磊，等 . 一元溶剂体系 HNBP 结晶形貌的理论研究 [J] . 原子与分子物理学报，2021，38（04）：13-18.

[20]　陈芳，周涛，王玉良，等 . HNBP 和 PYX 两种耐热含能材料结晶形貌的理论研究 [J] . 原子与分子物理学报，2020，37（03）：361-365.

[21]　陆明 . 对全氮阴离子 N_5~-金属盐的密度和能量水平的思考 [J] . 含能材料，2018，26（5）：373-376.

[22]　Li P，Bu Y，Ai H. Density functional studies on conformational behaviors of glycinamide in solution [J] . Journal Physicals Chemical B，2004，108（4）：1405-1413.

[23]　Fischer N，Fischer D，Klapötke T M，et al. Pushing the limits of energetic materials-the synthesis and characterization of dihydroxylammonium 5,5′-bistetrazole-1,1′-diolate [J] . Journal of Materials Chemistry，2012，22（38）：20418-20422.

[24]　Frisch M J，Trucks G W，Schlegel H B，et al. Gaussian [CP] . Wallingford，CT，US：Gaussian Inc，2013.

[25]　Lu T，Chen F W. Multiwfn：A multifunctional wavefunction analyzer [J] . Journal of Computational Chemistry，33（5）：580-592.

[26]　Becke A D. Density-function thermochemistry Ⅲ The role of exact exchange [J] . Journal of Chemical physical，1993，98（7）：5648-5652.

[27]　Karasawa N，Goddard W A I. Force fields，structures，and properties of poly（vinylidene fluoride）crystals [J]. Macromolecules，1992，25（26）：7268-7281.

[28]　Sangster M J L，Dixon M. Interionic potentials in alkali halides and their use in simulations of the molten salts [J]. Advances in Physics，1976，25（3）：247-342.

[29]　Ben-Naim A. Standard thermodynamics of transfer. Uses and misuses [J] . Journal of Chemical Physics，1978，82（7）：792-803.

[30]　Wong M K，Wiberg K B，Frisch M J. Hartree-Fock second derivatives and electric field properties in a solvent reac-

tion field：theory and application [J]．Journal of Chemical Physics，1991，95（12）：8991-8999.

[31] Marenich A V，Cramer C J，Truhlar D G. Universal solvation model based on solute electron density and on a continuum model of the solvent defined by the bulk dielectric constant and atomic surface tensions [J]．Journal of Physical Chemistry B，2009，113（18）：6378-6396.

[32] Zhu W，Xiao H M. First-principles band gap criterion for impact sensitivity of energetic crystals：a review [J]．Structural Chemistry，2010，21（3）：657-665.

[33] 卢天，陈飞武．电子定域化函数的含义与函数形式 [J]．物理化学学报，2011，27（12）：2786-2792.

[34] Zhang C Y，Jin S H，Chen S S，et al. Solubilities of dihydroxylammonium 5,5′-bistetrazole-1,1′-diolate in various pure solvents at temperatures between 293.15 and 323.15 K [J]．Journal of Chemical & Engineering Data，2016，61（5）：1873-1875.

[35] Xiong S L，Chen S S，Jin S H，et al. Additives effects on crystal morphology of sihydroxylammonium 5,5′-Bistetrazole-1,1′-diolate by molecular dynamics simulations [J]．Journal of Energetic Materials，2016，34（4）：384-394.

[36] 任晓婷，张国涛，何金选，等．1,1′-二羟基-5,5′-联四唑二羟胺盐的晶形计算及控制 [J]．火炸药学报，2016，39（2）：68-71.

[37] 刘英哲，毕福强，来蔚鹏，等．5,5′-联四唑-1,1′-二氧二羟铵在不同生长条件下的晶体形貌预测 [J]．含能材料，2018，26（3）：210-217.

[38] 李志敏，张建国，张同来，等．硝基四唑及其高氮化合物 [J]．化学进展，2010，22（4）：639-647.

[39] Fischer N，Fischer D，Klapötke T M，et al. Pushing the limits of energetic materials-the synthesis and characterization of dihydroxylammonium 5,5′-bistetrazole-1,1′-diolate [J]．Journal of Materials Chemistry，2012，22（38）：20418-20422.

[40] Kondrashova D，Valiullin R. Freezing and melting transitions under mesoscalic confinement：application of the Kossel-Stranski crystal-growth model [J]．The Journal of Physical Chemistry C，2015，119（8）：4312-4323.

[41] 杨芗钰．溶液结晶中 L-丙氨酸晶体生长过程的分子模拟 [D]．上海：华东理工大学，2013.

[42] Chen F，Zhou T，Li J，et al. Crystal morphology of dihydroxylammonium 5,5′-bistetrazole-1,1′-diolate（TKX-50）under solvents system with different polarity using molecular dynamics [J]．Computational Materials Science，2019，168：48-57.

[43] Aminabhavi T M，Gopalakrishna B. Density，viscosity，refractive index，and speed of sound in aqueous mixtures of $N，N$-dimethylformamide，dimethyl sulfoxide，$N，N$-dimethylacetamide，acetonitrile，ethylene glycol，diethylene glycol，1,4-dioxane，tetrahydrofuran，2-methoxyethanol，and 2-ethoxy [J]．Journal of Chemical & Engineering Data，1995，40（4）：856-861.

[44] 周国泰．危险化学品安全技术全书 [M]．北京：化学工业出版社，2006.

[45] Pires R M，Costa H F，Ferreira A G M，et al. Viscosity and density of water ＋ ethyl acetate ＋ ethanol mixtures at 298.15 and 318.15 K and atmospheric pressure [J]．Journal of Chemical and Chemical and Engineering，2007，52（4）：1240-1245.

[46] Korosi G，Kovats E S. Density and surface tension of 83 organic liquids [J]．Journal of Chemical & Engineering Data，1981，26（3）：323-332.

[47] Varshney S，Singh M. Densities，Viscosities，and Excess Molar Volumes of Ternary Liquid Mixtures of Bromobenzene ＋ 1,4-Dioxane ＋（Benzene or ＋ Toluene or ＋ Carbon Tetrachloride）and Some Associated Binary Liquid Mixtures [J]．Journal of Chemical & Engineering Data，2006，51（3）：1136-1140.

[48] Liu Y Z，Lai W P，Ma Y D，et al. Face-Dependent Solvent Adsorption：A Comparative Study on the Interfaces of HMX Crystal with Three Solvents [J]．The Journal of Physical Chemistry B，2017，121（29）：7140-7146.

[49] Liu Y Z，Lai W P，Yu T，et al. Understanding the growth morphology of explosive crystals in solution：insights from solvent behavior at the crystal surface [J]．RSC Advances，2017，7（3）：1305-1312.

[50] Li J，Jin S H，Lan G C，et al. Morphology control of 3-nitro-1,2,4-triazole-5-one（NTO）by molecular dynamics simulation [J]．Cryst Eng Comm，2018，40（20）：6252-6260.

[51]　Xiong S L，Chen S S，Jin S H，et al. Additives effects on crystal morphology of sihydroxylammonium 5,5′-Bistet-razole-1,1′-diolate by molecular dynamics simulations [J] . Journal of Energetic Materials，2016，34（4）：384-394.

[52]　Lan G C，Jin S H，Li J，et al. The study of external growth environments on the crystal morphology of ε-HNIW by molecular dynamics simulation [J] . Journal of Materials Science，2018，53（18）：12921-12936.

[53]　Baker E N，Hubbard R E. Hydrogen bonding in globular proteins [J] . Progress in Biophysics & Molecular Biology，1984，44（2）：97-179.

[54]　Xiao L，Guo S F，Su H P，et al. Preparation and characteristics of a novel PETN/TKX-50 co-crystal by a solvent/non-solvent method [J] . RSC Advances，2019，9：9204-9210.

[55]　Li D，Cao D L，Chen L Z，et al. Solubility of dihydroxylammonium 5,5′-bistetrazole-1,1′-diolate in（formic acid，water）and their binary solvents from 298. 15 K to 333. 15 K at 101. 1 kPa [J] . Journal of Chemical Thermodynamics，2019，128：10-18.

[56]　Song L，Chen L Z，Wang J L，et al. Prediction of crystal morphology of 3,4-dinitro-1H-pyrazole（DNP）in different solvents [J] . Journal of molecular graphics & modelling，2017，75：62-70.

[57]　Lu T，Chen F W. Multiwfn：A multifunctional wavefunction analyzer [J] . J Comput Chem，2012，33（5）：580-592.

[58]　Lu T，Chen F W. Comparison of computational methods for atomic charges [J] . Acta Physico-Chimica Sinica，2012，28（1）：1-18.

[59]　Zhang C Y，Ji C L，Li H Z，et al. Occupancy model for predicting the crystal morphologies influenced by solvents and temperature，and its application to nitroamine explosives [J] . Cryst Growth Des，2013，13（1）：282-290.

[60]　Lan G C，Jin S H，Li J，et al. The study of external growth environments on the crystal morphology of e-HNIW by molecular dynamics simulation [J] . Mater Sci，2018，53（18）：12921-12936.

[61]　Liu Y Z，Niu S Y，Lai W P，et al. Crystal morphology prediction of energetic materials grown from solution：Insights into the accurate calculation of attachment energies [J] . Cryst Eng Comm，2019，21（33）：4910-4917.

[62]　Xiong S L，Chen S S，Jin S H，et al. Additives effects on crystal morphology of dihydroxylammonium 5,5′-bistetrazole-1,1′-diolate by molecular dynamics simulations [J] . Energ Mater，2016，34（4）：384-394.

[63]　Xu X，Chen D，Li H Z，et al. Crystal morphology modification of 5,5′-bisthiazole-1,1′-dioxyhydroxyammonium salt [J] . Chemistry Select，2020，5（6）：1919-1924.

[64]　Song L，Zhao F Q，Xu S Y，et al. Uncovering the action of ethanol controlledcrystallization of 3,4-bis(3-nitro-furazan-4-yl)furoxan crystal：A molecular dynamics study [J] . Mol Graph Model，2019，92：303-312.

[65]　Lu T，Chen Q. Interaction region indicator：A simple real space function clearly revealing both chemical bonds and weak interactions [J] . Chemistry - Methods，2021，1（5）：231-239.

[66]　Chunhai Y，Xue L，Ning Z，et al. Theoretical study on intra-molecule interactions in TKX-50 [J] . Physical chemistry chemical physics，2023，25（39）：26861-26877.

[67]　Meng L，Lu Z，Wei X，et al. Two-sided effects of strong hydrogen bonding on the stability of dihydroxylammonium 5,5′-bistetrazole-1,1′-diolate（TKX-50）[J] . Cryst Eng Comm，2016，18（13）：2258-2267.

[68]　Song X，Xing X，Zhao S，et al. Molecular dynamics simulation on TKX-50/fluoropolymer [J] . Modelling and Simulation in Materials Science and Engineering，2020，28（1）：015004-015004.

[69]　Zhang X X，Yang Z J，Nie F，et al. Recent advances on the crystallization engineering of energetic materials [J] . Energetic Materials Frontiers，2020，1（3-4）：141-156

[70]　邸运兰. 气体反溶剂法重结晶 HMX 的研究 [D] . 太原：华北工学院，2001.

[71]　Osguthorpe P D，Roberts V A，Osguthorpe D J，et al. Structure and energetics of ligand binding to proteins：Escherichia coli dihydrofolate reductase-trimethoprim，a drug-receptor system [J] . Proteins，1988，4：31-47.

[72]　Sun H. Force field for computation of conformational energies，structures，and vibrational frequencies of aromatic polyesters [J] . Journal of Computational Chemistry，1994，15（7）：752-768.

[73]　Sun H. Ab initio calculations and force field development for computer simulation of polysilanes [J] . Macromole-

cules，1995，28（3）：701-712.

[74] Sun H. COMPASS：an ab initio force-field optimized for condensed-phase applications-overview with details on alkane and benzene compounds [J]．The Journal of Physical Chemistry B，1998，102：7338-7364.

[75] Sun H，Ren P，Fried J R. The COMPASS force field：parameterization and validation for phosphazenes [J]．Computational and Theoretical Polymer Science，1998，8（1-2）：229-246.

[76] Mayo S L，Olafson B D，Goddard W A. DREIDING：a generic force field for molecular simulations [J]．J Phys Chem，1990，28：8897-8909.

[77] Rappe A K，Colwell K S，Casewit C J. Application of a universal force field to metal complexes [J]．Inorg Chem，2002，32：3438-3450.

[78] Gao H F，Zhang S H，Ren F D，et al. Theoretical insight into the temperature-dependent acetonitrile（ACN）solvent effect on the diacetone diperoxide（DADP）/1,3,5-tribromo-2,4,6-trinitrobenzene（TBTNB）cocrystallization [J]．Computational Materials Science，2016，121：232-239.

[79] Liu Y Z，Lai W P，Ma Y D，et al. Face-Dependent Solvent Adsorption：A Comparative Study on the Interfaces of HMX Crystal with Three Solvents [J]．Journal of Physical Chemistry B，2017，121：7140-7146.

[80] 杨芎钰. 溶液结晶中 L-丙氨酸晶体生长过程的分子模拟 [D]．上海：华东理工大学，2013.

[81] Lan G C，Jin S H，Li J，et al. The study of external growth environments on the crystal morphology of ε-HNIW by molecular dynamics simulation [J]．Journal of Materials Science，2018，53（18）：12921-12936.

[82] 王蕾，陈东，李洪珍，等. 八种溶剂体系中 HMX 晶体形貌的分子动力学模拟和实验研究 [J]．含能材料，2020，28（04）：317-329.

[83] 刘飞，吴晓青，艾罡，等. DMF-水球形化重结晶 HMX 工艺研究 [J]．火工品，2011，0（6）：30-33.

[84] Antoine E D M，van der H，Richard H B B. Crystallization and Characterization of RDX，HMX，and CL-20 [J]．Crystal Growth & Design，2004，4（5）：999-1007.

[85] Zhang L，Yan M，Yin W L，et al. Experimental Study of the Crystal Habit of High Explosive Octahydro-1，3，5，7-tetranitro-1，3，5，7-tetrazocine（HMX）in Acetone and Dimethyl Sulfoxide [J]．Crystal Growth & Design，2020，20（10）：6622-6628.

[86] ter Horst J H，Geertman R M，van der Heijden A E，et al. The influence of a solvent on the crystal morphology of RDX [J]．J Cryst Growth，**1999**，198/199：773-779.

[87] Kim D Y，Kim K J. Solubility of cyclotrimethylenetrinitramine（RDX）in binary solvent mixtures [J]．J Chem Eng Data，**2007**，52：1946-1949.

[88] Chen F，Liu Y Y，Wang J L，et al. Investigation of the co-solvent effect on the crystal morphology of β-HMX using molecular dynamics simulations [J]．Acta Phys Chim Sin，**2017**，33：1140-1148.

[89] Hartman P，Bennema P. The attachment energy as a habit controlling factor [J]．J Cryst Growth，**1980**，49：145-156.

[90] Chen G，Chen C Y，Xia M Z，et al. A study of the solvent effect on the crystal morphology of hexogen by means of molecular dynamics simulations [J]．RSC Adv，**2015**，5：25581-25589.

[91] Chen G，Xia M Z，Lei W，et al. Prediction of crystal morphology of cyclotrimethylene trinitramine in the solvent medium by computer simulation：a case of cyclohexanone solvent [J]．J Phys Chem A，**2014**，118：11471-11478.

[92] Antoine E D M，van der H，Richard H B B. Crystallization and characterization of RDX，HMX，and CL-20 [J]．Cryst Growth & Des，**2004**，4：999-1007.

[93] Wang Y Q，Li X，Chen S S，et al. Preparation and characterization of cyclotrimethylenetrinitramine（RDX）with reduced sensitivity [J]．Materials，2017，10（8）：974.

[94] Sun H. Compass：an ab initio force-field optimized for condensed-phase applications-overview with details on alkane and benzene compounds [J]．J Phys Chem B，**1998**，102：7338-7364.

[95] Hod I，Mastai Y，Medina D D. Effect of solvents on the growth morphology of DL-alanine crystals [J]．Cryst Eng Comm，**2011**，13：502-509.

[96] Fischer N，Fischer D，Klapötke T M，et al. Pushing the limits of energetic materials-the synthesis and characteriza-

tion of dihydroxylammonium 5,5′-bistetrazole-1,1′-diolate [J] . J Mater Chem，2012，22：20418-20422.

[97] Fischer N，Klapötke T M，Reymann M，et al. Nitrogen-Rich salts of 1H，1′H-5,5′-bitetrazole-1,1′-diol：energetic materials with high thermal stability [J] . Eur J Inorg Chem，2013（2013）：2167-2180.

[98] Fischer N，Klapötke T M，Marchner S，et al. A selection of alkali and alkaline earth metal salts of 5,5′-bis（1-hydroxytetrazole）in pyrotechnic compositions，Propellant [J] . Explos Pyrotech，2013，38：448-459.

[99] Wang X J，Jin S H，Zhang C Y，et al. Preparation，crystal structure and properties of a new crystal form of diammonium 5,5′-bistetrazole-1,1′-diolate，Chinese [J] . J Chem，2015，33：1229-1234.

[100] Zhang C Y，Jin S H，Chen S S，et al. Thermal behavior and thermo-kinetic studies of 5,5′-bistetrazole-1,1′-diolate（1,1-BTO）[J] . J Therm Anal Calorim，2017，129：1265-1270.

[101] Zhang Z B，Li T，Yin L，et al. A novel insensitive cocrystal explosive BTO/ATZ：preparation and performance [J] . Rsc Adv，2016，6：76075-76083.

[102] Material Studio 5.5，Acceryls Inc.，San Diego，2010.

[103] Andersen H. C. Molecular dynamics simulations at constant pressure and/or temperature [J] . J Chem Phys，1980，72：2384-2393.

[104] Wolff S K，Grimwood D J，Mckinnon J J，et al. Spackman，Crystal Explorer 3.0 [J] . University of Western Australia，Perth，Australia，2009.

[105] Zhang Z B，Li T，Yin L，et al. A novel insensitive cocrystal explosive BTO/ATZ：preparation and performance [J] . Rsc Adv，2016，6：76075-76083.

第 5 章　高聚物黏结炸药力学性能的分子动力学模拟

5.1　引言

高聚物黏结炸药是一种特殊类型的爆炸性物质，其特点是以高聚物作为主要的黏结剂，将爆炸性能好的化学品（如硝化甘油、三硝基甲苯等）和其他添加剂混合后形成复合材料。这种炸药在制备过程中通过聚合物将各种成分均匀地包裹在一起，形成具有一定形状和稳定性的炸药体，同时聚合物提供了炸药在爆炸时所需的结构支撑和能量释放。

与传统的炸药相比，高聚物黏结炸药具有一些显著的优点。首先，由于采用了高聚物作为黏结剂，炸药的制备过程更加灵活多样，可以根据需要调节成分和形状，实现对炸药性能的精确控制。其次，高聚物黏结炸药具有较高的安全性和稳定性，不易受到外界环境的影响，运输和储存相对安全可靠。此外，高聚物黏结炸药还具有较低的敏感性和较小的爆炸风险，能够有效减少事故的发生概率，保障生产和使用的安全。

总的来说，高聚物黏结炸药是一种具有广泛应用前景的新型爆炸性材料，其在军事、民用爆破、野外作业等领域都有着重要的应用价值。随着材料科学和化学工程的不断发展，高聚物黏结炸药的研究和应用将会得到进一步的推进和完善，为人类社会的发展和安全提供更加可靠的保障。

5.2　ε-CL-20/F2311 PBX 力学性能和结合能的分子动力学模拟

寻求高能量密度材料（HEDM）是当前能源材料领域的研究热点和焦点，与国家安全、航天事业和国民经济发展有关[1-5]。HEDM 由高能量密度化合物（HEDC）和其他添加剂构成，主体是 HEDC，其合成依赖于好的配方。CL-20（六硝基六氮杂异伍兹烷）是当前最著名且获得实际应用的 HEDC[6]，以其为基（主体炸药）添加少量高聚物黏结剂，形成高聚物黏结炸药（PBX），就是引起广泛关注的 HEDM。PBX 配方主要依赖于实验，耗费大量人力、物力和财力，且实验周期长，还存在安全问题，尤其是无法预示未知配方及其性能，故迫切需要理论指导。运用分子动力学（MD）模拟方法模拟炸药、高聚物和 PBX[7-10] 的结构和性能有助于从理论上指导 PBX 和 HEDM 的配方设计。许晓娟等[8] 对 ε-CL-20 为基以四种典型氟聚物［聚偏二氟乙烯（PVDF）、聚三氟氯乙烯（PCTFE）、F2311 和 F2314，其中 F2311 和 F2314 分别指 PVDF 和 PCTFE 以 1∶1 和 1∶4 摩尔比混合的共聚物］为黏结剂的 PBX 进行了 MD 模拟研究，结果表明，ε-CL-20（001）/F2314 PBX 的综合力学性能相对较好，并且也研究[10] 了以聚氨基甲酸乙酯（Estane5703）、聚叠氮甘油醚（GAP）、端羟基聚丁二烯（HTPB）、聚乙二醇（PEG）和 F2314 为黏结剂的 ε-CL-20 基 PBX 的相容性、力学性能、安全性和能量性质。

高聚物浓度和温度是影响 PBX 力学性能和结合能的主要因素。研究其中的规律性，对 PBX 的配方设计和实际制备具有重大指导意义。本节应用分子动力学（MD）模拟方法，模拟研究 CL-20 基氟聚合物（CL-20/F2311）PBX 在四种不同高聚物浓度和四种不同温度下的力学性能和结合能，揭示一些递变规律。

5.2.1　计算模型与计算方法

根据实验具体情况，分别取 F2311 的链节数 $n=5$ 和 $n=6$，端基用—F 加以饱和，高聚物 F2311 的分子结构式如图 5-1(a) 所示。由程序搭建高聚物 F2311 模型，将获得的高聚物模型用 Materials Studio（MS）软件包 Discover 模块，以 Compass 力场进行 MD 模拟。首先进行 10000 步的最小化（minimize），使其能量降低，然后运行动力学：选取 NVT 系综，采用 Anderson 控温器，温度设定为 300K，时间步长为 1.0fs，总模拟时间为 2.5ns，获得的最终稳定结构视为高聚物链的平衡构象。

CL-20 晶体结构取自 X 射线衍射结果[11]，CL-20 的晶胞结构如图 5-1(b) 所示。在此晶体结构的基础上，由 MS 软件搭建其（3×3×3）超晶胞模型。在 CL-20（3×3×3）超晶胞中取出含 50 个 CL-20 分子（共 1800 个原子）的球形模型。通过 MM 能量极小化和 MD 模拟方法对该晶体球形模型进行表面处理。在周期箱中将获得的平衡构象的高分子链从 x，y，z 3 个（或其正负共 6 个）方向上接近主体炸药超晶胞表面，由此构成含 1，3，6 条 5 链节的高分子链，以及 3 条 6 链节高分子链总共 4 个 PBX 初始构型。图 5-1(c) 示出其中含 3 条 5 链节 F2311 链的 PBX 初始构型。

5.2.2　MD 模拟

在 COMPASS 力场下，首先对周期箱中的 4 个 PBX 初始模型进行压缩处理，直至密度达到约 2.0g/cm³。纯 CL-20 取超晶胞（3×3×3）作为模型，密度为 2.1055g/cm³。然后分别在 NVT 系综下对纯 CL-20 和 PBX 总共 5 个模型进行 MD 模拟研究。MD 模拟分两部分，一是以温度和能量平衡为标志的平衡模拟阶段；二是用于统计分析的模拟阶段。最后进行静态力学分析。以上 MD 模拟，温度用 Andersen 方法控制，初始温度设定为 300K；用 Velocity Verlet 法进行积分；范德华（vdW）相互作用和静电相互作用（Coulomb）分别用 atom-based 和 Ewald 方法计算；非键截断（cut off）取 0.95nm，键齿宽度（spline width）取 0.1nm，缓冲宽度（buffer width）取 0.05nm；时间步长为 1.0fs，总模拟步数 30 万步，其中前 20 万步用于平衡，后 10 万步用于数据分析，每 1000 步记录一次轨迹文件。力学性质通过静态模型分析获得，作为示例，图 5-1(d) 给出经 MD 模拟后的含 3 条 5 链节高分子链的 PBX 平衡构型。

5.2.3　高聚物浓度对 PBX 力学性能和结合能的影响

对 MD 模拟所得体系的平衡轨迹，由程序对其进行小变型的单轴拉伸和纯剪切操作。

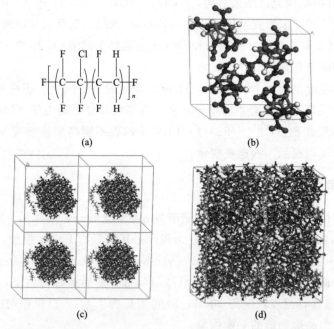

图 5-1 F2311 的分子结构式（a）；ε-CL-20 晶体结构（b）；
含 3 条 5 链节的 PBX 初始模型（c）；MD 模拟后的含 3 条 5 链节的 PBX 构型（d）

弹性系数矩阵由广义胡克定律等式两边对应变分量求一阶偏导数得到[12]，之后通过最小二乘法拟合拉伸应力应变曲线，得到各向同性力学性能的平均值：拉伸模量（拉伸应力与拉伸应变之比）、体积模量和剪切模量以及泊松比（横向应变与拉伸应变之比的负值）。

将 F2311 黏结剂在不同浓度下的 PBX 力学性能和结合能的分析结果分别列于表 5-1 和表 5-2。其中 PBX 1、PBX 2、PBX 3、PBX 4 分别对应含 F2311 5 链节 1 条链、5 链节 3 条链、6 链节 3 条链、5 链节 6 条链的 4 种 PBX。高聚物与 PBX 的质量比依次为 4.1%，11.4%，13.3%，20.4%。表 5-1 还列出纯 CL-20 的相应数据以供比较。从表 5-1 可知，在高聚物 F2311 包覆前后，CL-20 的力学性质发生了很大变化。弹性模量是应力与应变之比，是材料刚性的度量。纯 CL-20 的拉伸模量（E）很大（23.58GPa），表明其抵抗变形的能力很强，刚性很强。当以 F2311 包覆后，在每一黏结剂浓度下，PBX 的拉伸模量 E、体积模量 K 和剪切模量 G 均系统地下降，即 PBX 均比纯 CL-20 弹性强。其泊松比 γ 从 0.22 增为 0.32～0.36，表明 PBX 已具塑料的典型性质（通常塑料的泊松比是 0.2～0.4）。但随浓度的增加，泊松比波动不大，趋于稳定，说明 PBX 已经具有稳定的塑性。其中，C_{12}-C_{44} 为柯西压，柯西压若为负值则材料显脆性，其值越负表明材料的脆性越强；若是正值则表明材料延展性较好，其值越高表明材料的延展性越好。从表 5-1 可见，纯的 CL-20 柯西压为负值，说明纯的 CL-20 显脆性。加入 F2311 高聚物后柯西压变为正值，表明材料由脆性变为具有一定的延展性。随着添加剂浓度的增大，柯西压值先增大后减小然后又增大最后又减小，变化复杂，没有明显的递变规律。在四种浓度中，PBX3 的柯西压值最大，表明材料在该浓度下具有最好的延展性。这一结果说明添加剂的加入可以改善体系的延展性，但并非是添加剂的浓度越大体系的延展性就越好。K/G（体积模量与剪切模量之比）可评价体系的韧性，通常其值大表明材料具有强的韧性[13]。从表 5-1 可知，与纯 CL-20 相比，加入添加剂

F2311 后 K/G 均增大，表明加入添加剂可以改善体系的韧性。随着添加剂浓度的增大，K/G 先增大后减小，并没有严格的单调规律。在四种浓度中，PBX3 的 K/G 最大为 3.18，说明此种浓度下体系的韧性最好。结果表明，添加剂可以改善体系的韧性，但并不是添加剂浓度越大体系的韧性越好。

用 MD 模拟所得 PBX 平衡结构和轨迹文件，求得 PBX 的单点能 E_{total}；在此平衡构型下，去掉高聚物链计算 CL-20 的单点能 E_{CL-20}；在上述平衡构型下，去掉 CL-20 分子计算高聚物的单点能 E_{poly}，于是体系的总结合能为：

$$\Delta E = -(E_{total} - E_{CL-20} - E_{poly})$$

结合能是度量混合体系中不同组分之间相互作用能大小的重要参数。结合能越大，说明混合体系中组分之间的相互作用越强，表示体系中热力学稳定性越高，形成的 CL-20/F2311 的结构越稳定。从表 5-2 可见，四种浓度下仅 PBX1 的结合能为正值，其他三种浓度下结合能均为负值。结合能为负值说明添加剂和 CL-20 的相容性不好，由其形成的结构体系也不稳定。猜测其原因可能是 F2311 高聚物链之间的相互作用增强，从而导致高聚物与 CL-20 的相互作用削弱，进而造成了结合能为负值这一情况。PBX1 的结合能为正值，说明 1 条 5 链节的高聚物链与 CL-20 还是有一定的相容性的，通过研究 300K 温度下 CL-20 与四种不同浓度 F2311 的结合能得知：一定浓度的添加剂 F2311 与主体炸药 CL-20 有一定的相容性；随着添加剂链数的增大，添加剂浓度随之增大，相容性反而变得不好。

表 5-1　纯 CL-20 和在不同黏结剂浓度下的 CL-20/F2311 PBX 的力学性能

项目	纯 CL-20 0%	PBX1 4.1%	PBX2 11.4%	PBX3 13.3%	PBX4 20.4%
E/GPa	23.58	10.51	10.49	7.85	8.88
γ	0.22	0.33	0.32	0.36	0.33
K/GPa	14.16	10.20	9.47	9.18	8.88
G/GPa	9.65	3.96	3.99	2.89	3.33
C_{12}-C_{44}	−0.76	3.64	1.97	4.28	3.17
K/G	1.47	2.58	2.38	3.18	2.67

表 5-2　300K 高聚物 F2311 在不同浓度下与 CL-20 的结合能　　单位：kcal/mol

PBX	E_{total}	E_{CL-20}	E_{poly}	ΔE
1	−14670.6569	−14443.8281	−139.3525	87.4762
2	−13207.8010	−13804.8256	63.9828	−533.0417
3	−13353.9892	−13717.9990	−214.3109	−578.3208
4	−13960.9935	−13783.8562	−398.1374	−221.0002

5.2.4　温度对 PBX 力学性能和结合能的影响

以 PBX（即含有 1 条 5 链节的 F2311）为例，分别在 300K、340K、380K 和 420K 的温度下模拟计算了 CL-20/F2311 PBX 的力学性能和结合能，结果列于表 5-3 和表 5-4。

从表 5-3 可见，随着温度的升高，CL-20/F2311 体系的弹性模量和泊松比变化不大，即温度对体系的弹性影响不大，并且 PBX 已经具有稳定的塑性（通常塑料的泊松比是 0.2～

0.4）；C_{12}-C_{44} 为柯西压，柯西压若为负值则材料显脆性，若为正值则表明材料延展性较好，其值越高表明材料的延展性越好。K/G（体积模量与剪切模量之比）可评价体系的韧性，其值越大表明材料的韧性越好。从表 5-3 可见，在四种温度下，柯西压值均为正值，表明 CL-20/F2311 体系具有一定的延展性，柯西压值和 K/G 随着温度的升高没有呈现单调性的规律变化，在 340K 时柯西压值（4.61）和 K/G（3.22）分别达到最大，说明体系在 340K 时的延展性和韧性最好。

从表 5-4 可见，随着温度的升高，CL-20/F2311 体系的结合能没有呈现出一定的单调规律性，而是在一个很小的范围内先增大后减小。但随着温度的升高，体系的总能量、CL-20 的能量和 F2311 的能量都增大了，虽然结合能是由这三个数据决定的，但温度升高，CL-20/F2311 体系的热力学稳定性似乎没有因此而减弱。

表 5-3　不同温度下 CL-20/F2311 PBX 的力学性能

项目	300K	340K	380K	420K
E/GPa	10.51	9.57	9.93	10.27
γ	0.33	0.36	0.34	0.33
K/GPa	10.20	11.34	10.33	10.22
G/GPa	3.96	3.52	3.70	3.86
C_{12}-C_{44}	3.64	4.61	4.28	3.82
K/G	2.58	3.22	2.79	2.65

表 5-4　不同温度下高聚物与 CL-20 的结合能　　　　　单位：kcal/mol

温度/K	E_{Total}	$E_{\text{CL-20}}$	E_{poly}	ΔE
300	−14670.6568	−14443.8281	−139.3525	87.4762
340	−14469.4837	−14239.1275	−142.4609	87.8952
380	−14295.2430	−14065.0436	−141.3919	88.8074
420	−14045.7367	−13828.0380	−130.5709	87.1277

5.2.5　小结

本节通过分子动力学（MD）模拟研究高聚物浓度和温度对 CL-20/F2311 PBX 力学性能和结合能的影响，得到如下结论：①在不同高聚物浓度、不同温度下，体系泊松比的变化并不大，表明 CL-20/F2311 体系具有稳定的塑性。②随着聚合物浓度的增加，CL-20/F2311 体系的弹性模量均有所减小，表明体系的弹性增强、刚性减弱，并且在每一种聚合物浓度下，CL-20/F2311 体系与纯 CL-20 相比，其力学性能均有所改善；随着高聚物浓度的增加，柯西压值和 K/G 没有呈现出单调性的规律变化，表明并不是高聚物的浓度越大体系的延展性和韧性就越好。③随着温度的升高，CL-20/F2311 体系的弹性模量变化不大，即温度的升高对体系弹性的改善效果并不理想；随着温度的升高，CL-20/F2311 体系的柯西压和 K/G 先增大后减小，在 340K 时分别达到最大值，表明在一定范围内升高温度可以提高体系的延展性和韧性。④在一定范围内，随高聚物 F2311 在 PBX 中浓度的增加，体系结合能从正值变为负值，而随温度升高，体系的结合能变化不是很明显。

5.3　HNS/EP-35 PBX 力学性能的分子动力学模拟

第二次世界大战后期，随着高分子材料的迅速发展，为适应导弹、核武器等的发展需要，人们开始研究以塑料作为黏结剂和钝感剂，适当添加增塑剂，与难以单独成型的高能炸药制成可压装的炸药造型粉。较单质炸药而言，复合高能材料具有很多优良的综合性能，如优良的力学性能、易于加工成型，较高的能量密度和安全性能等，在现代军事、航天、深井探矿等领域得到了十分广泛的应用，因而对 PBX 等高能复合材料配方和性能的研究，成为材料和能源工作者关注的热点和焦点[14-19]。六硝基芪（HNS）是一种非常重要的耐热炸药，浅黄色晶体，熔点高达 318℃，具有优异的化学安定性和耐热性，特别适宜在高温环境下使用，是一种满足引信设计安全规范要求的耐热起爆药，工业生产价值显著。另外，HNS 特别适用于宇宙空间所经受的大范围高低温和真空环境条件，在宇航飞行器、空间技术事业中发挥着重要的作用。因此，开展对 HNS 基黏结炸药的研究具有十分重要的理论意义和现实意义。PBX 配方主要依赖于实验，耗费大量人力、物力和财力，且实验周期长，还存在安全问题，尤其是无法预示未知配方及其性能，故迫切需要理论指导。运用分子动力学（MD）模拟方法模拟炸药、高聚物和 PBX[7-10] 的结构和性能有助于从理论上指导 PBX 的配方设计，但关于 HNS 及其复合材料（如 PBX 等）的结构与性能的分子模拟工作至今未见文献报道。

高聚物浓度和温度是影响 PBX 力学性能的主要因素。研究其中的规律性，对 PBX 的配方设计和实际制备具有重大指导意义。本节应用分子动力学（MD）模拟方法，模拟研究以 HNS 为主炸药，三元乙丙橡胶[20]［EP-35 型，其中三元乙丙橡胶是以乙烯、丙烯为主要单体原料，分别以乙叉降冰片烯（EP-35）和双环戊二烯（TEP）作为第三单体，共聚而成］为黏结剂所构成的 PBX 在五种不同高聚物浓度和四种不同温度下的力学性能，揭示一些递变规律。

5.3.1　计算模型与计算方法

根据实验具体情况，分别取 EP-35 的链节数 $n=6$，7，8，9（$x=y=1$），端基用—H 加以饱和，高聚物 EP-35 的分子结构式如图 5-2(a) 所示。由程序搭建高聚物 EP-35 模型，将获得的高聚物模型用 Materials Studio（MS）软件包 Discover 模块，以 Compass 力场进行 MD 模拟。首先进行 10000 步的最小化（minimize），使其能量降低，然后运行动力学：选取 NVT 系综，采用 Anderson 控温器，温度设定为 298K，时间步长为 1.0fs，总模拟时间为 2.0ns，获得的最终稳定结构视为高聚物链的平衡构象。

HNS 晶体结构取自剑桥晶体结构数据库，HNS 的晶胞结构如图 5-2(b) 所示。在此晶体结构的基础上，由 MS 软件搭建其（$2\times3\times2$）超晶胞模型。在 HNS（$2\times3\times2$）超晶胞中取出含 61 个 HNS 分子（共 2318 个原子）的球形模型。通过 MM 能量极小化和 MD 模拟方法对该晶体球形模型进行表面处理。在周期箱中将获得的平衡构象的高分子链从 x，y，z 任一方向上接近主体炸药超晶胞表面，由此构成含 6 链节的高分子链以及 7、8、9 链节和 2 条 6 链节高分子链总共 5 个 PBX 初始构型。图 5-2(c) 示出其中含 6 链节 EP-35 链的 PBX 初始构型（含 2536 个原子）。

5.3.2 MD 模拟

在 COMPASS 力场下，首先对周期箱中的 5 个 PBX 初始模型进行压缩处理，直至密度达到约 1.70g/cm^3。纯 HNS 取超晶胞（$2\times3\times2$）作为模型，密度为 1.75g/cm^3。然后分别在 NVT 系综下对纯 HNS 和 PBX 总共 6 个模型进行 MD 模拟研究。MD 模拟分两部分，一是以温度和能量平衡为标志的平衡模拟阶段；二是用于统计分析的模拟阶段。最后进行静态力学分析。以上 MD 模拟，温度用 Andersen 方法控制，初始温度设定为 298K；用 Velocity Verlet 法进行积分；范德华（vdW）相互作用和静电相互作用（Coulomb）分别用 atom-based 和 Ewald 方法计算；非键截断（cutoff）取 0.95nm，键齿宽度（spline width）取 0.1nm，缓冲宽度（buffer width）取 0.05nm；时间步长为 1.0fs，总模拟步数 20 万步，其中前 10 万步用于平衡，后 10 万步用于数据分析，每 1000 步记录一次轨迹文件。力学性质通过静态模型分析获得，图 5-2(d) 给出经 MD 模拟后的含 1 条 6 链节高分子链的 PBX 平衡构型作为示例。

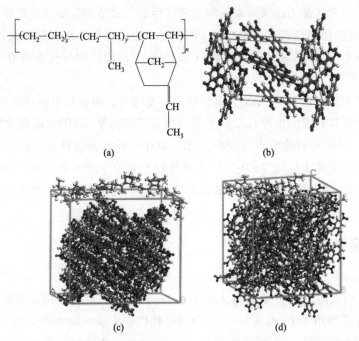

图 5-2 EP-35 的分子结构式（a）；HNS 晶体结构（b）；
含 1 条 6 链节的 PBX 初始模型（c）；MD 模拟后的含 1 条 6 链节的 PBX 构型（d）

5.3.3 高聚物浓度对 PBX 力学性能的影响

对 MD 模拟所得体系的平衡轨迹，由程序对其进行小变型的单轴拉伸和纯剪切操作。弹性系数矩阵由广义胡克定律等式两边对应变分量求一阶偏导数得到[12]，之后通过最小二乘法拟合拉伸应力应变曲线，得到各向同性力学性能的平均值：拉伸模量（拉伸应力与拉伸应变之比）、体积模量和剪切模量以及泊松比（横向应变与拉伸应变之比的负值）。

将 EP-35 黏结剂在不同浓度下的 PBX 力学性能的分析结果列于表 5-5。其中，PBX 1、

PBX 2、PBX 3、PBX 4、PBX 5 分别对应含 EP-35 6 链节 1 条链、7 链节 1 条链、8 链节 1 条链、9 链节 1 条链、6 链节 2 条链的 5 种 PBX。高聚物与 PBX 的质量比依次为 4.0%，4.6%，5.3%，5.9%，7.7%。表 5-5 还列出了纯 HNS 的相应数据以供比较。从表 5-5 可见，在高聚物 EP-35 包覆前后，HNS 的力学性质发生了很大变化。弹性模量是应力与应变之比，是材料刚性的度量。纯 HNS 的拉伸模量很大（7.12GPa），表明其抵抗变形的能力很强，刚性很强。当以 EP-35 包覆后，除了体积模量 K，在每一黏结剂浓度下，PBX 的拉伸模量 E 和剪切模量 G 均系统地下降，即 PBX 均比纯 HNS 弹性强。其泊松比 γ 从 0.29 增为 0.36～0.39，表明 PBX 已具塑料的典型性质（通常塑料的泊松比是 0.2～0.4）。但随浓度的增加，泊松比波动不大，趋于稳定，说明 PBX 已经具有稳定的塑性。其中，C_{12}-C_{44} 为柯西压，柯西压若为负值则材料显脆性，其值越小表明材料的脆性越强；若为正值则表明材料延展性较好，其值越高表明材料的延展性越好。从表 5-5 可见，纯 HNS 柯西压为正值，说明纯 HNS 具有一定的延展性。加入 EP-35 高聚物后柯西压的值变大，表明材料的延展性增强。随着添加剂浓度的增大，柯西压值先增大后减小，在五种浓度中，PBX2（$n=7$）的柯西压值最大（4.57），表明材料在该浓度下具有最好的延展性。这一结果说明添加剂的加入可以改善体系的延展性，但并非是添加剂的浓度越大体系的延展性就越好。K/G（体积模量与剪切模量之比）可评价体系的韧性，通常其值大表明材料具有强的韧性[13]。从表 5-5 可知，与纯 HNS 相比，加入添加剂 EP-35 后 K/G 均增大，表明加入添加剂可以改善体系的韧性。随着添加剂浓度的增大，K/G 先增大后减小，并没有严格的单调规律。在五种浓度中，PBX2 的 K/G 最大为 3.83，说明此种浓度下体系的韧性最好。结果表明，添加剂可以改善体系的韧性，但并不是添加剂浓度越大体系的韧性越好。

表 5-5 纯 HNS 和在不同黏结剂浓度下的 HNS/EP-35 PBX 的力学性能

项目	纯 HNS 0%	PBX 1 4.0%	PBX 2 4.6%	PBX 3 5.3%	PBX 4 5.9%	PBX 5 7.7%
E/GPa	7.12	5.40	5.90	5.43	5.15	5.49
γ	0.29	0.38	0.38	0.36	0.39	0.38
K/GPa	5.62	7.29	8.19	6.65	7.49	7.40
G/GPa	3.78	1.96	2.14	1.99	1.96	1.99
C_{12}-C_{44}	2.45	3.69	4.57	4.44	4.29	4.24
K/G	1.49	3.72	3.83	3.34	3.82	3.71

5.3.4 温度对 PBX 力学性能的影响

以 PBX2（即含有 1 条 7 链节的 EP-35）为例，分别在 298K、350K、450K 和 550K 的温度下模拟计算了 HNS/EP-35 PBX 的力学性能，结果列于表 5-6。

从表 5-6 可见，在 298～450K 范围内随着温度的升高，HNS/EP-35 PBX 体系的弹性模量（拉伸模量 E，剪切模量 G 和体积模量 K）均有减小的趋势，表明材料的刚性逐渐减小，弹性逐渐增强。这是因为 PBX 的力学性能主要依赖于高聚物的力学性能，随温度的升高，分子动能增加，高聚物链更易于通过主链单键内旋转改变构象，增强柔性，进而使 PBX 弹性增加。但是温度达到 550K 时，HNS/EP-35 PBX 体系的弹性模量均增大，表明弹性减弱，刚性增强。这是因为随温度升高分子链中高能构象在整个构象中比例上升，使得分子链趋于扩张伸展，进而柔性降低[21]。另外随着温度的升高，其泊松比变化不大（0.36～0.38），表明 PBX 已具塑料的典型性质（通常塑料的泊松比是 0.2～0.4），且已经具有稳定的塑性。其中，C12-C44 为柯西压，柯西压若为负值则材料显脆性，若为正值则表明材料延展性较好，其值越高表明材料的延展性越好。K/G（体积模量与剪切模量之比）可评价体系的韧性，其值越大表明材料的韧性越好。从表 5-6 可见，在四种温度下，柯西压值均为正值，表明 HNS/EP-35 体系具有一定的延展性，柯西压值和 K/G 随着温度的升高呈抛物线的规律变化，温度为 298K 时柯西压值（3.69）和 K/G（3.72）最大，说明体系在 298K 时的延展性和韧性最好。

表 5-6　不同温度下 HNS/EP-35 PBX 的力学性能

项目	298K	350K	450K	550K
E/GPa	5.40	4.99	4.64	5.49
γ	0.38	0.36	0.37	0.38
K/GPa	7.29	6.12	5.84	7.40
G/GPa	1.96	1.83	1.70	1.99
$C_{12}\text{-}C_{44}$	3.69	2.32	2.57	2.55
K/G	3.72	3.35	3.45	3.71

5.3.5　小结

本节通过分子动力学（MD）模拟研究高聚物浓度和温度对 HNS/EP-35 PBXS 力学性能的影响，得到如下结论：①在不同高聚物浓度、不同温度下，体系泊松比的值变化并不大，表明 HNS/EP-35 体系具有稳定的塑性。②在每一种聚合物浓度下，HNS/EP-35 体系与纯 HNS 相比，体系的拉伸模量和剪切模量均有所减小，表明体系的弹性增强、刚性减弱，力学性能均有所改善；随着高聚物浓度的增加，柯西压和 K/G 没有呈现出单调性的规律变化，表明并不是高聚物的浓度越大体系的延展性和韧性就越好。③在 298～450K 范围内随着温度的升高，HNS/EP-35 体系的弹性模量均有减小的趋势，即温度升高体系弹性增强，但是继续升高温度，弹性会减弱，归因于 EP-35 分子链的运动及其构象随温度的变化；HNS/EP-35 体系的柯西压和 K/G 随着温度的升高呈抛物线的规律变化，温度为 298K 时柯西压和 K/G 最大，表明体系在 298K 时的延展性和韧性最好。

5.4　PYX 基 PBX 力学性能和结合能的分子动力学模拟

2,6-双(苦氨基)-3,5-二硝基吡啶(PYX)是一种综合性能较好的耐热单质炸药，加入高聚物黏结剂之后，具有安定和爆轰性能好、耐热和易加工成型等多方面极为显著的特点。本节运用密度泛函理论（DFT）和分子动力学（MD）模拟方法，对 PYX 和基于 PYX 的高聚物黏结炸药（PBX）的结构和性能进行了研究。

首先运用密度泛函理论（DFT）方法研究四种聚合物分子与 PYX 分子间相互作用本质，探索黏结剂的加入对复合物感度的影响。研究表明，四种聚合物分子与 PYX 分子间存在以范德华相互作用为主，弱氢键作用和空间位阻作用为辅的分子间相互作用，并通过对纯 PYX 和复合物的分子表面静电势（ESP）及相关参数分析可知，聚合物分子的添加扰乱了 PYX 分子原有的电子排布，改变了 PYX 原有的电子结构。进一步分析纯 PYX 和复合物的

H_{50} 可知，黏结剂对复合物的感度有一定影响。

然后运用分子动力学（MD）模拟方法对不同高聚物黏结剂置于 PYX 不同晶面所构建的高聚物黏结炸药（PBX）体系的结构与性能进行研究，探索加入不同种类黏结剂和不同晶面对 PYX 基 PBX 体系性质的影响。研究表明，PYX（0 1 1）晶面与各黏结剂分子之间的相互作用都比较强，其中 EPDM 与 PYX（0 1 1）面的相互作用最强。分析体系内聚能密度可知 F2641 分子与 PYX 分子间相互作用较强。径向分布函数分析表明，不同 PBX 体系中的 O1-H2 和 N1-H2 之间主要作用都是静电相互作用。加入黏结剂对 PBX 体系的力学性能有一定的影响，但对体系中 PYX 分子结构影响不大，表明高聚物黏结剂的致钝作用不是由 PYX 分子微观结构变化所致。添加黏结剂后复合体系的爆速爆压都有所降低。

5.4.1　聚合物与 PYX 分子间相互作用

高聚物黏结炸药（PBX）主要包括高聚物黏结剂和主炸药两部分。从分子层面上看，PBX 的结合主要是炸药分子与聚合物分子之间的相互作用。聚合物分子对炸药分子的影响改变了单质炸药的性质。对于 PBX 各种理论性质的研究以 MD 模拟方法为主[22,23]，尤其在筛选优质黏结剂时。但是深入研究二者之间相互作用的本质问题就需要采用高精度的量化方法，例如 DFT 理论，从微观上解释 PBX 体系各分子之间相互作用本质。

本节通过密度泛函理论，利用 Gaussian 软件[24]，模拟计算 PYX 分子与高聚物黏结剂分子之间的弱相互作用以及分子表面静电势，探索复合物中分子间作用的本质以及聚合物的添加对复合物体系感度的影响。

5.4.1.1　计算方法

运用 DFT 理论，在 B3LYP/6-311＋＋G＊＊ 基组下，对 PYX-聚合物分子的复合结构进行优化。之后，借助 Multiwfn 程序[25]，利用 RDG 方法研究 PYX 分子与高聚物黏结剂分子之间的相互作用。最后，分别计算 PYX 分子与高聚物黏结剂分子的分子表面静电势，分析聚合物分子的加入对复合结构感度的影响。

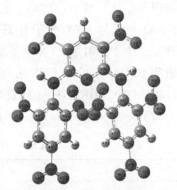

图 5-3　PYX 分子结构

5.4.1.2　复合物结构分析

选取四种聚合物的单体 [F2311($n=2$)、F2641($n=1$)、F246G($n=1$) 和 EPDM($n=1$)] 与一个 PYX 分子构建复合物模型，运用密度泛函理论，在 B3LYP/6-311＋＋G＊＊ 基组[26] 下对 PYX 的分子结构以及复合物结构进行优化，PYX 的分子结构如图 5-3 所示，复合物结构如图 5-4 所示。表 5-7 给出了四种复合结构中部分 H-O 原子在优化前后的原子间距。

由图 5-4 可知，与纯 PYX 分子相比，四种复合物中的 PYX 分子出现了一定的变形，靠近聚合物分子的硝基发生了明显的偏转。选择聚合物分子上的 H 原子作为质子供体，PYX 分子上的 O 分别作为对应的质子受体，通过原子间距预测的方法，探索聚合物分子与 PYX 分子发生的相互作用。氢键作用强弱的距离范围分别为 1.5～2.2Å 和 2.0～3.0Å[27,28]。如图 5-4(a) 所示，F2311 分子中的 H67、H55、H71 分别与 PYX 分子中的 O16、O1、O9 原子间距为 2.521Å、2.972Å、2.594Å、PYX 分子上的 O2 与 F2311 分子上的 H58、H54 之

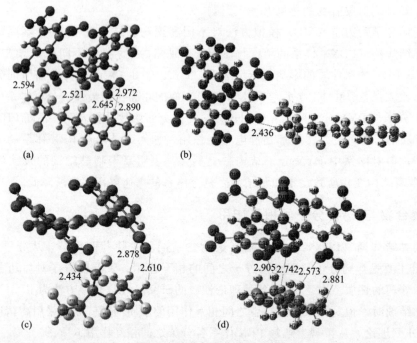

图 5-4　四种复合物分子结构

(a) PYX-F2311；(b) PYX-F2641；(c) PYX-F246G；(d) PYX-EPDM

间的距离分别为 2.890Å、2.645Å，表明 F2311 分子与 PYX 分子之间可能发生弱氢键作用；如图 5-4（b）所示，F2641 分子中的 H77 与 PYX 分子中的 O3 原子间距为 2.436Å，表明 F2641 分子与 PYX 分子有弱氢键作用产生；如图 5-4（c）所示，F246G 分子中的 H55、H58、H62 分别与 PYX 分子中的 O12、O11、O6 原子间距为 2.878Å、2.610Å、2.434Å，表明 F246G 分子与 PYX 分子有弱氢键作用存在；如图 5-4（d）所示，EPDM 分子中的 H68、H80、H82、H84 分别与 PYX 分子中的 O11、O12、O6、O1 原子间距为 2.881Å、2.573Å、2.905Å、2.742Å，表明 EPDM 分子与 PYX 分子可能发生弱氢键作用。

表 5-7　四种复合结构优化前后部分 H-O 原子之间的距离

体系	原子类型	初始结构原子间距/Å	优化结构原子间距/Å
PYX-F2311	H67-O16	3.463	2.521
	H55-O1	6.788	2.972
	H71-O9	4.312	2.594
PYX-F2641	H77-O3	4.780	2.436
PYX-F246G	H55-O12	2.449	2.878
	H58-O11	2.427	2.610
	H62-O6	2.395	2.434
PYX-EPDM	H68-O11	3.128	2.881
	H80-O12	3.681	2.573
	H82-O6	2.438	2.905
	H84-O1	5.149	2.742

5.4.1.3　约化密度梯度函数 (RDG)

约化密度梯度函数 (RDG) 方法是引入 $sign(\lambda_2)\rho(r)$ 函数进行分析, 利用不同的颜色分区域对复合分子间的弱相互作用区域和作用类型进行区分。在散点图中, X 轴是 $sign(\lambda_2)\rho(r)$, 区间定义在 $-0.05 \sim 0.05$ a. u. 之间。在 0.000 a. u 附近的区域代表的是以色散作用为主的范德华相互作用, 对应填色图中的绿色盘状区域; 在 0.000 a. u 的左侧部分是以静电相互作用为主的氢键作用, 填色图中以蓝色区域显示; 在 0.000 a. u 的右侧则为空间位阻作用, 以红色区域显示, 并且颜色越深代表对应的相互作用越强。同时散点图中, 每个相互作用区域内由密集散点组成的垂直于 X 轴的 "峰" 代表着分子间相互作用的强弱, 对应到 X 轴上的值越大, 且散点越密集, 则代表分子间相互作用越强。不同作用类型的 RDG 等值面颜色和相对应的特征数值如图 5-5[29] 所示。

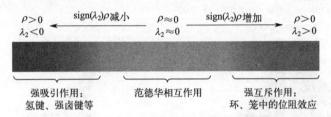

图 5-5　不同作用类型的 RDG 等值面颜色和相对应的特征数值 (见彩图)

采用 RDG 分析方法对四种复合物中弱相互作用区域进行研究。复合物的 RDG 等值面见图 5-6。很明显, PYX 分子和高聚物分子之间都存在绿色或蓝色的圆盘状区域。由图 5-6 可知, 四个复合体系的 RDG 散点图在 -0.015 a. u. 附近存在峰, 对应位置在填色图中用蓝色圈出, 说明四个体系都存在弱氢键作用。在散点图 (-0.005 a. u., 0.005 a. u.) 之间也存在多个 "峰", 这部分区域代表范德华相互作用, 其作用在填色图中用绿色圆圈标记, 由此可得, 四个体系中 PYX 与高聚物分子之间主要是范德华相互作用结合。同时, 除了氢键作用和范德华相互作用外, 还可以在 0.015 a. u. 部分 (红色圆圈标记) 看到空间位阻作用, 这是由 PYX 的共轭大 π 体系造成的。

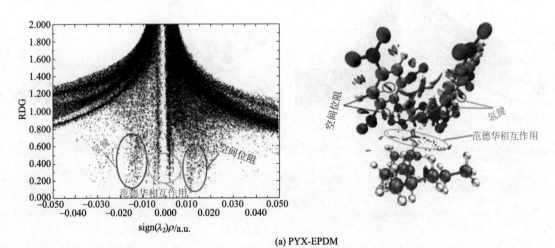

(a) PYX-EPDM

图 5-6

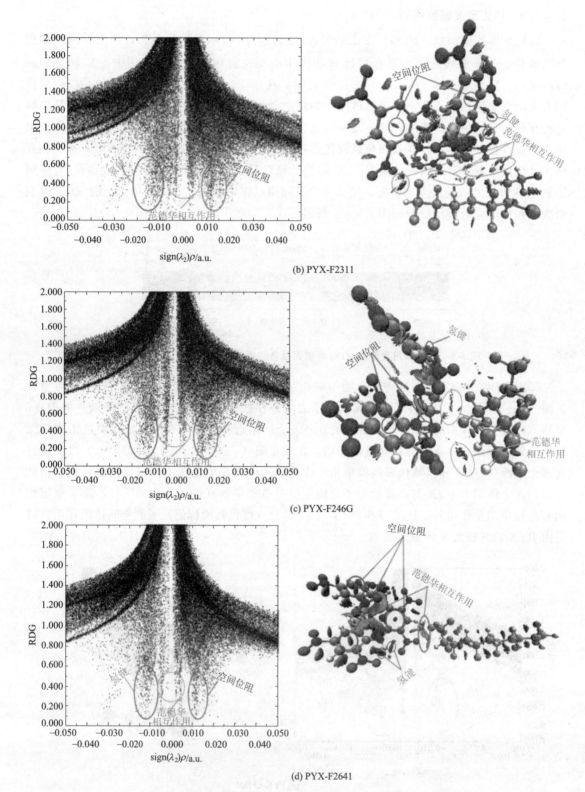

图 5-6　复合物模型的 RDG 散点图和填色等值面图（见彩图）

5.4.1.4　分子表面静电势

通过 DFT 理论分析纯 PYX 和复合物的分子表面静电势，如图 5-7 所示。分子表面的静电势区域以不同的颜色显示。静电势的范围从 -2.343×10^{-2} 到 7.029×10^{-2}，其中红色、白色和蓝色表示电负性逐渐降低。负电荷区域以红色标注，即电子密集区；正电荷区域用蓝色标注。

如图 5-7(a) 所示，在 PYX 分子中，红色主要分布在八个硝基上，蓝色主要集中在三个环上和两个二级胺（—NH—），正负静电势分布明显。8 个吸电子基团—NO_2，使电子从分子内部转移到外围，使外围形成负电位区，呈现红色，同时降低中间的电子密度，使中间为正电位区，呈现蓝色。图 5-7(b) 显示了 PYX-F2641 复合分子的表面静电势，红色分布在 PYX 分子外围的硝基和 F2641 分子的 F 原子上，蓝色主要分布在 PYX 分子的三个环和 F2641 分子的 H 原子上。并且从图 5-7(b) 可以看出，加入 F2641 分子后，PYX 分子表面静电势的白色区域增大，蓝色部分减小，即正电位面积减小。这是由于 F2641 分子与 PYX 分子之间存在静电相互作用，PYX 分子的表面静电势发生明显变化。同理，在图 5-7(c)～(e)中，加入不同的聚合物黏结剂分子（F2311、F246G 和 EPDM）后，PYX 分子表面静电势的正静电势区域减少，PYX 分子表面静电势发生明显变化。说明弱相互作用导致静电势改变的本质都是聚合物黏结剂分子与 PYX 分子接触扰乱了原有电子排布，从而改变了 PYX 分子原有的电子结构。简而言之，聚合物黏结剂分子和 PYX 分子之间存在静电相互作用。

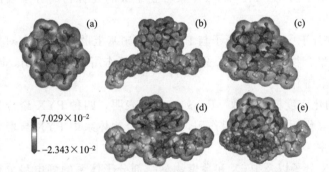

图 5-7　PYX（a）、PYX/F2641（b）、PYX/F2311（c）、PYX/F264G（d）和 PYX/EPDM（e）的分子表面静电势（见彩图）

同时，有些研究表明，炸药分子的感度与静电势有关联[30,31]。Politzer 等[32] 指出，炸药感度与原子电荷产生的表面静电势有关，随表面正静电势的增大感度会升高。

Politzer 等[33] 建立了一个炸药特性落高（H_{50}）与静电势相关参数之间的关系式：

$$H_{50} = -0.0064\sigma_+^2 + 241.42v - 3.43 \tag{5-1}$$

$$v = \frac{\sigma_+^2 \sigma_-^2}{(\sigma_+^2 + \sigma_-^2)^2} \tag{5-2}$$

式中，v 为静电平衡参数；σ_+^2 为静电势正偏差；σ_-^2 为静电势负偏差。σ_+^2 值越小且 v 值越大，炸药的感度就越低。表 5-8 列出了 PYX 和复合物的分子表面静电势数据。

表 5-8 **PYX 和复合物的分子表面静电势数据**

项目	PYX	PYX-F2311	PYX-F2641	PYX-F246G	PYX-EPDM
$V_{s,max}$/(kcal/mol)	41.045	42.125	39.795	43.429	39.547
$V_{s,min}$/(kcal/mol)	−22.827	−21.015	−26.436	−23.059	−20.278
σ_+^2/(kcal/mol)^2	108.338	128.283	109.093	128.363	124.200
σ_-^2/(kcal/mol)^2	33.790	28.132	46.615	33.375	30.847
v	0.181	0.148	0.210	0.164	0.159
H_{50}	39.627	31.360	46.510	35.286	34.250

从表 5-8 可得，PYX-F2311、PYX-F246G 和 PYX-EPDM 复合物的 v 值和 H_{50} 值都小于 PYX 对应的值，且 3 种复合物的 σ_+^2 值均大于孤立 PYX 体系的值，说明这三种聚合物的添加影响了炸药的感度。但是 PYX-F2641 体系的 v 值和 H_{50} 值比 PYX 体系的大，且 σ_+^2 值接近孤立 PYX 体系的值，说明 F2641 的添加有利于降低炸药的感度。但必须说明的是，炸药的感度受各种复杂因素的影响，目前并没有合适的方法能够准确地预测炸药的感度。因此，本节预测的感度大小只能为实验提供一个理论预测。

5.4.1.5 本节小结

本节使用量子化学计算方法，利用 B3LYP/6-311++G** 基组对 PYX 分子与四种高聚物分子形成的复合物的结构与性能进行了研究。通过 RDG 方法分析复合物中分子间相互作用的本质，计算分析了孤立 PYX 和 PYX-聚合物组成的复合物的分子表面静电势，得到以下结论：

① 选择聚合物分子中部分 H 原子与 PYX 分子硝基上的 O 为研究对象，通过原子间距预测的方法，探索聚合物分子与 PYX 分子发生的相互作用。结果表明，四种复合物中 H-O 之间都可能存在弱氢键作用。

② 通过分析约化密度梯度函数（RDG），结果表明，四种 PYX-聚合物体系中存在弱氢键作用、范德华相互作用和空间位阻作用，四个复合物体系中 PYX 与聚合物分子之间是以范德华相互作用为主。

③ 通过对 PYX 分子以及 PYX 和高聚物黏结剂分子体系的静电势分析，结果表明，高聚物黏结剂分子与 PYX 分子间的相互作用，会使 PYX 分子的表面静电势发生显著变化，本质原因是它们之间的相互作用扰乱了 PYX 分子的原有电子排布，从而改变了 PYX 分子原有的电子结构；进一步分析纯 PYX 和复合物的 H_{50}，结果表明，F2311、F246G 和 EPDM 这三种聚合物的添加提高了炸药的感度，F2641 的添加有利于降低炸药的感度。

5.4.2 PYX 不同晶面与黏结剂构建的 PBX 体系的 MD 模拟研究

PYX 是目前世界上耐热性较好的单质炸药。但是，在 PYX 单独使用时，其机械感度和摩擦感度较高。因此以 PYX 为主体，添加少量高分子材料的黏结剂构成 PBX，能够显著改善 PYX 的安全性能和使用性能。高聚物黏结剂的添加既能保证 PBX 复合材料的完整性，也能在一定程度上影响炸药的塑性和钝感，同时也影响炸药的能量水平[34]。

黏结剂在炸药中的作用有：提高炸药的能量，改善炸药的力学性能。虽然高聚物黏结剂的种类较多，性能各不相同，但能保证 PBX 的结构和性能综合平衡才是关键问题，因此研究不同种类的黏结剂对 PYX 的结构及性能的影响具有重要的意义。

本节选用的高聚物黏结剂分别是氟聚物（F2311、F2641 和 F246G）和三元乙丙橡胶（EPDM）。对 PYX 主要晶面进行模型构建，通过 MD 模拟研究不同 PYX 基 PBX 体系的结合能、内聚能密度、径向分布函数、力学性能、引发键键长和爆轰性能等各项性能，探讨加入不同种类黏结剂对 PYX 基 PBX 体系性质的影响，以及 PYX 不同晶面构建的 PBX 体系的差异。

5.4.2.1　力场选择与模型搭建

分子力场是分子模拟运算准确的基本保障。分子力场的含义是势能面的经验表达式，其以势函数的形式描述了分子中原子的运动行为和拓扑机制。为了保证模拟结果的可靠性，选择合适的力场对于后期 MD 模拟具有重要意义。因此，选择合适的力场对整个工作至关重要。

COMPASS 力场是第一个可以精确预测气相性质（结构、构象、振动等）和凝聚态性质（状态方程、凝聚态能量等）的从头计算力场[35,36]。同时，它广泛应用于分子和聚合物的模拟研究。

从剑桥晶体结构数据库（Cambridge Crystallographic Data Centre，CCDC）获得 PYX 晶胞结构（CCDC：1429070）[37]，其晶胞结构如图 5-8 所示。选用 COMPASS 力场，利用 Forcite 模块对初始的 PYX 晶体进行结构优化，优化前后的晶胞参数及其误差见表 5-9。从表 5-9 可知，PYX 优化后的结果与实验结果的最大误差为 0.056（b），在合理的误差范围之内，因此可以认为 COMPASS 力场适用于 PYX 的模拟研究。后续研究都选择 COMPASS 力场进行模拟研究。

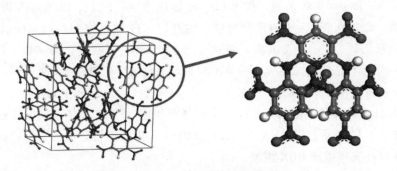

图 5-8　PYX 晶胞结构图

表 5-9　优化前后 PYX 的晶胞参数

参数		$a/\text{Å}$	$b/\text{Å}$	$c/\text{Å}$	$\alpha/(°)$	$\beta/(°)$	$\gamma/(°)$
PYX	实验	14.518	17.661	18.320	90.000	90.000	90.000
	COMPASS	14.205	16.669	18.285	90.000	90.000	90.000
	误差的绝对值	0.022	0.056	0.002	0.000	0.000	0.000

AE 模型基于晶体对称性、分子间键链特性来计算分子在真空中的附着能，通过评价晶体各面的相对生长速率，给出较好的晶习预测[38,39]。根据 AE 模型预测出 PYX 在真空中的形貌，如图 5-9(a) 所示，PYX 晶体主要有 7 个重要生长面，分别是（0 1 1）、（1 0 1）、（1 1 0）、（0 2 0）、（0 0 2）、（1 1 1）和（1 1 −1），其各晶面的面积比如图 5-9(b) 所示，分别为 40.23%、33.68%、22.49%、2.86%、0.56%、0.09% 和 0.09%。三个主要晶面（0 1

1)、（１０１）和（１１０）的面积比之和达到了 96.4％，因此选择这三个主要的晶面进行 MD 模拟研究。对 PYX 单晶胞分别沿（０１１）、（１０１）、（１１０）三个晶面进行切割，并将其分别扩展为（2×2×2）的超晶胞，添加 10Å 真空层，获得 PYX（０１１）、PYX（１０１）和 PYX（１１０）三个超晶胞体系，晶胞中都含有 64 个 PYX 分子，共 3264 个原子。

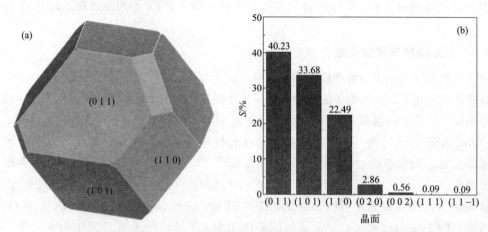

图 5-9 （a）PYX 在真空中的晶体习性；（b）PYX 主晶面面积比

利用 MS 软件中 Build/Build Polymers 功能构建 F2311、F2641、F246G 和 EPDM 的高聚物链，图 5-10 为四种黏结剂的分子结构。根据所添加的黏结剂量（5％左右）和 PYX 超晶胞的大小来设定聚合物的聚合度以及添加的链数，F2641 以偏二氟乙烯∶全氟丙烯＝4∶1 共聚，添加 $n=5$ 和 $n=6$ 两条链，端基以—H 加以饱和；F2311 以偏氟乙烯∶三氟氯乙烯＝1∶1 共聚，添加两条 $n=6$ 的聚合物链，端基以—H 加以饱和；F246G 以偏氟乙烯∶全氟丙烯∶四氟乙烯＝1∶1∶1 共聚，添加 $n=3$ 和 $n=4$ 两条链，端基以—H 加以饱和；EPDM 乙烯∶丙烯∶双环戊二烯＝1∶1∶1 共聚，添加 $n=5$ 和 $n=6$ 两条链，端基以—H 加以饱和。分别将四种高聚物加入 PYX（０１１）、PYX（１０１）和 PYX（１１０）三个超晶胞中构建 PBX 体系，并从晶胞的 a，b，c 方向进行压缩，使 PBX 体系密度接近复合体系的理论密度。如图 5-11 所示，以 PYX（０１１）/F2311 界面模型搭建流程为例。如果没有特殊说明，均默认以此流程搭建 PBX 模型。

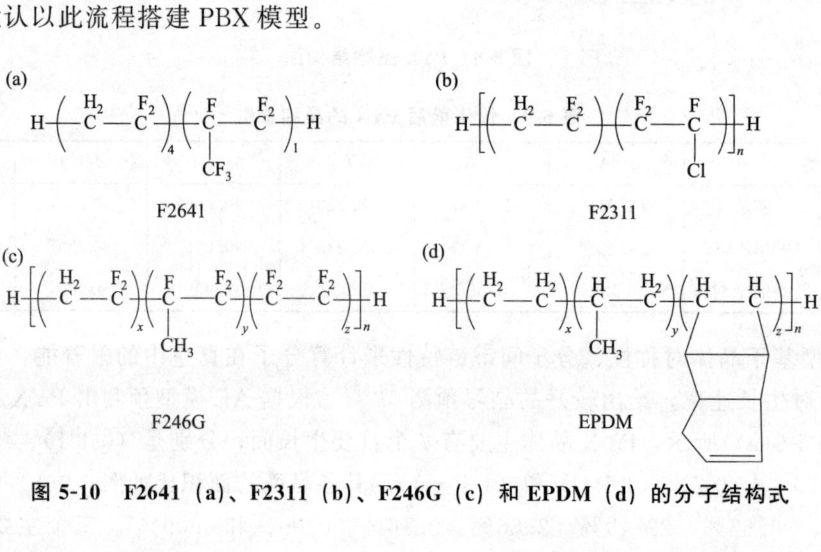

（a） F2641 　　　　（b） F2311

（c） F246G 　　　　（d） EPDM

图 5-10 　F2641（a）、F2311（b）、F246G（c）和 EPDM（d）的分子结构式

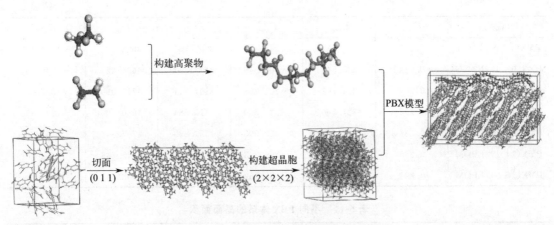

图 5-11 PYX/F2311 体系界面模型搭建流程

5.4.2.2 模拟细节

构建模型体系之后，首先要对模型的初始结构执行几何优化。选择 COMPASS 力场来进行模拟研究，首先对 PYX 晶胞和高聚物黏结剂分子结构进行优化。在模拟过程中，非键相互作用包括范德华相互作用[40]和静电相互作用[41]，分别通过 atom-based 和 Ewald 求和方法计算，截断半径设定为 12.5Å，Ewald 方法的精确度为 0.001kcal/mol。然后进行 MD 模拟研究，首先采用等温等压（NPT）系综，Velocity-scaling 控温方式和 Berendsen 控压方式[42]，选用 1GPa 压力，进行 100ps 的 MD 运算，使其模拟密度曲线收敛并稳定；然后相同系综和控温控压方式，更改压力为 0.0001GPa，再次进行 100ps 的 MD 运算，直至密度曲线收敛状态；最后利用正则系综（NVT），以上述模拟的稳定结构为初始构型，步长为 1fs，温度 298K，控温方法为 Andersen 方法[43]，进行 300ps 模拟研究。最后提取 MD 轨迹文件的后 100 个结果进行性能分析。

5.4.2.3 结合能分析

在常温条件下，通过 MD 模拟对 PYX（0 1 1）/F2311、PYX（1 0 1）/F2311、PYX（1 1 0）/F2311、PYX（0 1 1）/F2641、PYX（1 0 1）/F2641、PYX（1 1 0）/F2641、PYX（0 1 1）/F246G、PYX（1 0 1）/F246G、PYX（1 1 0）/F246G、PYX（0 1 1）/EPDM、PYX（1 0 1）/EPDM 和 PYX（1 1 0）/EPDM 这 12 个 PBX 模型体系进行研究，获得 MD 模拟轨迹文件，利用 perl 脚本分析得到轨迹文件中最后 100 个稳定结构的结合能相关数据，并列于表 5-10 中。同时，考虑每个晶体表面的面积（S）差异（如表 5-11 所示），计算每单位面积的结合能（E'_{bind}），如图 5-12 所示。

表 5-10 不同 PBX 体系的结合能（kcal/mol）与其单位面积结合能［kcal/（mol·Å²）］

PBX 体系	E'_{bind}	E_{bind}	E_{inter}	E_{total}	E_{cell}	E_{poly}
PYX(0 1 1)/F2311	0.210	216.899	−216.899	4258.289	4685.699	−210.512
PYX(1 0 1)/F2311	0.177	209.844	−209.844	4321.242	4721.336	−190.250
PYX(1 1 0)/F2311	0.173	200.452	−200.452	4174.772	4570.869	−195.645
PYX(0 1 1)/F2641	0.233	238.646	−238.646	2957.109	4680.074	−1484.318
PYX(1 0 1)/F2641	0.238	265.341	−265.341	2947.689	4683.407	−1470.377

PBX 体系	E'_{bind}	E_{bind}	E_{inter}	E_{total}	E_{cell}	E_{poly}
PYX(1 1 0)/F2641	0.210	241.434	−241.434	2901.505	4626.093	−1483.155
PYX(0 1 1)/F246G	0.214	208.549	−208.549	3178.347	4695.427	−1308.531
PYX(1 0 1)/F246G	0.201	224.763	−224.763	3197.241	4719.090	−1297.087
PYX(1 1 0)/F246G	0.193	221.500	−221.500	3110.534	4630.930	−1298.895
PYX(0 1 1)/EPDM	0.237	252.505	−252.505	4831.839	4707.946	376.399
PYX(1 0 1)/EPDM	0.236	266.273	−266.273	4869.989	4743.745	392.516
PYX(1 1 0)/EPDM	0.224	258.169	−258.169	4840.248	4688.341	410.076

表 5-11　不同 PBX 体系的晶面面积

PBX 体系	$U/Å$	$V/Å$	$S/Å^2$
PYX(0 1 1)/F2311	23.999	42.998	1031.926
PYX(1 0 1)/F2311	39.491	29.994	1184.489
PYX(1 1 0)/F2311	30.703	37.636	1155.552
PYX(0 1 1)/F2641	23.894	42.810	1022.900
PYX(1 0 1)/F2641	38.750	28.814	1116.520
PYX(1 1 0)/F2641	30.616	37.530	1149.026
PYX(0 1 1)/F246G	22.422	43.510	975.583
PYX(1 0 1)/F246G	38.738	28.806	1115.882
PYX(1 1 0)/F246G	30.613	37.526	1148.791
PYX(0 1 1)/EPDM	24.160	44.031	1063.798
PYX(1 0 1)/EPDM	39.456	28.606	1128.681
PYX(1 1 0)/EPDM	30.167	38.212	1152.743

由表 5-10 和图 5-12 可知，对于 PYX/F2311 体系：$E'_{bind}(0\,1\,1) > E'_{bind}(1\,0\,1) > E'_{bind}(1\,1\,0)$；PYX/F2641 体系：$E'_{bind}(1\,0\,1) > E'_{bind}(0\,1\,1) > E'_{bind}(1\,1\,0)$；PYX/F246G 体系：$E'_{bind}(0\,1\,1) > E'_{bind}(1\,0\,1) > E'_{bind}(1\,1\,0)$；PYX/EPDM 体系：$E'_{bind}(0\,1\,1) > E'_{bind}(1\,0\,1) > E'_{bind}(1\,1\,0)$。由此可知，PYX（0 1 1）表面与 F246G、F2311、EPDM 之间的相互作用最强，F2641 分子与 PYX（1 0 1）面的相互作用最强，与 PYX（0 1 1）面的相互作用次之。相比较而言，PYX（0 1 1）晶面与四种聚合物分

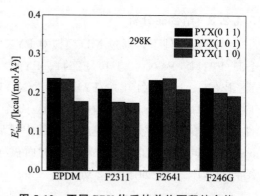

图 5-12　不同 PBX 体系的单位面积结合能

子的相互作用都比较强，说明各黏结剂加入 PYX 晶体中时更趋向于集中在 PYX（0 1 1）晶面，同时 PYX（0 1 1）面也是 PYX 晶体最主要的晶面，因此，PYX（0 1 1）面更适合用于搭建 PBX 体系。并且分析四种黏结剂与 PYX（0 1 1）晶体之间的结合能可知：PYX（0 1 1）/EPDM＞PYX（0 1 1）/F2641＞PYX（0 1 1）/F246G＞PYX（0 1 1）/F2311，表明 EPDM 与 PYX（0 1 1）晶体之间结合能最大，相互作用最强，所构成的体系最稳定。

内聚能密度（CED）是表征体系分子相互作用力大小的参数。本质上来说，内聚能密度是一种非键相互作用，分子间作用力越强，CED 值越大。表 5-12 中给出了不同晶面构建的 PYX 基高聚物黏结炸药体系的内聚能密度及其分量。从表 5-12 中可知，PYX/F2311 和 PYX/F246G 体系在（0 1 1）晶面上的 CED 值都是最大的，PYX/F2641 体系在（0 1 1）晶面和（1 1 0）晶面上的 CED 值相等，大于（1 0 1）面上的 CED 值，PYX/EPDM 体系在（1 0 1）面上的 CED 值是最大的。总体来说，晶面的不同对于体系内聚能密度影响不大。由图 5-13 可知，PYX 不同晶面与 4 种聚合物黏结剂构成 PBX 体系的 CED 值大小顺序都为 PYX/F2641＞PYX/F246G＞PYX/F2311＞PYX/EPDM，表明 F2641 分子与 PYX 分子间相互作用较强。

表 5-12　PYX 不同晶面与 4 种聚合物黏结剂构成的 PBX 体系的内聚能密度及其分量

PBX 体系	CED/(kJ/cm^3)	范德华作用/(kJ/cm^3)	静电相互作用/(kJ/cm^3)
PYX(0 1 1)/F2311	0.692	0.264	0.408
PYX(1 0 1)/F2311	0.678	0.265	0.394
PYX(1 1 0)/F2311	0.691	0.269	0.402
PYX(0 1 1)/F2641	0.711	0.273	0.418
PYX(1 0 1)/F2641	0.704	0.273	0.411
PYX(1 1 0)/F2641	0.711	0.272	0.419
PYX(0 1 1)/F246G	0.696	0.266	0.410
PYX(1 0 1)/F246G	0.683	0.267	0.396
PYX(1 1 0)/F246G	0.695	0.271	0.404
PYX(0 1 1)/EPDM	0.663	0.263	0.381
PYX(1 0 1)/EPDM	0.669	0.280	0.369
PYX(1 1 0)/EPDM	0.661	0.270	0.372

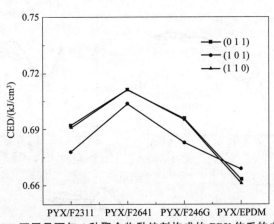

图 5-13　PYX 不同晶面与 4 种聚合物黏结剂构成的 PBX 体系的内聚能密度

5.4.2.4　径向分布函数

为了研究不同体系高聚物黏结剂与炸药分子之间的作用类型，分别计算了四种高聚物黏结剂中的 H 原子与 PYX 分子中的 O 原子和 N 原子之间的径向分布函数，如图 5-14 所示，将 PYX 分子中的 N 和 O 分别标记为 N1 和 O1，聚合物分子中的 H 原子标记为 H2。由图 5-14(a) 可知，对于 PYX/F2311、PYX/F2641 和 PYX/F246G 体系，分析其 O1-H2 的径向分布函数可知，在 2.0～3.0Å 范围内出现了较明显的峰值，说明它们之间存在着氢键作用；

在 3.1～5.0Å 之间也有峰值出现，说明它们之间存在着范德华相互作用，但是强度比氢键作用弱；在作用距离大于 5.0Å 范围内也有明显的峰值出现，说明它们之间也存在静电相互作用。对于 PYX/EPDM 体系，三个区间都有峰值出现，并且较强峰值出现在作用距离大于 5.0Å 范围内，O1 与 H2 之间主要的相互作用为静电相互作用。同样，如图 5-14(b) 所示，分析 N_1 与 H_2 之间的径向分布函数，得到与 O1-H2 径向分布函数同样的规律。

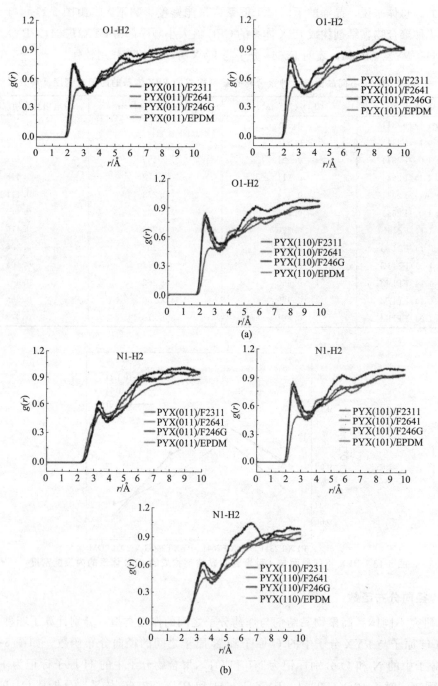

图 5-14　不同晶面上 PYX 分子与聚合物黏结剂之间的径向分布函数

表 5-13　不同 PBX 体系内 O1-H2 的径向分布函数在三个相互作用区间的峰值

PBX 体系	2.0～3.1Å		3.1～5.0Å		>5.0Å	
	$r/Å$	$g(r)$	$r/Å$	$g(r)$	$r/Å$	$g(r)$
PYX(0 1 1)/F2311	2.450	0.754	4.970	0.742	9.990	0.971
PYX(1 0 1)/F2311	2.410	0.715	4.970	0.711	9.650	0.954
PYX(1 1 0)/F2311	2.450	0.805	4.930	0.679	9.890	0.928
PYX(0 1 1)/F2641	2.490	0.768	4.970	0.696	9.950	0.934
PYX(1 0 1)/F2641	2.630	0.848	4.990	0.761	8.390	0.967
PYX(1 1 0)/F2641	2.470	0.855	4.990	0.709	9.970	0.932
PYX(0 1 1)/F246G	2.390	0.760	4.990	0.734	8.890	0.945
PYX(1 0 1)/F246G	2.490	0.830	4.970	0.823	8.650	1.046
PYX(1 1 0)/F246G	2.550	0.831	4.950	0.790	9.050	0.998
PYX(0 1 1)/EPDM	2.810	0.512	4.970	0.662	9.990	0.886
PYX(1 0 1)/EPDM	2.750	0.539	4.990	0.667	9.990	0.931
PYX(1 1 0)/EPDM	2.790	0.492	4.990	0.655	9.850	0.934

表 5-14　不同 PBX 体系内 N1-H2 的径向分布函数在三个相互作用区间的峰值

PBX 体系	2.0～3.1Å		3.1～5.0Å		>5.0Å	
	$r/Å$	$g(r)$	$r/Å$	$g(r)$	$r/Å$	$g(r)$
PYX(0 1 1)/F2311	3.090	0.416	4.990	0.705	9.810	0.969
PYX(1 0 1)/F2311	3.090	0.508	5.050	0.585	8.870	0.978
PYX(1 1 0)/F2311	3.090	0.425	4.990	0.581	7.910	0.949
PYX(0 1 1)/F2641	3.090	0.458	4.970	0.641	8.770	0.946
PYX(1 0 1)/F2641	3.090	0.449	3.450	0.626	8.330	1.038
PYX(1 1 0)/F2641	3.090	0.423	4.950	0.677	9.810	0.951
PYX(0 1 1)/F246G	3.090	0.372	3.330	0.581	8.970	1.015
PYX(1 0 1)/F246G	3.090	0.380	4.990	0.743	8.330	1.100
PYX(1 1 0)/F246G	3.090	0.479	4.970	0.693	6.670	1.059
PYX(0 1 1)/EPDM	3.090	0.370	4.990	0.588	9.910	0.884
PYX(1 0 1)/EPDM	3.090	0.394	4.990	0.588	9.990	0.946
PYX(1 1 0)/EPDM	3.090	0.343	4.990	0.569	9.950	0.958

　　表 5-13 中列出了不同 PBX 体系内 O1-H2 径向分布函数在三个相互作用区间的峰值，表 5-14 中列出不同 PBX 体系内 N1-H2 径向分布函数在三个相互作用区间的峰值。从表 5-13 与表 5-14 可知，不同 PYX 晶面构建的 PBX 体系中原子间径向分布函数没有较大差别，但都存在峰值，说明原子间存在三种相互作用，并且根据三个区间的最强峰值判断，PYX（0 1 1）、PYX（1 0 1）和 PYX（1 1 0）基 4 种 PBX 体系中作用距离大于 5.0Å 范围内的峰值都最大，说明 O1 原子与 H2 原子之间主要相互作用是静电相互作用，N1 原子与 H2 原子之间主要相互作用也是静电相互作用。

5.4.2.5 力学性能分析

在高聚物黏结炸药的结构与性能研究中，力学性能有着重要的地位。弹性模量是评价 PBX 力学性能的重要指标。弹性模量越大，材料的刚性和断裂强度越大。同时，材料的延展性和脆性与柯西压（C_{12}-C_{44}）关联。泊松比（γ）一般用来表示材料的塑性，在 $0.2 \sim 0.4$ 范围内都表示材料具有一定的可塑性。表 5-15 给出了不同 PBX 体系力学性能数据。

表 5-15 不同 PBX 体系力学性能

PBX 体系	E/GPa	K/GPa	G/GPa	γ	C_{12}-C_{44}/GPa	K/G
PYX(0 1 1)/F2311	6.482	5.124	2.228	0.261	1.869	2.300
PYX(1 0 1)/F2311	5.145	4.623	1.810	0.299	1.926	2.554
PYX(1 1 0)/F2311	6.749	4.811	2.406	0.240	0.334	1.999
PYX(0 1 1)/F2641	7.445	6.246	2.845	0.311	1.073	2.195
PYX(1 0 1)/F2641	5.968	4.988	2.006	0.271	1.612	2.486
PYX(1 1 0)/F2641	5.739	5.608	1.751	0.340	2.442	3.202
PYX(0 1 1)/F246G	7.227	7.333	2.542	0.335	2.374	2.885
PYX(1 0 1)/F246G	5.996	5.284	2.035	0.282	2.588	2.596
PYX(1 1 0)/F246G	5.539	5.910	2.053	0.356	2.402	2.879
PYX(0 1 1)/EPDM	6.062	4.715	2.212	0.272	0.977	2.132
PYX(1 0 1)/EPDM	5.785	4.936	2.027	0.287	1.851	2.434
PYX(1 1 0)/EPDM	4.785	4.481	1.755	0.338	2.142	2.553

如表 5-15 中数据所示，将各 PBX 体系中的力学性能数据进行比较。可以看出，不同 PYX 晶面添加不同高聚物黏结剂所构建的 PBX 体系的力学性能差别不是很大。PYX(0 1 1) 面添加四种高聚物黏结剂所构建的 PBX 体系的拉伸模量（E）和剪切模量（G）的大小顺序为 PYX(0 1 1)/EPDM＜PYX(0 1 1)/F2311＜PYX(0 1 1)/F246G＜PYX(0 1 1)/F2641；体积模量（K）的大小顺序为 PYX(0 1 1)/EPDM＜PYX(0 1 1)/F2311＜PYX(0 1 1)/F2641＜PYX(0 1 1)/F246G，说明在 PYX(0 1 1) 晶面上添加 EPDM 更有利于降低 PBX 体系的刚性和断裂强度。PYX(1 0 1) 面添加四种高聚物黏结剂所构建的 PBX 体系的拉伸模量（E）和体积模量（K）的大小排序为 PYX(1 0 1)/F2311＜PYX(1 0 1)/EPDM＜PYX(1 0 1)/F2641＜PYX(1 0 1)/F246G；体系剪切模量（G）大小顺序为 PYX(1 0 1)/F2311＜PYX(1 0 1)/F2641＜PYX(1 0 1)/EPDM＜PYX(1 0 1)/F246G，同样说明在 PYX(1 0 1) 晶面上添加 F2311 降低了 PBX 体系的刚性和断裂强度。PYX(1 0 1) 面添加四种高聚物黏结剂所构建的 PBX 体系的拉伸模量（E）的大小顺序是 PYX(1 1 0)/EPDM＜PYX(1 1 0)/F246G＜PYX(1 1 0)/F2641＜PYX(1 1 0)/F2311；对体系剪切模量（G）的影响大小顺序为 PYX(1 1 0)/F2641＜PYX(1 1 0)/EPDM＜PYX(1 1 0)/F246G＜PYX(1 1 0)/F2311；对体积模量（K）的影响大小是 PYX(1 1 0)/EPDM＜ PYX(1 1 0)/F2311＜PYX(1 1 0)/F2641＜PYX(1 1 0)/F246G，说明添加 EPDM 更有利于降低 PYX 基 PBX 体系的刚性和断裂强度，改善力学性能。

同时，由表 5-15 可以看出，12 个 PBX 体系中的泊松比（γ）值均在 $0.2 \sim 0.4$ 范围内，说明各 PBX 体系均具有一定的塑性；并且柯西压（C_{12}-C_{44}）均为正值，说明 12 个 PYX 基 PBX 体系均具有延展性。

5.4.2.6　引发键键长分析

在含能材料中，引发键是含能分子在外界刺激下优先断裂并引发爆炸最弱的化学键。通常而言，若分子中化学键的键级越小，则其键长就越大，键越易断裂，分子越敏感。MD 模拟不涉及电子结构，即不能求解薛定谔方程得到键级参数，但是它却能给出键长的统计分布，从键长的统计分布中可发现引发键的变化，从而关联感度变化。

首先通过密度泛函理论对 PYX 分子进行结构优化，得到其键长分布，如图 5-15 所示，其中圈出的部分是 PYX 结构中的环上的 C 与 NO_2 相连的 C—NO_2 键，相较于其他键，C—NO_2 是相对较长的键，所以 PYX 分子的引发键可能是 C—NO_2 键。因此通过 MD 模拟计算了 PBX 系统中 C—NO_2 键的最大键长值（L_{max}）、平均键长值（L_{ave}）和最大概率出现的键长值（L_{prob}），如表 5-16 所示。

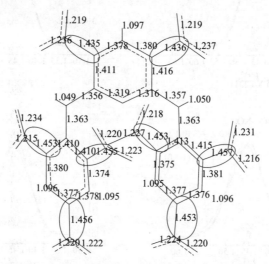

图 5-15　第一性原理优化后的 PYX 分子的键长分布

表 5-16　不同 PBX 系统中 PYX 的 C—NO_2 键的最大键长值（L_{max}）、
平均键长值（L_{ave}）和最大概率出现的键长值（L_{prob}）

晶面	晶胞模型	L_{ave}/Å	L_{prob}/Å	L_{max}/Å
（0 1 1）	PYX/F2311	1.47	1.45	1.59
	PYX/F2641	1.46	1.45	1.60
	PYX/F246G	1.46	1.46	1.60
	PYX/EPDM	1.46	1.46	1.60
（1 0 1）	PYX/F2311	1.47	1.46	1.60
	PYX/F2641	1.46	1.45	1.59
	PYX/F246G	1.46	1.45	1.59
	PYX/EPDM	1.47	1.45	1.59
（1 1 0）	PYX/F2311	1.46	1.46	1.59
	PYX/F2641	1.47	1.45	1.60
	PYX/F246G	1.46	1.46	1.58
	PYX/EPDM	1.46	1.45	1.59

从表 5-16 中可以看出，不同 PBX 体系中 PYX 分子的最大键长值（L_{max}）、平均键长值（L_{ave}）和最大概率出现的键长值（L_{prob}）几乎相等，说明添加不同高聚物黏结剂对于体系 PYX 分子结构影响不大。由图 5-16 可以看出，如 PYX/F2311 体系，三种晶面模型下 PYX 分子的引发键键长没有太大变化，同理对于其他三种体系，晶面差异对 PYX 分子的引发键键长影响不大，说明高聚物黏结剂的致钝作用不是由 PYX 分子微观结构变化所致。

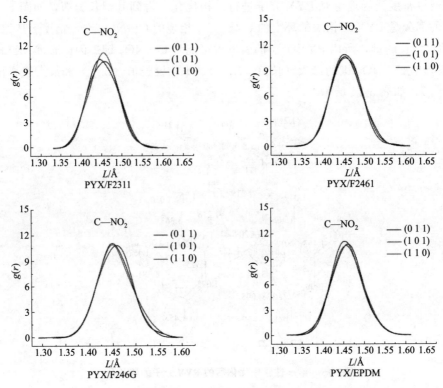

图 5-16 不同 PBX 体系中的 PYX 分子的 C—NO$_2$ 键长分布

5.4.2.7 爆轰性能分析

爆速（D）和爆压（P）是评价炸药爆轰性能的两个重要指标。高聚物黏结炸药的爆轰性质取决于混合组分的成分以及各部分之间结构和性质的相互影响。选用 Urazer 利用各组分爆速与其对应的体积分数来计算高聚物黏结炸药体系的爆轰性能。

表 5-17 PYX(0 1 1)、(1 0 1) 和 (1 1 0) 晶面与高聚物黏结剂构建的 PBX 体系的爆速（D）和爆压（P）

PBX 模型	$D/(\text{m/s})$	P/GPa
纯 PYX	7448	24.2
PYX(0 1 1)/F2311	6638.720	19.064
PYX(1 0 1)/F2311	6616.418	18.927
PYX(1 1 0)/F2311	6682.163	19.405
PYX(0 1 1)/F2641	6697.323	19.596
PYX(1 0 1)/F2641	6681.274	19.395
PYX(1 1 0)/F2641	6718.909	19.722

PBX 模型	$D/(m/s)$	P/GPa
PYX(0 1 1)/F246G	6641.484	19.204
PYX(1 0 1)/F246G	6669.618	19.364
PYX(1 1 0)/F246G	6704.349	19.662
PYX(0 1 1)/EPDM	6527.507	17.576
PYX(1 0 1)/EPDM	6639.007	18.584
PYX(1 1 0)/EPDM	6576.496	18.002

表 5-17 给出了四种高聚物黏结剂分别与 PYX (0 1 1)、(1 0 1) 和 (1 1 0) 晶面构建的 PBX 体系爆速和爆压的数据。相较于纯 PYX 的爆速、爆压，添加聚合物之后复合体系的爆速、爆压都有所降低，这是因为聚合物不是高能材料，会降低 PYX 的爆轰性能。然而，四个 PBX 系统的理论爆速和爆压并没有降低太多。

5.4.2.8　本节小结

本节通过对四种高聚物黏结剂［氟聚物（F2311、F2641 和 F246G）和三元乙丙橡胶（EPDM）］与 PYX 三个主要晶面构建的 PBX 体系进行 MD 模拟研究，得到以下结论：

① 通过分析 PYX 不同晶面与不同高聚物黏结剂之间的结合能，结果表明，PYX(0 1 1) 面更适合用于搭建 PBX 体系，原因是 PYX(0 1 1) 晶面与四种高聚物黏结剂分子的相互作用都比较强，各黏结剂加入 PYX 晶体中时更趋向于集中在 PYX(0 1 1) 晶面。其中，EPDM 与 PYX(0 1 1) 晶体之间结合能最大，相互作用最强，其所构成的体系最稳定。

② 通过比较 PYX 不同晶面所构建的 PBX 体系的内聚能密度，结果表明，不同晶面对于体系内聚能密度影响不大；通过分析 PYX 不同晶面与 4 种聚合物黏结剂构成 PBX 体系的 CED 值可知，各晶面体系 CED 值大小顺序均为 PYX/F2641＞PYX/F246G＞PYX/F2311＞PYX/EPDM，表明 F2641 分子与 PYX 分子间相互作用较强。

③ 通过分析不同 PYX 晶面构建的 PBX 体系中原子间径向分布函数，结果表明，不同 PBX 体系中的 O1—H2 和 N1—H2 之间的相互作用在三个区间都存在峰值，说明原子间存在三种相互作用；并且根据三个区间的最强峰值判断可知，O1 原子与 H2 原子之间主要相互作用和 N1 原子与 H2 原子之间主要相互作用都是静电相互作用。

④ 通过比较各 PBX 体系的力学性能可知，在 PYX(0 1 1) 晶面和 PYX(1 1 0) 晶面上添加 EPDM 降低了 PBX 体系的刚性和断裂强度，更有利于改善体系力学性能；在 PYX(1 0 1) 晶面上添加 F2311 同样降低了 PBX 体系的刚性和断裂强度。通过对各体系的泊松比（γ）和柯西压（C_{12}-C_{44}）分析，结果表明，各 PBX 体系均具有一定的塑性和延展性。

⑤ 通过分析优化后的 PYX 分子，得到其键长分布，可判断出 PYX 分子引发键可能为 PYX 结构中环上的 C 与 NO_2 相连的 C—NO_2 键；通过 MD 模拟统计 C—NO_2 键的键长分布情况，分析可知，添加不同聚合物对体系三个晶面构建的 PBX 体系中 PYX 分子的 L_{max}、L_{ave} 和 L_{prob} 几乎相等，说明各 PBX 体系中 PYX 分子结构没有发生明显的变化，表明高聚物黏结剂的致钝作用不是由 PYX 分子微观结构变化所致。

⑥ 通过对四种高聚物黏结剂分别与 PYX(0 1 1)、(1 0 1) 和 (1 1 0) 晶面构建的 PBX 体系爆速和爆压分析可知，添加聚合物之后复合体系的爆速、爆压都有所降低。

5.4.3 温度对 PYX 基 PBX 体系的影响

5.4.3.1 力场选择与模型搭建

选择合适的力场对理论计算具有十分重要意义，本研究仍选用 COMPASS 力场进行 PYX 分子与聚合物分子结构优化以及 MD 模拟计算。

从剑桥晶体结构数据库（Cambridge Crystallographic Data Centre，CCDC）获得 PYX 晶胞结构（CCDC：1429070）[44]。应用 COMPASS 力场，利用 Forcite 模块对初始的 PYX 晶体进行结构优化，采用界面模型方法搭建 PBX 模型。首先选择（0 1 1）面作为基础晶面，将 PYX(0 1 1) 晶胞扩展为（2×2×2）的超晶胞，然后添加黏结剂为 5% 的聚合物链，根据盒子大小，选择聚合物链的长度及添加的黏结剂链数，最后搭建 PYX 基 PBX 模型。图 5-17 为四种 PBX 体系的模型结构图。

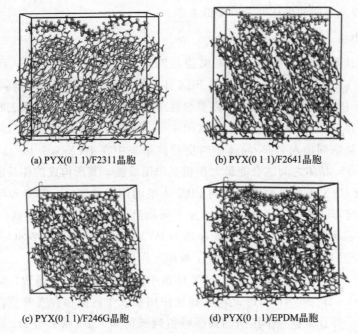

(a) PYX(0 1 1)/F2311晶胞　　(b) PYX(0 1 1)/F2641晶胞

(c) PYX(0 1 1)/F246G晶胞　　(d) PYX(0 1 1)/EPDM晶胞

图 5-17　四种 PBX 体系的模型结构图

5.4.3.2 模拟细节

选择 COMPASS 力场来进行 MD 模拟，首先采用 NPT 系综，Velocity-scaling 控温方式和 Berendsen 控压方式，选取 1GPa，进行 100ps 的 MD 运算；然后利用上述所得的构型，相同的系综和控温控压方式，压力为 0.0001GPa，进行 100ps 的 MD 运算，并观察密度曲线收敛状态，以获得稳定的模拟结构；最后选用上述模拟结构为初始构型，采用 NVT 系综，温度分别设置为 258K、278K、298K、318K 和 338K，采用 Andersen 控温方法，运行 300ps 的 MD 模拟研究。最后提取轨迹文件的后 100 个结果进行分析。

5.4.3.3 结合能分析

结合能（E_{bind}）是表示两种物质之间相互作用强弱的定量参数。晶面和聚合物分子之间的 E_{bind} 计算的最终结果是利用 perl 脚本分析轨迹文件得到最后 100 个稳定结构的结合能相关数据。同时考虑每个晶体表面的面积差异，计算每单位面积的结合能（E'_{bind}）。在 5 种温度（258K、278K、298K、318K 和 338K）下，4 种聚合物黏结剂与 PYX(0 1 1) 晶面之间的 E'_{bind} 结果如表 5-18 和图 5-18 所示。通过不同温度下的 PBX 体系的结合能的大小，可以判定温度对于 PBX 体系的影响，其值越大，表示温度对于体系组分之间相互作用影响越强。利用不同温度下体系的相容性强弱，可以优选出更加合适 PBX 体系的温度。从图 5-18 及表 5-18 中可以看出，4 个聚合物黏结剂分子与 PYX 超晶胞之间的 E'_{bind} 均为正数，说明 PBX 模型体系是稳定的。如图 5-18 所示，在相同的温度下，EPDM 分子与 PYX(0 1 1) 晶面之间的相互作用都是最强，说明 PYX(0 1 1)/EPDM 体系热力学稳定性最高。但是随温度的变化，4 种体系结合能变化趋势没有统一规律。这些复杂的变化趋势可能是因为结合能受多种因素影响，其只能表征体系的热力学稳定性。

表 5-18 五种温度下，四种 PBX 体系的结合能数据及其能量分布

单位：kcal/mol

PBX 体系	温度/K	E'_{bind}/[kcal/(mol·Å²)]	E_{bind}	E_{inter}	E_{toll}	E_{cell}	E_{poly}
PYX(0 1 1)/F2311	258	0.213	219.430	−219.430	3857.849	4288.030	−210.751
	278	0.218	224.758	−224.758	4055.855	4489.025	−208.412
	298	0.210	216.899	−216.899	4258.289	4685.699	−210.512
	318	0.225	231.677	−231.677	4474.226	4898.096	−192.193
	338	0.216	223.328	−223.328	4677.765	5085.879	−184.786
PYX(0 1 1)/F2641	258	0.234	239.739	−239.739	2513.262	4261.776	−1508.775
	278	0.233	238.179	−238.179	2734.945	4462.361	−1489.237
	298	0.233	238.646	−238.646	2957.109	4680.074	−1484.318
	318	0.233	238.132	−238.132	3108.133	4821.524	−1475.259
	338	0.228	233.022	−233.022	3338.726	5031.852	1460.104
PYX(0 1 1)/F246G	258	0.244	237.668	−237.668	2528.165	4271.925	−1506.093
	278	0.215	209.919	−209.919	2945.808	4475.945	−1320.218
	298	0.214	208.549	−208.549	3178.347	4695.427	−1308.531
	318	0.222	216.244	−216.244	3366.556	4879.771	−1296.971
	338	0.212	206.687	−206.687	3547.896	5037.063	−1282.481
PYX(0 1 1)/EPDM	258	0.251	267.048	−267.048	4437.949	4364.063	340.934
	278	0.243	258.100	−258.100	4639.272	4535.403	361.969
	298	0.237	252.505	−252.505	4831.839	4707.946	376.399
	318	0.244	259.504	−259.504	5096.606	4946.449	409.661
	338	0.248	263.441	−263.441	5318.060	5143.672	437.829

5.4.3.4 内聚能密度 (CED) 分析

内聚能密度（CED）反映了体系分子之间相互作用的强度。为了研究聚合物分子对 PYX 炸药的影响，计算了 4 种高聚物黏结剂与 PYX(0 1 1) 在五种温度（258K、278K、298K、318K 和 338K）下的 CED 值，结果见表 5-19。CED 值随温度的变化趋势如图 5-19 所示。从图 5-19 可以看出，相同温度下 4 个 PBX 体系的 CED 值排列均为 PYX(0 1 1)/

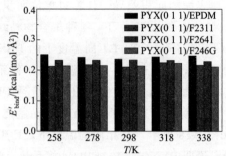

图 5-18 五种温度下，PYX (0 1 1) 与四种高聚物黏结剂构建的 PBX 体系的结合能

F2641＞PYX(0 1 1)/F246G＞PYX(0 1 1)/F2311＞PYX(0 1 1)/EPDM。然而，随温度升高，各体系 CED 值都差别不大，说明温度变化对 CED 值的影响不是很大。

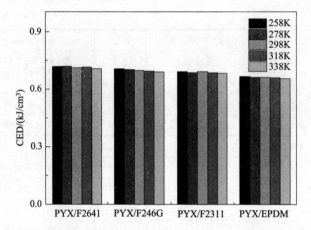

图 5-19 四种基于 PYX 的 PBX 体系在不同温度下的 CED 值

表 5-19 五种温度下四种 PBX 体系的 CED 和分布

温度/K	体系	CED/(kJ/cm³)	范德华相互作用/(kJ/cm³)	静电相互作用/(kJ/cm³)
258	PYX(0 1 1)/F2641	0.719	0.275	0.423
	PYX(0 1 1)/F2311	0.691	0.268	0.403
	PYX(0 1 1)/F246G	0.705	0.268	0.417
	PYX(0 1 1)/EPDM	0.666	0.266	0.381
278	PYX(0 1 1)/F2641	0.719	0.276	0.423
	PYX(0 1 1)/F2311	0.687	0.266	0.401
	PYX(0 1 1)/F246G	0.704	0.267	0.417
	PYX(0 1 1)/EPDM	0.664	0.268	0.377
298	PYX(0 1 1)/F2641	0.711	0.273	0.418
	PYX(0 1 1)/F2311	0.692	0.264	0.408
	PYX(0 1 1)/F246G	0.696	0.266	0.410
	PYX(0 1 1)/EPDM	0.663	0.263	0.381
318	PYX(0 1 1)/F2641	0.714	0.274	0.419
	PYX(0 1 1)/F2311	0.685	0.266	0.398

温度/K	体系	CED/(kJ/cm^3)	范德华相互作用/(kJ/cm^3)	静电相互作用/(kJ/cm^3)
318	PYX(0 1 1)/F246G	0.695	0.267	0.408
	PYX(0 1 1)/EPDM	0.659	0.265	0.374
338	PYX(0 1 1)/F2641	0.707	0.271	0.416
	PYX(0 1 1)/F2311	0.685	0.267	0.398
	PYX(0 1 1)/F246G	0.688	0.266	0.402
	PYX(0 1 1)/EPDM	0.655	0.263	0.372

5.4.3.5　力学性能分析

力学性能对高能材料非常重要，在一定程度上影响炸药的安全性和使用寿命。力学模量是评价材料刚性的指标，是材料抵抗弹性变形能力的量度。材料的塑性和断裂性能也与弹性模量有关。剪切模量（G）是衡量材料抵抗塑性变形能力的指标。体积模量（K）越大，材料的断裂强度越大。就 PBX 而言，良好的可加工性和安全性是必要的。因此，模拟计算纯 PYX 和 PBX 体系的力学性能是非常有必要的。通过对分子动力学模拟得到体系运动轨迹文件，通过分析轨迹文件中最后 100 个结构的力学性能得到模拟计算的结果并列于表 5-20 中。图 5-20 展示出 298K 时纯 PYX 和 PYX 基 PBX 体系的力学性能。图 5-21 展示出四种 PBX 体系的力学性能与温度的关系。

表 5-20　不同温度下纯 PYX 和四种 PYX 基 PBX 体系的力学性能

PBX 体系	温度/K	E/GPa	K/GPa	G/GPa	γ	C_{12}-C_{44}/GPa	K/G
纯 PYX	258	5.739	5.148	1.830	0.311	1.834	2.813
	278	5.974	5.409	2.311	0.331	1.671	2.341
	298	8.023	6.678	2.907	0.311	3.289	2.297
	318	4.633	5.792	1.381	0.360	2.782	4.193
	338	5.112	4.465	1.017	0.347	3.114	4.389
PYX(0 1 1)/F2641	258	4.740	4.045	1.645	0.357	1.494	2.460
	278	6.511	5.083	2.452	0.282	1.025	2.073
	298	7.445	6.246	2.845	0.311	1.073	2.196
	318	6.092	5.445	2.174	0.307	1.303	2.505
	338	3.958	5.241	1.634	0.400	2.060	3.208
PYX(0 1 1)/F2311	258	4.495	4.614	1.810	0.364	2.491	2.549
	278	5.620	5.030	2.202	0.344	1.391	2.284
	298	6.482	5.124	2.228	0.261	1.869	2.299
	318	5.999	4.784	2.147	0.274	1.558	2.229
	338	5.229	3.413	1.734	0.263	1.086	1.969
PYX(0 1 1)/F246G	258	5.228	5.794	1.863	0.367	2.172	3.110
	278	6.305	5.958	2.327	0.330	2.282	2.560
	298	7.227	7.333	2.542	0.335	2.374	2.885
	318	6.650	5.315	2.418	0.275	1.230	2.198
	338	5.863	4.468	2.114	0.247	1.187	2.114

续表

PBX 体系	温度/K	E/GPa	K/GPa	G/GPa	γ	$C_{12}-C_{44}$/GPa	K/G
	258	5.248	4.069	1.904	0.272	1.200	2.137
	278	5.290	4.371	2.105	0.321	1.068	2.076
PYX(0 1 1)/EPDM	298	6.062	4.715	2.212	0.272	0.977	2.131
	318	5.357	4.114	2.064	0.292	0.983	1.993
	338	4.677	4.403	1.938	0.358	1.594	2.272

　　如图 5-20 所示，298K 时，与纯 PYX 的力学性能相比，四种高聚物黏结剂的添加降低了体系的拉伸模量和剪切模量，这说明加入高聚物黏结剂可以降低 PBX 体系的刚度和抗变形能力；添加 F246G 后体系的体积模量增加，而添加其他三种高聚物黏结剂后复合体系的体积模量减小了，说明 F2311、F2641 和 EPDM 这三类高聚物黏结剂的添加降低了 PBX 体系的断裂强度，而 F246G 的加入增强了体系的断裂强度。因此，聚合物黏结剂的加入可以显著改变复合体系的力学性能。同时，EPDM 这种聚合物在改善 PYX 的力学性能方面优于其他三种高聚物黏结剂。

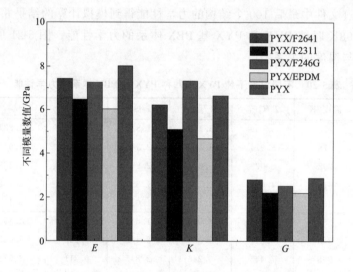

图 5-20　在 298K 时纯 PYX 和基于 PYX 的 PBX 体系的弹性模量

　　图 5-21 展示出四种 PBX 体系的力学性能与温度的关系。PYX(0 1 1)/F2311、PYX(0 1 1)/F2641 和 PYX(0 1 1)/F246G 这三个体系的拉伸模量（E）、体积模量（K）和剪切模量（G）都随温度的升高呈现先升高后降低的趋势，说明 PBX 体系的刚性和断裂强度都先升高后降低，力学性能随温度的变化发生明显的变化；PYX(0 1 1)/EPDM 体系的拉伸模量（E）和剪切模量（G）随温度的升高也呈现先升高后降低的趋势。PYX(0 1 1)/EPDM 体系的体积模量（K）也有随温度的升高呈现先升高后降低的趋势，但是在 338 K 时出现了反弹，可能是模拟计算分析的误差性造成的，但是在整体上是呈现先升高后降低的趋势。另外，相比于其他温度，在 298K 时四种 PBX 体系的三种模量都达到了最大，分析其原因可能是温度的升高和降低，对复合体系的结构和能量都产生了影响，使得体系力学性能产生了一些变化。

同时，由表 5-20 可知，五个温度下四种 PBX 体系的泊松比（γ）均在 0.2～0.4 范围内，说明各温度内 PBX 体系均具有一定的塑性；柯西压均为正值，表明五个温度下的 PBX 体系均具有延展性。

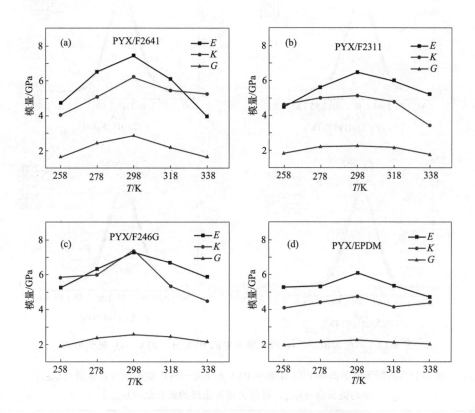

图 5-21 不同温度下，四种 PBX 体系的弹性模量

5.4.3.6 引发键键长分析

根据 5.4.2.6 节引发键键长中的描述，PYX 的引发键是 PYX 分子环上的 C 与—NO_2 相连的 C—NO_2 键。图 5-22 和表 5-21 给出了不同温度下四种 PBX 体系中 PYX 分子 C—NO_2 键的最大概率出现的键长值（L_{prob}）、平均键长值（L_{ave}）和最大键长值（L_{max}）。由图 5-22 和表 5-21 可知，随温度的变化，体系的最大概率出现的键长值（L_{prob}）、平均键长值（L_{ave}）和最大键长值（L_{max}）变化较小。但还是可以看出，对于 PYX(0 1 1)/F2641、PYX(0 1 1)/F246G 和 PYX(0 1 1)/EPDM 体系的最大键长值（L_{max}）在最高温度 338K 时达到最大，而 PYX(0 1 1)/F2311 体系的最大键长值（L_{max}）是在 318K 时最大，并且四种 PBX 体系的最大键长值（L_{max}）在 258K 或者 278K 时是较小的，说明随温度的升高，体系的最大键长值（L_{max}）有变大的趋势，表明随温度的升高体系内 PYX 分子结构发生一定变化，其可能是随温度的升高，体系内原子剧烈振动，原子容易偏离平衡位置而引起键长变大从而导致断裂，最终引起分子分解进而引发爆炸。最大键长随温度的变化符合感度随温度升高而增大的实验事实[45]。

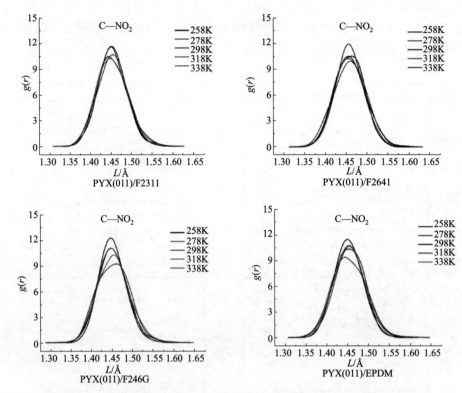

图 5-22 不同温度下四种 PBX 体系中的 PYX 分子的 C-NO₂ 键长分布

表 5-21 不同温度下四种 PBX 体系中 PYX 分子 C—NO₂ 键的最大键长值 (L_{max})、
平均键长值 (L_{ave}) 和最大概率出现的键长值 (L_{prob})

PBX 体系	温度/K	L_{ave}/Å	L_{prob}/Å	L_{max}/Å
	258	1.465	1.450	1.590
	278	1.475	1.450	1.610
PYX(0 1 1)/F2311	298	1.470	1.450	1.590
	318	1.470	1.450	1.620
	338	1.475	1.460	1.600
	258	1.455	1.460	1.570
	278	1.475	1.450	1.610
PYX(0 1 1)/F2641	298	1.460	1.450	1.600
	318	1.480	1.450	1.620
	338	1.475	1.460	1.620
	258	1.475	1.450	1.600
	278	1.455	1.450	1.590
PYX(0 1 1)/F246G	298	1.460	1.460	1.600
	318	1.465	1.460	1.600
	338	1.475	1.460	1.630

续表

PBX 体系	温度/K	L_{ave}/Å	L_{prob}/Å	L_{max}/Å
	258	1.455	1.450	1.580
	278	1.475	1.460	1.610
PYX(0 1 1)/EPDM	298	1.460	1.460	1.600
	318	1.490	1.460	1.640
	338	1.490	1.450	1.640

5.4.3.7　扩散系数 (D) 分析

高聚物黏结炸药由高聚物黏结剂和炸药搭建而成。当聚合物黏结剂附着在炸药晶体表面时，破坏了界面炸药分子的自由体积，对炸药分子的扩散能力有一定的影响，同时也影响炸药的晶体生长方向和速率，使得晶体自由生长环境发生了变化。扩散系数可以直观地反映界面层炸药分子的迁移能力。所以，研究 PBX 体系的界面层炸药分子的扩散迁移能力的变化是有必要的。

图 5-23 展示了 PYX(0 1 1)/F2311、PYX(0 1 1)/F2641、PYX(0 1 1)/F246G 和 PYX(0 1 1)/EPDM 四种 PBX 体系均方位移与时间的关系随温度的变化情况。表 5-22 列出了五种温度下，四种 PBX 体系均方位移对时间的斜率（K）以及扩散系数（D）。从图 5-23 和表 5-22 可以看出，PYX(0 1 1)/F2311、PYX(0 1 1)/F2641 这两个体系的扩散系数（D）在 338 K 时达到最大，在 258 K 时是最小的，整体上呈现出随温度的升高，扩散系数都变大的规律；对于 PYX(0 1 1)/F246G 体系，其扩散系数（D）在 338K 时也达到最大，但最小值是在 298K 时，不过整体上也呈现出扩散系数随温度的升高而增大的规律；对于 PYX(0 1 1)/EPDM 体系，其扩散系数（D）在 298K 时最大，在其他温度时 D 值是随温度降低而变小。总之，除了 298K 外其他四种温度下 PBX 体系的 D 值都呈现随温度变大而变大的趋势，表明温度对于各体系扩散系数影响较为明显，由于温度的升高，各体系中分子运动加快，使得体系的扩散系数增大。

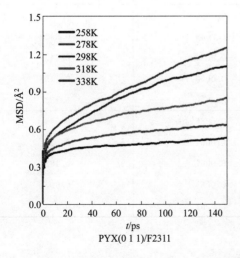

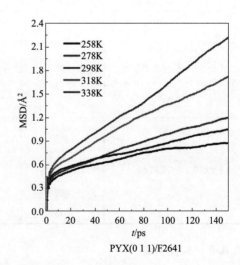

图 5-23

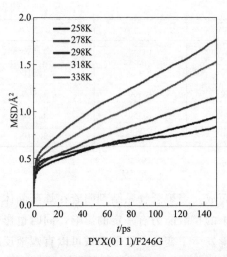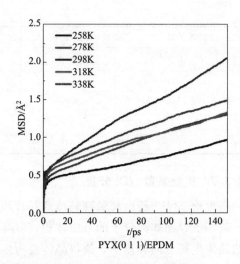

图 5-23　五种温度下四种 PYX 基 PBX 体系的均方位移（MSD）与时间（t）的关系

表 5-22　五种温度下，四种 PBX 体系均方位移对时间的斜率（K）以及扩散系数（D）

PBX 体系	T/K	$K(MSD/t)/(\text{Å}^2/ps)$	$D/\times10^{-10}\,s\cdot m^2$
	258	0.0009	0.015
	278	0.0013	0.022
PYX(0 1 1)/F2311	298	0.0042	0.070
	318	0.0022	0.037
	338	0.0048	0.080
	258	0.0031	0.052
	278	0.0052	0.087
PYX(0 1 1)/F2641	298	0.0039	0.065
	318	0.0081	0.135
	338	0.0112	0.187
	258	0.0036	0.060
	278	0.0049	0.082
PYX(0 1 1)/F246G	298	0.0024	0.040
	318	0.0069	0.115
	338	0.008	0.133
	258	0.0036	0.060
	278	0.0051	0.085
PYX(0 1 1)/EPDM	298	0.0097	0.162
	318	0.0058	0.097
	338	0.0062	0.103

5.4.3.8　本节小结

本节通过不同温度下 PYX(0 1 1)/F2311、PYX(0 1 1)/F2641、PYX(0 1 1)/F246G 和 PYX(0 1 1)/EPDM 体系的 MD 模拟研究，得出以下结论：

① 通过分析五种温度下的四种 PBX 体系的结合能，结果表明，不同温度下四种 PBX 模型体系都是稳定的，但其结合能随温度没有明显的单调变化，说明结合能不仅与温度有关，也与其他的因素有关；通过分析同一温度下不同聚合物体系结合能的大小可知，EPDM 分子与 PYX(0 1 1) 晶面之间的相互作用都是最强，PYX(0 1 1)/EPDM 体系热力学稳定性最高。

② 相同温度下 4 个 PBX 体系的 CED 值排列均为 PYX(0 1 1)/F2641＞PYX(0 1 1)/F246G＞PYX(0 1 1)/F2311＞PYX(0 1 1)/EPDM，说明 F2641 分子与 PYX 分子间相互作用较强。然而，随温度升高，各体系 CED 值都差别不大，说明温度变化对 CED 值的影响不是很大。

③ 加入高聚物黏结剂后，体系的力学性能得到了改善。同时，EPDM 在提高 PYX 的力学性能方面优于其他三种黏结剂。在研究的温度范围内，系统的三个模量在常温（298K）下达到最大值，升高或降低温度有利于提升体系的力学性能。五个温度下四种 PBX 体系的泊松比（γ）均在 $0.2\sim0.4$ 范围内，说明各温度内 PBX 体系均具有一定的塑性；柯西压均为正值，表明五个温度下的 PBX 体系均具有延展性。

④ 通过分析不同温度下四种 PBX 体系中 PYX 分子 C—NO$_2$ 键的最大概率出现的键长值（L_{prob}）、平均键长值（L_{ave}）和最大键长值（L_{max}）可知，随温度的升高，体系的最大键长值（L_{max}）有变大的趋势，符合感度随温度升高而增大的实验事实。

⑤ 通过比较五种温度下，四种 PBX 体系的扩散系数（D）可知，除了 298K，其他温度下的四种 PBX 体系的 D 值都呈现随温度变大而变大的规律。

以上结论说明，在所研究的温度范围内，改变温度对 PYX 基 PBX 体系的相容性及晶体结构变化影响不大，表明在此温度区间内高聚物黏结炸药能够很好保存，利于延缓炸药老化。

参考文献

［1］ Sollott G P，Alster J，Gilbert E E. Research towards novel energetic materials ［J］. Journal of energetic materials，1986，4 (1-4)：5.

［2］ Agrawal J P. Recent trends in high-energy materials ［J］. Progress in energy and combustion science，1998，24 (1)：1.

［3］ Zhang M X，Eaton P E，Gilardi R. Hepta-and octanitrocubanes ［J］. Angew Chem Int Ed，2000，39 (2)：401.

［4］ Nedelko V V，Chukanov N V，Raevskii A V. Comparative investigation of thermal decomposition of various modifications of CL-20 ［J］. Propellants，Explosives，Pyrotechnics，2000，25 (5)：255.

［5］ Dong H S. The development and countermeasure of high energy density materials ［J］. Energetic Materials，2004，12 (z1)：1.

［6］ Nielsen A T，Nissan R A. Polynitropolyaza caged explosives Part 5 ［M］. California：Naval Weapon Center Technical Publication，1986.

［7］ Yang X Z. Molecular simulation and high polymer material ［M］. Beijing：Science Press，2002.

［8］ Xu X J，Xiao H M，Xiao J J. Molecular dynamics simulations for ε-CL-20 and ε-CL-20-based PBXs ［J］. J Phys Chem B，2006，110：7203.

［9］ Mounir J，Hakima A R，Xavier L L. Atomistic studies of RDX and FOX-7-Based plastic-bonded explosives：molecular dynamics simulation ［J］. Procedia Computer Science，2011，4：1177.

［10］ Xu X J，Xiao J J，Huang H. Molecular dynamics simulations on the structures and properties of ε-CL-20-based

PBXs—Primary theoretical studies on HEDM formulation design [J]. Science In China（series B chemistry），2007，37（6）：556.

[11]　Zhao X Q，Shi N C. Crystal structure of ε-CL-20 [J]. Chinese science bulletin，1995，40（23）：2158.

[12]　Weiner J H. Statistical mechanics of elasticity [M]. New York：Dover Publications Inc，1983.

[13]　Pugh S F. XCII Relations between the elastic moduli and the plastic properties of polycrystalline pure metals [J]. Philosophical Magazine，1954，45（367）：823.

[14]　孙国祥. 高分子混合炸药 [M]. 北京：国防工业出版社，1985.

[15]　孙业斌，惠君明，曹欣茂. 军用混合炸药 [M]. 北京：兵器工业出版社，1995.

[16]　TomPa A S，Boswell R F. Thermal stability of a Plastic bonded explosive [J]. Thermochim Acta，2000，357：169.

[17]　Singh G，Felix S P，Soni P. Studies on energetic compounds part 28：Thermolysis of HMX and its plastic bonded explosives containing estane [J]. Thermochim Acta，2003，399：153.

[18]　徐庆兰. 高聚物黏结炸药包覆过程及粘结机理的初步探讨 [J]. 含能材料，1993，1（2）：1.

[19]　宋华杰，董海山，郝莹. TATB、HMX 与氟聚合物的表面能研究 [J]. 含能材料，2000，8（3）：104.

[20]　封雪松. 高聚物黏结耐热炸药 HNS 的配方研制及表面界面性能研究 [D]. 南京：南京理工大学，2001.

[21]　肖继军，黄辉，李金山，等. HMX 晶体和 HMX/F$_{2311}$ PBXS 力学性能的 MD 模拟研究 [J]. 化学学报，2007，65（17）：1746.

[22]　Barua A，Horie Y，Zhou M. Energy localization in HMX-Estane polymer-bonded explosives during impact loading [J]. Journal of Applied Physics，2012，111（5）：399-586.

[23]　Lu Y，Shu Y，Liu N. Molecular dynamics simulations on ε-CL-20-based PBXs with added GAP and its derivative polymers [J]. RSC Advances，2018，8（9）：4955-4962.

[24]　Frisch M J，Trucks G W，Schlegel H B，et al. Gaussian [CP]. Wallingford，CT，US：Gaussian Inc，2013.

[25]　Lu T，Chen F W. Multiwfn：A multifunctional wavefunction analyzer [J]. Journal of Computational Chemistry，2012，33（5）：580-592.

[26]　Becke A D. Density-functional thermochemistry Ⅲ The role of exact exchange [J]. The Journal of Chemical Physics，1993，98（7）：5648-5652.

[27]　Baker E N，Hubbard R E. Hydrogen bonding in globular proteins [J]. Progress in Biophysics & Molecular Biology，1984，44（2）：97-179.

[28]　Chen F，Zhou T，Li J. Crystal morphology of dihydroxylammonium 5，5'-bistetrazole-1，1'-diolate（TKX-50）under solvents system with different polarity using molecular dynamics [J]. Computational Materials Science，2019，168：48-57.

[29]　Lu T，Chen Q. Interaction region indicator：A simple real space function clearly revealing both chemical bonds and weak interactions [J]. Chemistry-Methods，2021，1（5）：231-239.

[30]　Murray J S，Lane P，Politzer P. Relationships between impact sensitivities and molecular surface electrostatic potentials of nitroaromatic and nitroheterocyclic molecules [J]. Molecular Physics，1995，85（1）：1-8.

[31]　Murray J S，Lane P，Politzer P. Effects of strongly electron-attracting components on molecular surface electrostatic potentials：application to predicting impact sensitivities of energetic molecules [J]. Molecular Physics，1998，2（93）：187-194.

[32]　Murray J S，Politzer P. The electrostatic potential：an overview [J]. Wiley Interdisciplinary Reviews Computational Molecular Science，2011，1（2）：153-163.

[33]　Politzer P，Murray J S. Chapter one-detonation performance and sensitivity：a quest for balance [M] //Sabin J R. Advances in Quantum Chemistry. Pittsburgh：Academic Press，2014：1-30.

[34]　戴李宗，潘荣华. 高聚物在混合炸药中的应用 [J]. 材料导报，1993（2）：60-64.

[35]　Sun H. COMPASS：an ab initio force-field optimized for condensed-phase applications-overview with details on alkane and benzene compounds [J]. The Journal of Physical Chemistry B，1998，102：7338-7364.

[36]　Sun H，Ren P，Fried J R. The COMPASS force field：parameterization and validation for phosphazenes [J]. Computational and Theoretical Polymer Science，1998，8（1-2）：229-246.

［37］　Klaptke T M，Stierstorfer J，Weyrauther M. Synthesis and investigation of 2,6-bis（picrylamino）-3,5-dinitro-pyri-dine（PYX）and its salts［J］. Chemistry-A European Journal，2016，22（25）：8619-8626.

［38］　Zhang Q，Shreeve J M. Growing catenated nitrogen atom chains［J］. Angewandte Chemie International Edition，2013，52（34）：8792-8794.

［39］　周涛. TKX-50 溶剂化生长及其形貌控制的理论研究［D］. 太原：中北大学，2020.

［40］　Karasawa N，Goddard W A I. Force fields，structures，and properties of poly（vinylidene fluoride）crystals［J］. Macromolecules，1992，25（26）：7268-7281.

［41］　Sangster M J L，Dixon M. Interionic potentials in alkali halides and their use in simulations of the molten salts［J］. Advances in Physics，1976，25（3）：247-342.

［42］　Berendsen H J C P，Postma J，Gunsteren W，et al. Molecular-dynamics with coupling to an external bath［J］. The Journal of Chemical Physics，1984，81：3684.

［43］　Andersen Hans C. Molecular dynamics simulations at constant pressure and/or temperature［J］. Journal of Chemical Physics，1980，72（4）：2384-2393.

［44］　Lu Y，Shu Y，Liu N，et al. Molecular dynamics simulations on ε-CL-20-based PBXs with added GAP and its deriva-tive polymers［J］. RSC Advances，2018，8（9）：4955-4962.

［45］　肖鹤鸣，朱卫华，肖继军，等. 含能材料感度判别理论研究——从分子、晶体到复合材料［J］. 含能材料，2012，20（05）：514-527.

第6章　耐热含能化合物结构与性能的研究

6.1　引言

含能材料（EM）是一类可以通过自身氧化还原反应瞬间释放大量气体和热量的特殊化合物，目前被广泛应用于军事、航空航天以及民用领域[1,2]。EM 的应用价值取决于它的综合性能。能量和安全是 EM 最本质的两大特征，然而两者之间存在矛盾[3]。应用于高温环境时，如开发埋藏较深的化石燃料煤炭、石油、天然气等，高超声速武器以及航空火箭的发射[4]，就要求所使用的炸药在具有高能量水平的同时还须具有很高的热稳定性[5]，即在高温的环境下长时间储存后仍然能可靠地应用，这类炸药被称为耐热炸药[6,7]。相比于热敏感炸药，耐热炸药的热稳定性十分优异，它拥有较高的熔点和较低的蒸气压，且具有较高的能量和适当的撞击感度。随着现代军事科学技术、深井爆破及航天事业的飞速发展，更为苛刻的使用环境和宇宙中的各种极端条件对炸药的耐热性能和能量水平提出了更高的要求[8]，因此耐热含能材料的研究对上述这些领域起着至关重要的作用。

耐热性能优异的含能材料，如 HNS[9]、DPO[10]、TKX-55[11]、PYX[12]、TACOT[13]等均已被制备以及应用，其热分解温度均大于 300℃。以上这些耐热含能化合物分子结构中均具有稳定的六元或五元共轭环，是有机化学中常见的稳定单元。此外它们的分子也构成了"桥梁"结构，一定程度上提高了含能化合物的耐热性[14]。可见，含能材料的热稳定性取决于它们分子结构的稳定性。

为了更好地提升耐热炸药的热稳定性，同时平衡好能量和安全性之间的关系，深入了解耐热炸药的耐热机理是十分有必要的。但是由于高耐热性含能材料对温度较不敏感，为实验上的研究增添了一定难度和危险性。越来越成熟的分子模拟方法就可以有效解决这一问题，帮助人们深入研究含能化合物的耐热机理[15]。通过计算模拟方法，可以在微观层面更好地掌握含能材料的物化性质，了解其电子结构、分子间相互作用、热分解反应过程中能量以及反应物和产物的演变过程，有助于深层次地理解并预测 EM 的耐热性能，提升耐热含能化合物的性能水平，拓宽应用范围，同时为实验中开发合成新型的耐热含能化合物提供理论依据。

6.2　四种耐热含能化合物电子结构的第一性原理研究

含能材料（EM）是一类能够通过自身氧化还原反应瞬间释放大量气体和热的特殊化合物，被广泛应用于军事、航空航天以及民用领域。然而，如何在高温环境中安全使用含能材料仍然面临挑战。耐热炸药是一种能在高温环境中长期可靠使用的炸药。耐热炸药具有良好的热稳定性、较高的能量和适当的冲击敏感性，不仅在军事上有着重要的应用，而且在航空领域，特别是深海油气开发领域也有着重要应用。这类炸药通常具有较高的熔点或分解点，这两大性质一般作为判断耐热炸药的依据。

通过研究耐热炸药的结构，研究人员发现，炸药的热稳定性与许多因素有关，如表面静电势、氢键、共轭、官能团电子效应和空间效应。在耐热炸药分子中引入硝基和扩大共轭体系是提高熔点和热稳定性的有效措施。

本节模拟计算了 HNBP、HNS、DPO 和 TKX-55 四种耐热含能化合物的分子结构、引发键解离能（BDE）、Mulliken 电荷布居、前线分子轨道（FMO）、分子静电势（MEP）以及红外振动光谱，通过研究其电子结构了解高耐热性含能化合物的耐热机理。

6.2.1　计算方法

四种化合物分子的所有计算均采用 Gaussian 09 程序[16] 结合 DFT 方法，使用 Beck 的三参数混合泛函交换[17] 和 Lee-Yang-Parr 相关泛函［B3LYP/6-311g（d，p）、M062X/6-311g（d，p）和 WB97XD/def2TZVP］[18] 对四种含能化合物分子结构进行几何优化。使用振动分析对优化后的结构进行测试，确保其在势能面上的局部能量尽可能低，然后基于优化的结构进行了引发键解离能（BDE）计算、Mulliken 电荷布居分析、前线分子轨道（FMO）分析、分子静电势（MEP）分析以及红外振动光谱分析。

6.2.2　分子结构

这四种含能化合物分子结构均为两个三硝基苯以不同的桥连接方式组成，具有较高相似性，因此将其进行归类分析，桥连接如图 6-1 所示。

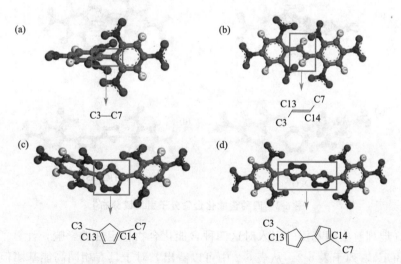

图 6-1　HNBP（a）、HNS（b）、DPO（c）和 TKX-55（d）的分子结构（框中为桥连接结构）

其中，HNBP 的连接方法最简单，通过碳碳单键直接连接［如图 6-1（a）所示］，HNS 通过碳碳双键连接［如图 6-1（b）所示］，DPO 通过一个五元杂环连接［如图 6-1（c）所示］，TKX-55 通过两个五元杂环连接［如图 6-1（d）所示］。可以发现，这四种含能化合物桥连接的复杂性从低到高的排序为 HNBP＜HNS＜DPO＜TKX-55。另外，表 6-1 中总结了四种含能化合物的晶体结构数据，从表中可以看出，四种含能化合物分解温度从低到高的排序为 HNBP＜HNS＜DPO＜TKX-55。这些数据表明，四种耐热含能化合物的分解温度随桥连接结构复杂程度的增加而增加[14]。

表 6-1　晶体结构数据

项目	HNBP	HNS	DPO	TKX-55
分子式	$C_{12}H_4N_6O_{12}$	$C_{14}H_6N_6O_{12}$	$C_{14}H_4N_8O_{13}$	$C_{16}H_4N_{10}O_{14}$
分子量	424.19	450.23	492.23	560.26
晶系	三斜晶系	单斜晶系	正交晶系	三斜晶系
空间群	P-1	P21/C	P212121	P-1
分解温度/℃	285	332[19]	343[20]	370.13[21]
体积/Å³	1532.05	1713.68	1664.93	842.46

6.2.3　引发键解离能 (BDE)

在含能化合物中，引发键通常是最弱的化学键，在受到外部刺激时往往会首先发生断裂，并引发爆炸。一般来说，分子中化学键的键级越小，键就越长，越容易断裂。对这四种含能化合物分子的结构进行优化，获取分子上所有键长信息，如图 6-2 所示，圆圈圈出了各化合物中键长最长的键，经分析其可能为该化合物的引发键。HNBP 的引发键为连接两个环的 C—C 键，HNS 的引发键为两边环与中间基团相连的 C—C 键，DPO 和 TKX-55 的引发键均为两边环上的 C 与 NO₂ 相连的 C—N 键。

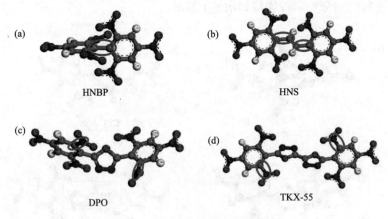

图 6-2　四种含能化合物分子引发键分布

为了更好地理解中间基团的引入对这四种含能化合物稳定性的影响，计算了其引发键的键解离能 (BDE)，列于表 6-2。从表 6-2 中可以看出，对于具有相同高能基团但桥连结构不同的化合物，连接不同的基团对 BDE 值具有一定的影响。从表中可得这四种含能化合物引发键解离能的绝对值从低到高的排序为 HNBP＜HNS＜DPO＜TKX-55，这一数据表明中间基团的引入可以使含能化合物的 BDE 增强，增强顺序为 C—C＜C＝C＜一个噁二唑环＜两个噁二唑环。可见，这些中间基团的引入有效增强了含能化合物的热稳定性[14]。

表 6-2 四种含能化合物引发键的键解离能

化合物	引发键	BDE/(kcal/mol)
HNBP	C—C	−114.77
HNS	C—C	−119.57
DPO	C—N	−176.10
TKX-55	C—N	−179.97

6.2.4 Mulliken 电荷布居分析

Mulliken 电荷布居分析已被用来解释关于原子电荷分布[22] 的信息。为了评价桥连接结构对四种含能化合物电荷分布的影响，通过 Mulliken 电荷布居分析四种含能化合物上的电荷分布变化，计算获得的电荷分布情况如图 6-3 所示。将电荷数用不同的颜色投影到分子上来展现电荷分布的情况，色卡在图 6-3 下方显示，从绿色到黑色到红色的过渡表示 Mulliken 电荷布居数从正到负的变化。从图 6-3 中可以明显看出，四种含能化合物分子两侧芳香环上硝基和氢原子的颜色基本未发生变化，说明中间基团的引入对分子两侧芳香环上硝基和氢原子的电荷布居数影响不大；此外，发现四种含能化合物分子两侧芳香环上所有碳原子的颜色均发生了一定变化，说明中间基团的引入对分子两侧芳香环上所有碳原子的电荷布居数产生了一定影响。

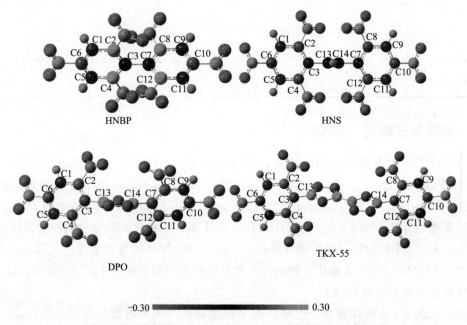

图 6-3 四种含能化合物分子的 Mulliken 电荷分布 （见彩图）

为了进一步了解中间基团对分子两侧芳香环上碳原子电荷分布的影响，在表 6-3 中统计了这四种含能化合物分子两侧芳香环上所有碳原子的 Mulliken 电荷布居数，发现相比于简单通过碳碳单键连接两个芳香环的 HNBP 来说，中间连接基团更加复杂的 HNS、DPO 和 TKX-55 这三种化合物分子两侧芳香环上与氢原子相连的碳原子 C1、C5、C9 以及 C11 的电荷布居数变大了，而与硝基相连的碳原子 C2、C4、C8 以及 C12 的电荷布居数变小了，从图

6-3 中也可以看出，HNBP 分子中的 C2、C4、C8 以及 C12 显示绿色，而 HNS、DPO 和 TKX-55 这三种化合物分子中的 C2、C4、C8 以及 C12 显示深绿色，表明这四种原子的电荷布居数减小。此外，结合表 6-3 和图 6-3 可以看到 HNBP 分子中连接中间基团的 C3 和 C7 显示黑色，而 DPO 和 TKX-55 分子中的 C3 和 C7 显示深绿色，表明 C3、C7 原子所带电荷增多，说明中间基团的引入使 C3、C7 与周围原子成键强度变强，使化合物分子结构更加稳定。

表 6-3　四种含能化合物分子两侧芳香环上碳原子的电荷布居数

碳原子	HNBP	HNS	DPO	TKX-55
C1	0.04	0.06	0.07	0.05
C3	−0.04	0.03	0.10	0.10
C5	0.04	0.06	0.05	0.07
C7	−0.04	0.03	0.10	0.10
C9	0.05	0.06	0.05	0.07
C11	0.03	0.06	0.07	0.05
C2	0.23	0.10	0.12	0.14
C4	0.25	0.10	0.13	0.13
C6	0.10	0.09	0.10	0.10
C8	0.21	0.10	0.12	0.13
C10	0.10	0.09	0.10	0.10
C12	0.27	0.10	0.12	0.14

6.2.5　前线分子轨道 (FMO)

本节计算了四种含能化合物的最高占据分子轨道（HOMO）和最低未占据分子轨道（LUMO）的能量（E_{HOMO} 和 E_{LUMO}）及其能隙（$\Delta E_{(LUMO-HOMO)}$）。为了保证计算结果的准确性，使用 B3LYP/6-311g(d,p)、M062X/6-311g(d,p) 和 WB97XD/def2TZVP 三种交换相关泛函进行计算，图 6-4 给出了 B3LYP 泛函计算下四种含能化合物的 HOMO 和 LUMO 分布，表 6-4 中比较了三种泛函计算的 LUMO、HOMO 能量及能隙。从图 6-4 中可以看出，对于 LUMO，四种含能化合物的分布都集中在两侧的芳香环上；对于 HOMO，都主要分布在化合物的桥连接基团上。

此外，从表 6-4 中可以看出，三种泛函下计算得到的四种含能化合物 $\Delta E_{(LUMO-HOMO)}$ 从高到低的排序是一致的，均为 HNBP＞HNS＞DPO＞TKX-55。众所周知，有机分子的共轭体系越大，结构越稳定。这一排序也印证了在有分子共轭的情况下，同类型分子，共轭越大，$\Delta E_{(LUMO-HOMO)}$ 差值越小[23]。

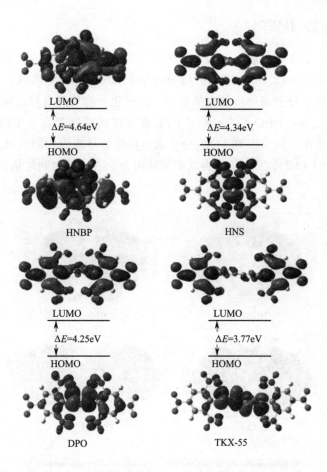

图 6-4　B3LYP 泛函计算下四种含能化合物的 HOMO 和 LUMO 分布图

表 6-4　三种泛函计算的 LUMO、HOMO 能量及能隙

项目		E_{HOMO}/eV	E_{LUMO}/eV	$\Delta E_{(LUMO-HOMO)}/eV$
B3LYP	HNBP	−8.81	−4.18	4.64
	HNS	−8.25	−3.9	4.34
	DPO	−8.49	−4.25	4.25
	TKX-55	−8.05	−4.28	3.77
M062X	HNBP	−10.56	−3.09	7.47
	HNS	−9.87	−2.84	7.03
	DPO	−9.95	−3.25	6.7
	TKX-55	−9.47	−3.26	6.21
WB97XD	HNBP	−10.98	−2.25	8.73
	HNS	−10.51	−2	8.51
	DPO	−10.6	−2.38	8.23
	TKX-55	−10.07	−2.38	7.69

6.2.6 分子静电势 (MEP)

静电势表示分子上电荷的静态分布，是映射到恒定电子密度表面上的静电势图，计算获得的静电势图如图 6-5 所示。图中蓝色区域表示分子表面正静电势区域，主要集中在两个芳香环上；红色区域表示分子表面负静电势区域，四种化合物负静电势区域主要集中在硝基的氧原子周围，除此之外，DPO 与 TKX-55 的负静电势区域还存在于中间的桥连接结构上。由于这种静电势的排布，HNBP 和 HNS 分子表面静电势呈现为中间区域为正、周围区域为负的分布方式，DPO 和 TKX-55 呈现为以中间基团为中心，从内到外依次为负-正-负的分布方式。

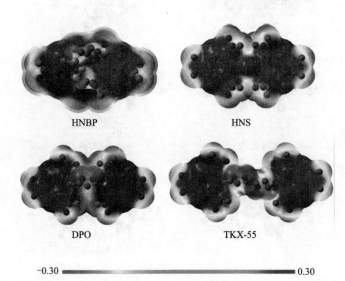

图 6-5 四种含能化合物的分子静电势 (见彩图)

表 6-5 四种含能化合物分子表面静电势参数

化合物	$S_+/\text{Å}^2$	$S_-/\text{Å}^2$	$S/\text{Å}^2$	S_+/S_-
HNBP	202.57	136.51	339.08	1.48(4)
HNS	209.17	166.30	375.47	1.25(8)
DPO	212.84	186.96	399.80	1.13(8)
TKX-55	245.98	216.35	462.33	1.13(7)

注：S_+ 为正静电势区域表面积；S_- 为负静电势区域表面积；S 为分子表面静电势总面积。

表 6-5 中列出了四种含能化合物分子的正负静电势区域面积以及正负静电势区域面积之比等数据。从表 6-5 中可以看出，四种含能化合物分子正负静电势区域面积之比从高到低的排序为 HNBP＞HNS＞DPO＞TKX-55，此顺序与前面讨论的四种含能化合物稳定性顺序（HNBP＜HNS＜DPO＜TKX-55）正好相反，有研究表明含能体系中分子正负静电势区域面积之比与感度高低正相关[24]，因此推测这四种含能化合物的感度大小排序为 HNBP＞HNS＞DPO＞TKX-55。以上结果表明，中间基团的引入可以有效降低含能化合物的敏感度，提升含能化合物的稳定性。

6.2.7　红外振动光谱

红外振动光谱是化合物的基本属性之一，也是分析和鉴别化合物的有效手段之一，表 6-6 中列出了在 B3LYP/6-311g(d,p)水平下获得的四种含能化合物的红外振动频率和强度，图 6-6 绘制出该水平下四种含能化合物的红外光谱图。由于化合物实际振动方式十分复杂，无法对化合物分子上每一种振动方式都进行细致的归属，所以，这里只分析和归类了几个主要的特征峰。

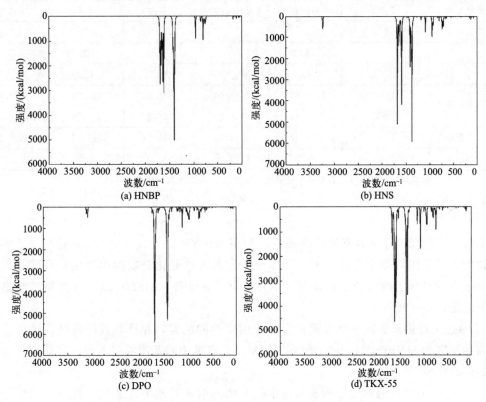

图 6-6　B3LYP/6-311g（d，p）水平下的红外光谱图

对于 HNBP，$1389.81cm^{-1}$ 和 $1610.71cm^{-1}$ 处为苯环上—NO_2 的特征吸收峰，$1616.85cm^{-1}$ 处为苯环的骨架振动吸收峰，连接两基团的 C—C 键随苯环振动而伸缩；对于 HNS，$1392.16cm^{-1}$ 和 $1608.77cm^{-1}$ 处为苯环上—NO_2 的特征吸收峰，波数为 $1613.79cm^{-1}$ 的峰是苯环的伸缩振动吸收峰，$3218.42cm^{-1}$ 处为桥连接基团 H—C≡C—H 键的伸缩振动吸收峰；对于 DPO，$1414.61cm^{-1}$ 和 $1687.86cm^{-1}$ 处为苯环上—NO_2 的特征吸收峰，波数为 $1691.62cm^{-1}$ 的峰是苯环的伸缩振动吸收峰，$1735.13cm^{-1}$ 处为桥连接基团上 C≡N 键的伸缩振动吸收峰；对于 TKX-55，$1383.62cm^{-1}$ 和 $1596.83cm^{-1}$ 处为苯环上—NO_2 的特征吸收峰，$1613.67cm^{-1}$ 处为苯环的骨架振动吸收峰，$1550.03cm^{-1}$ 处为桥连接基团上 C≡N 键的伸缩振动吸收峰。

为了证明理论的可靠性，表 6-6 中列出了部分实验振动频率与理论计算值的比较。从表中可以看出，B3LYP/6-311g(d，p) 基组的计算频率与实验值较为接近，这证明了计算的红外光谱的可靠性。计算值与实验值存在差异可能是由于实验样品中存在分子间相互作用，理论计算针对的是孤立的分子。

表 6-6　四种含能化合物红外振动频率的计算值和实验值

项目	HNBP			HNS		
	V_{cal}	I_{cal}	V_{exp}[25]	V_{cal}	I_{cal}	V_{exp}[26]
—NO$_2$ 特征吸收峰	1389.81	239.92	1345.65	1392.16	729.92	1348.00
	1610.71	370.47	1609.60	1608.77	408.45	1538.00
苯环振动	1616.85	370.47	1609.60	1613.79	279.57	1609.60
中间基团				3218.42	1.54	3101.00
项目	DPO			TKX-55		
	V_{cal}	I_{cal}	V_{exp}[27]	V_{cal}	I_{cal}	V_{exp}[28]
—NO$_2$ 特征吸收峰	1414.61	271.69	1345.00	1383.62	617.06	1343.65
	1687.86	481.41	1546.00	1596.83	433.79	1545.42
苯环振动	1691.62	203.07	1614.00	1631.76	543.95	1609.60
中间基团	1735.13	30.82	1670.00	1550.03	54.30	1545.42

注：V_{cal} 为红外振动频率计算值；I_{cal} 为红外振动强度计算值；V_{exp} 为红外振动频率实验值。

6.2.8　小结

本节通过高斯程序结合密度泛函理论，利用 B3LYP/6-311g(d,p)基组对四种耐热含能化合物的电子结构与性能进行研究，计算分析了四种含能化合物的引发键解离能（BDE）、Mulliken 电荷布居、前线分子轨道（FMO）、分子静电势（MEP）以及红外振动光谱，得到以下结论：

① 通过统计键长确定四种含能化合物中引发键的位置，并计算其解离能，计算结果从低到高的排序为 HNBP＜HNS＜DPO＜TKX-55，可见中间基团的引入可以有效增强含能化合物的热稳定性。

② Mulliken 电荷的布居分析显示，中间基团的引入对四种含能化合物分子两侧芳香环上所有碳原子的电荷布居数有一定影响，对芳香环上硝基和氢原子的电荷布居数影响不大。引入中间基团对碳原子的影响表现于使连接中间基团的 C3、C7 原子所带电荷增多，与周围原子成键强度增强，使化合物分子结构更加稳定。

③ 使用 B3LYP、M062X 和 WB97XD 三种泛函计算了四种含能化合物的 E_{HOMO}、E_{LUMO} 及其能隙 $\Delta E_{(LUMO-HOMO)}$，四种含能化合物 $\Delta E_{(LUMO-HOMO)}$ 从高到低的排序为 HNBP＞HNS＞DPO＞TKX-55，表明有机分子的共轭体系越大，结构越稳定，$\Delta E_{(LUMO-HOMO)}$ 差值越小。

④ 通过对四种含能化合物的静电势分析，推测出这四种含能化合物的感度大小排序为 HNBP＞HNS＞DPO＞TKX-55，表明中间基团的引入可以有效降低含能化合物的敏感度，提升含能化合物的稳定性。

⑤ 计算四种化合物的红外振动光谱，发现 3218.42cm^{-1} 处为 HNS 桥连接基团 H—C＝C—H 键的伸缩振动吸收峰，1735.13cm^{-1} 处为 DPO 桥连接基团上 C＝N 键的伸缩振动吸收峰，1550.03cm^{-1} 处为 TKX-55 桥连接基团上 C＝N 键的伸缩振动吸收峰，与实验

值符合较好。

6.3　四种耐热含能化合物中相互作用的第一性原理研究

　　分子间相互作用是影响含能化合物性质的一个重要因素。然而，对于这四种耐热含能化合物的分子间相互作用还没有系统性的研究和比较。高精度的量子化学计算可以揭示含能化合物晶体中分子内以及各分子间相互作用的本质，进而从分子层面阐释含能化合物耐热性能优异的根本原因。

　　因此，本节通过密度泛函理论，利用 Materials Studio 软件，对四种含能化合物晶体进行第一性原理计算，分析其约化密度梯度函数（RDG）、Hirshfeld 表面和指纹图、N—O…π 相互作用以及各原子的态密度（DOS）来了解四种含能化合物分子内以及分子间相互作用的类型与强度，并研究其对含能化合物热稳定性的影响。

6.3.1　计算方法

　　从剑桥晶体结构数据库（Cambridge Crystallographic Data Centre，CCDC）获得四种含能化合物的晶胞结构，其晶胞结构如图 6-7 所示。在 Material Studio 软件中调用 Dmol^3 模块[29]，利用广义梯度近似 Generalized Gradient Approximation（GGA）[30] 和交换关联中的 Perdew-Burke-Ernzerhof（PBE）[31] 形式求解电子波函数，体系的基态通过采用共轭梯度方法使体系能量最小化而获得。计算中采用 PBE 型超软赝势[32]，四种含能化合物的 K 点采样[33] 均设为默认 fine，布里渊区采样通过 Monkhost-Pack 方法进行，平面波基组的截断能设为 750eV。在优化过程中采用 BFGS（Broyden、Fletcher、Goldfarb、Shannon）算法[34] 进行结构弛豫，直到原子相互作用和压力分别收敛至 0.005eV/Å 和 0.05GPa 时认为结构达到了最稳定状态。基于优化后的晶体结构，计算其态密度，利用约化密度梯度（RDG）方法[35] 分析分子内弱相互作用。本节中的 Hirshefeld 曲面分析[36] 使用 Crystal Explorer 17.5[37] 生成，曲面映射范围为 −0.2～1.2Å。

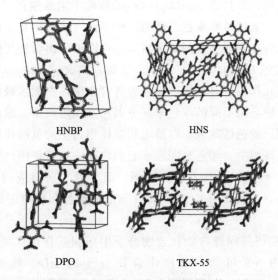

HNBP　　　　　　　　HNS

DPO　　　　　　　　TKX-55

图 6-7　四种含能化合物晶胞结构

6.3.2 晶胞结构优化

通过 Dmol³ 模块优化了四种含能化合物的晶胞结构，初始晶格参数和优化后的晶胞参数列于表 6-7 中。正误差表示高估，负误差表示低估。从表 6-7 可以看出，四种含能化合物优化前后误差均低于 5%，表明 GGA-PBE 可以用来准确描述四种晶体，确保了后续计算结果的准确性。

表 6-7 初始晶格参数 $(a$、b、c、α、β、$\gamma)$、优化晶胞参数和误差值

晶格参数		$a/\text{Å}$	$b/\text{Å}$	$c/\text{Å}$	$\alpha/(°)$	$\beta/(°)$	$\gamma/(°)$
HNBP	初始	8.19	12.14	16.20	98.73	93.10	104.69
	优化	7.96	11.83	15.80	100.00	93.78	105.27
	误差/%	−2.75	−2.51	−2.50	1.28	0.73	0.56
HNS	初始	22.33	5.57	14.67	90.00	110.04	90.00
	优化	21.20	5.37	14.45	90.00	111.34	90.00
	误差/%	−4.93	−3.60	−1.50	0.00	1.19	0.00
DPO	初始	11.13	11.91	12.56	90.00	90.00	90.00
	优化	11.12	12.14	12.95	90.00	90.00	90.00
	误差/%	−0.10	1.97	3.10	0.00	0.00	0.00
TKX-55	初始	6.70	7.77	16.65	98.63	99.92	91.64
	优化	6.42	7.34	16.25	100.41	98.10	90.79
	误差/%	−4.15	−4.56	−2.42	1.81	−1.82	−0.92

6.3.3 约化密度梯度函数 (RDG)

利用 RDG 方法[35] 对四种含能化合物中弱相互作用进行分析。通过 RDG 函数的等值面来展现弱相互作用区域，并且将 $\text{sign}(\lambda_2)\rho(r)$ 函数用不同的颜色投影到 RDG 等值面上来展现出弱相互作用类型。通过考察颜色，就能判断不同区域弱相互作用形成的稳定与否。这种方法不仅可以显示出存在弱相互作用的区域，还可以展示出弱相互作用的类型和强度。

在散点图中 X 轴定义在 −0.05～0.05a.u. 之间，代表 $\text{sign}(\lambda_2)\rho(r)$ 函数。在 0.000a.u 附近区域代表范德华相互作用，其左侧区域代表氢键作用，右侧区域代表空间位阻效应。将填色图与散点图进行对应，用不同的颜色来区分弱相互作用类型，绿色区域表示以色散作用为主的范德华相互作用，蓝色区域表示以静电相互作用为主的氢键作用，红色区域表示空间位阻效应。在同一颜色区域中，颜色越深表示它们之间的相互作用越强。在散点图中，每一个垂直于 X 轴的"峰"代表一个相互作用区域，且"峰"所对应的 X 值越大，散点越密集，表示相互作用越强。不同作用类型的 RDG 等值面颜色和相对应的特征数值[38] 如图 6-8 所示。

采用 RDG 分析方法研究四种含能化合物分子中弱相互作用区域，化合物分子的 RDG 等值面见图 6-9。由图 6-9 可知，四种化合物分子的 RDG 散点图在 (−0.02a.u.，−0.015a.u.) 附近存在"峰"（蓝色圆圈标记），这部分区域代表氢键作用，对应于填色图中硝基上氧原子与芳香环上氢原子之间的椭圆形区域中心，表现为淡蓝色，说明四种化合物

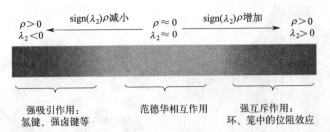

图 6-8　不同作用类型的 RDG 等值面颜色和相对应的特征数值（见彩图）

分子内都存在弱氢键作用。在散点图中（-0.005a.u.，0.005a.u.）之间也存在多个"峰"（绿色圆圈标记），这部分区域代表范德华相互作用，在填色图中可以看到分子内存在大量绿色的椭圆形区域，说明四种化合物分子内相互作用中存在范德华相互作用；除了氢键作用和范德华相互作用外，还可以在（0.015a.u.，0.02a.u.）部分（红色圆圈标记）看到空间位阻作用，从填色图中可以看出四种化合物分子中的红色区域均位于五元环内部以及绿色区域的边缘，这是由四种含能化合物的共轭大 π 体系造成的。

散点图中"峰"所对应的 X 值越大，散点越密集，则相互作用越强。因此，对比了四种含能化合物分子散点图中的氢键作用区域，结果发现，相比于 HNBP 来说，HNS、DPO、TKX-55 氢键作用区域的"峰"都更尖锐，且散点更密集，可以推测中间基团的引入加强了含能化合物分子内氢键作用，使分子结构更加稳定。

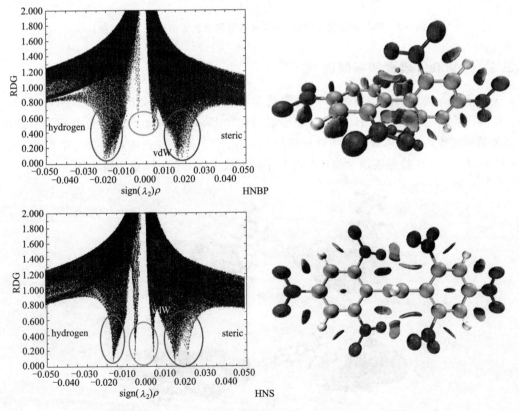

图 6-9

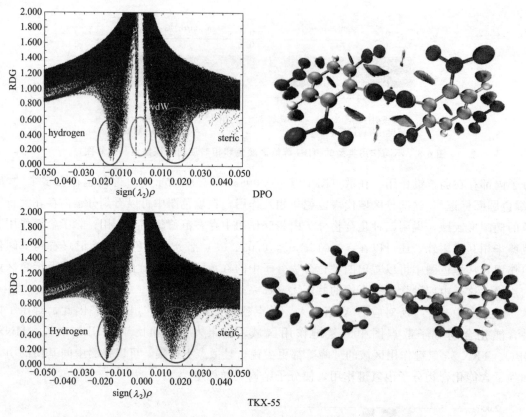

图 6-9　四种含能化合物的 RDG 散点图和填色等值面图（见彩图）

6.3.4　Hirshfeld 表面和指纹图

　　一般来说，典型的冲击敏感炸药通常是非平面分子，因此会产生崎岖的 Hirshfeld 表面。四种耐热含能化合物的 Hirshfeld 表面如图 6-10 所示，其中红色和蓝色分别表示强相互作用和弱相互作用。可以看出，四种分子的 Hirshfeld 表面上红色斑点主要集中在 O⋯O 和 O⋯H 接触，O⋯H 接触表示含能化合物分子间形成了 N—O⋯H 强氢键作用。

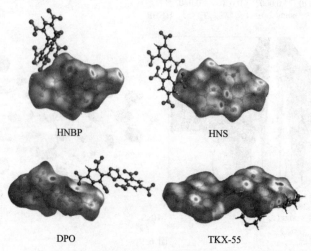

图 6-10　四种含能化合物的 Hirshfeld 表面（见彩图）

　　图 6-11 显示了四种含能化合物分子 Hirshfeld 表面接触总和的二维指纹图，并且对二维指纹图进行解构，突出显示了几种主要的原子对接触，分别为 O···H/H···O、O···O、O···N/N···O、O···C/C···O 和 C···H/H···C 接触。表 6-8 总结了这几种原子间接触对 Hirshfeld 表面的贡献百分比。从图 6-12 中可以看出，对于这四种含能化合物，分子间最重要的接触是 O···H/H···O 和 O···O 相互作用。其中，O···H/H···O 相互作用占据了二维指纹图两个明显尖峰以及中间绝大部分区域，对含能化合物结构的稳定性起着非常重要的作用。从表 6-8 中也可以看到，HNBP、HNS 和 DPO 中 O···H/H···O 相互作用对分子 Hirshfeld 表面的贡献率较高，分别为 27.10%、33.50% 和 18.90%，尤其是 TKX-55 分子间 O···H/H···O 相互作用对 Hirshfeld 表面的贡献率达到了 44.50%。以上数据表明，四种含能化合物中分子间氢键作用占总 Hirshfeld 表面的重要百分比，使含能化合物结构更加稳定。

总接触

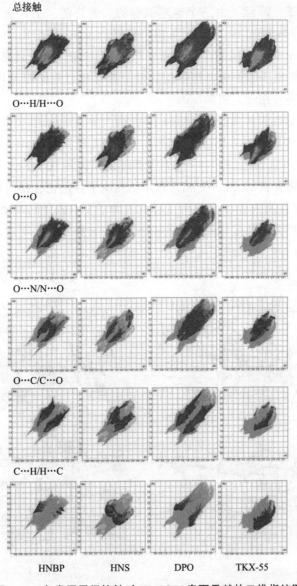

HNBP　　　　HNS　　　　DPO　　　　TKX-55

图 6-11　各类原子间接触对 Hirshfeld 表面贡献的二维指纹图

表 6-8　各类原子间接触对 Hirshfeld 表面的贡献百分比　　　　　单位:%

接触类型	HNBP	HNS	DPO	TKX-55
O···H/H···O	27.10	33.50	18.90	44.50
O···O	42.70	28.60	34.20	12.20
O···N/N···O	9.70	7.70	15.10	9.60
O···C/C···O	17.40	20.40	23.10	4.60
C···H/H···C	0.70	4.20	2.10	8.50

6.3.5　N—O···π 相互作用

在含能化合物分子中间引入基团,与芳香族化合物结合形成共轭体系,甚至使整个分子形成一个大的共轭分子,降低了由三个硝基引起的芳香环的张力,提高了整个分子的活化能,提高了化合物的热稳定性。众所周知,传统 π-π 相互作用的几何距离为 3.30~4.00Å[39],表明有 π-π 相互作用的存在。通过 PLATON 程序[40] 计算这四种含能化合物中的 π-π 相互作用,结果发现四种化合物中相邻两个芳香环之间的距离均大于 5Å。因此,在这四种含能化合物中不存在 π-π 相互作用。

此外,通过计算发现四种含能化合物分子间存在 N—O···π 相互作用,计算结果如图 6-12 所示。含能化合物中的芳香环用绿色标记,浅蓝色线表示 N—O···π 相互作用,距离在旁边标出。从图 6-12 中可以看出,N—O 键到芳香环的距离均在 2.8~4.0Å 范围内,证明四种含能化合物晶体中都存在 N—O···π 相互作用,提高了含能化合物的稳定性。

从 N—O···π 相互作用来看,DPO 和 TKX-55 分子中引入中间基团为分子添加额外的五元杂环,使分子形成更大的共轭体系,系统中 N—O···π 相互作用增加,因此 DPO 和 TKX-55 结构更加稳定。

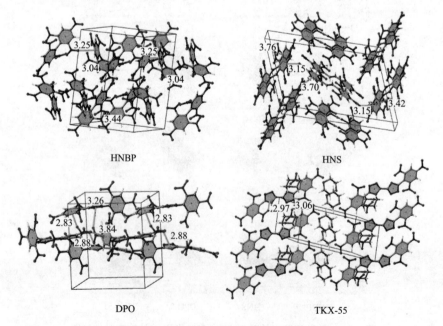

图 6-12　N—O···π 相互作用图 (见彩图)

6.3.6　态密度（DOS）

材料的性能与其电子结构有着紧密的联系。一般情况下，晶体化学键的强弱决定了晶体强度，而态密度对于理解材料原子间的成键和离化程度有着重要意义。为了更好地理解这四种含能化合物晶体中分子间的相互作用，计算了各化合物 C、H、O、N 元素的分态密度（PDOS）。图 6-13 显示了四种含能化合物中 O-p 和 H-s 轨道的态密度。从图 6-13 中可以看出，两种原子的轨道电子态密度存在重叠，也就是说在能量 $-8.7\sim-5\mathrm{eV}$、$-2.5\sim0\mathrm{eV}$、$1.9\sim2.8\mathrm{eV}$ 范围内四种含能化合物的 O-p 和 H-s 轨道之间均存在杂化，可以判断 O 原子和 H 原子之间形成了氢键。此外，四种含能化合物中 H-s 轨道的 DOS 都非常广泛且强烈，与其他原子轨道之间产生更多的共振，使含能化合物中氢键网更加密集，化合物结构更加稳定。

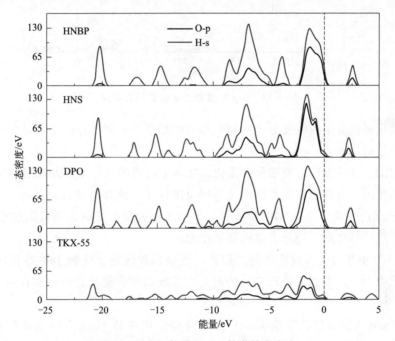

图 6-13　O-p 轨道和 H-s 轨道的态密度

上文中发现化合物中形成的 N—O…π 相互作用对其稳定性也有重要影响。因此研究了 C-p 轨道和 N-p 轨道的 PDOS，以了解 N—O…π 相互作用的特征，如图 6-14 所示。在 $-25\sim-5\mathrm{eV}$ 的低能区，四种含能化合物中两种原子的 DOS 峰均发现重叠；在其余的价带，特别是 $-5\mathrm{eV}$ 到费米能级的价带中，HNBP 和 HNS 中没有发现 C-p 轨道和 N-p 轨道的重叠，而 DPO 和 TKX-55 中发现了重叠，这表明 DPO 和 TKX-55 中存在更强的 N—O…π 相互作用。通过分析四种含能化合物各元素的 PDOS，发现氢键和 N—O…π 相互作用对含能化合物的稳定性起到重要作用。

6.3.7　小结

本研究使用 Dmol³ 模块对四种含能化合物晶体进行第一性原理计算，通过分析约化密度梯度函数（RDG）、Hirshfeld 表面、N—O…π 相互作用以及各原子的态密度（DOS）来

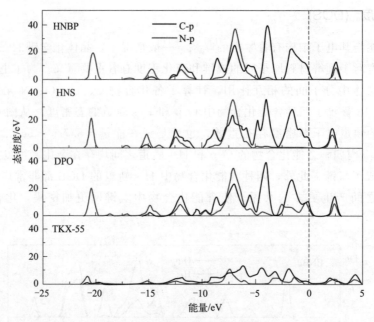

图 6-14　C-p 轨道和 N-p 轨道的态密度

了解四种含能化合物分子内以及分子间相互作用的类型与强度，并研究其对含能化合物结构的影响，所得结论如下：

① 采用 RDG 分析方法研究四种含能化合物分子内弱相互作用，发现四种化合物分子间都存在弱氢键作用、范德华相互作用以及空间位阻作用。此外还发现，HNS、DPO、TKX-55 氢键作用区域的"峰"比 HNBP 更尖锐，且散点更密集，推测中间基团的引入加强了含能化合物分子内氢键作用，使分子结构更加稳定。

② 通过计算相邻两个芳香环之间的距离，发现四种含能化合物中均不存在 π-π 相互作用；计算晶胞中 N—O 键到芳香环之间的距离，发现四种含能化合物中都存在 N—O···π 相互作用。

③ Hirshfeld 表面分析结果表明，分子间氢键作用占总 Hirshfeld 表面的重要百分比，对耐热含能化合物的稳定性起到重要作用。

④ 通过分析四种含能化合物中 C、H、O、N 元素的 PDOS，判断出 O 原子和 H 原子之间形成了氢键，DPO 和 TKX-55 中存在更强的 N—O···π 相互作用，这两种相互作用对含能化合物的稳定性起到重要作用。

6.4　四种耐热含能化合物热分解反应分子动力学研究

新型耐热 EM 研究工作的开展具有重要的民用和国防应用价值。在航空航天领域，航天器安全分离和齿轮部署的方案设计需要耐高温含能材料；在深井油气钻井中，射孔枪的高效穿透以及深入温度高达 250℃ 以上的地下时也需要使用耐高温炸药。耐热含能材料的使用范围非常广泛，因此它的安全性也备受关注，所以其分解机理是研究重点。研究耐热含能化合物热分解过程中的能量变化、初始分解反应及分解过程生成的中间产物和最终产物，以详细了解这些分子的热分解机理，能够加深对分子结构与性能、敏感度等性质之间关系的理解。目前，在实验和模拟方面对耐热含能材料都有一定的研究，但是对其耐热的根本原因还未进行详细解释[41]。

　　在本节中，采用 ReaxFF-lg 进行分子动力学模拟，剖析典型耐热含能化合物的热分解机理，找到高耐热性的根本原因。

6.4.1　模拟方法

　　首先，获取 HNBP、HNS、DPO 和 TKX-55 这四种含能化合物的单胞结构，将单晶胞沿 a、b、c 三个方向分别扩大 4×3×3、4×4×2、3×2×5 和 2×4×7 来建立各自的超晶胞模型，如图 6-15 所示。这些超晶胞中的原子个数分别为 4869、4864、4680 和 4816。将四个模型中的原子数目控制得比较接近，可以减少晶胞体积大小对后续分子演化和反应过程的影响。

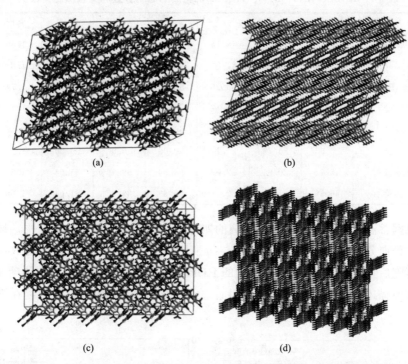

(a)　　　　　　　　　　　　　　(b)

(c)　　　　　　　　　　　　　　(d)

图 6-15　HNBP（a）、HNS（b）、DPO（c）和 TKX-55（d）的超晶胞模型

　　本节中，所有的模拟过程均采用 LAMMPS 软件包[42] 和针对长程色散相互作用进行优化的 ReaxFF-lg 反应分子力场参数[43] 完成。使用 Velocity Verlet 算法整合运动方程，所有温度由 Nose-Hoover 恒温器控制，所有压力由 Berendsen 恒压器控制，模拟的时间步长设置为 0.1fs。模拟首先采用共轭梯度法（CG）对四种含能化合物的超晶胞模型进行能量最小化以及优化原子坐标。为进一步松弛晶胞的内部应力，在加热之前对超晶胞模型进行等温等压系综（NPT）弛豫，即在 298K 下进行 10ps 的弛豫过程，使晶胞内的分子结构稳定。接着采用 NVT 系综恒温加热方式进行含能化合物的热分解模拟，选用 2500K、2750K、3000K、3250K 和 3500K 五个温度。从温度和分解活性两个方面确定不同含能化合物的模拟时间，HNBP、HNS、DPO 和 TKX-55 在 2500K、2750K、3000K、3250K 和 3500K 分别模拟了200ps、200ps、100ps、100ps 和 100ps，每 50fs 记录一次原子轨迹、物种信息和键级信息。

在对产物的识别分析中，使用键级截断半径等于 0.3 作为产物是否形成的依据。

目前 ReaxFF-lg 力场已经广泛应用在含能材料热分解模拟的研究中[44]，仍需对本节所模拟的物质进行验证。表 6-9 中列出了实验晶胞参数与优化后晶胞参数的误差分析，以此验证 ReaxFF-lg 力场对这四种含能化合物的适用性。从表 6-9 中可以发现，与实验中晶胞参数相比误差分别为 1.14％、0.28％、3.78％、0.63％，误差均小于 5％，说明 ReaxFF-lg 力场适用于描述这四种含能化合物。在此之前，周等[45]采用 ReaxFF 反应分子动力学模拟方法研究了不同压缩态 β-HMX 晶体的热分解机理，分析了压力对化学反应速率的影响；任等[46]采用相似的模拟方法探究了 CL-20 的热分解反应机理；Chen 等[47]采用 ReaxFF-lg 反应分子动力学模拟方法计算了不同温度下 HNS 晶体的热分解反应，揭示了 HNS 的热分解机理。上述结果都证明了 ReaxFF-lg 对此类 CHON 系含能化合物有较好的适用性。

表 6-9 HNBP、HNS、DPO、TKX-55 优化后的晶胞参数和实验晶胞参数

晶体	方法	$a/Å$	$b/Å$	$c/Å$	$\alpha/(°)$	$\beta/(°)$	$\gamma/(°)$	密度	误差/%
HNBP	ReaxFF-lg	32.96	35.45	48.14	98.73	93.10	104.69	1.80	1.14
	实验	32.74	35.22	47.82	98.73	93.10	104.69	1.84	
HNS	ReaxFF-lg	44.72	22.32	55.20	90.00	110.04	90.00	1.74	0.28
	实验	44.65	22.28	55.12	90.00	110.04	90.00	1.75	
DPO	ReaxFF-lg	57.58	36.97	25.99	90.00	90.00	90.00	1.87	3.78
	实验	55.65	35.73	25.12	90.00	90.00	90.00	1.96	
TKX-55	ReaxFF-lg	46.72	30.94	32.28	98.63	99.92	91.64	1.64	0.63
	实验	46.89	31.06	32.40	98.63	99.92	91.64	1.63	

另外，根据常温零压下 ReaxFF-lg 预测的四种含能化合物的平衡晶体结构，计算了其超晶胞中分子的径向分布函数（RDF），如图 6-16 所示。从图中可以看出，使用 ReaxFF-lg 优化和弛豫超晶胞后预测的 RDF 与实验结构的 RDF 主峰位置基本一致，可以说明 ReaxFF-lg 能够较为准确地描述晶胞中分子的位置，因而选用该力场模拟四种含能化合物在不同温度下的热分解。

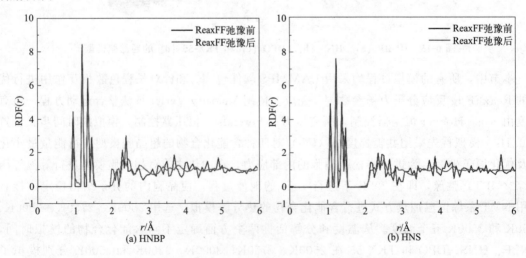

(a) HNBP

(b) HNS

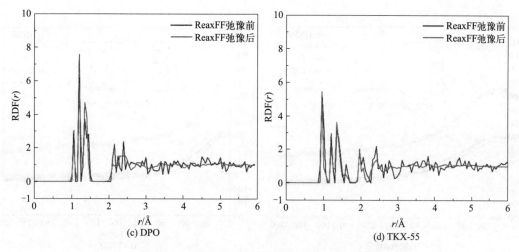

图 **6-16**　四种含能化合物弛豫前后 RDF 对比图

6.4.2　势能 (PE) 演化

含能化合物的初始分解温度是影响它不敏感性的一个因素，化合物热分解时的热释放量是另一个同样重要的影响因素，这个热量可以引起含能化合物自加热从而加速其分解，同时也可以反映含能化合物的分解强度。在 NVT 系综中，焓值的变化等于势能的变化，可以通过势能的变化来分析体系放热量的大小。

图 6-17 中展示了四种含能化合物的势能变化。从图 6-17 中可以看出，四种化合物的势能均出现先上升到最大值后再下降，最后趋于平稳的趋势，也就是一个先吸热后放热的过程。TKX-55 的势能峰最高，其次是 DPO 和 HNS，HNBP 的势能峰最低。因此，TKX-55 的吸热量最多，这是其分解缓慢、耐热性高的原因。

另外，通过对比同一个化合物不同温度下势能的峰值可以发现，其对温度有较高依赖性，恒温温度越高，PE 峰值也越大。在恒温加热的分子动力学模拟中，通常需要短暂的时间来升温到目标温度，且模拟温度越高，加热速度越快，PE 峰值越大，体系吸收的能量也越多。这种情况与差示扫描量热法（DSC）的测量非常相似，加热速度越快，含能化合物的峰值温度就越高。因此，通过 MD 模拟得到的势能峰值可以与实验上的峰值温度相关联，也就是说可以将势能的峰高作为一个判断含能化合物耐热性的指标，势能峰值越大表示峰值温度越大。在模拟中，五个温度下四种含能化合物的 PE 峰值从高到低顺序均为 TKX-55＞DPO≈HNS＞HNBP，因此可判断出这四种含能化合物耐热性顺序从高到低为 TKX-55＞DPO≈HNS＞HNBP。四种含能化合物实验中的分解温度 T_d 在表 6-1 中已列出，TKX-55（370.13℃）＞DPO（343℃）＞HNS（332℃）＞HNBP（285℃）。实验中 DPO 的 T_d 测量值比 HNS 稍高，可能是由采用的方法不同而造成的。总之，更高的势能峰可以代表更好的耐热性。

表 6-10 中列出了四种含能化合物在不同温度下的放热量。从表 6-10 中可以看出，在 2750K 温度条件下四种含能化合物的放热量均比其他温度条件下的放热量高，说明模拟温度对含能化合物的热释放量有一定的影响。此外还发现，同一温度条件下，四种含能化合物的放热量从高到低排序均为 HNBP＜HNS＜DPO＜TKX-55。因此可以得出，含能化合物耐

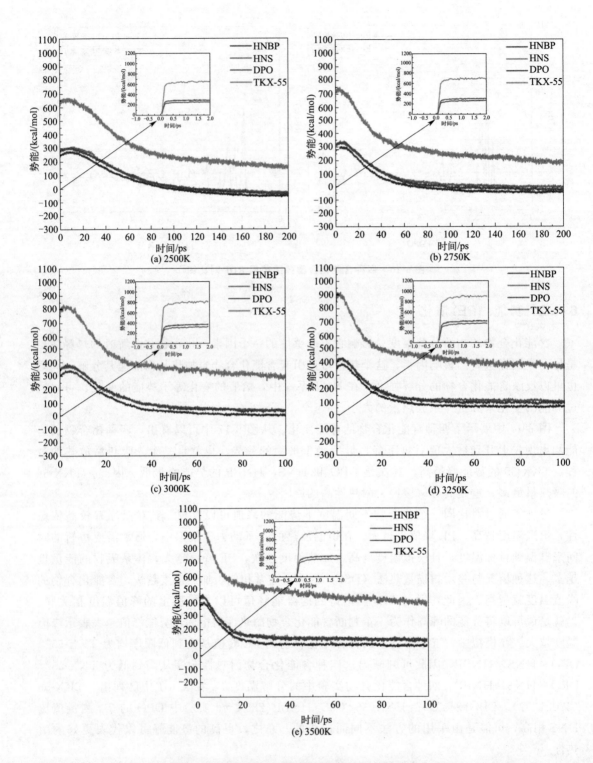

图 6-17　四种含能化合物在不同温度下的势能变化

热性更高，则其热分解过程需要吸收更多的热量且热释放量较高，可以将其作为预测含能化合物热稳定性的指标。

表 6-10 四种含能化合物在不同温度下的放热量   单位：kcal/mol

含能化合物	2500K	2750K	3000K	3250K	3500K
HNBP	338.94	353.34	341.75	334.63	338.55
HNS	347.75	355.34	342.14	336.42	349.79
DPO	355.37	377.39	368.40	351.80	364.17
TKX-55	527.23	584.45	563.29	581.05	582.78

6.4.3 反应物分子数量演化

图 6-18 中展示了 2500K、2750K、3000K、3250K 和 3500K 五个温度恒温加热条件下各反应物分子个数的百分比变化。图 6-18（a）中显示 2500K 下在 20ps 左右时四种反应物分子个数全部变为 0，图 6-18（b）中显示 2750K 下在 11ps 左右四种反应物分子个数全部变为 0，图 6-18（c）中显示 3000K 下在 7.5ps 左右四种反应物分子个数全部变为 0，图 6-18（d）中显示 3250K 下在 5ps 左右四种反应物分子个数全部变为 0，图 6-18（e）中显示 3500K 下在 3ps 左右四种反应物分子个数全部变为 0。可见，温度越高，四种反应物分子个数百分比从 100% 到 0 的速度越快，说明温度升高会提高这四种含能化合物的热分解速率。

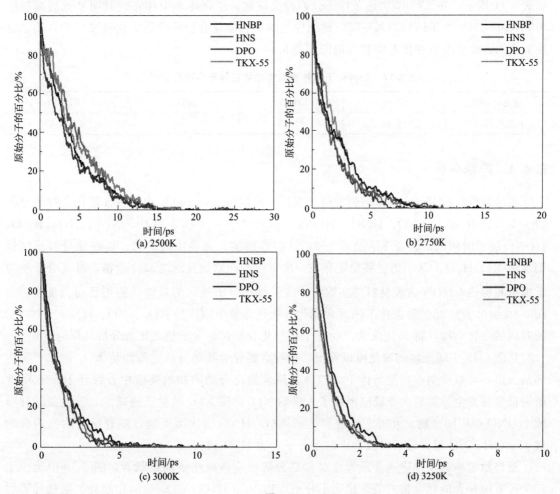

(a) 2500K

(b) 2750K

(c) 3000K

(d) 3250K

图 6-18

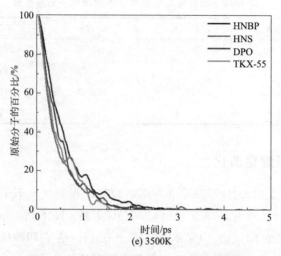

图 6-18　五种温度下反应物个数百分比变化

此外，从图 6-18 中可以看到，随着加热温度的升高，体系中四种反应物分子个数的变化曲线越来越难以区分。因此，统计了 2500K 下四种含能化合物分子在体系中的存在时间，如表 6-11 所示。在 2500K 加热条件下，四种反应物分子在体系中存在的时间从低到高排序为 HNBP＜HNS＜DPO＜TKX-55，此顺序与四种含能化合物的热稳定性顺序一致，热稳定性更强的含能化合物在体系中存在的时间更长。

表 6-11　2500K 下四种含能化合物在体系中存在的时间

含能化合物	HNBP	HNS	DPO	TKX-55
存在时间/ps	15.42	15.68	16.08	17.39

6.4.4　产物分析

通过分析 LAMMPS 输出的物种信息文件，可以发现在 100ps 内四种含能化合物热分解的主要产物有 NO_2、NO、HNO、HONO、N_2、H_2O、CO_2。其中，NO_2、NO、HNO、HONO 随着时间的推移会逐渐趋近于 0，这些产物被认为是中间产物；而在热分解反应后期发现 N_2、H_2O、CO_2 仍能够稳定存在，所以这些产物被认定为最终产物，且在分子动力学模拟和加热 CHON 含能材料的实验中，这三种小分子被认为最终产物均已得到证实[48]。图 6-19 给出了在 3500K 条件下四种含能化合物热分解中间产物 NO_2、NO、HNO、HONO 随时间的变化曲线，将 R 定义为产物分子数与化合物初始分子数之比来分析其反应过程。

从图 6-19 中间产物的演化可以看出，四种含能化合物热分解过程均是 NO_2 的量首先达到最大值，可以推测在高温条件下，四种耐热含能化合物的初始反应中芳香环上—NO_2 键断裂最容易发生。随后次级反应消耗了大量的 NO_2，使 NO_2 数量迅速减少，发生氢转移形成 HONO 等中间产物，并进一步分解生成 NO、HNO 等次级产物，随着反应的推进分解成 H、OH、NO 等，最后形成稳定的小分子产物 H_2O 和 N_2。

最终稳定小分子产物通常是含能材料热分解反应高放热量的贡献者，图 6-20 中给出了 3500K 下四种含能化合物的最终稳定小分子产物 N_2、H_2O、CO_2 的演化趋势。通过计算得

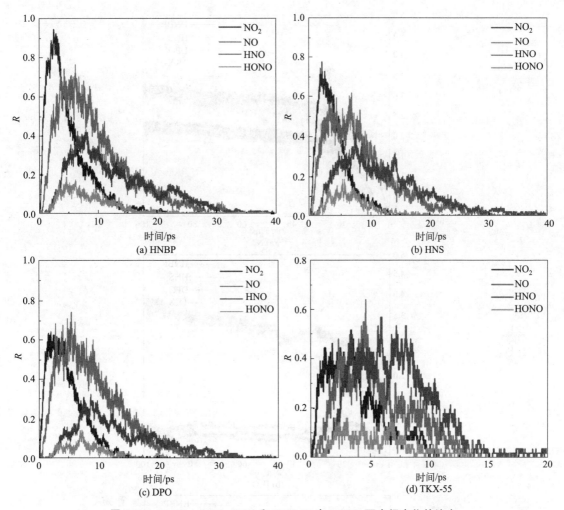

图 6-19 HNBP、HNS、DPO 和 TKX-55 在 3500K 下中间产物的演变

知 TKX-55、DPO、HNBP、HNS 中的 N 含量分别为 24.99%、22.76%、19.81%、18.66%，恰好与图 6-20(a) 中 N_2 生成量的顺序一致，且与本节中统计的四种含能化合物的放热量顺序基本一致，说明 N 含量与放热量的大小有较强的相关性。此外，从图中可以看出在热分解初始阶段，N_2 的生成速率远超 CO_2 的生成速率，且生成的 N_2 数量也远大于 CO_2 的数量，由于四种含能化合物分子中的 C 原子都存在于苯环或者噁二唑环中，所以再一次证明了相比于开环反应，硝基的解离更容易发生。

通过以上分析，可以推测四种含能化合物的热分解反应路径为：初始反应为芳香环上硝基断裂形成 NO_2，其次为开环反应，接着发生氢转移，NO_2 和 H 生成 HONO，HONO 解离为 HO 和 NO，之后形成 HNO 等其他中间产物，最后生成 N_2、CO_2 和 H_2O 等稳定小分子。

6.4.5 反应动力学参数分析

为了研究 HNBP、HNS、DPO 和 TKX-55 四种含能化合物热分解动力学特性，拟合了反应物、势能以及最终产物的变化趋势来得到初始吸热反应阶段、中间放热分解阶段以及最

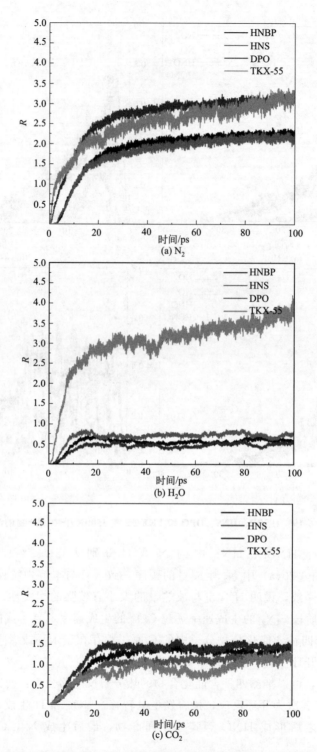

图 6-20 HNBP、HNS、DPO 和 TKX-55 在 3500K 下稳定小分子产物的演变

终产物生成阶段的化学反应速率常数。此外，根据 Arrhenius 定律得到了四种化合物的反应动力学参数，即活化能 E_a 和指数前因子 A。活化能表示化学反应能够发生所需要的最小能量，因此活化能可以用于评估四种含能化合物的热稳定性[49]。将 PE 最大值作为分界线，把含能化合物的热分解过程分为吸热和放热两个阶段来分析反应的动力学参数[50]。

（1）初始吸热反应阶段

规定初始吸热反应阶段是从含能化合物开始分解到 PE 达到最大值的这一时间段。图 6-21 是四种含能化合物不同温度下反应物分子数量随时间的变化图，采用式（6-1）对四种炸药分子数量随时间的变化进行拟合，所得初始反应速率 k_1 如表 6-12 所示。

$$N(t) = N_0 \exp[-k_1(t - t_0)] \tag{6-1}$$

式中，$N(t)$ 为 t 时刻反应物分子的数量；N_0 为体系中反应物分子的初始数量；t_0 为反应物分子开始发生分解的时间；k_1 为初始吸热反应阶段的化学反应速率常数。

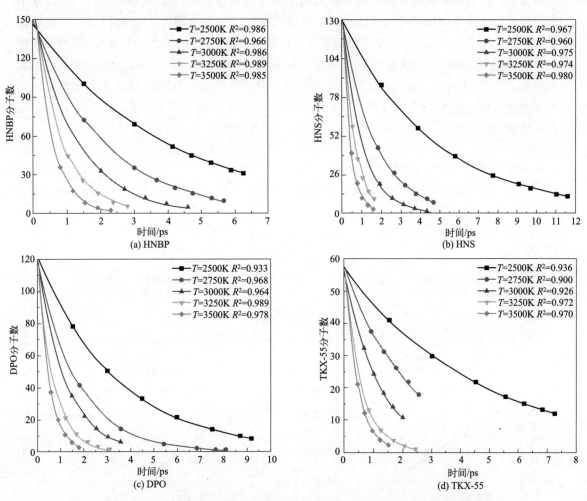

图 6-21　不同温度下四种化合物分子数随时间的变化及其相应拟合曲线

表 6-12　不同温度下各物质热分解初始反应速率（k_1）　　　　单位：ps^{-1}

温度/K	HNBP	HNS	DPO	TKX-55
2500	0.25	0.21	0.29	0.21
2750	0.48	0.60	0.60	0.44
3000	0.78	1.00	0.84	0.84
3250	1.24	1.62	1.43	1.68
3500	1.97	2.53	2.04	2.20

从表 6-12 可以看出，四种含能化合物初始吸热反应阶段的化学反应速率常数 k_1 均随着温度的升高而逐渐增大。根据 Arrhenius 方程[式(6-2)]对表 6-12 中不同温度下的反应速率常数 k_1 进行线性拟合，可以判断温度对反应速率的影响程度以及获得四种含能化合物的反应动力学参数，如图 6-22 所示。

$$\ln k = \ln A - \frac{E_a}{RT} \tag{6-2}$$

式中，A 为指前因子；E_a 为活化能；R 为理想气体常数；T 为热力学温度。从图 6-22 中四条直线的斜率和截距可知，HNBP 初始吸热反应阶段的活化能为 148.36kJ/mol，指前因子的对数 $\ln A$ 为 33.30s^{-1}；HNS 初始吸热反应阶段的活化能为 159.63kJ/mol，指前因子的对数 $\ln A$ 为 33.93s^{-1}；DPO 初始吸热反应阶段的活化能为 151.48kJ/mol，指前因子的对数 $\ln A$ 为 33.69s^{-1}；TKX-55 初始吸热反应阶段的活化能为 165.06kJ/mol，指前因子的对数 $\ln A$ 为 34.01s^{-1}。通过对比可以看出，在吸热反应阶段，HNBP 的活化能最低，在四种含能化合物中最容易发生分解；HNS 和 DPO 的活化能相差不大；TKX-55 的活化能最高，热稳定性最强。

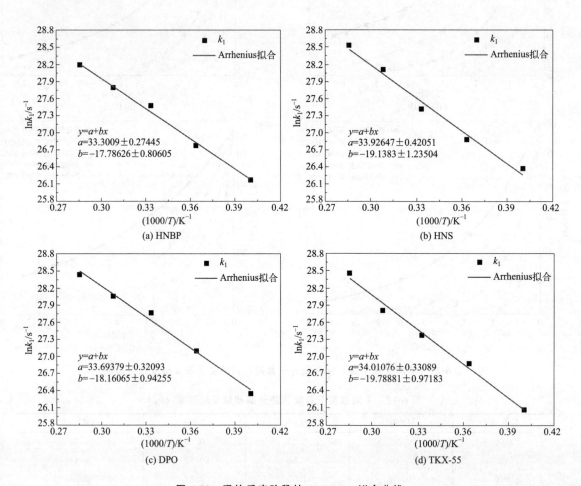

图 6-22 吸热反应阶段的 Arrhenius 拟合曲线

（2）放热分解阶段

中间放热反应阶段表示势能达到最大值后放热分解的阶段，该阶段势能曲线的演化可以用以下的指数函数进行拟合：

$$U(t) = U_\infty + \Delta U_{exo} \exp[-k_2(t - t_{max})] \tag{6-3}$$

式中，$U(t)$ 为 t 时刻的势能值；U_∞ 为 t 趋近无穷大时势能的平衡值；ΔU_{exo} 为最大势能 U_{max} 与 U_∞ 的差值。采用式（6-3）对不同温度下四种含能化合物势能曲线衰减部分进行拟合（如图 6-23 所示），得到四种含能化合物分解过程中的化学反应速率常数 k_2，如表 6-13 所示。

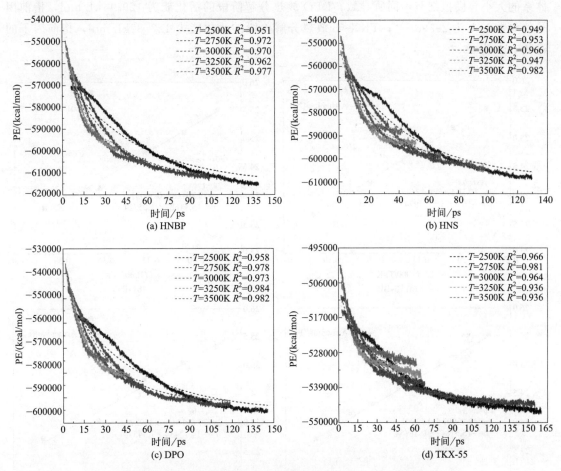

(a) HNBP　　(b) HNS　　(c) DPO　　(d) TKX-55

图 6-23　体系势能随时间的变化及其相应拟合曲线（衰减部分）

表 6-13　不同温度下各物质热分解放热分解阶段反应速率（k_2）　　单位：ps^{-1}

温度/K	HNBP	HNS	DPO	TKX-55
2500	0.023	0.022	0.020	0.020
2750	0.033	0.031	0.031	0.028
3000	0.059	0.057	0.055	0.055
3250	0.087	0.081	0.083	0.077
3500	0.122	0.121	0.121	0.098

从表 6-13 可以看出，两种体系放热反应阶段的化学反应速率常数 k_2 均随着温度的升高而逐渐增大。此外发现，同一温度下四种含能化合物的分解速率可以排序为 HNBP＞HNS≈DPO＞TKX-55，说明耐热性能更好的材料在分解过程中分解速率也会更慢。根据获得的 k_2 值拟合 Arrhenius 方程[式(6-2)]可以得到 $\ln k_2$ 与 $1000/T$ 的线性关系，如图 6-24 所示。从图 6-24 中四条直线的斜率和截距可知，HNBP 放热分解阶段的活化能为 136.23kJ/mol，指前因子的对数 $\ln A$ 为 30.20s^{-1}；HNS 放热分解阶段的活化能为 128.01kJ/mol，指前因子的对数 $\ln A$ 为 29.86s^{-1}，此数据与王贺琦[51] 通过分子动力学模拟计算的 HNS 活化能（105±5）kJ/mol 及指前因子的对数 28.80s^{-1} 是接近的，存在的较小差距主要是由模拟体系的大小与模拟细节不同所导致；DPO 放热分解阶段的活化能为 129.44kJ/mol，指前因子的对数 $\ln A$ 为 29.93s^{-1}；TKX-55 放热分解阶段的活化能为 122.82kJ/mol，指前因子的对数 $\ln A$ 为 29.56s^{-1}。

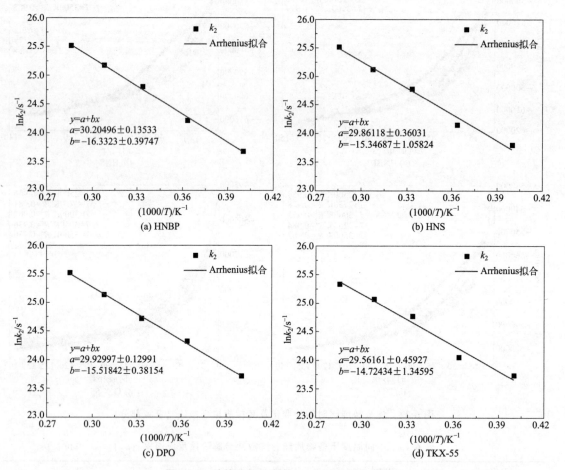

图 6-24　放热分解阶段的 Arrhenius 拟合曲线

（3）最终产物生成阶段

四种含能化合物热分解的最终产物为 N_2、H_2O 和 CO_2。对不同温度下生成的 N_2、H_2O、CO_2 的数量随时间的变化按式(6-4)进行指数拟合，获得了三种最终产物的生成速率 k_3，如图 6-25 所示。

$$C(t)=C_\infty \{1-\exp[-k_3(t-t_i)]\} \tag{6-4}$$

式中，$C(t)$ 为 t 时刻产物的数量；C_∞ 为时间接近无穷大时产物的数量；k_3 为产物的生成速率；t_i 为产物出现的时间。

从图 6-25(a)、(b)、(c) 中可以看出，对于 HNBP、HNS、DPO，温度越高，N_2、H_2O、CO_2 的生成速率越大。从图 6-25(d) 中发现 N_2 的生成速率随着温度的升高而变大，然而在 3250K 和 3500K 的极高温条件下 H_2O 和 CO_2 分子的生成速率出现了减小趋势。同时整体来看，发现从 HNBP、HNS、DPO 到 TKX-55，稳定小分子产物的生成速率明显变慢，与放热分解阶段所得结论一致，耐热性能更好的材料在分解过程中分解速率以及最终生成稳定小分子产物的速率更慢。

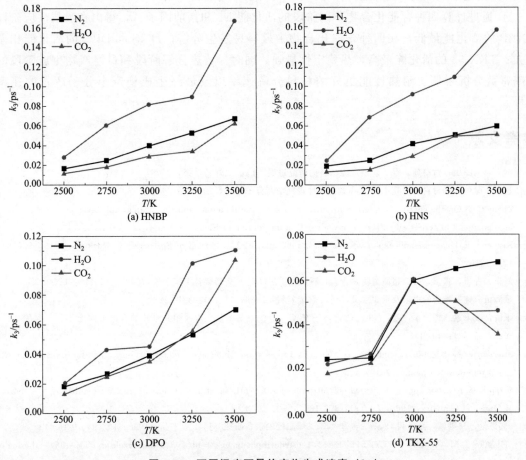

图 6-25　不同温度下最终产物生成速率（k_3）

6.4.6　小结

本节对 HNBP、HNS、DPO 和 TKX-55 进行了分子动力学模拟，采用 ReaxFF-lg 通过恒温加热分析了四种含能化合物的热分解情况。通过对四种含能化合物热分解过程的势能、反应物分子、中间产物和最终稳定小分子产物的演化趋势进行分析以及反应动力学参数分析，得到以下结论：

① 四种耐热含能化合物热分解过程的势能演化分析表明，耐热性能更好的含能化合物在热分解过程中需要吸收更多的热量且热释放量较高，可以将其作为预测含能化合物热稳定

性的指标。同时，吸收热量越多，势能峰越高，因此也可以通过对比势能峰来判断某一含能化合物的耐热性。

② 温度越高，体系中四种反应物分子损耗速率越快，说明温度升高会促进含能化合物的热分解。2500K 温度条件下的热分解反应中，四种反应物分子在体系中存在的时间从高到低排序为 HNBP＜HNS＜DPO＜TKX-55，与这四种含能化合物稳定性顺序一致。

③ 通过分析四种含能化合物中间产物以及最终稳定小分子产物的演化，可以推测四种含能化合物的热分解反应路径为：初始反应为芳香环上硝基断裂形成 NO_2，其次为开环反应，接着发生氢转移，NO_2 和 H 会生成 HONO，HONO 解离为 HO 和 NO，之后形成 HNO 等其他中间产物，最后生成 N_2、CO_2 和 H_2O 等稳定小分子。

④ 通过计算四种含能化合物不同阶段的活化能 E_a 和指前因子 A，得出在吸热反应阶段 HNBP 的活化能最低，在四种含能化合物中最容易发生分解；HNS 和 DPO 的活化能相差不大；TKX-55 的活化能最高，热稳定性最强。同时，放热分解阶段和最终产物生成阶段的速率常数分析表明：耐热性能更好的材料分解速率以及最终生成稳定小分子产物的速率更慢。

参考文献

[1] 黄辉，王泽山，黄亨建，等. 新型含能材料的研究进展 [J]. 火炸药学报，2005，28 (4)：9-13.

[2] 赵瑛. 绿色含能材料的研究进展 [J]. 化学推进剂与高分子材料，2010，8 (6)：1-15.

[3] Zhang C Y. On the energy & safety contradiction of energetic materials and the strategy for developing low-sensitive high-energetic materials [J]. Hanneng Cailiao/Chinese Journal of Energetic Materials，2018，26 (1)：2-10.

[4] Kilmer E E. Heat-resistant explosives for space applications [J]. Journal of Spacecraft & Rockets，2012，5 (10)：1216-1219.

[5] 刘宁，肖川，张倩，等. 超高温耐热含能材料研究进展 [J]. 兵器装备工程学报，2021，42 (1)：115-121.

[6] 董海山. 钝感弹药的由来及重要意义 [J]. 含能材料，2006，14 (5)：321-322.

[7] 张倩，段秉蕙，谭博军，等. 4,8-二(2,4,6-三硝基-3,5-二氨基苯基) 双呋咱并吡嗪的合成与性能 [J]. 含能材料，2023，31 (2)：107-113.

[8] Stierstorfer J，Klaptke T. High Energy Materials. Propellants，Explosives and Pyrotechnics. Von Jai Prakash Agrawal [J]. Angewandte Chemie，2010，122 (36)：6391.

[9] Shipp K G. Reactions of α-substituted polynitrotoluenes. I. synthesis of 2,2′,4,4′,6,6′-hexanitrostilbene [J]. Journal of Organic Chemistry，1964，29 (9)：177-183.

[10] 盛涤伦，马凤娥，吕巧莉. 2,5-二苦基-1,3,4-噁二唑的制备研究 [J]. 火工品，1998，19 (2)：9-16.

[11] Klaptke T M，Witkowski T G. 5,5′-Bis(2,4,6-trinitrophenyl)-2,2′-bi(1,3,4-oxadiazole) (TKX-55)：thermally stable explosive with outstanding properties [J]. Chempluschem，2016，81 (4)：357-360.

[12] Klaptke T M，Stierstorfer J，Weyrauther M，et al. Synthesis and investigation of 2,6-bis (picrylamino) -3,5-dinitro-pyridine (PYX) and its salts [J]. Chemistry-A European Journal，2016，22 (25)：8619-8626.

[13] Nair U R，Gore G M，Sivabalan R，et al. Preparation and thermal studies on tetranitrodibenzo tetraazapentalene (TACOT)：A thermally stable high explosive [J]. Journal of Hazardous Materials，2007，143 (1)：500-505.

[14] Li H，Zhang L，Petrutik N，et al. Molecular and crystal features of thermostable energetic materials：guidelines for architecture of "bridged" compounds [J]. ACS Central Science，2019，6 (1)：54-75.

[15] Yan Q L，Zeman S. Theoretical evaluation of sensitivity and thermal stability for high explosives based on quantum chemistry methods：A brief review [J]. International Journal of Quantum Chemistry，2012，113 (8)：1-14.

[16] Frisch M J，Trucks G W，Schlegel H B，et al. Uranyl extraction by N,N-dialkylamide ligands studied by static and dynamic DFT simulations [J]. Gaussian 09，Revision B.01，2009，9：227.

[17] Becke A D. Density-functional thermochemistry. III. The role of exact exchange [J]. Journal of Chemical Physics，1993，98（7）：5648-5652.

[18] Lee C，Yang W，Parr R. Development of the Colle-Salvetti correlation-energy formula into a functional of the electron density [J]. Physical review. B，Condensed matter，1988，37（2）：785-789.

[19] Rieckmann T，Vlker S，Lichtblau L，et al. Investigation on the thermal stability of hexanitrostilbene by thermal analysis and multivariate regression [J]. Chemical Engineering Science，2001，56（4）：1327-1335.

[20] 盛涤伦，陈利魁，杨斌，等. 新型耐热钝感传爆药 2,5-二苦基-1,3,4-噁二唑性能研究 [J]. 含能材料，2011，19（2）：184-188.

[21] Jing Z，Li D，Bi F，et al. Research on the thermal behavior of novel heat resistance explosive 5,5′-bis(2,4,6-trini-trophenyl)-2,2′-bi(1,3,4-oxadiazole) [J]. Journal of Analytical and Applied Pyrolysis，2017，129：189-194.

[22] Zeman S，Friedl Z，Rohac M. Molecular structure aspects of initiation of some highly thermostable polynitro arenes [J]. Thermochimica Acta，2006，451（1）：105-114.

[23] Sobereva. 正确地认识分子的能隙（gap）、HOMO 和 LUMO [EB/OL]. 2020.

[24] 李强，王林剑，荆苏明，等. ANPZO/HMX 共晶分子间相互作用及感度的理论研究 [J]. 火工品，2022，205（2）：54-58.

[25] Yang F，Li Y X，Dang X，et al. Determination and correlation of solubility of 2,2′,4,4′,6,6′-hexanitro-1,1′-bi-phenyl and 2,2′,2″,4,4′,4″,6,6′,6″-Nonanitro-1,1′；3′,1″-terphenyl in six pure solvents [J]. Fluid Phase Equilib-ria，2018，467：8-16.

[26] Han R S，Chen J H，Zhang F，et al. Fabrication of microspherical Hexanitrostilbene (HNS) with droplet microflu-idic technology [J]. Powder Technology：An International Journal on the Science and Technology of Wet and Dry Particulate Systems，2021，379（1）：184-190.

[27] Wang G X，Shi C H，Gong X D，et al. A theoretical study on the structure and properties of DPO (2,5-dipicryl-1,3,4-oxadiazole) [J]. Journal of Molecular Structure THEOCHEM，2008，869（3）：98-104.

[28] 柴笑笑，李永祥，曹端林，等. 耐热炸药 TKX-55 的合成与热性能 [J]. 火炸药学报，2019，42（2）：135-140.

[29] Segall M D，Lindan P J D，Probert M J，et al. First-principles simulation：ideas，illustrations and the CASTEP code [J]. Journal of Physics Condensed Matter，2002，14（11）：2717-2744.

[30] Perdew J P，Burke K，Wang Y. Generalized gradient approximation for the exchange-correlation hole of a many-electron system [J]. Physical review. B，Condensed matter，1997，54（23）：16533-16539.

[31] Perdew J P，Burke K，Ernzerhof M. Generalized gradient approximation made simple [J]. Physical Review Let-ters，1996，77（18）：3865-3868.

[32] Car R，Parrinello M. Unified approach for molecular dynamics and density-functional theory [J]. Physical Review Letters，1985，55（22）：2471-2474.

[33] Monkhorst H J，Pack J D. Special points for Brillouin-zone integrations [J]. Physical review. B，Condensed matter，1976，13（12）：5188-5192.

[34] Fletcher R. Practical methods of optimization [J]. SIAM Review，1984，26（1）：143-144.

[35] Lu T，Chen F. Multiwfn：A multifunctional wavefunction analyzer [J]. Journal of Computational Chemistry：Or-ganic，Inorganic，Physical，Biological，2012，（5）：33.

[36] Samanta T，Dey L，Dinda J，et al. Cooperativity of anion···π and π···π interactions regulates the self-assembly of a series of carbene proligands：Towards quantitative analysis of intermolecular interactions with Hirshfeld surface [J]. Journal of Molecular Structure，2014，1068：58-70.

[37] Jayatilaka D，Wolff S K，Grimwood D J，et al. CrystalExplorer：A tool for displaying Hirshfeld surfaces and visual-ising intermolecular interactions in molecular crystals [J]. Acta Crystallographica，2006，62（1）：S90.

[38] Lu T，Chen Q. Interaction region indicator：A simple real space function clearly revealing both chemical bonds and weak interactions [J]. Chemistry-Methods，2021，1（5）：231-239.

[39] 叶向宇. 含苯体系中 π-π 相互作用的量子化学研究 [D]. 上海：复旦大学，2004.

[40] Spek A L. Single-crystal structure validation with the program PLATON [J]. Journal of Applied Crystallography，

2003，36（1）：7-13.

[41] 霍星宇．含能化合物高耐热性机理的分子动力学模拟研究［D］．太原：中北大学，2021.

[42] Plimpton S. Fast parallel algorithms for short-range molecular dynamics［J］．Journal of Computational Physics，1995，117（1）：1-19.

[43] Liu L，Liu Y，Zybin S V，et al. ReaxFF-lg：Correction of the ReaxFF reactive force field for london dispersion，with applications to the equations of state for energetic materials［J］．The Journal of Physical Chemistry A，2011，115（40）：11016-11022.

[44] Zeng T，Yang R J，Li J M，et al. Thermal decomposition mechanism of nitroglycerin by ReaxFF reactive molecular dynamics simulations［J］．Combustion Science and Technology，2021，193（3）：470-484.

[45] 周婷婷，石一丁，黄风雷．高压下β-HMX热分解机理的ReaxFF反应分子动力学模拟［J］．物理化学学报.2012，28（11）：2605-2615.

[46] 任春醒，李晓霞，郭力．CL-20热分解反应机理的ReaxFF分子动力学模拟［J］．物理化学学报，2018，34（10）：1151-1162.

[47] Chen L，Wang H，Wang F，et al. Thermal Decomposition Mechanism of 2，2′，4，4′，6，6′-Hexanitrostilbene by ReaxFF Reactive Molecular Dynamics Simulations［J］．The Journal of Physical Chemistry C，2018，122（34）：19309-19318.

[48] Chang J，Lian P，Wei D Q，et al. Thermal decomposition of the solid phase of nitromethane：Ab initio molecular dynamics simulations［J］．Physical Review Letters，2010，105（22）：188302.

[49] Hu S，Sun W，Fu J，et al. Initiation mechanisms and kinetic analysis of the isothermal decomposition of poly（alpha-methylstyrene）：a ReaxFF molecular dynamics study［J］．RSC Advances，2018，8（7）：3423-3432.

[50] Rom N，Zybin S V，Duin A V，et al. Density-dependent liquid nitromethane decomposition：molecular dynamics simulations based on ReaxFF［J］．Journal of Physical Chemistry A，2011，115（36）：10181-10202.

[51] 王贺琦．高温高压下六硝基芪炸药反应机理的分子动力学模拟［D］．北京：北京理工大学，2018.

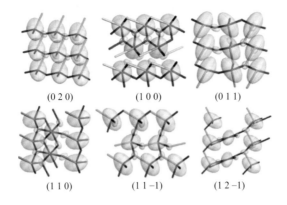

(0 2 0)　　　　　　(1 0 0)　　　　　　(0 1 1)

(1 1 0)　　　　　　(1 1 −1)　　　　　(1 2 −1)

图 4-7　TKX-50 习性面的 PBC 矢量

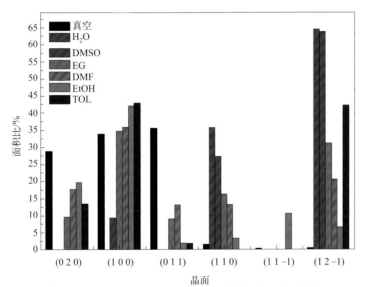

图 4-11　TKX-50 习性面在真空和不同溶剂中的面积比

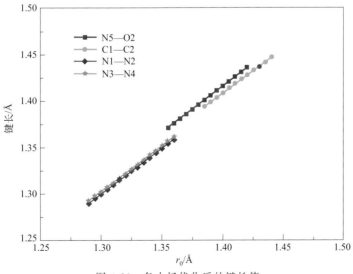

图 4-26　各力场优化后的键长值

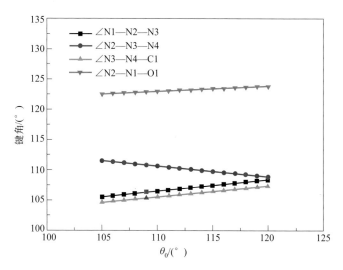

图 4-27　各力场优化后的键角值

$\rho > 0$　　$\mathrm{sign}(\lambda_2)\rho$ 减小　　$\rho \approx 0$　　$\mathrm{sign}(\lambda_2)\rho$　　$\rho > 0$
$\lambda_2 < 0$　　　　　　　　　　　　　　　　　　增加　　　$\lambda_2 > 0$

-0.04　　　　　　　　　　　　　　　　　　　　　　　　　$+0.02$

$\rho \gg 0$

化学键　　强吸引作用：　范德华作用　强互斥作用：
　　　　　氢键、卤键等　　　　　　　环、笼中的位阻效应等

图 4-30　不同作用类型的 IRI 等值面颜色和相对应的特征数值

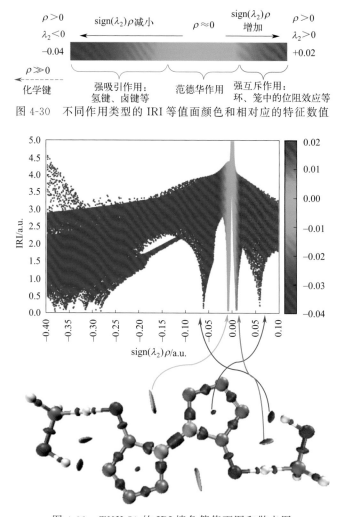

图 4-31　TKX-50 的 IRI 填色等值面图和散点图

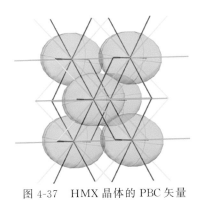

图 4-37　HMX 晶体的 PBC 矢量

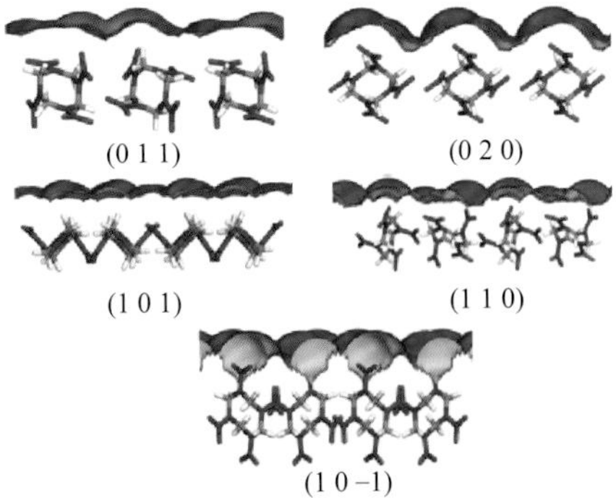

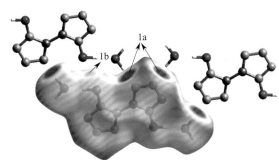

图 4-38　HMX 重要晶面的分子堆积结构

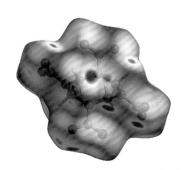

图 4-39　HMX 的 Hirshfeld 表面

图 4-67　BTO 的 Hirshfeld 曲面映射

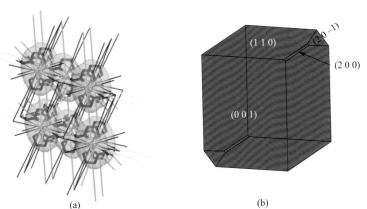

(a)　　　　　　　　　　　　(b)

图 4-69　(a) BTO 晶胞生长键；(b) BTO 在真空中的晶形

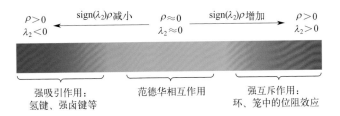

图 5-5　不同作用类型的 RDG 等值面颜色和相对应的特征数值

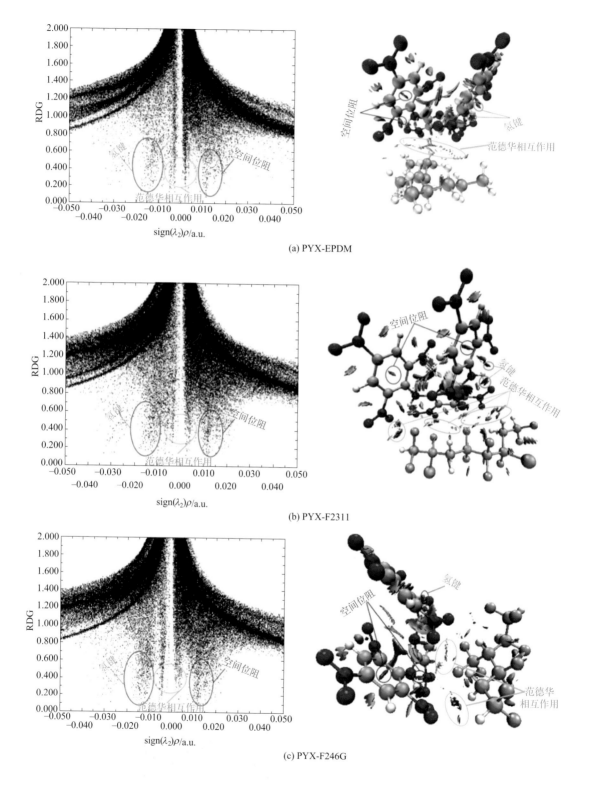

(a) PYX-EPDM

(b) PYX-F2311

(c) PYX-F246G

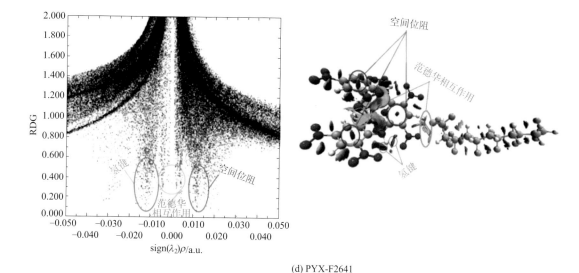

(d) PYX-F2641

图 5-6 复合物模型的 RDG 散点图和填色等值面图

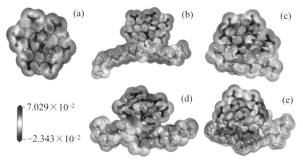

图 5-7 PYX（a）、PYX/F2641（b）、PYX/F2311（c）、
PYX/F264G（d）和 PYX/EPDM（e）的分子表面静电势

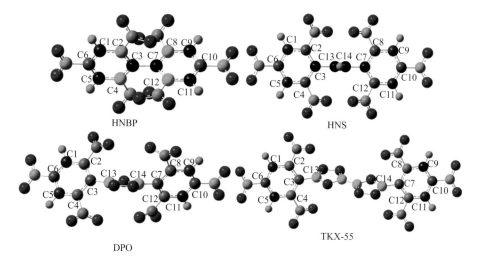

图 6-3 四种含能化合物分子的 Mulliken 电荷分布

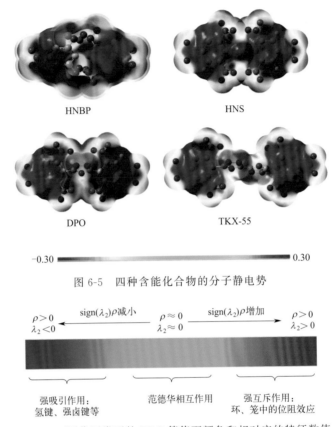

HNBP　　　　　　　　HNS

DPO　　　　　　　　TKX-55

-0.30 ▬▬▬▬▬ 0.30

图 6-5　四种含能化合物的分子静电势

$\rho > 0$ 　←—— sign(λ_2)ρ 减小 ——　$\rho \approx 0$ 　—— sign(λ_2)ρ 增加 ——→　$\rho > 0$
$\lambda_2 < 0$ 　　　　　　　　　　$\lambda_2 \approx 0$ 　　　　　　　　　　$\lambda_2 > 0$

强吸引作用：　　　　范德华相互作用　　　强互斥作用：
氢键、强卤键等　　　　　　　　　　　　环、笼中的位阻效应

图 6-8　不同作用类型的 RDG 等值面颜色和相对应的特征数值

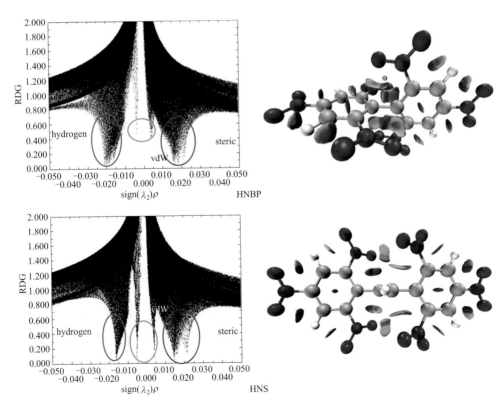

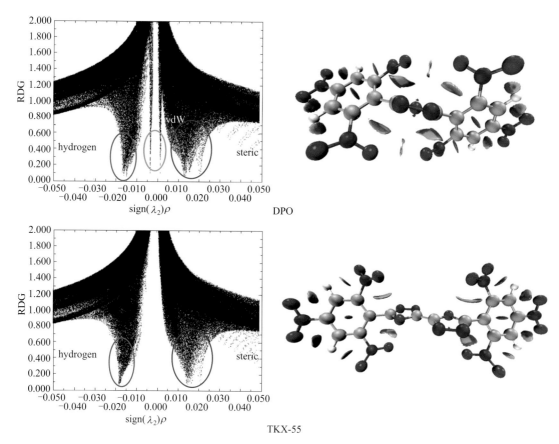

DPO

TKX-55

图 6-9　四种含能化合物的 RDG 散点图和填色等值面图

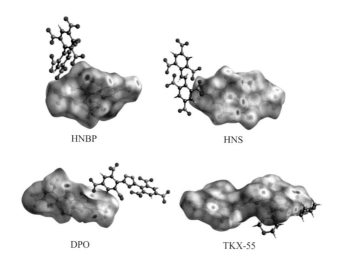

HNBP

HNS

DPO

TKX-55

图 6-10　四种含能化合物的 Hirshfeld 表面

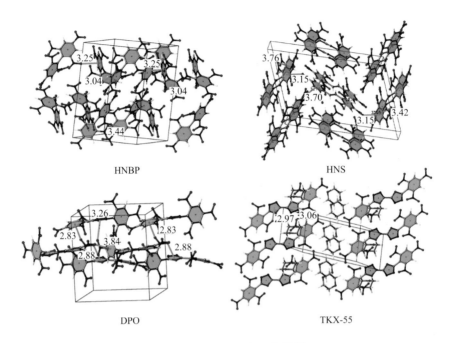

HNBP

HNS

DPO

TKX-55

图 6-12　N—O···π 相互作用图